"十二五"国家重点图书出版规划项目
材料科学研究与工程技术系列

# 混凝土性能与检测技术

## Concrete Performance and Testing Technology

张爱勤　李晶　张旭　王彦敏　编著

哈爾濱工業大學出版社

## 内容提要

本书分为两篇，系统地介绍了混凝土的性能与检测技术。第一篇混凝土性能，主要内容有混凝土概述，混凝土的技术性质、组成结构、组成材料，普通混凝土组成设计，混凝土质量评定及控制，特殊功能混凝土和砂浆。介绍了混凝土主要性能评价指标、混凝土微观结构，以及宏观性能与微观结构的关系；利用大量的工程案例与实体图片介绍了普通混凝土、特殊混凝土及砂浆的配合比设计方法，混凝土组成材料的选用与评价方法，混凝土施工质量控制与评价方法；以 CDIO 模式工程教育思想为主线将内容设计为一体，具有鲜明的工程实用性与可操作性。第二篇混凝土检测技术，以混凝土配合比设计工程案例为背景，通过试验设计方案介绍了混凝土组成材料性能试验、混凝土与砂浆性能试验方法和混凝土结构构件检测；将原材料的基本性能检测与混凝土性能试验按知识体系相结合，通过介绍混凝土回弹法、超声回弹综合法、超声法、低应变法检测法与声波透射法等先进的无损检测技术，将混凝土工程中试验检测项目综合设计在一起，既突出了试验在工程中的重要性，又具有很强的实用性。

本书可作为大学本科土木工程、材料科学与工程、水利工程、建筑学等专业教科书，也可作为以上专业试验检测和工程技术人员的技术参考书，是培养工程型、技术型人才的应用型图书。

**图书在版编目(CIP)数据**

混凝土性能与检测技术/张爱勤等编著.—哈尔滨：哈尔滨工业大学出版社，2012.9

ISBN 978-7-5603-3795-1

Ⅰ.①混…　Ⅱ.①张…　Ⅲ.①混凝土-性能②混凝土-检测　Ⅳ.①TU528.45

**中国版本图书馆 CIP 数据核字(2012)第 225023 号**

责任编辑　张　瑞
出版发行　哈尔滨工业大学出版社
社　　址　哈尔滨市南岗区复华四道街 10 号　邮编 150006
传　　真　0451-86414749
网　　址　http://hitpress.hit.edu.cn
印　　刷　哈尔滨市石桥印务有限公司
开　　本　787mm×1092mm　1/16　印张 17.75　总字数 400 千字
版　　次　2012 年 9 月第 1 版　2012 年 9 月第 1 次印刷
书　　号　ISBN 978-7-5603-3795-1
定　　价　36.00 元

---

# 前　言

本书是在我校交通土建试验与测试技术专业的建设成果基础上编写的，经过十届学生的使用，在不断地教学改革中进行了反复修改。本书融入了我校2010年山东省教育厅重点资助教改项目“基于CDIO的介入式土建类应用型本科人才培养模式研究”的教材改革成果，并为了满足土建类应用型本科CDIO人才培养模式工程教育改革，在内容编写与编排形式上都做了精心设计，增加了CDIO教学方法改革思想，突出了新材料、新技术、新规程、新规范和新标准等内容，注重了混凝土材料在工程中的实用性。本书在教学使用中收到了显著效果，受到广大师生的普遍好评。

本书由山东交通学院土木工程学院张爱勤、李晶、张旭、王彦敏共同编著。在本书编写过程中，我校“基于CDIO的介入式土建类应用型本科人才培养模式研究”课题组负责人唐勇、材料科学与工程学院张金升教授给予了大力支持与帮助，在此表示感谢。

限于经验，本书中难免存在疏漏或错误，恳请广大读者批评指正。

编　者

2012年3月

# 目 录

## 第一篇 混凝土性能

## 第二篇 混凝土检测技术

# 第一篇　混凝土性能

# 第1章 混凝土概述

## 1.1 混凝土发展简史

混凝土是当代土木工程中用量最大、也是最主要的一种建筑材料。随着混凝土的发展，按现代混凝土的定义，它是由胶结材料、骨料、掺合料、外加剂和水按照一定比例配制，经搅拌振捣成型，在一定的条件下养护而成的一种人造石材。混凝土不仅原料丰富，价格低廉，生产工艺简单，而且还具有抗压强度高、耐久性好、强度等级范围宽等特点，因而使用范围十分广泛，在土木工程中的使用量也越来越大。然而混凝土是一种脆性材料，而且在工程结构中还存在自重大、施工周期长、抗拉强度低等缺点。为解决这些问题，目前在混凝土的研究、设计与施工中已采用了众多的措施加以改善，包括提高混凝土强度而减小结构截面，如采用轻骨料制作加气混凝土、泡沫混凝土等，将混凝土断面设计成多孔型、槽型等，以达到减轻混凝土自重的目的；采用掺加早强剂的方法缩短混凝土施工周期；制成钢筋混凝土以提高混凝土的抗拉强度等，都取得了较理想的使用效果。

最初混凝土的生产大约是在17世纪初，比、英、德、法、俄等国家制造了水泥后，开始制作使用水泥砂浆和水泥混凝土，到1850年，在这些国家已普遍开始使用水泥砂浆和水泥混凝土砌筑砖石结构及构筑工程结构物了。据记载，1865～1875年，法国人约瑟夫·莫尼埃(J. Monier)发明了用铁丝、水泥、砂、石与水制成构筑物后，又将该方法推广，并主持建造了第一座16 m长的钢筋混凝土桥梁，确立了混凝土在土建工程中的地位。随着资本主义工业的发展，逐渐出现了大型工程，因此，钢筋混凝土得到了应用，但应用技术极不成熟，直到19世纪末，随着生产力的不断发展，在混凝土研究领域中，建立起了混凝土设计理论，相继开展了混凝土试验，其原材料和施工技术都得到了改进，才使钢筋混凝土得以快速发展至今。1928年，法国出现了预应力钢筋混凝土，并在1930年得到了应用，由于预应力混凝土技术是通过外部条件提高了混凝土的抗裂性，在大跨度桥梁、高层建筑、抗震防裂等结构中取得了显著的效果，因此，预应力混凝土是混凝土技术史上的一次重大飞跃，其创造与发展促进了混凝土工程技术水平的提高，在世界各国得到了广泛应用。近20多年来，随着聚合物复合混凝土及混凝土外加剂的出现，又将混凝土的应用技术向前推进了一大步。

可见，混凝土的发展是随着其组成材料的发展而发展的，在混凝土100多年的发展历程中，其组成材料经历了几次重大变革，其中三次变革最为突出：第一次是19世纪中叶，法国首先出现了钢筋混凝土；第二次是1928年，法国出现了预应力钢筋混凝土；第三次是近20多年来，出现了聚合物复合混凝土与混凝土外加剂。这三次变革被称为水泥混凝土应用科学技术发展史上三次重大的突破。

此外，随着混凝土的发展和工程的需要，还出现了膨胀混凝土、加气混凝土、纤维混凝土等各种特殊功能的混凝土。随着混凝土应用范围的不断扩大，混凝土的施工机械也在不断发展，商品混凝土、泵送混凝土、混凝土滑模施工技术等新的生产方法与施工工艺，给混凝土施工带来了极大方便，同时还保障了混凝土的性能要求。

近几十年来，混凝土的发展得到普遍重视，研究成果层出不穷。国际混凝土会议已举办了十一届（每五年一届），一些重要的国际水泥混凝土期刊，如美国的《Cement and Concrete Research》、《ACI Materials Journal》，英国的《World Cement》、《Advances in Cenment Research》和德国的《Zement Kalk Gips》，每年都发表大量有价值的关于混凝土的学术论文。

目前，混凝土仍向着轻质、高强、多功能、高性能、绿色化的方向发展。发展复合材料、不断扩大资源、发展预制混凝土和使混凝土商品化也是今后发展的方向。同时，随着现代科学的发展和新测试技术的应用，人们对混凝土内部结构和性能之间依存关系的研究和认识也日益深入。运用现代科学理论和测试方法将混凝土的研究工作从宏观研究逐步深入到亚微观和微观级的研究，找出材料的组分、结构和性能的基本关系，以期达到能按指定性能设计混凝土材料或按已有的结构状态预测混凝土性能这一目标。

## 1.2 混凝土的工程应用

混凝土从诞生至今已经历了相当长的历史时期，在土木工程中已得到了普遍应用。混凝土的英文单词“Concrete”起源于古罗马，意指完整的建筑块体。著名的万神殿即为混凝土建筑，墙体结构材料为凝灰岩和火山灰混凝土，厚6 m，拱顶为浇筑的浮石和火山灰轻质混凝土结构，跨度40多米。随着19世纪波特兰水泥的出现，钢筋混凝土与预应力混凝土的相继问世，混凝土的应用更加广泛。

万神殿（Pantheon）（图1.1），是至今仍完整保存的唯一一座罗马帝国时期的建筑，始建于公元前27～25年，可谓奥古斯都时期的经典建筑。公元80年的火灾，使万神殿的大部分被毁，仅余一长方形的柱廊，有12.5 m高的花岗岩石柱16根，这一部分被作为后来重建的万神殿的门廊。现今所见的万神殿主体建筑是亚德里亚诺大帝于公元120～124年所建，为43.4 m高的圆形殿堂，万神殿的基础、墙和穹顶都是用火山灰制成的混凝土浇筑而成，非常牢固。

目前我国的居民住宅楼（图1.2），根据国家有关政策对民用建筑高度与层数的设计规定为：4～6层为多层住宅；7～10层为小高层住宅（也称中高层住宅）；10层以上则为高层住宅，分为高层塔楼、高层板楼。多层住宅一般为砖混结构，抗震性能比高层住宅差；高层住宅一般为钢筋混凝土现浇结构，抗震性能好，折旧年限长，但结构工艺比较复杂，材料性能要求高，自重大，对基础要求高，施工难度较大，建筑造价相对较高。

图1.1 万神殿

图1.2 居民住宅楼

山东高速胶州湾跨海大桥(图1.3),全长41.58 km,2011年6月正式通车,是目前世界上已建成的最长的跨海大桥,是国道主干线——青兰高速的起点段。该跨海大桥为双向六车道高速公路兼城市快速路八车道,设计行车速度为80 km/h,桥梁宽度为35 m,设计基准期为100年,总投资约计100亿元人民币。大桥在建设中采用了多项国内外新技术,如水下无封底套箱技术、小半径大跨径滑移模架施工技术、海工高性能混凝土超长距离(900 m)泵送技术、海洋环境中水下结构干法防腐施工技术、在大跨度预应力桥梁工程中使用引气混凝土技术、在北方地区实现大体积混凝土箱梁一次性浇筑3 391 $m^3$ 混凝土技术等。

曲胜高速公路(图1.4),是国道320主干线上海—瑞丽在云南的起始段,是云南省首条六车道水泥混凝土路面高速公路。东连贵州,西通昆明,公路横贯乌蒙山,沿线山高谷深,江河纵横,喀斯特地质地貌突出,建设难度相当大。该公路建设大胆采用新材料新技术,在减少使用维护成本的前提下,使用年限比传统沥青路面提高了2~3倍,是全国最长钢纤维混凝土路段、全省首条不突破概预算投资的重点公路项目、全国首条与沥青路面造价相当的水泥路面高速公路,实现了全国水泥路面新技术推广应用的重大创新。

图1.3 山东高速胶州湾跨海大桥

图1.4 曲胜高速公路水泥混凝土路面

三峡大坝(图1.5),是世界上规模最大的混凝土重力坝。三峡大坝工程包括主体建筑物工程及导流工程两部分,工程施工总工期自1993年到2009年共17年,分三期进行。坝顶总长3 035 m,坝顶高程185 m,正常蓄水位175 m,总库容393亿立方米。

海港码头(图1.6),材料普遍为混凝土材料,结构形式有重力式、高桩式和板桩式。重力式码头靠建筑物自重和结构范围的填料重量保持稳定,结构整体性好,坚固耐用,适用于较好的地基。高桩码头由基桩和上部结构组成,桩的下部打入土中,上部高出水面。近年来广泛采用长桩、大跨结构,并逐步用大型预应力混凝土管柱或钢管柱代替断面较小的桩,而成为管柱码头。板桩码头由板桩墙和锚碇设施组成,并借助板桩和锚碇设施承受地面使用荷载和墙后填土产生的侧压力。

图1.5 三峡大坝

图1.6 海港码头

京沪高速铁路(图1.7),是继三峡工程、南水北调工程之后,中国的又一个超大型工程,正线全长约1 318 km,设计时速300 km/h(设计最高运行时速380 km/h),总投资2 209亿元人民币。混凝土桥梁长度约1 140 km,占正线长度86.5%。京沪高铁全线纵贯我国经济发展最活跃和最具潜力的地区,是中国客货运输最繁忙、增长潜力巨大的交通走廊。

洛茨堡山底隧道(Lotschberg Base Tunnel)(图1.8),为前所未有之世界级硬岩山岳隧道,全长34 km。2007年6月开通,是目前世界上最长的陆地隧道。该隧道的建造目的主要是为减少瑞士道路上重型卡车的拥堵问题,该隧道允许装载车辆的火车从德国出发,途径瑞士后在意大利卸载,同时也为游客去往阿尔卑斯山滑雪提供了更加便捷的路线。其未来目标是每天为110辆火车运输提供线路,其中旅客列车最高时速可达到322 km/h。

图1.7 京沪高速铁路

图1.8 洛茨堡山底隧道

随着近代高速公路、高速铁路、大型桥梁工程、水利水电工程、城市新建与改建工程等重大项目建设的快速发展,土木工程对混凝土的性能与技术都提出了更高的要求。

# 1.3 混凝土的分类

随着混凝土的发展,其品种日益增多,性能和应用也各不相同。目前,主要从混凝土的组成、结构、特性和功能等不同角度进行分类。

**1. 按胶结材料分类**

按胶结材料的种类,可将混凝土分为无机胶结材料混凝土、有机胶结材料混凝土、无机与有机复合胶结材料混凝土三大类。

(1)无机胶结材料混凝土

无机胶结材料混凝土主要有水泥混凝土、硅酸盐混凝土(即石灰-硅质胶结材料混凝土)、石膏混凝土等,其中水泥混凝土(以砂石作为骨料)是土木工程中应用广泛的一种混凝土,亦称为普通混凝土或混凝土,简称为砼(tóng)。

(2)有机胶结材料混凝土

有机胶结材料混凝土主要有沥青混凝土、聚合物混凝土等。沥青混凝土,通常采用石油沥青作为胶结材料,是道路工程中最主要的路面材料。聚合物混凝土主要以纯聚合物为胶结材料制成,与水泥混凝土相比,提高了混凝土的抗渗、抗冻、耐蚀等耐久性能。

(3)无机与有机复合胶结材料混凝土

无机与有机复合胶结材料混凝土主要有聚合物水泥混凝土、聚合物浸渍混凝土、水泥沥青混凝土等。聚合物水泥混凝土、聚合物浸渍混凝土具有聚合物混凝土的优点,可应用于抗渗、抗冻、耐蚀等环境混凝土工程及修补混凝土裂缝。水泥沥青混凝土是一种提高路面耐磨性的新型路面材料。

**2. 按混凝土的结构分类**

按混凝土的结构,可将混凝土分为普通结构混凝土、细料混凝土、大孔混凝土和多孔混凝土。

(1)普通结构混凝土

普通结构混凝土由粗集料、细集料和胶结材料制成,其中以碎石(或卵石)、砂、水泥和水制成的混凝土为普通水泥混凝土,应用最为广泛。

(2)细料混凝土

细料混凝土由细集料和胶结材料制成,主要用于制造各种薄壁构件。

(3)大孔混凝土

大孔混凝土由粗集料和胶结材料制成。集料外包胶结材料,集料彼此以点接触,集料之间有较大的空隙。这种混凝土主要用于墙体内隔层等填充部位。

(4)多孔混凝土

多孔混凝土无粗细集料,全由磨细的胶结材料和其他粉料加水拌制成料浆,用机械方法或化学方法使之形成许多微小的气泡后,再经硬化制成。

**3. 按混凝土的体积密度分类**

按混凝土体积密度(干表观密度),可将混凝土分为重混凝土、普通混凝土和轻混凝土。

(1)重混凝土

通常将干表观密度大于2 500 kg/m³的混凝土称为重混凝土，主要用于防辐射工程，屏蔽各种射线的辐射。应采用各种高密度集料(如铁矿石、重晶石等)配制混凝土，其干表观密度可以达到3 200 kg/m³，有的甚至能达到6 400 kg/m³。

(2)普通混凝土

干表观密度为2 000～2 800 kg/m³，主要采用普通砂石(如天然砂、碎石或卵石等)作为骨料，可普遍用于各种承重结构。

(3)轻混凝土

干表观密度一般小于1 950 kg/m³，包括轻集料混凝土和多孔混凝土，主要用于承重结构和承重隔热制品以及用作保温隔热材料等，亦可以用于大跨度钢筋混凝土桥梁以减轻结构自重。

**4.按混凝土的坍落度分类**

根据混凝土拌合物的流动性，按照坍落度指标，可将混凝土分为大流动性混凝土、流动性混凝土、塑性混凝土、干硬性混凝土。

(1)大流动性混凝土

大流动性混凝土是指混凝土拌合物的坍落度不低于160 mm的混凝土，较大的流动性给施工带来了极大的方便，如泵送混凝土、自密实混凝土，在现代混凝土施工中得到了较为普遍的应用。

(2)流动性混凝土

流动性混凝土是指混凝土拌合物的坍落度为100～150 mm的混凝土，具有较好的流动性，常被用于一些振捣困难的结构部位和场合。

(3)塑性混凝土

塑性混凝土是指混凝土拌合物的坍落度为10～90 mm的混凝土，这种混凝土施工工艺简单，容易振捣密实，同时由于在配合比设计中可以相对减少胶凝材料用量，因此，在大体积工程应用中亦具有较大的优势。

(4)干硬性混凝土

干硬性混凝土是指混凝土拌合物的坍落度小于10 mm的混凝土，这种混凝土具有较低的水胶比，成型较困难，因此在现浇混凝土、多配筋或截面小的结构中很少使用，只有在一些对混凝土性能要求较高的预制构件(如高强混凝土枕轨)中较多采用。

**5.按混凝土强度分类**

按混凝土28 d抗压强度标准值，可将混凝土划分为低强混凝土、中强混凝土、高强混凝土。

(1)低强混凝土

低强混凝土28 d抗压强度标准值低于20 MPa，主要用于土木工程基础结构，如桩基、楼底板等。

(2)中强混凝土

中强混凝土28 d抗压强度标准值为20～60 MPa，在土木工程中应用最为广泛。

(3)高强混凝土

高强混凝土28 d抗压强度标准值不低于60 MPa,属于特殊功能混凝土范畴,可用于高层建筑、大跨度桥梁、电视塔、海洋工程等建筑。

**6. 按混凝土配筋方式分类**

按混凝土的配筋方式,可将混凝土分为素混凝土、钢筋混凝土、预应力混凝土三类。

(1)素混凝土

无钢筋或钢筋网的混凝土称为素混凝土。

(2)钢筋混凝土

配有钢筋的混凝土称为钢筋混凝土。

(3)预应力混凝土

为提高混凝土构件的抗裂性能,在钢筋与混凝土结合之前,预先张拉钢筋,使得构件在承受外力之前,钢筋受到一个预加的拉应力,而混凝土受到一个预加的压应力,这种混凝土称为预应力混凝土。

**7. 按混凝土应用方式分类**

在土木工程中,按混凝土的应用方式,可将混凝土分为现浇混凝土和预制混凝土构件两种类型。

(1)现浇混凝土

在施工现场直接现浇混凝土,具有灵活性大、结构整体性好的优点,但也存在诸如现场钢筋张拉较困难、成型养护条件易受环境影响、原材料堆放量大及施工噪声大等缺点。现浇混凝土一般常用于构筑物基础、框架等结构部位。

(2)预制混凝土构件

预制混凝土构件在工厂浇筑完成,然后吊装到构筑物上,可以避免现浇混凝土的缺点而保证构件质量,但是受预制构件生产规格和形状的限制,对一些特殊部位很难实现。因此,在工程中通常两种方式结合使用,取长补短。

**8. 按混凝土施工工艺分类**

按混凝土施工工艺分类,主要有离心混凝土、真空混凝土、灌浆混凝土、喷射混凝土、碾压混凝土、泵送混凝土等。

**9. 按混凝土用途分类**

按混凝土用途分类,主要有结构用混凝土、隔热混凝土、装饰混凝土、耐酸混凝土、耐碱混凝土、耐火混凝土、海洋混凝土、道路混凝土、大坝混凝土、收缩补偿混凝土、防护混凝土等。

## 1.4 混凝土相关的技术标准

技术标准是保证混凝土的组配设计、技术性能、施工质量达到要求,以及保证结构物能够正常施工与使用的重要依据。目前与混凝土相关的主要技术标准有国家标准、行业标准(主要包括建工行业、交通行业、建材行业、水工行业标准等)以及国外相关的技术标准。目前,混凝土工程主要涉及的相关现行技术标准见表1.1。

表 1.1 混凝土相关的技术标准

|  |  |
| --- | --- |
| 国家标准 | 《通用硅酸盐水泥》(GB 175—2007) |
| | 《水泥细度检验方法(筛析法)》(GB/T 1345—2005) |
| | 《水泥比表面积测定方法(勃氏法)》(GB/T 8074—2008) |
| | 《水泥密度测定方法》(GB/T 208—1994) |
| | 《水泥标准稠度用水量、凝结时间、安定性检验方法》(GB/T 1346—2011) |
| | 《水泥胶砂强度检验方法(ISO 法)》(GB/T 17671—1999) |
| | 《水泥化学分析方法》(GB/T 176—2008) |
| | 《水泥取样方法》(GB 12573—2008) |
| | 《建设用砂》(GB/T 14684—2011) |
| | 《建设用卵石、碎石》(GB/T 14685—2011) |
| | 《建材用粉煤灰及煤矸石化学分析方法》(GB/T 27974—2011) |
| | 《用于水泥和混凝土中的粉煤灰》(GB 1596—2005) |
| | 《用于水泥和混凝土中的粒化高炉矿渣粉》(GB/T 18046—2008) |
| | 《混凝土外加剂》(GB 8076—2008) |
| | 《混凝土外加剂应用技术规范》(GB 50119—2003) |
| | 《混凝土结构工程施工质量验收规范》(GB 50204—2002) |
| | 《粉煤灰混凝土应用技术规范》(GBJ 146—1990) |
| | 《混凝土结构设计规范》(GB 50010—2010) |
| | 《混凝土强度检验评定标准》(GB 50107—2009) |
| | 《混凝土质量控制标准》(GB 50164—2011) |
| 行业标准 | 《普通混凝土用砂、石质量及检验方法标准》(JGJ 52—2006) |
| | 《混凝土用水标准》(JGJ 63—2006) |
| | 《公路工程混凝土外加剂》(JT/T 523—2004) |
| | 《公路工程集料试验规程》(JTGE 42—2005) |
| | 《普通混凝土拌合物性能试验方法标准》(GB/T 50080—2002) |
| | 《普通混凝土力学性能试验方法标准》(GB/T 50081—2002) |
| | 《公路工程水泥及水泥混凝土试验规程》(JTG E30—2005) |
| | 《公路水泥混凝土路面施工技术规范》(JTG F30—2003) |
| | 《公路水泥混凝土路面设计规范》(JTJ D40—2011) |
| | 《普通混凝土配合比设计规程》(JGJ 55—2011) |
| | 《砌筑砂浆配合比设计规程》(JGJ/T 98—2010) |
| | 《水工混凝土外加剂技术规程》(DL/T 5011—1999) |
| | 《水工混凝土试验规程》(SL 352—2006) |
| | 《建筑砂浆基本性能试验方法标准》(JTG/T 70—2009) |
| | 《水泥胶砂流动度测定方法》(GB/T 2419—2005) |
| | 《公路工程无机结合料稳定材料试验规程》(JTG E51—2009) |
| | 《公路桥涵施工技术规范》(JTG/T F50—2011) |
| | 《回弹法检测混凝土抗压强度技术规程》(JGJ T23—2011) |
| | 《超声回弹综合法检测混凝土强度技术规程》(CECS 02:2005) |
| | 《超声法检测混凝土缺陷技术规程》(CECS 21:2000) |
| | 《建筑基桩检测技术规范》(JGJ 106—2003) |
| | 《公路工程基桩动测技术规程》(JTG/T F81—01—2004) |
| 国外标准 | ASTM(美国试验与材料学会) |
| | AASHTO(美国联邦高速公路运输部) |
| | ACI(美国混凝土协会) |

# 第2章　混凝土的技术性质

普通混凝土是以水泥为胶结材料，用普通砂石为骨料，与水按一定的配合比，经搅拌、成型、养护而得到的复合材料，简称为普通混凝土或混凝土。

普通水泥混凝土具有原料丰富，便于施工和浇筑成各种形状的构件，硬化后力学性能优越、耐久性好，节约能源，成本低廉等优点，因此，在土木工程中得到了广泛应用。

以第1章中居民住宅楼（图1.2）为例，在一种干燥环境中建造楼房，首先要设计，然后要施工，最后要使用。其中，作为主体的混凝土材料要适应和满足这个工程过程，就必须具备优良的技术性能。普通混凝土的主要技术性质包括：新拌混凝土的工作性、硬化后混凝土的力学性质和耐久性。

可见，在混凝土工程中我们应考虑诸多有关混凝土材料性能的工程问题，如：

1. 普通混凝土三大技术性质的具体含义是什么？

2. 混凝土拌合物的工作性含义是什么？对混凝土的施工有何影响？其影响因素有哪些？可采取哪些措施予以改善？

3. 混凝土拌合物工作性的表征指标有哪些？何谓坍落度？在混凝土拌合物坍落度试验中，黏聚性和保水性应如何判断？

4. 在混凝土施工过程中，为什么会出现泌水现象？应如何解决？

5. 混凝土的力学性质包括哪些内容？

6. 混凝土立方体拉压强度、立方体抗压强度标准值和强度等级的含义，以及三者之间的关系？

7. 影响混凝土强度的因素有哪些？采取哪些措施可以提高混凝土的强度？

8. 引起混凝土产生变形的因素有哪些？采取哪些措施可以减小混凝土的变形？

9. 导致混凝土失效的原因有哪些？

10. 混凝土耐久性的含义是什么？环境与混凝土耐久性有何关系？混凝土工程应如何保证其耐久性？

## 2.1　混凝土拌合物的技术性质

混凝土在尚未凝结硬化以前称为混凝土拌合物（亦称新拌混凝土）。目前生产实践中，混凝土拌合物的技术性质包括工作性（或称和易性）、泌水性、凝结时间等，混凝土拌合物最基本的技术性质为工作性。混凝土工程施工时，混凝土拌合物必须具有良好的工作性（图2.1），才能保证混凝土获得良好的浇灌质量。

图2.1　混凝土拌合物具有良好的工作性

## 2.1.1　混凝土拌合物的工作性

**1.工作性的含义**

工作性是指混凝土易于搅拌、运输、浇筑、捣实等施工作业，并能获得质量均匀和密实的混凝土的性质。工作性是一项综合的技术性质，就其含义目前尚有争议，但通常认为，工作性包括流动性、黏聚性和保水性等三方面的含义。

(1)流动性

流动性是指混凝土拌合物在自重或机械振捣的外力作用下，产生流动或塌落，能均匀密实地填满模板的性质。流动性的大小与混凝土中各种组成材料的比例有关，加水量的多少对混凝土拌合物的流动性影响较大。流动性太大，混凝土拌和时易出现离析，振捣时易出现浆体上浮而石子下沉的分层现象，浇筑成型的混凝土均匀性差从而影响质量；流动性太小，混凝土拌合物干稠而难以振捣，易造成混凝土内部形成孔隙，结构疏松，同样会影响混凝土的质量。

(2)黏聚性

黏聚性是指混凝土拌合物具有一定的黏聚力，在运输和浇筑过程中，不致出现分层离析，使混凝土保持整体均匀的性能。黏聚性不好，砂浆与粗骨料容易分离，振捣后会造成蜂窝、空洞等现象，严重影响工程质量。黏聚性的好坏与各组成材料的比例有关，水泥用量对混凝土拌合物的黏聚性影响较大。

(3)保水性

保水性是指混凝土拌合物在施工过程中具有一定的保水能力，保水性好，拌合物不易产生严重泌水现象。如图2.2所示，由于混凝土拌合物保水性不良，而导致刚成型后的路面混凝土出现泌水问题。保水性差，其泌水倾向大，泌水通道在混凝土硬化后形成毛细孔渗水通道，从而降低混凝土的抗渗性和抗冻性。保水性差的混凝土，其表面形成疏松层，如在上面浇筑混凝土，会影响新老混凝土的黏结，形成薄弱的夹层。另外，泌水还会导致在粗骨料及钢筋下部形成水囊或水膜，影响粗骨料、钢筋与砂浆的黏结。

**2.工作性的测定方法**

到目前为止，还没有确切的指标能够全面反映混凝土拌合物的工作性，目前世界各国关于混凝土拌合物工作性的测定有多种方法，按我国现行标准《普通混凝土拌合物性能试验方法标准》(GB/T 50080—2002)规定，工作性的测定主要采用坍落度试验和维勃稠度试验两种稠度试验方法。

(1)坍落度与坍落扩展度试验

坍落度试验采用标准坍落度筒测定，试验时将圆锥筒置于平板上，然后将混凝土拌合物分三层装入标准圆锥筒内(使捣实后每层高度为筒高的1/3左右)，每层均匀捣插25次。多余试样用镘刀刮平，然后垂直提起圆锥筒并置于平板上，测量筒高与坍落后混凝土试体最高点之间的高差(图2.3)，即为混凝土拌合物的坍落度，以mm为单位。

图2.2 混凝土保水性不良出现泌水现象

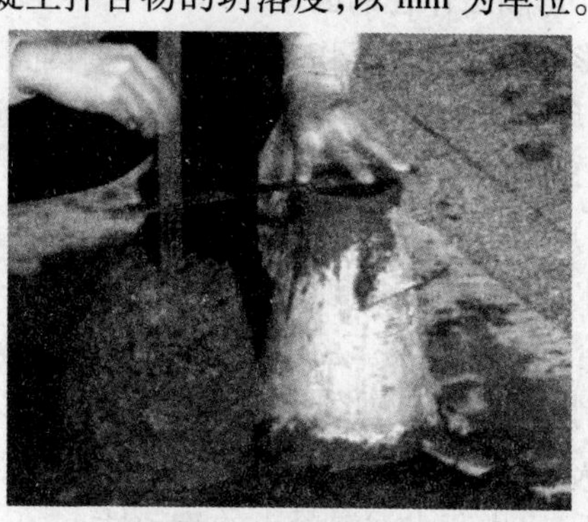

图2.3 坍落度测定

进行坍落度试验，同时应观察混凝土拌合物的黏聚性、保水性和含砂情况等，以便全面地评价混凝土拌合物的工作性。在拌制混凝土及坍落度试验中提起坍落度筒时，若出现泌水或离析现象，则保水性不良；若用捣棒敲击坍落后试体的一侧时，混凝土立刻倒坍或崩溃，则黏聚性不良(图2.4)。混凝土拌合物的坍落度越大，但试体四周不出现泌水，受敲击后下沉不易散开，则说明拌合物的工作性越好。

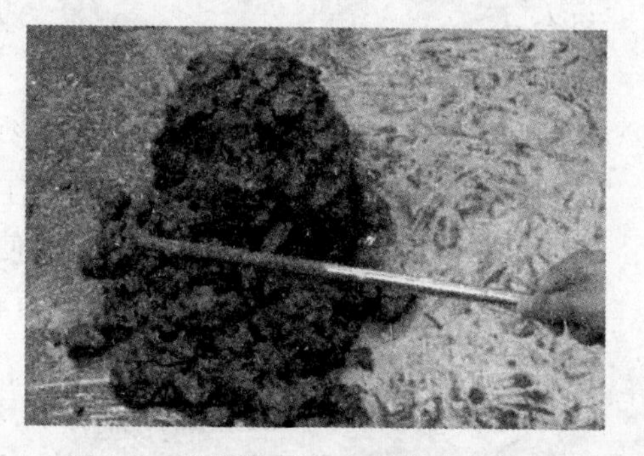

图2.4 黏聚性不良出现崩溃现象

坍落度是混凝土拌合物自重引起的变形，坍落度只是对富水泥浆的混凝土拌合物才比较敏感。相同性质的混凝土拌合物，不同试样，坍落度可能相差很大；相反，不同组成的混凝土拌合物，它们的工作性虽有很大的差别，但却可以得到相同的坍落度。因此，采用坍落度表示混凝土的流动性还存在着一定的缺陷，坍落度试验也不是唯一评价混凝土工作性的试验方法。

坍落度试验适用于坍落度不小于10 mm的混凝土拌合物的稠度测定。当混凝土拌合物的坍落度大于220 mm时，用钢尺测量混凝土扩展后最终的最大直径和最小直径，在这两个直径之差小于50 mm的条件下，用其算术平均值作为坍落扩展度值；否则，此次试验无效。当坍落度小于10 mm时，采用维勃稠度试验。

(2)维勃稠度试验

这一方法是瑞典V·皮纳(Bahrner)首先提出的,因而用他名字的首字母V-B命名。维勃稠度试验适用于在5~30 s之间的混凝土拌合物的稠度测定。该方法是将坍落度筒放在圆筒中,圆筒安装在专用的振动台上。按坍落度试验的方法将混凝土拌合物装入坍落度筒内后再拔去坍落度筒,并在混凝土拌合物顶上置一透明圆盘,开动振动台并记录时间,从开始振动至透明圆盘底面被水泥浆布满瞬间为止,所经历的时间即为混凝土拌合物的维勃稠度值,以s为单位。

**3. 影响工作性的因素**

影响混凝土拌合物工作性的主要因素有:①内因,即组成材料的质量及其用量;②外因,即环境条件(如温度、湿度、风速)和时间。

(1)组成材料质量及其用量的影响

1)水泥特性

水泥的品种、细度、矿物组成以及混合材料的掺量等都会影响需水量,因而影响混凝土拌合物的工作性。由于不同品种的水泥达到标准稠度的需水量不同,所以不同品种水泥配制成的混凝土拌合物具有不同的工作性,如普通水泥配制的混凝土拌合物比矿渣和火山灰水泥混凝土的工作性好;矿渣水泥混凝土拌合物的流动性虽大,但黏聚性差,易泌水离析;火山灰水泥混凝土的流动性小,但黏聚性最好。适当提高水泥细度可以改善混凝土拌合物的黏聚性和保水性,减少泌水、离析等现象,但水泥过细,也会增大混凝土裂缝的机会。

2)集料特性

集料特性是指集料的最大粒径、形状、表面纹理(如卵石或碎石)、级配和吸水性等,都将不同程度地影响混凝土拌合物的工作性。如卵石拌制的混凝土拌合物较碎石混凝土的工作性好;集料的最大粒径增大,可使集料的总表面积减小,拌合物的工作性也随之改善;具有优良级配的混凝土拌合物具有较好的工作性。

3)集浆比(或水泥浆量)

集浆比是指单位混凝土拌合物中,集料绝对体积与水泥浆绝对体积之比。水泥浆在混凝土拌合物中,除了填充集料间的空隙外,还包裹集料的表面,以减少集料颗粒间的摩阻力,使混凝土拌合物具有一定的流动性。在单位体积的混凝土拌合物中,如水灰比保持不变,水泥浆量越多,则拌合物的流动性越大。但若水泥浆量过多,则集料的含量相对减少,当达到一定限度时,将会出现流浆现象,加大泌水率,使混凝土拌合物的黏聚性和保水性变差,不仅浪费水泥,还会影响混凝土的施工质量。相反,若水泥浆量过少,不足以填满集料的空隙和包裹集料表面,则混凝土拌合物的黏聚性变差,甚至产生崩坍现象。因此,在满足混凝土工作性要求的前提下,应同时要考虑其强度和耐久性要求,尽量采用较大的集浆比,以减少水泥浆量,达到节约水泥的目的。

4)水灰比(或水胶比)

水灰比为水与水泥的质量比,水胶比为水与所有胶凝材料的质量比。当集浆比确定后,水灰比即决定水泥浆的稠度。在一般水泥浆量不变的条件下,水灰比较大时,水泥浆较稀,混凝土拌合物的流动性虽然较大,但黏聚性和保水性却随之变差,当水灰比过大时,将产生严重的离析和泌水现象。反之,若水灰比较小,则水泥浆较稠,混凝土拌合物的流动性亦较小,当水灰比过小时,在一定施工方法下则不能保证密实成型。因此,为使混凝土拌合物保持良好的施工性质,水灰比不能过小,也不能过大。

在实际工程中,决不能单纯依靠增加用水量来提高拌合物的流动性,这种方法会显著降低混凝土的质量。通常采用保证水灰比不变,同时增加用水量和水泥用量(即增加水泥浆量)的措施,达到改善混凝土拌合物流动性的目的。在通常使用范围内,当混凝土中用水量一定时,水灰比在小的范围内变化对混凝土拌合物的流动性影响不大。

5)砂率

砂率是指混凝土中砂的质量占砂石总质量的百分率。砂率表征混凝土拌合物中砂与石子相对用量的比例组合。砂率的变化会导致混凝土中集料的总表面积和空隙率发生变化,因而混凝土拌合物的工作性亦随之变化,图2.5所示为坍落度与砂率的关系。在水泥浆量一定的条件下,当砂率过大时,集料的总表面积和空隙率增大,混凝土拌合物就显得干稠,流动性小;当砂率过小时,虽然骨料的总表面积减小,但由于砂浆量不足,不能在粗骨料的周围形成足够的砂浆层起润滑作用,也会使拌合物的流动性降低,并影响黏聚性与保水性,使拌合物显得粗涩、粗骨料离析、水泥浆流失,甚至出现溃散等不良现象。因此,为保证混凝土拌合物的工作性,砂率不能过大,也不能过小,应选择一个合理的砂率值。

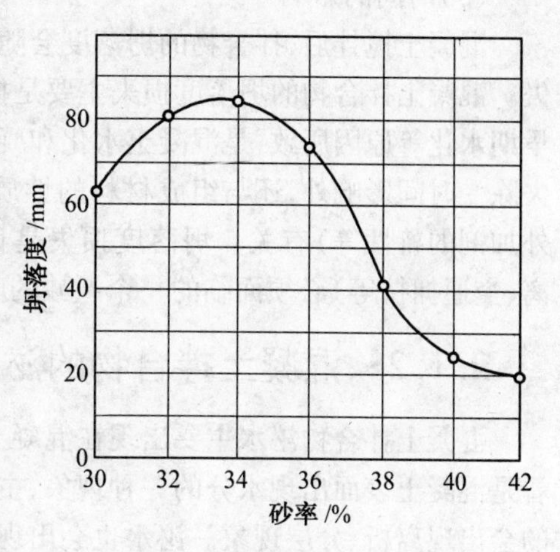

图2.5 坍落度与砂率的关系

混凝土拌合物的合理砂率是指在水灰比和水泥浆量一定的情况下,能使混凝土拌合物获得最大的流动性,且能保持黏聚性和保水性能良好的最佳砂率。合理砂率值应通过试验确定。

6)外加剂

在拌制混凝土拌合物时,加入少量外加剂,可在不增加用水量和水泥用量的情况下,改善拌合物的工作性,同时,也可以不同程度地提高混凝土的强度和耐久性。

7)掺合料

为提高混凝土的性能,在现代混凝土组配中常常掺加各种掺合料,如粉煤灰、粒化高炉矿渣粉、硅灰等。混凝土拌合物的流动性与掺合料的种类、颗粒形状、细度、密度等有直接的关系。如粉煤灰通常可以增大拌合物的流动性,提高其保水性,防止泌水;矿渣的保水性能较差,混凝土中加入矿渣容易产生泌水;但使用超细矿渣粉,则可以提高拌合物的保水性,减少泌水现象的发生;硅灰具有良好的保水性,能够避免泌水,但会使拌合物的流动性降低。目前,混凝土中通常采用一种或几种掺合料与外加剂双掺使用的方法,以达到提高混凝土综合性能的目的。

(2)环境条件的影响

引起混凝土拌合物工作性降低的环境因素主要有温度、湿度和风速。混凝土自加水拌和,其工作性的变化主要受水泥的水化率和水分的蒸发率所支配。因此,混凝土拌合物从搅拌至捣实的这段时间里,温度升高会加速水泥水化率和水的蒸发率,水的损失会导致拌合物流动性减小。同样,风速和湿度因素也会影响拌合物水分的蒸发率,从而影响流动性。因此,在不同环境条件下,欲保证混凝土拌合物具有一定的工作性,则必须采取改善工作性的相应措施。

(3)时间的影响

混凝土搅拌后,拌合物的坍落度会随时间的增长而逐渐减小,这一现象称为坍落度损失。混凝土拌合物的坍落度损失主要是拌合物中自由水随时间而蒸发、集料吸水和水泥早期水化等原因所致,是混凝土水化和凝结硬化的必然结果。混凝土拌合物的坍落度损失除受时间影响外,还与组成材料的性质(如水泥的水化速度与水化热、集料的空隙率、外加剂的特性等)有关。坍落度损失是目前商品混凝土供应条件(如城市规模、运输距离、交通拥挤等)必须面临的一个严峻的问题。

## 2.1.2 混凝土拌合物的泌水性

混凝土拌合物泌水主要出现在混凝土浇灌捣实之后与凝结之前这段时间内,从外观看是混凝土表面出现水分的一种现象,主要是混凝土拌合物的保水能力不足造成的,严重的会出现离析、分层现象。泌水也会出现在混凝土粗骨料与钢筋混凝土内钢筋下部或混凝土与模板接触表面等部位,因而导致混凝土结构黏结力不足或混凝土表面出现蜂窝麻面等现象,从而影响工程质量。实际上,泌水现象从混凝土浇捣成型开始,一直持续到沉降过程结束,直至混凝土凝结硬化为止。

**1. 泌水试验**

混凝土拌合物的泌水性能是混凝土拌合物在施工中的重要性能之一,尤其是对于大流动性的泵送混凝土来说更为重要。在混凝土的施工过程中泌水过多,会使混凝土丧失流动性,从而影响混凝土的可泵性和工作性,会给工程质量造成严重后果。将混凝土试样一次装入容量5 L(内径为185 m,高200 mm)的试样筒内,在振动台上振动20 s,然后用抹刀轻轻抹平,加盖以防水分蒸发。试样表面应比筒口边低约20 mm,自抹面开始计算60 min内,每隔10 min用吸液管吸出泌水一次,以后每隔20 min吸水一次,直至连续三次无泌水为止。每次吸水前5 min,应将筒底一侧面垫高约20 mm,使筒倾斜,以便于吸水。吸水后,将筒轻轻放平盖好。将每次吸出的水都注入带塞的量筒,最后计算出总的泌水量,精确至1 g。

混凝土拌合物的泌水量和泌水率可按下式计算:

$$B_a = \frac{V}{A} \tag{2.1}$$

式中 $B_a$——泌水量,$mL/mm^2$;

$V$——最后一次吸水后累计的泌水量,mL;

$A$——试样外露的表面面积,$mm^2$。

$$B = \frac{V_W}{(W/G)G_W} \times 100\% \tag{2.2}$$

式中 $B$——泌水率,%;

$V_W$——泌水总量(累计吸水总量),mL;

$G$——凝土拌合物总质量,g;

$G_W$——试样质量($G_W = G_1 - G_0$),$G_1$ 为筒及试样质量,$G_0$ 为筒质量,g;

$W$——混凝土拌合物总用水量,mL。

**2. 压力泌水试验**

压力泌水性能是泵送混凝土的重要性能之一,它是衡量混凝土拌合物在压力状态下的泌水性能,关系到混凝土在泵送过程中是否会离析而堵泵。将混凝土拌合物分两层装入压力泌水仪的缸体容器内,每层插捣 20 次并振实,压力泌水仪按规定安装完毕后应立即给混凝土试样施加压力至 3.2 MPa,并打开泌水阀门同时开始计时,加压至 10 s 时读取泌水量 $V_{10}$,加压至 140 s 时读取泌水量 $V_{140}$,压力泌水率可按下式计算:

$$B_V = \frac{V_{10}}{V_{140}} \times 100\% \tag{2.3}$$

式中 $B_V$——压力泌水率,%;

$V_{10}$——加压至 10 s 时的泌水量,mL;

$V_{140}$——加压至 140 s 时的泌水量,mL。

### 2.1.3 混凝土拌合物的凝结时间

水泥的水化反应是混凝土产生凝结的主要原因,但是混凝土的凝结时间与配制该混凝土所用水泥的凝结时间并不一致,因为水泥浆体的凝结和硬化过程要受到水化产物在空间填隙情况的影响,因此水灰比的大小会明显影响其凝结时间,水灰比越大,凝结时间越长。

一般配制混凝土所用的水灰比与测定水泥凝结时间规定的水灰比是不同的,因此,二者的凝结时间有所不同。而且混凝土的凝结时间,还会受到其他各种因素的影响,例如环境温度的变化、混凝土中掺入某些外加剂,如缓凝剂或速凝剂等,将会明显影响混凝土的凝结时间。

混凝土拌合物的凝结时间通常采用贯入阻力法进行测定,测定仪器为贯入阻力仪,如图 2.6 所示。先用 4.75 mm 筛孔的筛从混凝土拌合物中筛取砂浆,按规定方法装入规定的容器中,混凝土从加水计,3 h 后,每隔 0.5 h 测一次试针贯入砂浆一定深度时的贯入阻力,不少于 6 次,绘制混凝土凝结时间-贯入阻力的关系曲线,如图 2.7 所示。通过曲线确定混凝土初凝时间:贯入阻力 3.5 MPa 时对应的凝结时间;混凝土终凝时间:贯入阻力 28 MPa时对应的凝结时间。试验测针选用参照表 2.1。

图 2.6 混凝土贯入阻力仪

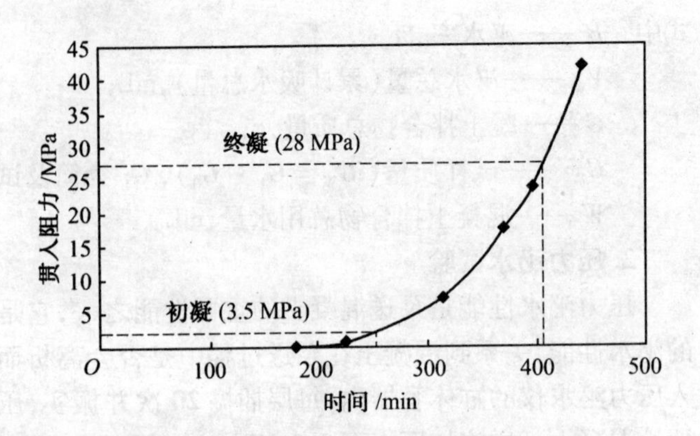


图 2.7 混凝土凝结时间–贯入阻力关系曲线

**表 2.1 测针选用参考表**

| 单位面积贯入阻力/MPa | 0.2～3.5 | 3.5～20.0 | 20.0～28.0 |
|---|---|---|---|
| 平头测针圆面积/$mm^2$ | 100 | 50 | 20 |

混凝土拌合物的凝结时间是从实用角度人为确定的，用初凝时间表示施工时间的极限，终凝时间表示混凝土力学强度开始发展。

# 2.2 混凝土的力学性质

混凝土是通过混合料中的水泥凝结硬化，将骨料黏结为密实坚硬的整体。硬化后的混凝土应具有一定的力学性能和耐久性，以满足工程的使用要求。硬化后混凝土的力学性质主要包括强度和变形。

## 2.2.1 混凝土的强度

强度是混凝土硬化后的主要力学性能。混凝土是多种材料的组合体，结构复杂可变，所以混凝土为非均质的材料。在未施加荷载前，由于水泥砂浆的收缩或泌水，在骨料下部形成水囊而导致骨料界面可能出现微裂缝。随着外力的施加，微裂缝周围出现应力集中，在外力不很大的情况下，裂缝就会延伸、扩展，最后导致混凝土的破坏。混凝土在结构中受到压、拉、弯、剪等外力作用，主要的静态强度指标如下。

**1. 强度指标**

强度是混凝土硬化后的主要力学性能，按我国国家标准《普通混凝土力学性能试验方法标准》（GB/T 50081—2002）规定，混凝土强度有立方体抗压强度、棱柱体抗压强度、劈裂抗拉强度、抗弯拉强度、剪切强度和黏结强度等。

(1)立方体抗压强度、抗压强度标准值和强度等级

1)立方体抗压强度($f_{cu}$)

按照标准的制作方法制成边长为150 mm的正立方体试件,在标准养护室中(温度20±2 ℃,相对湿度95%以上),或在温度为20±2 ℃的不流动的$Ca(OH)_2$饱和溶液中,养护至28 d龄期,按照标准的测定方法测定其抗压强度值,称为混凝土立方体试件抗压强度(简称立方抗压强度)。可按下式计算:

$$f_{cu}=\frac{F}{A} \tag{2.4}$$

式中 $f_{cu}$——混凝土立方体抗压强度,MPa;

$F$——试件破坏荷载,N;

$A$——试件承压面积,$mm^2$。

立方体试件抗压强度试验,以三个试件为一组,取三个试件强度的算术平均值作为每组试件的强度代表值。

2)立方体抗压强度标准值($f_{cu,k}$)

按我国现行国家标准《混凝土强度检验评定标准》(GB 50107—2009)的定义,混凝土立方体抗压强度标准值是按照标准方法制作和养护的边长为150 mm的立方体试件,在28 d(或设计规定)龄期,用标准试验方法测定的抗压强度总体分布中具有95%保证率的一个抗压强度值,即强度低于该值的百分率不超过5%,如图2.8所示。

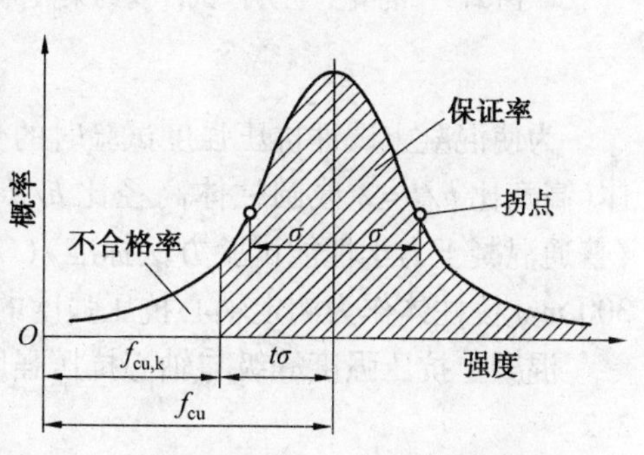


图2.8 混凝土强度正态分布曲线及保证率

从以上定义可知,立方体抗压强度($f_{cu}$)只是一组混凝土试件抗压强度的算术平均值,并未涉及数理统计、保证率的概念。而立方体抗压强度标准值($f_{cu,k}$)是指一批混凝土的立方体抗压强度,按数理统计方法确定,具有不低于95%保证率的立方体抗压强度值。

3)强度等级

混凝土强度等级是根据立方体抗压强度标准值来确定的。强度等级的表示方法是用符号"C"和"立方体抗压强度标准值"两项内容表示。例如,C30即表示混凝土立方体抗压强度标准值$f_{cu,k}$=30 MPa。

我国现行《混凝土结构设计规范》(GB 50010—2010)规定,普通混凝土按立方体抗压强度标准值划分为C15、C20、C25、C30、C35、C40、C45、C50、C55、C60、C65、C70、C75、C80等14个强度等级。

(2)轴心抗压强度($f_{cp}$)

混凝土立方体试件在进行抗压强度试验时,当试件在压力机上受压时,由于钢制承压板的横向膨胀较混凝土小,因而在承压板与混凝土承压面之间形成摩擦力,对混凝土的横向膨胀产生约束作用,这种现象称之为环箍效应(图2.9)。试件受压时产生环箍效应,使其强度有较大的提高,而不受压板约束时试件实际的破坏情况如图2.10所示。环箍效应

会造成混凝土的实测强度增大,这与混凝土构件的实际受力情况不相符。当随着混凝土试件高度的不断增加,这种环箍效应会逐渐消失,因此,采用标准棱柱体试件测定混凝土的轴心抗压强度要比立方体抗压强度更为实际。通常,混凝土轴心抗压强度 $f_{cp}=(0.7\sim0.8)f_{cu}$。

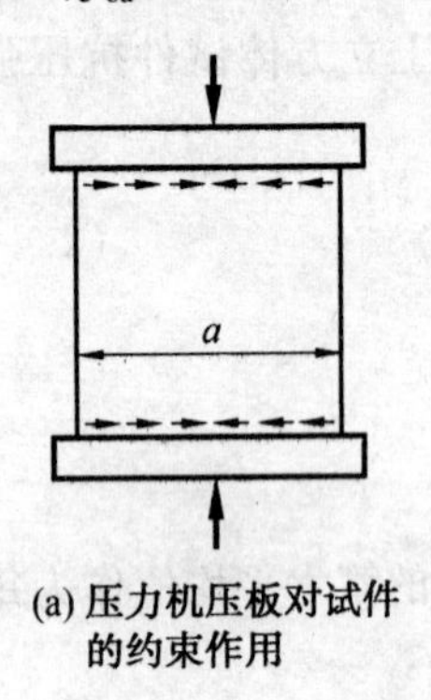


(a) 压力机压板对试件的约束作用

(b) 试件受压破坏后残存的棱锥体

图 2.9　混凝土立方体试件受约束破坏示意图

图 2.10　不受压板约束时试件的破坏情况

为使混凝土试件抗压强度试验时的受力状态处于结构中的承压状态,通常采用棱柱体(高宽比 $h/b=2$ 或圆柱体高径比 $h/d=2$)试件测定其轴心抗压强度。我国现行标准《普通混凝土力学性能试验方法标准》(GB/T 50081—2002)规定,采用 150 mm×150 mm×300 mm 棱柱体作为测定轴心抗压强度的标准试件。

混凝土抗压强度等级与轴心抗压强度标准值及轴心抗拉强度标准值的对照关系见表 2.2。

**表 2.2　混凝土强度等级、轴心抗压强度标准值($f_{ck}$)、轴心抗拉强度标准值($f_{tk}$)关系(MPa)**

| 强度 | 混凝土强度等级 | | | | | | | | | | | | | |
|---|---|---|---|---|---|---|---|---|---|---|---|---|---|---|
| | C15 | C20 | C25 | C30 | C35 | C40 | C45 | C50 | C55 | C60 | C65 | C70 | C75 | C80 |
| $f_{ck}$ | 10.0 | 13.4 | 16.7 | 20.1 | 23.4 | 26.8 | 29.6 | 32.4 | 35.5 | 38.5 | 41.5 | 44.5 | 47.4 | 50.2 |
| $f_{tk}$ | 1.27 | 1.54 | 1.78 | 2.01 | 2.20 | 2.39 | 2.51 | 2.64 | 2.74 | 2.85 | 2.93 | 2.99 | 3.05 | 3.11 |

(3)劈裂抗拉强度($f_{ts}$)

由于混凝土轴心抗拉强度试验的装置设备制作困难以及握固设备易引入二次应力等原因,我国现行国家标准《普通混凝土力学性能试验方法标准》(GB/T 50081—2002)规定,采用 150 mm×150 mm×150 mm 的立方体作为标准试件,按规定的劈裂抗拉试验装置检测劈裂强度(图 2.11)。混凝土劈拉强度按下式计算:

$$f_{ts}=\frac{2F}{\pi A}=0.637\,\frac{F}{A} \tag{2.5}$$

式中　$f_{ts}$——混凝土劈裂抗拉强度,MPa;

$F$——试件破坏荷载,N;

$A$——试件劈裂面面积,$mm^2$。

(4)抗弯拉强度($f_{cf}$)

道路路面或机场路面用水泥混凝土,以抗弯拉强度(或称抗折强度)作为主要控制指标。按我国现行标准《公路工程水泥及水泥混凝土试验规程》(JTG E30—2005)规定,道路水泥混凝土的抗弯拉强度是以标准操作方法制备成150 mm×150 mm×550 mm的梁形试件,在标准条件下,经养护28 d后,按三分点加荷方式(图2.12),测定其抗弯拉强度,并按下式计算:

$$f_{cf}=\frac{FL}{bh^2} \tag{2.6}$$

式中 $f_{cf}$——混凝土抗弯拉强度,MPa;

$F$——试件破坏荷载,N;

$L$——支座间距,mm(通常$L=450$ mm);

$b$——试件宽度,m;

$h$——试件高度,m。

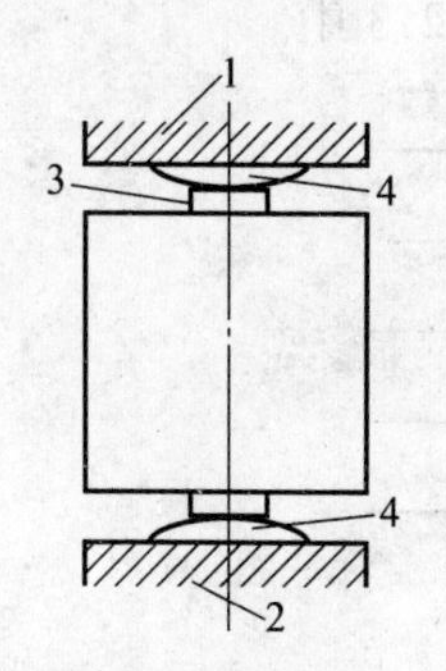


图2.11 混凝土劈裂抗拉试验装置图

1—上压板;2—下压板;3—垫条;4—垫层

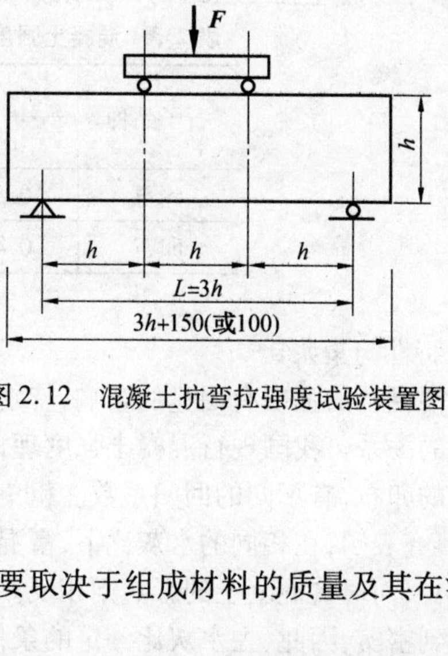

图2.12 混凝土抗弯拉强度试验装置图

**2. 影响硬化后水泥混凝土强度的因素**

(1)材料组成对混凝土强度的影响

材料组成是混凝土强度形成的内因,主要取决于组成材料的质量及其在混凝土中的用量比例。

1)水泥的强度和水灰比

水泥混凝土的强度主要取决于其内部起胶结作用的水泥石的质量,水泥石的质量则取决于水泥的特性和水灰比。1930年,瑞士的J. Bolomey(鲍罗米)提出了混凝土抗压强度($f_c$)与水泥强度($f_{ce}$)和灰水比($C/W$)之间的直线关系(图2.13),表达式为:

$$f_c=Af_{ce}\left(\frac{C}{W}-B\right) \tag{2.7}$$

式中 $A$、$B$——实验常数。

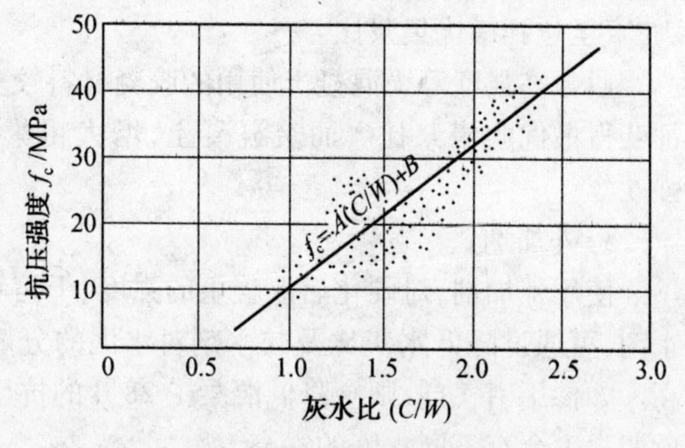


图2.13 鲍罗米公式的直线关系

分析鲍罗米公式知,在水灰比一定的条件下,选择较高强度的水泥可使混凝土获得较高的抗压强度,而在水泥强度确定的条件下,水灰比越大,则混凝土的抗压强度越低。在混凝土研究中,水灰比对抗压强度的影响虽然很大却不是唯一的影响因素,但在传统混凝土的使用中,由于鲍罗米公式计算简便,因此一直为世界各国广泛采用。我国根据大量的实验资料统计结果,提出了灰水比、水泥实际强度与混凝土 28 d 立方体抗压强度的关系式,即混凝土强度理论,表达式如下:

$$f_{cu,28} = \alpha_a f_{ce}\left(\frac{C}{W} - \alpha_b\right) \tag{2.8}$$

式中 $f_{cu,28}$ ——混凝土 28 d 龄期的立方体抗压强度,MPa;

$f_{ce}$ ——水泥实际强度,MPa;

$\frac{C}{W}$ ——灰水比;

$\alpha_a, \alpha_b$ ——回归系数。按《普通混凝土配合比设计规程》(JGJ 55—2011)规定,混凝土强度公式的回归系数 $\alpha_a$、$\alpha_b$ 列于表 2.3 中。

**表 2.3 混凝土强度公式的回归系数**

| 石子品种 | 回归系数 | |
|---|---|---|
| | $\alpha_a$ | $\alpha_b$ |
| 碎石 | 0.53 | 0.20 |
| 卵石 | 0.49 | 0.13 |

2)集料特性与集浆比

集料对混凝土的强度有明显的影响,特别是粗集料的最大粒径、形状、表面特性与强度有着直接的关系。我国现行混凝土强度理论公式中,对表面粗糙有棱角的碎石以及表面光滑浑圆的卵石,有不同的回归系数。粗集料的最大粒径对混凝土抗压强度亦有一定的影响,有研究表明,在相同的水灰比下,富混凝土的抗压强度随着粗集料最大粒径的增大呈下降趋势,而对贫混凝土的影响则相反。对富混凝土,水泥浆量足以填充集料空隙,使混凝土达到密实,因此,在水灰比一定的条件下,混凝土的强度随着集浆比的增加而增大,直至达到最优集浆比。

通常高强度等级混凝土使用的胶凝材料较多,一般选用最大粒径较小的粗集料,并保证获得最优的集浆比。而贫混凝土,增大粗集料最大粒径,有利于提高混凝土的抗压强度。

3)外加剂

使用外加剂,对硬化后混凝土的强度、干缩和耐久性都将产生一定的影响。如使用减水剂,可通过降低水灰比及减水剂对水泥的分散作用,使混凝土 28 d 的抗压强度显著提高。如掺用引气剂,则会降低混凝土 28 d 的抗压强度;缓凝剂会降低混凝土早期强度,但后期强度会有不同程度的提高。

4)掺合料

掺合料的种类、活性成分含量、细度及掺量比例等都对混凝土的强度有较大的影响。

如掺加粉煤灰,混凝土的早期抗压强度较低,但后期会赶上甚至超过不掺粉煤灰的混凝土的抗压强度;大掺量粉煤灰后期抗压强度则相反。硅灰的比表面积很大,活性成分水化充分,因此,掺加硅灰的混凝土均比普通混凝土的强度高,且在一定范围内,随硅灰掺量的增加,混凝土的强度进一步提高。但是,在利用硅灰优点的同时,也应注意其水化体积收缩率较大而导致混凝土出现裂缝的现象。

(2)养护条件对混凝土强度的影响

对于相同配合组成和相同施工方法的混凝土,其力学强度取决于养护条件,包括养护湿度、养护温度和龄期。

1)湿度

有研究表明,混凝土在不同湿度、不同龄期条件下养护,混凝土强度的变化如图 2.14 所示。可见,混凝土浇筑成型后,如能保持湿润的状态,混凝土的强度将随龄期增长而增大。

由于混凝土现场养护条件很难使现场湿度达到实验室的养护要求,因此混凝土现场养护应采用一定的方法保持湿度,保证最大程度地满足施工养护要求。目前主要采用的保湿方法有:浸泡、喷淋、喷雾或采用湿的布质覆盖物等,保证在热天维持混凝土早期硬化阶段的水分;采用不渗透的密封纸、塑料膜覆盖混凝土或采用成型薄膜养护剂等,降低混凝土表面拌合水的损失;采用蒸汽、电热丝或电热模板加热养护方法补充水分,加速发展混凝土强度。

2)温度

养护温度对混凝土强度发展有很大影响。在相同湿度的养护条件下,低温养护强度发展较慢,需要更长的龄期才能达到一定的强度。图 2.15 为相同湿度条件下,以 21℃、28 d 龄期的抗压强度为 100% 时、不同温度和龄期的相对强度的试验曲线。

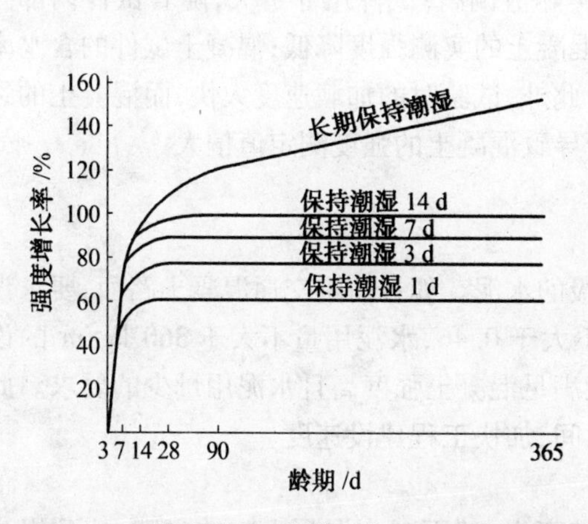


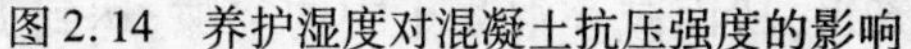

图 2.14 养护湿度对混凝土抗压强度的影响

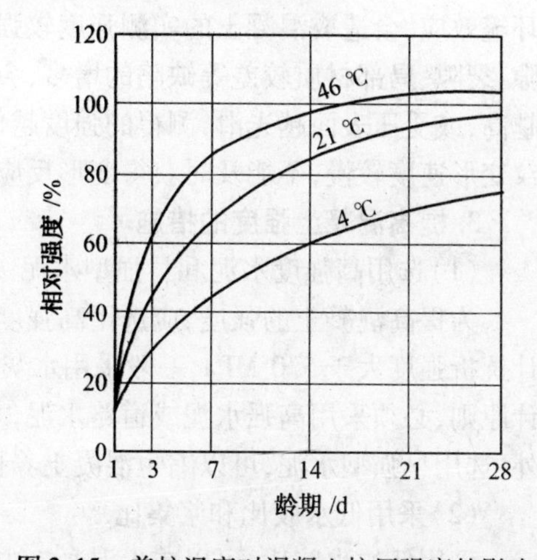


图 2.15 养护温度对混凝土抗压强度的影响

当现场混凝土施工温度降至 0 ℃以下时,应采取相应的保温措施,防止混凝土受冻。目前常采用的防冻保温的措施有干草类覆盖、保温模板、保温毯、便携式循环加热器、蒸汽养护等,用于预制混凝土的养护方法有电、油、微波和红外线养护等。

3)龄期

混凝土的强度随着龄期的增长而提高。一般早期增长比例较为显著,后期较为缓慢。在相同养护条件下,混凝土抗压强度增长规律如图2.16所示。

现场混凝土的养护周期通常为3周,但养护龄期主要取决于水泥的品种、混凝土的设计强度、混凝土的形状与尺寸、混凝土所处的条件、环境气候条件及采用的养护方式等因素。因此,对富混凝土或采用早强水泥、早强剂的混凝土,养护时间可以为几天;对采用蒸汽养护的混凝土,往往只需要养护几小时到3 d,而大体积混凝土则需要更长的养护时间。通常对于5 ℃以上的养护环境,应加长混凝土的养护龄期,养护龄期至少为7 d;对5 ℃及以下的养护环境,应采用特殊的防冻养护方法维持最低温度不低于10 ℃,避免混凝土受冻。

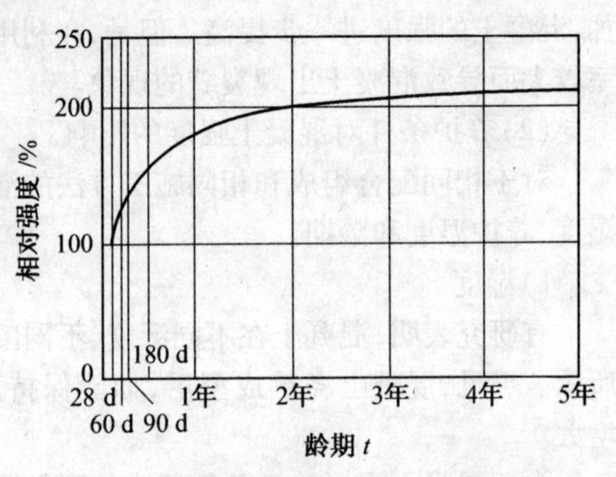


图2.16 混凝土抗压强度随时间的增长曲线

混凝土浇筑成型后,必须在适宜的环境中进行养护才能获得良好的质量。若混凝土现场养护不当或不重视现场养护,不仅水泥得不到充分的水化而使混凝土的强度大打折扣,混凝土还会出现各种缺陷,引发各种裂纹,导致混凝土强度下降。

(3)试验条件对混凝土强度的影响

相同材料组成、相同制备条件和养护条件制成的混凝土试件,其力学强度还取决于试验条件。影响混凝土力学强度的试验条件主要有:试件形状与尺寸、试件湿度、试件温度、支承条件和加载方式等。如采用标准立方体试件测定混凝土的立方体抗压强度时,由于环箍效应,会造成混凝土的实测强度较强度实际值偏高;试件尺寸过大,随着试件内部孔隙、裂隙、局部材质较差等缺陷的增多,会使混凝土的实测强度降低;混凝土试件的含水率越高,或受压表面越光滑,测得的强度越低。此外,试验时的加载速度太快,而混凝土的裂纹变形速度较慢,不能及时获得变形反应,会导致混凝土的强度测定值偏大。

**3.提高混凝土强度的措施**

(1)选用高强度水泥和早强型水泥

为提高混凝土的强度,应选用高强度等级的水泥。如目前重交通混凝土路面,要求设计抗折强度大于5.0 MPa,一般采用水灰比不大于0.46,水泥用量不大于360 kg/m$^3$的设计原则,必须采用高强水泥或道路水泥,才能满足混凝土强度高且水泥用量少的要求。此外,选用早强型水泥,可以缩短混凝土养护时间,加快工程建设速度。

(2)采用低水胶比和浆集比

采用低的水胶比,可以减少混凝土中的游离水,从而减小混凝土中的空隙,达到提高混凝土的密实度和强度的目的。降低浆集比,则减少了水泥浆层的厚度,可以充分发挥集料的骨架作用,亦可以提高混凝土的强度。采用适宜的最大粒径,可调节抗压和抗折强度之间的关系,达到提高抗折强度的效果。

(3)掺加混凝土外加剂和掺合料

目前,混凝土工程普遍使用预应力混凝土,通常要求设计强度为C50以上并保持较高的坍落度(一般要求混凝土拌合物的坍落度在50 mm以上),除了采用42.5 MPa或52.5 MPa强度等级的硅酸盐水泥外,还应掺入外加剂和掺合料,使水胶比保持在0.40左右甚至更低,才能实现强度设计要求。

(4)采用湿热处理

1)蒸汽养护

蒸汽养护是使浇筑好的混凝土构件经1~3 h预养后,在90%以上的相对湿度、60 ℃以上温度的饱和水蒸气中养护,以加速混凝土强度的发展。

普通水泥混凝土经过蒸汽养护后,早期强度提高快,一般经过一昼夜蒸汽养护,混凝土强度能达到标准强度的70%,但对后期强度增长有影响,所以用普通水泥配制的混凝土养护温度不宜太高,时间不宜太长,一般养护温度为60~80 ℃,恒温养护时间5~8 h为宜。火山灰水泥和矿渣水泥配制的混凝土,蒸汽养护效果比普通水泥混凝土好,不但早期强度增加快,而且后期强度比自然养护还稍有提高。这两种混凝土可以采用较高的温度养护,一般可达90 ℃,养护时间不超过12 h。

2)蒸压养护

蒸压养护是将浇筑完的混凝土构件静停8~10 h后,放入蒸压釜内,在高温、高压(如温度为175 ℃以上,大于或等于8个大气压)饱和蒸汽中进行养护。

在高温、高压蒸汽下,水泥水化时析出的$Ca(OH)_2$不仅能充分与活性的氧化硅结合,而且也能与结晶状态的氧化硅结合,生成含水硅酸盐结晶,从而加速水泥的水化和硬化,提高混凝土的强度。蒸压养护比蒸汽养护的混凝土质量好,特别对采用掺活性混合材水泥、掺入磨细石英砂的混合硅酸盐水泥及使用掺合料的混凝土更为有效。

(5)采用机械搅拌和振捣

混凝土拌合物在强力搅拌和振捣作用下,水泥浆的凝聚结构暂时受到破坏,因而降低了水泥浆的黏度和集料间的摩阻力,提高了拌合物的流动性,能够更好地充满模具并均匀密实,提高硬化后混凝土的强度。

## 2.2.2 混凝土的变形特性

如果混凝土在没有约束的条件下自由变形,其正常的体积变化几乎不产生不良影响。但在实际工程中混凝土通常要受到一定的结构约束而产生应力,其中拉应力最为显著。由于混凝土的抗压强度很高而抗拉强度相对较低,因此可导致混凝土产生裂缝。如图2.17为典型的混凝土收缩裂缝。

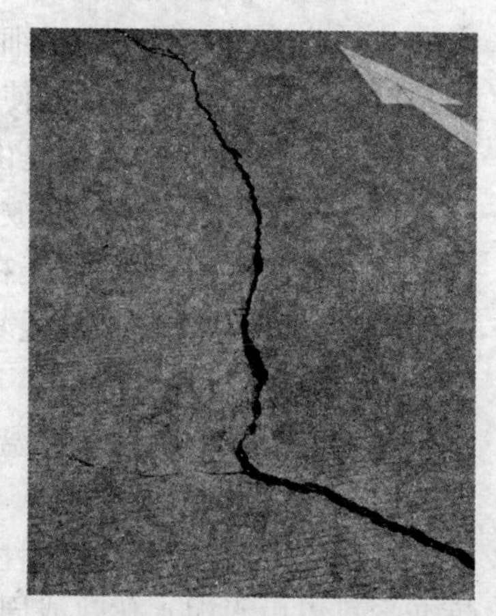

图2.17 混凝土路面收缩裂缝

**1. 混凝土早期体积变化**

混凝土早期体积变化包括化学收缩、自收缩、沉降收缩、塑性收缩、膨胀与热膨胀等变形。

(1)化学收缩

混凝土的化学收缩主要是由水泥的水化产物所引起的,水泥水化后,浆体的固体和液体的绝对体积减小,使水泥水化产物的绝对体积小于水化前水泥与水的总体积,因此使混凝土产生体积收缩。

化学收缩是不能恢复的,但随着混凝土硬化龄期的增长而逐渐减小,一般在混凝土成型40多天内增长较快,以后逐渐稳定。混凝土的化学收缩值一般为$(4\sim100)\times10^{-6}$ mm/mm。

(2)自收缩

自收缩是指水泥浆、砂浆、混凝土因水化引起的宏观体积减小。由于水泥水化消耗孔隙水导致浆体自身干燥和体积均匀减小而产生自收缩,因此,化学收缩会促进自收缩,但当有外来水补充时自收缩不会发生。

自收缩开始于初凝还是混凝土浇筑时就已开始,不同的学者有不同的观点。由于水泥硬化浆体结构的刚度较大,通常自收缩减小的体积远远小于化学收缩减小的绝对体积。但自收缩受水灰比和水泥浆量的影响较大,随水灰比的降低和水泥浆量的增加,自收缩会增大。如通常普通混凝土的自收缩可以忽略不计,但当水灰比低于0.42时,自收缩会极为明显。高强、低水灰比的混凝土,其自收缩可达到$(200\sim400)\times10^{-6}$ mm/mm。

(3)沉降收缩

沉降收缩是指混凝土拌合物中胶凝材料初凝前在垂直方向上的收缩,简称为沉降,主要由拌合物泌水、气泡上升至浆体表面及化学收缩引起。通常泌水小且密实的混凝土沉降很小,沉降过大则往往是由于混凝土拌合物密实程度不足所致。钢筋混凝土中,如钢筋上方的沉降过大,将导致其上方的混凝土出现开裂。研究认为,采用引气剂、增加细集料用量、降低用水量,可减小沉降裂缝的可能性。

(4)塑性收缩

塑性收缩是指混凝土拌合物尚未硬化之前发生的体积变化,是由化学收缩、自收缩及表面水分快速蒸发等共同作用的结果。通常可在混凝土抹面前或抹面过程中看到,多呈表面撕裂状。混凝土采用各种保湿养护手段可以有效地控制塑性收缩。

(5)膨胀与热膨胀

化学收缩使混凝土中毛细管失水,在采用潮湿养护或浸水养护的条件下,外来水分可以及时补充毛细管的失水而使混凝土的体积增大。实际上,混凝土早期膨胀并不大,只有$50\times10^{-6}$ mm/mm,膨胀主要是由水化产物晶体长大、吸水、渗透压的共同作用产生的。

热膨胀是由水泥水化释放出大量的热量引起的,尤其在大的混凝土结构或构件中较为明显。有研究表明,混凝土在最初的几个小时或几天内出现的温度升高可能引起微小的膨胀,这种膨胀可以抵消混凝土的自收缩和化学收缩。

**2.硬化混凝土的变形**

硬化混凝土的变形包括温度变形、干缩变形、弹性和非弹性变形以及化学变形等。

(1)温度变形

混凝土具有热胀冷缩的性质,其温度膨胀系数在$(6\sim13)\times10^{-6}$/℃之间。混凝土温度变形可以由水泥水化热或周围环境的温度变化所引起。

温度变形对大体积混凝土工程或在温差较大的季节施工的混凝土结构极为不利。在大体积混凝土中，由于水泥水化放热，混凝土内部温度升高，使混凝土内部产生显著的体积膨胀，而混凝土外部却随气温降低而收缩，结果导致外部混凝土产生很大的拉应力。当这种拉应力超过混凝土的抗拉强度时，外部混凝土就会开裂甚至崩塌。当混凝土施工期间温差较大时，同样会出现上述问题。为了减小温度变形对混凝土性能的不利影响，应设法降低混凝土的发热量，如采用低热水泥、人工降温以及对表层混凝土加强保温、保湿等措施。同时，在水泥混凝土路面中设置各种类型的接缝，在较长的混凝土结构中设置温度伸缩缝，以减小混凝土温度胀缩引起的内应力，避免引起混凝土结构的破坏。

(2)干缩变形(干燥收缩)

混凝土处于干燥环境中时，由于其内部水分蒸发而引起的体积变化，称为干燥收缩。当外界环境湿度低于混凝土本身的湿度时，混凝土中水泥石内部的游离水被蒸发，毛细管壁受到压缩，混凝土开始收缩。在环境相对湿度低于40%时，水泥水化物中的凝胶水也开始蒸发，会引起更大的收缩。当混凝土遇到潮湿的环境时，已经干缩的混凝土将会膨胀，但这种膨胀量极小，几乎不予考虑。

由于干缩变形是混凝土的固有性质，如果处理不当，会使混凝土中出现微小裂纹，影响混凝土的力学性能与耐久性。混凝土的干缩主要由水泥石的干缩所至，所以混凝土的干缩程度与水泥品种及用量、单位用水量和集料用量有关。需水量大和细度较大的水泥干缩性大。集料在混凝土中形成骨架，对收缩有一定的抑制作用，水泥用量多或用水量大时，混凝土收缩较大。此外，混凝土的干缩还与施工、养护条件有关。混凝土浇筑的越密实，收缩量越小。早期在水中养护或在潮湿的环境中养护，可大大减小混凝土的收缩量，蒸压养护对收缩的抑制效果更为显著。综上所述，降低混凝土干缩程度的主要措施有：限制水泥用量并保证一定的集料用量，减小水灰比，充分捣实混凝土，加强混凝土的早期养护。

(3)弹性和非弹性变形

1)弹性模量

混凝土是一种脆性材料，在承受荷载时，其应力-应变关系是非线性的，如图2.18所示。在混凝土应力-应变曲线上，任一点应力与应变的比值称为混凝土在该应力下的弹性模量。在混凝土受力的不同阶段，其弹性模量是一个变量，根据不同的取值方法，可得到三种弹性模量。

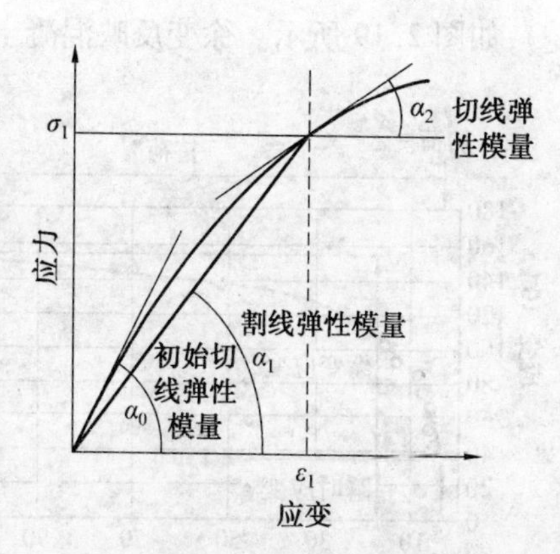

图2.18 混凝土弹性模量

① 初始切线弹性模量 $\alpha_0$。如图2.18所示，可由应力－应变曲线原点的切线斜率求得。$\alpha_0$ 在结构设计中的应用价值较小，而且难以准确测量。

② 切线弹性模量 $\alpha_2$。如图2.18所示，可由应力－应变曲线上任一点的切线斜率确定。

③ 割线弹性模量 $\alpha_1$。如图2.18所示，可由应力－应变曲线上任一点与原点连线的斜率求得。在混凝土工艺和混凝土结构设计中，通常采用规定条件下的割线弹性模量。

建筑工程或桥梁工程用混凝土，规定以应力为棱柱体试件极限抗压强度40%时的割

线模量作为混凝土静力抗压弹性模量,并按下式计算:

$$E_{cc}=\frac{\sigma_{(0.4f_{cp})}}{\varepsilon_e} \tag{2.9}$$

式中 $E_{cc}$——混凝土静力抗压强度模量,MPa;

$\sigma_{0.4f_{cp}}$——相当于棱柱体试件极限抗压强度40%的应力,MPa;

$\varepsilon_e$——按割线模量计算的应变。

路面工程用混凝土规定其抗折弹性模量是取抗折极限荷载平均值的50%为抗折弹性模量的荷载标准,经反复加荷变形验证后的割线模量测定的。混凝土抗折弹性模量是按简支梁三分点加荷的跨中挠度公式反算求得的,计算公式如下:

$$E_{cf}=\frac{23FL^3}{1\,296fJ} \tag{2.10}$$

式中 $E_{cf}$——混凝土静力抗折弹性模量,MPa;

$F$——荷载,N;

$L$——试件净跨,$L=450$ mm;

$f$——跨中挠度,mm;

$J$——试件断面转动惯量,$J=\frac{1}{12}bh^3$,$mm^4$。

混凝土弹性模量在很大程度上取决于粗集料的弹性模量和混凝土的强度。当粗集料含量较高时,混凝土的弹性模量亦较高,混凝土的弹性模量随其强度的提高而增加。普通混凝土的抗压弹性模量范围内在$(1.4\sim4.1)\times10^4$ MPa之间,抗压强度为20~35 MPa的普通混凝土其弹性模量可按抗压强度平方根的5 000倍进行估算。一般抗折强度在4.0~5.5 MPa的路面混凝土,其抗折弹性模量范围在$(2.7\sim3.5)\times10^4$ MPa之间。

2)徐变

混凝土在荷载长期持续作用下,变形随时间连续增长,这种变形称为徐变(或称为蠕变),如图2.19所示。徐变反映混凝土在持续荷载作用下的变形特征。

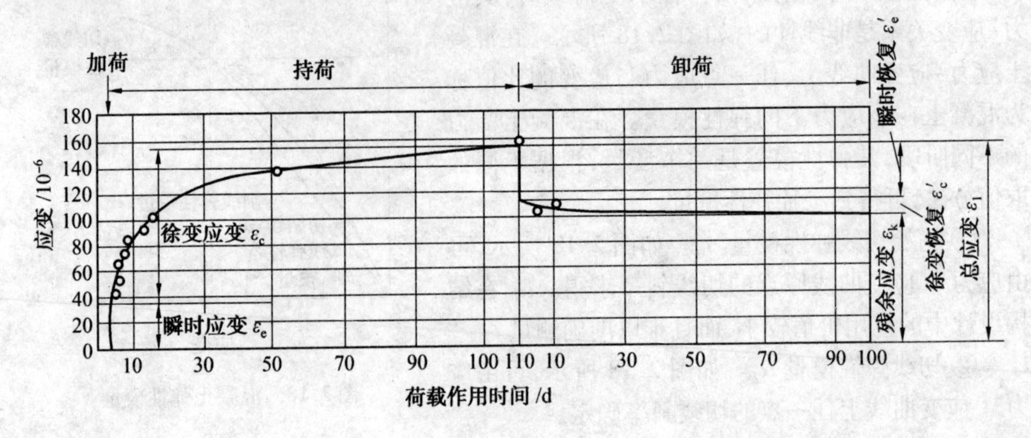


图2.19 混凝土徐变与荷载作用时间的关系

在持续荷载作用下,混凝土的徐变可以延续若干年,其徐变应变通常会超过弹性应变,当混凝土结构承受持续荷载时,如果所承受的持续荷载较大,可能会导致混凝土结构破坏。所以在混凝土结构设计中必须考虑徐变的影响,否则,可能会导致对整个结构变形的估计严重不足。在预应力混凝土中,必须考虑徐变变形导致构件缩短而造成的预应力损失。

混凝土的徐变主要由水泥石的徐变所引起,而集料所产生的徐变几乎可以忽略不计,因此,混凝土中集料的体积率越大,混凝土的徐变越小。目前,主要采用降低水灰比、较高的集浆比、选用快硬或早强水泥和优良级配的集料以及加强混凝土早期养护等措施降低混凝土的徐变。

(4)化学变形

化学变形主要指碳化、硫酸盐侵蚀和碱-集料反应所引起的混凝土的体积变化。混凝土的化学变形与其耐久性密切相关,其变形机理、特点、影响因素及在工程中的处理方法等问题见2.3节内容。

## 2.3 混凝土的耐久性

混凝土工程到底有多长的使用寿命呢?有的混凝土工程已有上百年的历史且至今仍保持完好,而有的混凝土工程建好后仅服役几年就产生了破坏。可见,混凝土的使用寿命与混凝土丧失性能的时间有很大的关系。导致混凝土失效的原因大致可归为荷载失效、耐久性失效和意外灾害失效三大类。其中,混凝土的耐久性是决定混凝土寿命的关键指标。因此,混凝土用于各种土木工程中,除应满足施工工作性和设计强度的要求外,还必须具有优良的耐久性。

混凝土的耐久性是指混凝土在所使用的环境中能够保持长期性能稳定的能力。混凝土长期处在某种环境中,其性能损失不仅与环境的恶劣程度有关,还与混凝土的组成材料有很大的关系。如建筑、道路、桥梁、港口等工程,由于无遮盖而裸露在大气中,混凝土要长期经受风霜雨雪及淡水、海水及污水等的侵蚀,因此,混凝土耐久性包括对抗冻、抗蚀、抗渗、碳化、耐磨、碱-集料反应等多个方面的要求。

进入20世纪70年代以来,不少工业发达国家都面临一些钢筋混凝土结构基础设施老化的问题。美国1987年的政府报告指出:当时57.5万座桥梁中大约有25.3万座处于不同程度的破坏状态,有的使用期不到20年,而且受损的桥梁每年还增加3.5万座。美国现存的全部混凝土工程的价值约6万亿美元,而每年用于维修的费用高达300亿美元。加拿大为修复劣化损坏的全部基础设施工程估计要耗费5 000亿美元。英国调查统计了271个工程劣化破坏实例,其中碳化锈蚀17%、环境氯盐锈蚀33%、内部氯盐锈蚀5%、混凝土冻蚀10%、混凝土磨蚀10%、混凝土碱-集料反应破坏9%、硫酸盐化学腐蚀4%,其他各种不常发生的腐蚀破坏占7%。

我国结构工程中混凝土耐久性不高的问题也非常严重。20世纪90年代,建设部组织的国内混凝土结构调查发现,大多数工业建筑及露天构筑物在使用25~30年后即需大修,处于有害介质中的建筑物使用寿命仅为15~20年,民用建筑及公共建筑使用及维护条件较好,一般可维持50年。2000年全国公路普查指出,处于露天环境下的桥梁耐久性与病害状况更为严重,到2000年底我国已有各式公路桥梁278 809座,公路危桥9 597座,每年实际需要的维修费用为38亿元。1980年交通部四航局等单位对华南地区18座码头的调查结果指出,港口、码头、闸门等工程因处于海洋环境,氯离子侵蚀引发钢筋锈蚀,导致构件开裂、腐蚀情况最为严重,有80%以上均发生严重或较严重的钢筋锈蚀破坏,出现破坏的时间有的距建成仅5~10年。

## 2.3.1 混凝土的耐久性

### 1. 抗蚀性

硅酸盐水泥可配制成各种混凝土用于不同的工程结构。在正常的环境条件下,水泥石将继续硬化,强度不断增长。但在外界侵蚀性环境中,会使水泥石发生一系列的化学、物理或物理化学变化,引起混凝土强度降低,严重的甚至可以导致混凝土破坏(图2.20),这种现象称为混凝土的化学腐蚀。常见的化学腐蚀分为淡水腐蚀、一般酸性水与碳酸腐蚀、硫酸盐腐蚀和镁盐腐蚀等。

(a) 水位升降范围中桥梁结构腐蚀

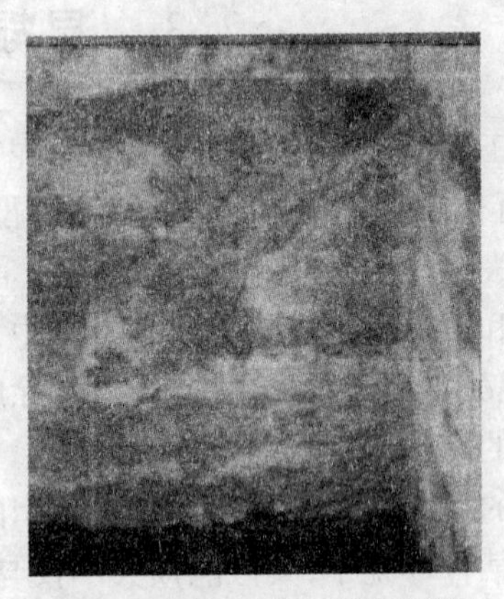

(b) 某化工厂废水预处理沉淀池腐蚀

图2.20 混凝土氯盐腐蚀破坏

(1)淡水腐蚀

硅酸盐水泥属于水硬性胶凝材料,应有足够的抗水能力。但是硬化后,如果不断受到淡水的侵蚀,水泥的水化产物就会逐渐被水溶解,产生溶出性侵蚀,最终导致混凝土破坏。

在各种水化产物中$Ca(OH)_2$的溶解度最大,首先被溶解。如果水量不多,水中的$Ca(OH)_2$浓度很快就达到饱和而停止溶出。但是在流动水中,特别是在有水压作用且混凝土的渗透性又较大的情况下,$Ca(OH)_2$就会不断地被溶出带走,不仅造成混凝土孔隙率增大,使水更易渗透,而且降低了液相中$Ca(OH)_2$的浓度,还会使其他水化产物发生分解,从而导致混凝土强度下降。

淡水腐蚀在一般的混凝土工程中极其微弱,但对于长期处于淡水环境(雨水、雪水、冰川水、河水等)中的水工建筑物,混凝土表面会产生一定的破坏。但对抗渗性良好的混凝土,淡水的溶出过程一般发展很慢,几乎可以忽略不计。

(2)一般酸性水与碳酸腐蚀

当水中溶有一些无机酸或有机酸时,硬化混凝土就要受到溶析和化学溶解双重作用。酸类离解出来的$H^+$和酸根$R^-$,分别与水泥石中$Ca(OH)_2$的$OH^-$和$Ca^{2+}$结合成水和钙盐:

$$2H^+ + 2OH^- \longrightarrow 2H_2O$$

$$Ca^{2+} + 2R^- \longrightarrow CaR_2$$

使得混凝土中$Ca(OH)_2$逐渐减少而引起破坏。酸性水对混凝土的腐蚀强弱取决于$H^+$的浓度,液相中pH值越小,遭受腐蚀越严重。

自然界中对混凝土有腐蚀作用的酸类并不多见,通常在化工厂会遇到一般酸性水的腐蚀。

在大多数天然水及工业污水中,由于大气中$CO_2$的溶入,常会产生碳酸侵蚀。首先,碳酸与水泥石中的$Ca(OH)_2$作用,生成不溶于水的$CaCO_3$。然后,水中的碳酸还要与碳酸钙进一步作用,生成易溶性的碳酸氢钙:

$$CaCO_3 + CO_2 + H_2O \longrightarrow Ca(HCO_3)_2$$

(3)硫酸盐腐蚀

绝大部分硫酸盐对混凝土都有明显的侵蚀作用,$SO_4^{2-}$主要存在于海水、地下水与某些工业污水中。当溶液中$SO_4^{2-}$大于一定浓度时,碱性硫酸盐(如$Na_2SO_4$、$K_2SO_4$)就能与水泥石中的$Ca(OH)_2$发生反应,生成$CaSO_4 \cdot 2H_2O$,并结晶析出。$CaSO_4 \cdot 2H_2O$进一步再与水化铝酸钙反应生成钙矾石,体积膨胀,致使混凝土产生膨胀开裂以至毁坏。如:

$$Ca(OH)_2 + Na_2SO_4 \cdot 10H_2O == CaSO_4 \cdot 2H_2O + 2NaOH + 8H_2O$$

$$4CaO \cdot Al_2O_3 \cdot 19H_2O + 3CaSO_4 \cdot 2H_2O + 8H_2O == 3CaO \cdot Al_2O_3 \cdot 3CaSO_4 \cdot 32H_2O + Ca(OH)_2$$

(4)镁盐腐蚀

镁盐是另外一种盐类腐蚀形式,主要存在于海水及地下水中。镁盐主要是$MgSO_4$和$MgCl_2$,与水泥石中的$Ca(OH)_2$发生置换反应:

$$MgSO_4 + Ca(OH)_2 + 2H_2O == CaSO_4 \cdot 2H_2O + Mg(OH)_2$$

$$MgCl_2 + Ca(OH)_2 == CaCl_2 + Mg(OH)_2$$

反应产物$Mg(OH)_2$的溶解度极小,极易从溶液中析出而使反应不断向右进行,反应产物$CaSO_4 \cdot 2H_2O$和$CaCl_2$易溶于水,尤其是$CaSO_4 \cdot 2H_2O$会继续产生硫酸盐的腐蚀。因此,$MgSO_4$对混凝土的破坏极大,起着双重腐蚀作用。

海水中存在着多种离子,阴离子有$Cl^-$、$SO_4^{2-}$、$HCO_3^-$、$Br^-$等,阳离子有$Na^+$、$Mg^{2+}$、$Ca^{2+}$、$K^+$等,因此,海水对混凝土的侵蚀是由多种腐蚀形式共同作用的复杂组合。虽然复杂的海洋环境对混凝土起着严重的化学腐蚀,但调查发现,海洋工程破坏的首要原因是其受反复冻融和海浪、冰凌的物理冲击等,造成混凝土的破坏和钢筋锈蚀破坏。因此,海洋工程混凝土腐蚀破坏往往是冻融、海浪冲击、盐水盐雾、碳化等多种腐蚀综合作用的结果。

在混凝土工程中,为防止环境对混凝土产生腐蚀,可采用多种措施,如根据腐蚀环境特点合理选用水泥品种,提高混凝土的密实度,掺加火山灰质掺合料,采用聚合物浸渍混凝土,敷设耐蚀保护层等。

**2. 碳化**

混凝土碳化是由空气中$CO_2$的作用而引起的体积缩小。主要发生于混凝土表面,水泥石中的$Ca(OH)_2$与空气中的$CO_2$发生了碳化反应。实际上,混凝土的碳化是没有破坏性的,相反,经碳化的混凝土,其表面强度、硬度、密度还会有所提高,因此对于素混凝土,碳化还具有提高混凝土耐久性的效果。但是,碳化降低了混凝土的pH值,如果钢筋处于碳化区,则减弱了碱性环境对钢筋氧化膜的保护作用,引起钢筋锈蚀。钢筋锈蚀产生膨胀,从而导致混凝土开裂或剥落。

在密实、高质量的混凝土中碳化程度很浅,但多孔、质量不好的混凝土碳化很深。

**3. 抗冻性**

混凝土遭受冻融的循环作用可导致强度降低甚至破坏。为评价混凝土的抗冻性,可采用慢冻法和快冻法两种试验方法,通过试验后相应的技术指标进行混凝土抗冻性评价。我国现行行业标准《公路工程水泥及水泥混凝土试验规程》(JTG E30—2005)规定采用快冻法。该方法是以100 mm×100 mm×400 mm棱柱体混凝土试件,经28 d龄期,于-7 ℃和5 ℃条件下快速冻结和融化循环。每25次冻融循环,对试件进行一次横向基频的测试并称重。当冻融至300次,或相对动弹模量下降至60%以下,或质量损失达到5%,即停止试验。可采用相对动弹模量、混凝土质量损失率、耐久性指数等技术指标评价混凝土的抗冻性。

当混凝土相对动弹模量降低至小于或等于60%、或质量损失达5%时的循环次数,即为混凝土的抗冻等级。混凝土抗冻等级分为F25、F50、F100、F150、F200、F250和F300等。

混凝土的抗冻性与混凝土的孔结构密切相关,包括孔隙率、孔的分布状态、孔的尺寸及气泡结构等。通常孔隙率越大,饱水程度越高,抗冻性越差,因为水由液态转为固态,体积膨胀9%,在限制条件下,这种体积膨胀将在混凝土中产生内应力,严重时将会导致混凝土的破坏。但水的冰点与孔中水的曲率半径有关,曲率半径越小,冰点越低,因此在相同孔隙率的条件下,小孔越多,可冻水越少,对混凝土的冻融破坏作用就越小。另外,混凝土中的气泡为封闭孔,一般不含有水。但当孔隙中的水结冰时,所产生的压力可能会使未结冰的水向气泡中迁移,以缓解结冰区的压力,而且气泡越小,结冰区对混凝土的破坏作用越小,因此,混凝土中的气泡有利于提高混凝土的抗冻性。

目前,提高混凝土抗冻性的措施主要有降低水灰比(一般不应大于0.55)、使用引气剂、掺加掺合料,亦可以使用聚合物混凝土。

**4. 碱-集料反应**

混凝土中水泥的碱与某些碱活性集料发生化学反应,可引起混凝土膨胀、开裂,甚至破坏,这种化学反应称为碱-集料反应(亦称碱-骨料反应)。含有这种碱活性矿物的集料,称为碱活性集料(简称碱集料)。碱-集料反应会导致水利工程构筑物、混凝土路面、桥梁墩台等的开裂和破坏。由于这种破坏会继续发展,难以补救,因而引起世界各国的普遍关注。发生碱-集料反应,混凝土一般呈网状开裂,无法修补,如图2.21所示。近年来,我国水泥含碱量的增加、水泥用量的提高以及含碱外加剂的普遍应用,增加了碱-集料反应破坏的潜在危险,因此,对混凝土用砂石料的碱活性问题,必须引起足够的重视。

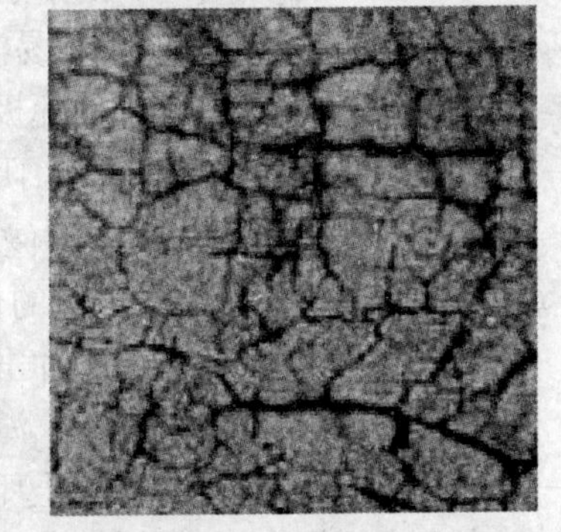

图2.21 混凝土碱-集料反应破坏

碱-集料反应主要分为碱-硅酸反应和碱-碳酸盐反应两种类型。碱-硅酸反应是指碱与集料(常见有蛋白石、玉髓、鳞石英、方石英及隐晶、微晶或玻璃质石英等)中的活性$SiO_2$反应,生成碱硅酸盐凝胶,吸水后体积膨胀,引起混凝土膨胀和开裂。碱-碳酸盐反应是指碱与泥质白云岩反应,由于泥质白云岩含黏土较多,碱离子能通过包裹在白云石颗粒表面的黏土渗入,与其发生白云石反应,但反应产物不能通过黏土向外扩散,从而使集料膨胀,造成混凝土膨胀开裂。也有学者认为,还有一类碱-硅酸盐反应,是碱与某些层状硅酸盐集料(如千枚岩、泥板岩、硬砂岩和泥砂岩等)反应,使层状硅酸盐集料层间距增加而发生膨胀,造成混凝土膨胀和开裂。

碱-集料反应机理甚为复杂,而且影响因素较多,但是发生碱-集料反应必须具备三个条件:

①混凝土中的集料具有活性。

②混凝土中含有一定量可溶性碱。

③有一定的湿度。

对重要工程混凝土使用的碎石(卵石)应进行碱活性检验。进行碱活性检验时,首先应采用岩相法检验活性集料的品种、类型和数量。若岩石中含有活性$SiO_2$时,应采用化学法和砂浆长度法进行检验;含有活性碳酸盐集料时,应采用岩石柱法进行检验。

为抑制碱-集料反应的危害,应围绕上述三个方面采取相应的措施,如选择和开采没有碱活性或碱活性较低的料源,采用低碱水泥(含碱量小于0.6%),掺入粉煤灰、矿渣、硅灰等矿物掺合料,采用碱-集料反应抑制剂,为混凝土创造相对干燥的外部环境等。当使用含钾、钠离子的混凝土外加剂时,必须专门进行试验。

**5. 耐磨性**

耐磨性是路面和桥梁用混凝土的重要性能之一。对于高等级路面的水泥混凝土,必须具备抵抗车辆轮胎磨耗和磨光的性能。用作大型桥梁的墩台混凝土也需要具有抵抗湍流空蚀的能力。现行《公路工程水泥及水泥混凝土试验规程》(JTG E30—2005)规定:以150 mm×150 mm×150 mm立方体试件,养生至27 d龄期,在60 ℃烘干至恒重,然后在带有花轮磨头的混凝土磨耗试验机上,在200 N负荷下磨削50转。采用单位面积磨损量指标评价混凝土的耐磨性。

## 2.3.2 提高混凝土耐久性的措施

影响混凝土耐久性的主要因素有:混凝土的密实度、原材料的质量和混凝土的施工质量等,因此,对于不同环境和使用条件下的混凝土,可采取以下措施提高其耐久性。

①根据混凝土的工程特点和所处环境条件,合理选择水泥品种。

②严格控制砂石材料的质量,级配设计应遵照小比表面和空隙率的原则,有助于提高混凝土的耐久性。

③掺加减水剂、引气剂等外加剂和掺合料,改善混凝土的孔结构,提高混凝土的抗渗、抗冻等性质。

④严格控制混凝土的水胶比和胶凝材料用量,保证达到耐久性的要求。在普通混凝土配合比设计中,通过限制最大水胶比和最小胶凝材料用量两个方面来控制混凝土的耐久性。

⑤采用机械搅拌和振捣方法,加强混凝土养护,保证混凝土的施工质量。

# 第3章 混凝土的组成结构

经历了100多年的研究与应用,混凝土技术已经取得了巨大的成就,现代混凝土的研究正向着“高性能化、功能化、绿色化”的方向发展。不管哪个历史时期,混凝土的创新都促进着混凝土科学技术的发展,而现代混凝土科学技术的发展又使人们更加清楚地认识到混凝土微观结构在混凝土研究中的地位。

在混凝土技术性质内容中已经涉及了水泥石、孔隙、集料等对混凝土工作性、力学性质和耐久性的影响。混凝土结构与性能的关系也是混凝土材料科学工作者一直关心的问题。让我们带着以下问题进入本章的学习吧。

1. 混凝土具有怎样的结构?
2. 何谓微观结构?用什么手段测定?
3. 混凝土存在着哪些微观缺陷?
4. 混凝土中的孔是怎样形成的?孔在混凝土中起什么作用?
5. 混凝土中的气泡与孔相同吗?对混凝土性能有无影响?
6. 在硬化水泥石中存在着哪些相?水泥石与混凝土强度的关系是怎样的?
7. 混凝土碳化与孔结构有关系吗?
8. 混凝土微观结构与宏观性能之间存在什么关系?混凝土工程中应如何协调二者的关系?

## 3.1 混凝土的结构

混凝土的结构包括宏观结构、亚微观结构和微观结构三种。

宏观结构指能用肉眼观察到的外部和内部的结构,包括粗细集料、水泥浆体(水泥水化产物、未水化水泥颗粒、自由水、孔隙)、集料表面及集料与水泥浆体之间存在的孔隙和微裂缝,如图3.1所示。

亚微观结构是指用光学显微镜和一般电子显微镜所能观察到的结构,是介于宏观和微观之间的结构,其尺度范围在$10^{-3}\sim10^{-9}$ m。亚微观结构还可以分为显微结构和纳米结构,其中,显微结构是指用光学显微镜所能观察到的结构,其尺度范围在$10^{-3}\sim10^{-7}$ m,纳米结构是指一般电子显微镜所能观察到的结构,其尺度范围在$10^{-7}\sim10^{-9}$ m。混凝土在显微结构层次上的差异对材料的性能有着显著的影响,通常研究混凝土中水泥石的孔隙结构及界面特性等与混凝土性能的关系,如混凝土中毛细孔的数量减少、孔径减小,可使混凝土的强度和抗渗等性能提高。

微观结构是指物相的种类、形态、大小及其分布特征。它与混凝土的强度、硬度、弹塑性、熔点、导电性、导热性等重要性质有着密切的关系。混凝土材料的相结构基本上可分为晶体和非晶体两类,非晶体包括玻璃体和凝胶等。

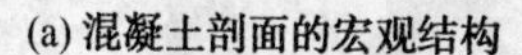

(a) 混凝土剖面的宏观结构

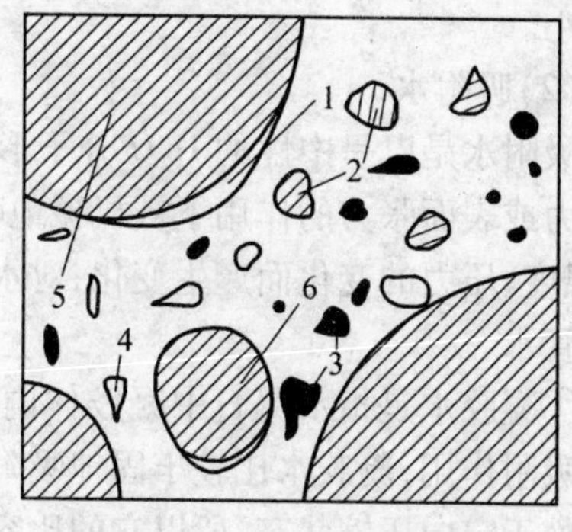


(b) 局部区域放大示意图

图 3.1 水泥混凝土的宏观结构

1—水膜;2—水泥;3—水化物;4—气泡;5—石子;6—砂

混凝土是一种颗粒型多相复合材料,至少含有 7 个相:粗集料、细集料、未水化的水泥颗粒、水泥凝胶、结晶相、凝胶孔与毛细孔和气孔。为简化分析,可以把混凝土看作是多级二相复合材料,一相称为粒子相,另一相称为基体相。对于混凝土,可以将粗集料看作粒子相,砂浆看作基体相,也可以将粗、细集料一起看作粒子相,而将水泥石看作基体相。同样,可将砂浆看作是砂和水泥石的二相复合材料,而水泥石也可以看作是孔和凝胶的二相复合材料。

## 3.1.1 水泥石

粗略地分,在硬化水泥石中存在着固相、液相和气相。水泥石中的固相主要有未水化的水泥熟料颗粒及水化硅酸钙、水化铝酸钙、水化铁酸钙、水化硫铝酸钙、水化硫铁酸钙、氢氧化钙等水化产物相。液相主要是水,但其中溶有一些离子,如 $Ca^{2+}$、$SO_4^{2-}$ 等,实际上液相是一种多种离子的溶液,也可称之为孔溶液。气相是指存在于水泥石中的一些孔。因此,在硬化水泥石中,各个相的组成和结构与水泥的水化程度有关,同时,也影响着硬化水泥石的性能。

**1. 水泥胶凝**

水泥胶凝是指硅酸盐水泥中主要的熟料矿物组成(硅酸三钙、硅酸二钙、铝酸三钙和铁铝酸四钙)、活性混合材料、石膏与水反应生成具有胶凝作用的水化产物。由于水泥熟料矿物具有较高的水化反应活性,经水化反应能够生成足够数量的水化硅酸钙凝胶、水化铝酸钙、水化铁酸钙、水化硫铝酸钙、水化硫铁酸钙、氢氧化钙等稳定的水化产物,在凝结硬化过程中,这些水化产物之间彼此交叉、连生,在整个水泥浆体的空间形成密实的网状结构,使硬化水泥石产生一定的力学性能。

**2. 水泥石中的水**

硬化水泥石中的水主要有自由水、吸附水、结晶水和结构水四种存在形式。

(1)自由水

自由水是以水分子形式存在,可自由移动,基本不受固体颗粒的约束。因此,硬化水泥石中的自由水数量是随环境条件而变化的。自由水的数量变化对硬化水泥石的性能影响较小。

(2)吸附水

吸附水是以呈中性的 $H_2O$ 分子形式存在,不参与组成水化产物的晶体结构,而是在分子力或表面张力的作用下被机械地吸附于固体颗粒的表面或孔隙中,它们可以随着湿度、温度、压力的变化而产生变化,对水泥石的性质产生重大影响。吸附水包括凝胶水和毛细管水。

①凝胶水是指水泥石中凝胶体内所含的水,它的数量大体上正比于凝胶体的数量。由于吸附作用,凝胶水比较牢固地吸附在凝胶体表面,并且由于吸附力的作用,使这些水分子处于定向压缩状态,所以它的比容也比自由水小。

②毛细管水是指凝胶体外部所含的水,它在数量上取决于毛细孔的数量。

(3)结晶水

结晶水也是以中性水分子的形态存在,但是它参与水化产物的晶格,有固定的配位位置,水分子的数量也与水化产物其他组分的含量有一定的比例关系。结晶水由于受到晶格的束缚,结合较牢固,因此只有在比较高的温度条件下,才能把它从水化物中脱出。

(4)结构水

结构水也称为化合水,它并不是真正的水分子,而是以 $OH^-$ 的形式参与组成水化产物的晶体结构,并且有固定的配位位置和确定的含量比。它在晶格中的结合强度比结晶水大,因此只有在较高的温度下致使晶格破坏时才能释放出来。

除了上述三种基本性质的水以外,还有层间水和沸石水,它们的性质介于结晶水和吸附水之间。层间水一般存在于层状结构的硅酸盐水化物的结构层之间,而沸石水则存在于沸石类矿物之中,但是它在一定范围内变化并不引起晶格的破坏,而只引起某些物理性质的变化,这一部分沸石水的脱去和吸进具有可逆性。

**3. 混凝土的孔结构**

混凝土中的孔有连通孔和封闭孔两种存在形式。连通孔是拌合水留下的空间,在混凝土拌和时,为了保证混凝土拌合物具有一定的工作性,需要加入一定数量的水,由于实际加水量远多于胶凝材料水化所需要的水,这些多余的水蒸发后也在硬化水泥石中形成了连通孔。封闭孔主要是气泡占据的空间,气泡是由混凝土搅拌过程中混入空气形成的,也可以由一些外加剂(如引气剂)产生。这些在搅拌、成型过程中没有排出的气泡,当混凝土硬化后便形成了封闭孔。

(1)孔的分类

混凝土中的孔一般按孔径尺寸进行分类,目前较常用的方法是将混凝土中的孔分为粗孔和细孔两大类。粗孔又分成大孔和毛细孔两种,细孔分成过渡孔和凝胶孔两种。直径大于 $10^3$ nm 的孔称为大孔,直径为 $10^2 \sim 10^3$ nm 的孔称为毛细孔,直径为 $10 \sim 10^2$ nm 的孔称为过渡孔,直径小于 10 nm 的孔称为凝胶孔。1973 年,我国著名的材料科学家吴中伟院士根据孔的作用对孔进行分类,将孔初步划分为四级:$d=20$ nm 以下为无害孔级,$d=20 \sim 50$ nm 为少害孔级,$d=50 \sim 200$ nm 为有害孔级,$d=200$ nm 以上为多害孔级。

(2)孔的结构

混凝土的孔结构包括孔隙率、孔分布、孔形貌三个方面。只有全面认识混凝土中的孔结构，才能搞清楚它对混凝土性能的影响。

1）孔隙率

孔隙率是指在整个水泥石结构中孔隙所占的百分数，它是孔隙数量的表征。孔隙率与水泥石的性能有着密切的关系。

2）孔分布

孔分布是指不同孔径孔的分布状况，水泥石中孔径分布的差异也会显著地影响水泥石的性能。

3）孔形貌

孔形貌是指水泥石中孔的形态，如水泥石中孔的形状为圆孔或细长孔、孔的状态为连通孔或封闭孔等。对于孔的形貌性质，目前还没有统一的描述方法，但是研究表明，孔的形貌对水泥石的性能有不可忽视的影响。

（3）孔对水泥混凝土性能的影响

混凝土中孔的作用不仅与孔的数量有关，还与孔的分布、孔的形貌有着密切的关系。孔在硬化混凝土中既有积极作用也有消极作用，主要可归纳为以下几个方面：

1）孔是水分出入的通道

水的自由出入可以为一些未水化矿物的水化提供充足的水源，也为一些膨胀组分的膨胀提供水源，起到了正面作用。但较多的水分出入也常常导致混凝土体积不稳定。

2）孔是各种物质扩散的通道

由于孔的存在，使得水泥石中的一些组分可以溶出并向外扩散，产生溶蚀。同时，环境中的一些有害组分也可以进入水泥石，使水泥石受到腐蚀。

3）孔是一些反应产物存在的空间

由于孔是一个自由空间，一些反应产物易在孔中形成或向孔中扩散。在这一空间形成的反应产物，促使水泥石结构致密，不会导致宏观体积变化。但对一些膨胀组分的反应产物若在孔中形成，也会影响其膨胀性。

4）孔的存在将导致混凝土中的应力不均匀分布

假设混凝土为匀质材料，当它受到一个均匀荷载时，在混凝土中各处的应力应该是均匀分布的。但由于孔不能承受荷载，这些荷载将由固相承担，而且由于孔的存在，使孔的附近产生应力集中，导致混凝土中各处的应力不均匀分布。尤其当混凝土中存在着较大的孔时，在孔的附近将会集中相当大的应力，使得混凝土过早地产生破坏。

### 3.1.2 界面过渡区

粗集料表面到水泥浆体界面处有一层 1 ~ 3 μm 的接触层，在接触层外有一层大约 5 ~ 10 μm 的早期高孔隙层，从高孔隙层向水泥石逐渐过渡，孔隙率不断降低，这两部分构成了界面过渡区。界面过渡区的结构与水泥石有着显著的差异，主要表现在两个方面：

①在界面过渡区具有较高的孔隙率。

②在界面过渡区富集着 $Ca(OH)_2$ 晶体，而且这些 $Ca(OH)_2$ 在界面区具有一定的取向性。

因此，过渡区结构疏松、密度小、强度低，称之为薄弱区，对混凝土强度与耐久性极为不利。

水泥石-集料界面过渡区是由颗粒不均匀沉降引起的。当混凝土搅拌均匀成型后,由于重力作用,水泥颗粒向下运动,水向上运动。当水遇到集料时,上升运动将受到阻碍,便在集料下面富集形成水囊,水的富集使得这一区域水泥浆的实际水灰比增大,因而导致该区域水泥石的结构比较疏松。另一方面,水泥水化产生的$Ca^{2+}$等一些离子,也将随水的运动被带到集料下面,导致水泥浆与集料的胶结较弱,并且随着水化的不断进行以及干燥作用,大量的$Ca(OH)_2$晶体在这一区域结晶出来。由于$Ca(OH)_2$晶体与硅质集料表面的亲和性,这种晶体$z$轴垂直集料的表面而取向外生。经过这些过程,在水泥石与集料之间形成了一个$Ca(OH)_2$晶体定向排列的结构疏松的界面过渡区,如图3.2所示。

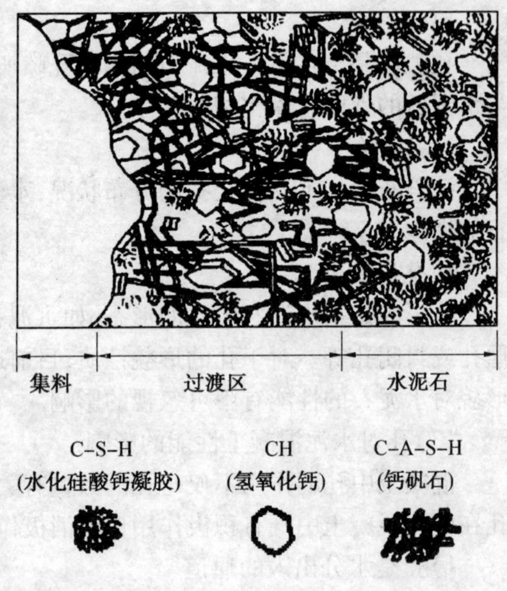


图3.2 混凝土界面过渡区

### 3.1.3 界面微裂缝

混凝土的微裂缝是指在未承受荷载之前,混凝土内部存在的微裂缝。界面微裂缝是混凝土在硬化过程中由于集料与水泥浆体积收缩不一致产生,也可能由泌水在粗集料下部形成,这些裂缝与混凝土的强度、变形以及耐久性有着十分密切的关系。

混凝土材料从宏观意义上可以看作是一种均匀的材料,但从微观意义上看它是非匀质材料。在混凝土中,水泥石与集料的性质有着较大的差别。随着水泥水化反应的进行以及凝结硬化的发生,水泥石将会发生体积收缩,而集料却不收缩,不仅如此,集料还将约束水泥石的收缩。由于这种约束作用,在水泥石中会产生拉应力,当拉应力超过水泥石的拉伸强度时,水泥石中将出现微裂缝。微裂缝的大小和数量对硬化混凝土的力学性质和耐久性将产生极大的影响。

## 3.2 混凝土结构与性能的关系

### 3.2.1 混凝土的微观缺陷

混凝土的微观缺陷主要有混凝土中的孔、微裂纹以及集料与水泥石之间的界面过渡区。在混凝土拌和时,封闭孔的存在对混凝土拌合物的工作性有较大的影响,通常随着混凝土拌合物中含气量的增加,拌合物的流动性将会增大,同时还可以改善拌合物的保水性,减小泌水现象的发生。但是,混凝土中的孔、微裂纹以及集料与水泥石之间的界面过渡区的存在是导致硬化混凝土实际强度低于理论强度的一个重要原因，同时对混凝土的耐久性也有着重要的影响。

如硬化混凝土中的孔，不论是以封闭还是连通的形式存在，随着含气量的增加，混凝土的强度都将有所降低。但是，对于混凝土的抗冻性来说，封闭孔与连通孔的作用则完全不同。封闭孔中不存在水，因此不会因冻融而产生破坏。相反，封闭孔的存在还可以缓解冻融过程在混凝土中产生的压力。所以，适当的含气量有利于提高混凝土的抗冻融性能，而连通孔的存在将降低硬化混凝土的抗冻、抗渗、抗蚀等耐久性能。此外，当混凝土结构在承受外部荷载时，微裂纹通常是混凝土破坏的起点，而界面过渡区结构疏松，也是混凝土受力破坏的薄弱区，同时对混凝土的耐久性也起着极为不利的作用。

## 3.2.2 混凝土的微观结构与性能的关系

**1. 混凝土的孔结构与工作性的关系**

混凝土在搅拌过程中，会掺入空气而形成封闭的孔，孔的含气量对混凝土拌合物的流动性有较大的影响。有试验表明，当混凝土拌合物含气量增加时，坍落度有增大的趋势，如图 3.3 所示。增加混凝土拌合物的含气量还可以改善其保水性，由图 3.4 可以看出，随着含气量的增加，混凝土拌合物的泌水率较明显地降低。

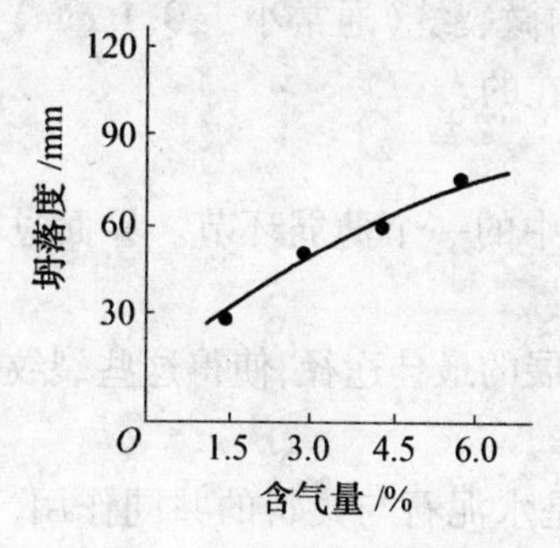


图 3.3 混凝土拌合物含气量与坍落度的关系

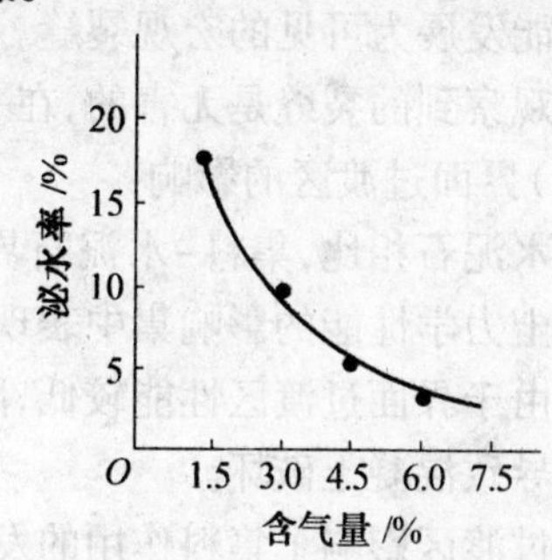


图 3.4 混凝土拌合物含气量与泌水率的关系

含气量对混凝土的容重也有一定的影响。在混凝土的组成材料和配合比一定的条件下，增加混凝土的含气量，将使混凝土的容重减小。

**2. 混凝土的微观结构与强度的关系**

(1)孔结构的影响

混凝土的强度与混凝土中的孔结构有着密切的关系。当混凝土受到外部荷载时，这些荷载只能由混凝土中的固相部分承担，而孔不能承受任何荷载。因此，混凝土的强度取决于混凝土中固相的填充程度，反过来说，混凝土的强度取决于孔隙率。孔隙率理论认为，假设在一单位长度的立方体的中心有一半径为 $r$ 的孔，根据孔隙率理论则多孔体强度($R$) 与密实固体材料强度($R_0$) 及孔隙率($P$) 之间存在着一定的关系：

$$R = R_0(1 - 1.2P^{2/3}) \tag{3.1}$$

可见，混凝土的强度与混凝土的孔隙率有很大的关系，孔隙率越高，混凝土的强度越低。对于混凝土的强度，封闭孔与连通孔是没有区别的。因此，随着含气量的增加，混凝土的强度将有所降低。一般,当水灰比一定时,混凝土中含气量体积每增加1%,其抗压强度下降3%~5%。当然,混凝土的强度不仅与含气量有关,还与气泡的分布有关。如果气泡小且均匀分布,它对混凝土强度的影响则较小,反之较大。此外,当大量气泡存在时,可降低混凝土的弹性模量,有利于提高混凝土的抗裂性。

(2)微裂缝的影响

混凝土中微裂纹的存在也是导致混凝土实际强度较低的一个重要因素。因为混凝土的破坏常常是从这些微裂纹开始的,在外力作用下,微裂纹不断地扩展并互相贯通搭接,形成一个裂纹网络,使得混凝土破坏。葛里菲斯认为混凝土的裂纹长度($C$)与断裂应力($\sigma$)、弹性模量($E$)和单位面积的材料表面能($\gamma$)之间存在一定的关系:

$$\sigma=\sqrt{\frac{2E\gamma}{\pi C}} \tag{3.2}$$

由此可以看出,裂纹长度越长,混凝土的强度越低。由于水分子在裂纹表面的吸附效应,相对湿度的提高将导致表面能降低。因此,由葛里菲斯公式可以看出,表面能的降低将导致混凝土强度的降低。因此,在潮湿环境中裂纹更易扩展。

由于裂缝普遍存在于混凝土内部,因此在混凝土结构中裂缝是不可避免的。在外力或变形作用不大时,微裂缝是稳定的,但在环境温度、湿度、荷载等因素作用下,这些微裂缝就可能发展为可见的宏观裂缝。一般认为宽度较小的微裂缝(通常小于0.1 mm)或肉眼不易观察到的裂缝是无害的,在一般结构中是允许存在的。

(3)界面过渡区的影响

与水泥石相比,集料-水泥石界面过渡区是混凝土中的一个薄弱环节。界面过渡区对混凝土力学性能的影响集中表现在以下几个方面:

①由于界面过渡区性能较低,因而常常成为裂纹扩展的最佳途径,使得这些裂纹易于贯通而导致混凝土破坏。

②过渡区影响了集料作用的发挥。混凝土的性能是水泥石与集料的共同作用,而集料的作用是通过界面传递给水泥石的。如果界面过渡区性能太低,集料的作用则不能传递,那么集料的作用就不能得到充分发挥。

③界面及其附近常常成为渗水路径,以致降低混凝土的抗渗性。

④界面孔缝常常首先引进侵蚀因素而降低混凝土的耐久性。

⑤进行抗冻耐蚀等试验时,常常界面处首先破坏,造成集料脱落现象。

⑥在界面处,有效断裂能特别低。因此,界面过渡区的性能越低、范围越大,则混凝土的力学性能也就越低。

**3.混凝土的微观结构与耐久性的关系**

在混凝土微观结构中,对耐久性影响最大的结构特征应是孔结构。在硬化混凝土中,连通孔的存在构成了渗水的通道,水泥石中的一些有用组分将溶解在这些孔溶液中,并随着孔溶液的流动而带走;环境中的一些有害物质常常溶解在水中,并通过向孔溶液中扩散而到达固体表面,发生有害反应;混凝土中的孔常常是一些有害反应或者碳化的场所,更是冰冻的场所,因此,连通孔的数量将会影响硬化混凝土的抗蚀、抗冻、抗渗以及抗碳化等性能。

而封闭孔以气泡的形式存在,气泡彼此隔离,切断毛细孔通道,使水分既不易渗入,又可缓冲其结冰膨胀的作用,因而可以提高混凝土的抗冻、抗渗和抗蚀等性能。气泡对混凝土的耐久性通常起着积极的作用。

## 3.2.3 改善混凝土的微观结构的措施

**1. 改善混凝土的孔结构**

(1)降低水胶比

水胶比对水泥石的孔结构有相当大的影响,降低水胶比不仅可以减少总孔隙率,而且可以使凝胶孔相对含量增多,毛细孔相对含量减少。目前最常采用的方法是通过掺入高效减水剂或者选择良好级配集料、调整混凝土的配合比等减少混凝土的用水量,以实现降低水灰比的目的。

(2)加强养护,提高水泥的水化程度

水胶比的大小决定了水泥石的初始孔隙率,而水泥水化所形成的水化产物可以填充这些孔隙。显然,水泥的水化程度越高,所形成的水化产物越多,它的填充作用也就越强。因此,从改善水泥石的孔结构的角度来说,加强混凝土的养护使水泥有较好的水化条件是十分重要的。

(3)掺入适量的细矿粉

细矿粉指磨细的矿物掺合料粉体材料(如粉煤灰、矿渣粉、硅灰等)。掺入较细的矿粉,从孔分布角度分析,有利于水泥石中的孔细化(图3.5),有些细矿粉(如Ⅰ级粉煤灰)还具有减水作用,这些作用都有利于改善水泥石的孔结构。

图3.5 不掺硅灰(A)与掺10%硅灰(B)的硅酸盐水泥浆体破碎表面的SEM照片($W/C=0.5$)

1—砂;2—水泥浆;3—$Ca(OH)_2$;4—孔

但值得注意的是:掺入太多的细矿粉将使胶凝材料的水化速度减慢,反而导致孔结构的恶化(如增多、增大等),因此,掺入细矿粉时必须注意适量。

(4)采用聚合物浸渍混凝土

聚合物进入混凝土中,可以填充混凝土的孔隙,不仅能够降低水泥石的孔隙率,还能使水泥石的孔分布得到显著的改善。

**2. 改善微裂缝**

(1)合理选择原材料

1)水泥

根据结构的要求选择合适的水泥品种和强度等级,矿渣硅酸盐水泥比普通硅酸盐水泥收缩大,但矿渣硅酸盐水泥水化热较低,大体积混凝土工程应尽量采用。在生产中应尽可能地避免使用早强高、细度过细的水泥。

2)集料

粗细集料的级配应良好,由于水泥、砂石集料的物理性质不同,因此在混凝土凝结过程中会发生不同的沉降。如果集料级配不好则会造成混凝土分层,在混凝土硬化过程中,不同的收缩性质会增加收缩开裂,因此应尽量采用级配好的集料,通过改善混凝土的和易性来改善混凝土的微裂缝。

3)掺合料和外加剂

使用掺合料和外加剂可以明显地起到降低水泥用量、降低水化热、改善混凝土工作性和降低混凝土成本的作用。应用膨胀剂时,应充分考虑到不同品种、不同掺量所起到的不同膨胀效果,应通过大量试验确定膨胀剂的最佳掺量,正确掌握混凝土的补偿收缩技术。

(2)合理进行混凝土配合比设计

①配合比设计时,设计人员应充分进行现场调查,依据施工现场的浇筑工艺、操作水平、构件截面等情况选择适宜的混凝土的设计坍落度,同时应针对现场原材料的质量和含水率的变化及时调整施工配合比。

②在配合比设计方面,应根据实际施工条件和施工部位选择适宜的坍落度和水灰比,普通混凝土的用水量不宜大于 180 $kg/m^3$,胶凝材料用量宜为 270 ~ 450 $kg/m^3$,高强混凝土胶凝材料用量不宜大于 550 $kg/m^3$。在满足工作性要求的前提下,应尽量选择较小的砂率。

(3)混凝土现场施工采取的措施

①混凝土在运输过程中,应尽量避免产生分层离析现象,如需进行二次搅拌,严禁现场加水,如需现场补掺外加剂,应快速搅拌,时间由试验确定。

②混凝土浇筑应避免雨天或大风天进行,浇筑较高构件时,浇筑高度以混凝土不离析为准,一般每层不超过 500 mm,捣平后再浇筑上层,应在下一层混凝土初凝前将上一层混凝土浇筑完毕,插捣时应贯穿连接面,快插慢拔,根据不同混凝土坍落度正确掌握振捣时间,避免过振或漏振。应提倡采用二次振捣、二次抹面技术,以排除泌水、混凝土内部的水分和气泡。

③做好混凝土的降温和保温工作。大体积混凝土施工时应充分考虑水泥水化热问题,可采取必要的降温措施,如预埋冷却水管、加冰屑或冰水降低原材料温度,避免水化热高峰的集中出现,降低峰值。浇筑成型后,应采取必要的保温措施如表面覆盖薄膜、湿麻袋、蓄水等,以防止由于混凝土内外温差过大而引起的温度裂缝。

④加强新浇筑混凝土的早期养护,这一点在混凝土裂缝的防治工作中尤为重要。保温保湿养护是防止混凝土裂缝的根本措施,保持足够的湿度可以避免混凝土产生收缩变形裂缝,保温养护可以防止混凝土产生塑性收缩变形裂缝。对于大体积混凝土,有条件的

可采用蓄水或流水养护,养护时间至少7 d,有了充分的保湿养护,可使混凝土抗拉强度及早生成,从而改善混凝土的抗裂性能。

**3. 改善水泥石-集料的界面过渡区**

改善水泥石-集料界面过渡区的性能可从减少泌水、减少$Ca(OH)_2$在界面区的富集、打乱$Ca(OH)_2$晶体在界面区域的取向性、增强集料与水泥石的黏结等方面入手。具体来说,可采取如下措施。

(1)选择合适的集料

选择集料应考虑集料与水泥的相容性、集料的物理力学性质与水泥石的性能相近以及集料几何性质对界面性质的影响三个方面的因素。

要想获得较好的界面黏结,集料与水泥浆应在化学性质和结构上都具有良好的相容性。如铝酸盐水泥与铝质集料相容性最好,其过渡区均匀;而与硅质集料的相容性最差,过渡区结构疏松多孔,且有裂纹。

集料的物理力学性质应尽可能地与水泥石性能相近,包括强度、弹性模量、热膨胀系数、收缩等。这样才有利于集料与水泥石在各种条件下共同作用,减少由于不一致性而引起的内应力以及由此产生的界面缺陷。

集料的几何性质包括粒径和表面形状两个方面。一般来说,集料粒径越大,界面过渡区也将越大。集料表面越光滑致密,在集料下方形成的水囊则越小,但$Ca(OH)_2$晶体在其界面的取向性越强。因此,应注意集料几何性质对界面性质的影响。

(2)调整配合比

可以从用水量和水泥用量两个方面进行混凝土配合比的调整。调整混凝土的用水量,在保证施工的前提下,尽可能减少混凝土用水量,减少泌水,从而达到改善界面的目的;调整水泥用量,当集料颗粒彼此靠近时,界面效应的效应圈可以互相叠加,使界面性能得到改善。由于受到工作性的限制,配合比仅可在较小的范围内进行调整。

(3)掺入聚合物

在混凝土中掺入聚合物,可以填充界面空隙,使界面过渡区密实,还能够增强水泥石与集料之间的胶结,使界面过渡区强化。

(4)掺入掺合料

掺入掺合料,特别是掺入较细的掺合料,既可以吸收$Ca(OH)_2$,减少$Ca(OH)_2$在界面区的富集,又可以减少泌水,避免水囊的形成。

(5)掺入超塑化剂

关于超塑化剂对界面过渡区的影响,观点还不一致。有研究认为,加入超塑化剂后水膜层厚度减小,结构致密,$Ca(OH)_2$取向性减弱。但也有研究认为,掺入超塑化剂不可能改善界面结构,还会出现大量水泌出的现象。

(6)掺入晶种

在混凝土中掺入一些$Ca(OH)_2$,这些$Ca(OH)_2$无论是在界面还是在水泥浆体中,排列往往是不规则的,水泥矿物水化时产生的$Ca(OH)_2$在这些晶种上长大,使得界面区$Ca(OH)_2$的取向度显著下降。

(7)采用二次搅拌工艺

这种工艺是先在砂、石集料表面包上一薄层水泥浆,这层水泥浆具有两个特点:一是由于这一层水泥浆特别薄,不可能在集料的下面形成水囊,也不可能有许多的 $Ca(OH)_2$ 在集料界面富集和择优取向,因此,它与集料能够较好地结合,形成较致密的界面结构层;二是由于这层水泥浆与以后拌入的水泥浆在性质上的一致性,使得它们能较好地结合。

(8)采用压蒸工艺

对于一些惰性的硅质集料,在通常的情况下,它不与水泥水化时产生的 $Ca(OH)_2$ 反应,致使水泥石与集料的界面结合力较低。但若采取压蒸工艺,在高温高压下,促使这种惰性的 $SiO_2$ 能与 $Ca(OH)_2$ 反应形成水化产物,提高集料与水泥石的界面黏结力。

## 3.3 混凝土微观与亚微观分析

对水泥石进行微观或亚微观分析的方法很多,较常用的有:光学显微镜观察、电子显微镜观察、显微硬度分析、水银压入测孔法、X 射线分析、差热分析、热失重分析、三甲基硅烷化气相色谱分析等,它们可以获得各种不同的信息,有助于我们了解混凝土在不同的龄期、不同的部位、不同的条件下形成的微观或亚微观结构以及组成的分布,使我们对它所表现出来的宏观性质有更深刻的认识。

(1)形貌分析

主要采用光学显微镜和电子显微镜对水泥混凝土进行形貌观察。光学显微镜放大倍数一般为几倍至数百倍。用光学显微镜观察可以进行一些矿物分析,测量微米级以上的孔等。电子显微镜的放大倍数比光学显微镜要大得多,放大倍数可达数千倍,透射电子显微镜放大倍数可达上万倍。通过形貌观察可以了解在混凝土中各种反应的状况,所形成产物的形貌、分布等信息。结合能谱、波谱技术还可以进行微区的成分分析,以了解各种矿物的组成。通过电子显微镜观察可以使我们对混凝土中各种反应的情况以及各种性能产生的过程有一个比较直观的了解。

(2)显微硬度分析

显微硬度分析可以进行微区的硬度值测试,通过这一测试可以掌握混凝土中不同区域性能的差异,这一方法常用于研究水泥石-集料界面过渡区。

(3)孔的测定方法

测定水泥石中孔结构的方法主要包括吸附法、水银压入法、光学显微镜法、毛细管上升法和 X 射线扫描法等。其中,水银压入法是最常采用的方法,该方法测量的孔径范围较宽,适用从几 μm 到几 nm 范围内的孔。其基本原理是利用水银对固体表面的不可润湿性。当把水银用一定压力压入毛细管时必须要克服毛细管阻力,其压力与毛细管半径有关,压入水银的体积则为孔的体积。因此,可通过测定压力与水银压入量来获得孔径与孔体积的关系,从而给出一个非常完整的孔的分布信息,使我们对水泥石中的孔有一个清楚的认识。因此,水银压入法不仅可以测定水泥石的孔隙率,更重要的是它可以测定水泥石中的孔分布,这对于研究水泥基材料结构与性能的关系是十分重要的。当孔径大于几 μm 时,可采用光学显微镜法测定,对于小于几 nm 的孔,常采用气体吸附法,对更细小的孔则采用低角度 X 射线扫描法测定。

(4)矿物分析

采用 X 射线衍射可以对水泥混凝土中的矿物进行鉴定。根据 X 射线图中峰的位置可判断存在着什么矿物,根据峰的高低可定性地估计每种矿物的相对数量。另外,X 射线分析还常常用于鉴别界面区域 $Ca(OH)_2$的取向性。

另外,通过差热分析可以判断水泥水化产物的脱水温度、$CaCO_3$的分解温度等;通过热失重分析,借助于试样的质量变化判断特征温度下该矿物的数量,例如,可以根据试样结合水量与完全水化试样结合水量之比来确定水泥的水化程度。通过三甲基硅烷化反应的方法测定硅酸盐物质中 $SiO_4$四面体的聚合状态,这种方法主要用于测定孤立的和组群状的 $SiO_4$四面体,至于链式、片式及架式等二维和三维结构的硅酸盐,尚不能借助三甲基硅烷化反应的方法来鉴定。此外,还有一些测试方法,如红外光谱、拉曼光谱、穆斯堡尔谱、核磁共振、顺磁共振、正电子湮没技术等,这些方法在材料科学中已经得到了应用。

# 第4章　混凝土的组成材料

按传统混凝土定义,其组配材料主要为水泥、砂、碎石和水。但第1章中如图1.1~1.8所述的各种工程混凝土所处的环境各不相同,而且又具有各自不同的特点,有在普通干燥环境中的民房建筑,有在淡水环境中的三峡大坝,有在海洋环境中的海湾大桥、港口堤坝,还有承受冲击振动环境的高速铁路等。因此,仅采用上述传统材料还远不能满足现代工程对混凝土性能的更高要求。随着普通混凝土的发展,外加剂和掺合料在现代混凝土中已得到较为广泛应用,人们将这两种材料又称为混凝土的第五和第六组分。从普通混凝土广义角度上讲,混凝土的组成材料包括水泥、细骨料、粗骨料、外加剂、掺合料和水六大类组成材料。欲组配出适应各种工程特点与环境要求的混凝土,首先必须了解混凝土在工程中所表现出的技术性质(如工作性、力学性质和耐久性等),才能充分认识混凝土的组成材料应具备的技术性质,以及适应混凝土各项性能应满足的技术要求,即组成材料应与混凝土具有良好的匹配性。而对混凝土组成材料的性能研究,又可以达到改善混凝土在性能上的某种需求目标或促进混凝土发挥更优良的性能。

混凝土组成材料应具备怎样的技术性能,才能与混凝土的技术性质达到良好的匹配,制备出满足工程、环境与材料要求的优质混凝土呢?我们在混凝土工程的选材、配制与施工中常常遇到以下问题:

1. 目前我国土木工程常用哪些水泥品种?
2. 水泥具有什么特点?是否可以适用于所有的混凝土工程环境?
3. 水泥熟料矿物组成在水化过程中表现出哪些反应特性?对混凝土工程有何影响?
4. 配制混凝土时,水泥的选用原则是什么?
5. 新出厂的水泥为什么不能立即使用?
6. 道路水泥有什么特点和用途?
7. 快硬硅酸盐水泥有何特点?适用于哪些混凝土工程?
8. 膨胀水泥和自应力水泥有何区别?有何工程应用?
9. 用于配制混凝土的粗、细骨料应具备哪些技术性能?对技术指标有何要求?
10. 粗骨料的形状与最大粒径对混凝土有何影响?
11. 碎石配制的混凝土一定比卵石混凝土的强度高吗?
12. 粗骨料的级配对混凝土的性能有何影响?
13. 细骨料分为哪几种?细骨料粗度采用什么指标划分?对配制混凝土有何意义?
14. 海砂为什么会促进钢筋锈蚀?
15. 混凝土对拌合水有什么要求?海水可以用于配制混凝土吗?
16. 常用混凝土的外加剂有哪些品种?
17. 减水剂的减水机理是什么?
18. 如何实现减水剂的技术经济效益?

19. 引气剂在混凝土中起什么作用？使用时应注意哪些问题？
20. 为什么要限制使用含 $Cl^-$外加剂和含碱外加剂？
21. 缓凝剂的作用机理是什么？为什么适用于大体积混凝土工程？
22. 早强剂与速凝剂为什么会影响混凝土后期强度的增长？
23. 混凝土常用掺合料有哪些？为什么配制混凝土要掺加掺合料？
24. 常用掺合料在混凝土中的作用机理一样吗？
25. 硅灰是目前配制高性能混凝土常采用的掺合料，使用时应注意什么？

下面就上述问题，从混凝土组成材料的技术性能和质量要求两个方面进行探讨。

## 4.1 水 泥

水泥作为最主要的土木工程胶结材料，用途广，用量大，在工业与民用建筑、道路、桥涵、隧道、水利、海港和国防等工程建设中具有突出贡献。水泥作为无机胶凝材料，与砂石骨料、掺合料、水和外加剂等可制成各种混凝土及其构件，也可配制各种砂浆。

水泥是混凝土的胶结材料，混凝土的性能很大程度上取决于水泥的质量。又因在混凝土组成材料中水泥所耗费的费用最高，因此我们在选择混凝土组成材料时，水泥的选择尤为重要，特别应慎重选择水泥的品种和强度等级。

水泥有多个品种，按其水硬性物质分为硅酸盐系水泥、铝酸盐系水泥、硫铝酸盐系水泥等。其中，硅酸盐系列水泥产量最大、应用最广泛，按其用途和性能又可分为通用水泥、专用水泥和特性水泥三大类(分类如图 4.1 所示)。通用水泥是指土木工程中大量使用的一般用途的水泥，主要是指硅酸盐系列水泥，而专用水泥是指有专门用途的水泥(如砌筑水泥、道路水泥等)，特性水泥则是指某种性能比较突出的水泥(如快硬水泥、抗硫酸盐水泥、低热水泥、中热水泥、白色水泥、彩色水泥等)。

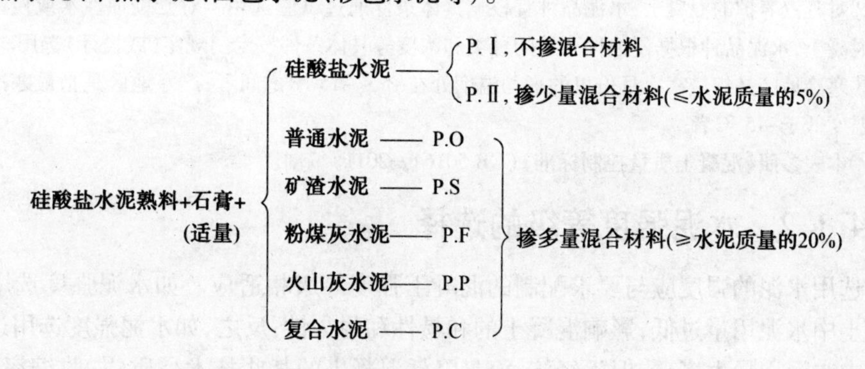


图 4.1 硅酸盐系列水泥分类

### 4.1.1 水泥品种的选择

硅酸盐系列水泥是土木工程中用量最大、应用最普遍的一类水泥，配制混凝土通常采用其中的五大品种水泥，在特殊的工程环境及工程特点情况下，也可采用特种水泥。

常用五大品种硅酸盐水泥可根据混凝土工程的特点、所处环境、施工气候和条件等因素,参照表 4.1 选用。

**表 4.1　混凝土中常用水泥的选用参考表**

| 水泥品种<br>使用部位及环境 | | 硅酸盐水泥<br>(P.Ⅰ或 P.Ⅱ) | 普通水泥<br>(P.O) | 矿渣水泥<br>(P.S) | 火山灰水泥<br>(P.P) | 粉煤灰水泥<br>(P.F) |
|---|---|---|---|---|---|---|
| 工程特点 | 厚大体积混凝土 | × | △ | ☆ | ☆ | ☆ |
| | 快硬混凝土 | ☆ | △ | × | × | × |
| | 高强(高于 C40)混凝土 | ☆ | △ | △ | × | × |
| | 有抗渗要求的混凝土 | ☆ | ☆ | × | ☆ | ☆ |
| | 耐磨混凝土 | ☆ | ☆ | △ | | × |
| 环境条件 | 在普通气候环境中混凝土 | △ | ☆ | △ | | △ |
| | 在干燥环境中混凝土 | △ | ☆ | △ | × | × |
| | 在高湿度环境中或永远在水下的混凝土 | △ | △ | ☆ | | |
| | 在严寒地区的露天混凝土,寒冷地区处在水位升降范围内的混凝土 | ☆ | ☆ | △ | × | × |
| | 严寒地区处在水位升降范围内的混凝土 | ☆ | ☆ | × | × | × |

注:①符号说明:"☆"表示优先选用;"△"表示可以使用;"×"表示不得使用。

②对蒸汽养护的混凝土,水泥品种宜根据具体条件通过试验选用。对受侵蚀性水或侵蚀性气体作用的混凝土,水泥品种根据侵蚀性介质的种类和浓度等具体条件按专门规定(或设计)选用。

③寒冷地区是指最寒冷月份里的平均温度处在-5 ~ -15 ℃之间者;严寒地区是指最寒冷月份里的平均温度低于-15 ℃者。

④本表参照《混凝土质量控制标准》(GB 50164—2011)编制。

### 4.1.2　水泥强度等级的选择

选用水泥的强度应与要求配制的混凝土强度等级相适应。如水泥强度选用过高,则混凝土中水泥用量过低,影响混凝土的和易性和耐久性;反之,如水泥强度选用过低,则混凝土中水泥用量太多,非但不经济,而且降低混凝土的某些技术品质(如收缩率增大等)。通常,配制一般混凝土时,水泥强度为混凝土抗压强度的 1.1 ~ 1.6 倍;配制高强度混凝土时,水泥强度为混凝土抗压强度的 0.7 ~ 1.2 倍。但是,随着混凝土要求的强度等级不断提高,近代高强度混凝土并不受此比例的约束。

水泥混凝土路面用水泥的强度选择,应根据路面的交通等级所要求的设计抗弯拉强度确定,具体参照表 4.2 选取。水泥供应条件允许时,应优先选用早强型水泥,以缩短养护时间。

表4.2 各交通等级路面要求的水泥各龄期的抗弯拉强度、抗压强度

| 交通等级 | | 特重 | | 重 | | 中、轻 | |
|---|---|---|---|---|---|---|---|
| 龄期 /d | | 3 | 28 | 3 | 28 | 3 | 28 |
| 抗压强度 /MPa | ≥ | 25.5 | 57.5 | 22.0 | 52.5 | 16.0 | 42.5 |
| 抗弯拉强度 /MPa | ≥ | 4.5 | 7.5 | 4.0 | 7.0 | 3.5 | 6.5 |

## 4.1.3 硅酸盐系列水泥的技术要求

**1.硅酸盐水泥**

我国现行标准《通用硅酸盐水泥》(GB 175—2007)规定,凡由硅酸盐水泥熟料、不超过5%的石灰石或粒化高炉矿渣、适量石膏磨细制成的水硬性胶凝材料,称为硅酸盐水泥,即国外通称的波特兰水泥(Portland Cement)。

硅酸盐水泥分为两种类型,不掺加混合材料的称为Ⅰ型硅酸盐水泥,代号为P.Ⅰ;掺加不超过水泥质量5%的石灰石或粒化高炉矿渣混合材料的称为Ⅱ型硅酸盐水泥,代号为P.Ⅱ。

(1)水泥主要的矿物组成

硅酸盐水泥主要以石灰质原料、黏土质原料或少量校正原料配合,按照"两磨一烧"的工艺生产而成。其中,生料在高温煅烧过程中经过一系列的化学反应,成为硅酸盐水泥熟料。熟料是一种复杂的混合物,其主要的矿物组成有硅酸三钙、硅酸二钙、铝酸三钙和铁铝酸四钙。水泥熟料在水泥水化和凝结硬化中起着主要的作用,表4.3列出了硅酸盐水泥熟料的矿物组成及反应特性。

表4.3 硅酸盐水泥熟料矿物组成及其反应特性

| 矿物组成名称 | 分子式 | 分子简式 | 含量/% | 强度 | | 水化热 | 水化速度 | 耐化学侵蚀性 | 干缩性 |
|---|---|---|---|---|---|---|---|---|---|
| | | | | 早期 | 后期 | | | | |
| 硅酸三钙 | $3CaO \cdot SiO_2$ | $C_3S$ | 37~60 | 高 | 高 | 大 | 快 | 中 | 中 |
| 硅酸二钙 | $2CaO \cdot SiO_2$ | $C_2S$ | 15~37 | 低 | 高 | 小 | 慢 | 良 | 小 |
| 铝酸三钙 | $3CaO \cdot Al_2O_3$ | $C_3A$ | 7~15 | 高 | 低 | 最大 | 最快 | 差 | 大 |
| 铁铝酸四钙 | $4CaO \cdot Al_2O_3 \cdot Fe_2O_3$ | $C_4AF$ | 10~18 | 低 | 低 | 中 | 快 | 优 | 小 |

除主要熟料矿物外,水泥中还含有少量游离氧化钙、游离氧化镁和一定的碱,但其总含量一般不超过水泥质量的10%。

水泥磨制过程中加入适量的石膏主要起到缓凝作用,同时,还有利于提高水泥早期强度、降低干缩变形等性能。

为了达到改善水泥某些性能和增产水泥的目的,生产水泥过程中有时还要加入混合材料。按照矿物材料的性质,混合材料可划分为活性混合材料和非活性混合材料。活性混合材料系指具有火山灰性或潜在水硬性的混合料,常采用粒化高炉矿渣、火山灰质混合材料以及粉煤灰等。非活性混合材料在水泥中主要起填充作用,本身不具有(或具有微弱的)潜在的水硬性或火山灰性,但可以调节水泥强度,增加水泥产量,降低水化热。常用的非活性混合材料有磨细的石灰石、石英岩、黏土、慢冷矿渣及高硅质炉灰等,从水泥回

转窑窑尾废气中收集下来的窑灰也可以作为非活性混合材料。

(2)水泥的胶凝机理

水泥加水拌和最初形成可塑性的浆体，然后逐渐变稠失去塑性但尚不具备强度的过程，称为水泥的“凝结”。随后产生明显的强度并逐渐发展而形成坚硬的石状固体——水泥石，这一过程称为水泥的“硬化”。水泥的凝结和硬化是人为划分的，它实际上是一个连续而复杂的物理化学变化过程。

首先当水和水泥颗粒接触时，水泥颗粒发生水化反应，从而生成相应的水化物。随着水化物的增多和溶液浓度的增大，一部分水化物就呈胶体或晶体析出，并包在水泥颗粒的表面。在水化初期、水化物不多时，水泥浆尚具有可塑性。

随着时间的推移，水泥颗粒不断水化，水化产物不断增多，使包在水泥颗粒表面的水化物膜层增厚，并形成凝聚结构，使水泥浆开始失去可塑性，这就是水泥的初凝，但这时还不具有强度。随着固态水化物不断增多，其结晶体和胶体相互贯穿形成的网状结构不断加强，固相颗粒间的空隙和毛细孔不断减小，结构逐渐紧密，使水泥浆体完全失去塑性，并开始产生强度，水泥出现终凝。水泥进入硬化期后，水化速度逐渐减慢，水化物随时间增长而逐渐增加，并扩展到毛细孔中，使结构更趋致密，强度进一步提高。如此不断进行下去直到水泥颗粒完全水化，水泥石的强度才停止发展，从而达到最大值。

(3)硅酸盐水泥的技术标准

按我国现行标准《通用硅酸盐水泥》(GB 175—2007)规定，硅酸盐水泥的化学、物理和力学性质指标的技术要求见表4.4。

**表4.4 硅酸盐水泥的技术标准**

| 技术性质 | 细度(比表面积)/($m^2 \cdot kg^{-1}$) | 凝结时间 | | 安定性(沸煮法) | 不溶物/% | | MgO含量/% | $SO_3$含量/% | 烧失量/% | | 碱含量/% | 氯离子/% |
|---|---|---|---|---|---|---|---|---|---|---|---|---|
| | | 初凝/min | 终凝/h | | Ⅰ型 | Ⅱ型 | | | Ⅰ型 | Ⅱ型 | | |
| 指标 | >300 | ≥45 | ≤6.5 | 必须合格 | ≤0.75 | ≤1.50 | ≤5.0① | ≤3.5 | ≤3.0 | ≤3.5 | ≤0.60 | ≤0.06② |

| 强度等级 | 抗压强度/MPa ≥ | | 抗折强度/MPa ≥ | |
|---|---|---|---|---|
| | 3 d | 28 d | 3 d | 28 d |
| 42.5 | 17.0 | 42.5 | 3.5 | 6.5 |
| 42.5R | 22.0 | | 4.0 | |
| 52.5 | 23.0 | 52.5 | 4.0 | 7.0 |
| 52.5R | 27.0 | | 5.0 | |
| 62.5 | 28.0 | 62.5 | 5.0 | 8.0 |
| 62.5R | 32.0 | | 5.5 | |

注：① 如果水泥经压蒸试验安定性合格，则水泥中MgO的含量允许放宽到6.0%；

② 当有更高要求时，该指标由供需双方确定；

③ 表中的“含量”为质量分数。

### 2. 普通硅酸盐水泥

凡由硅酸盐水泥熟料、6% ~20% 的活性混合材料(其中允许使用不超过水泥质量8% 的非活性混合材料或不超过水泥质量 5% 的窑灰代替)、适量石膏磨细制成的水硬性胶凝材料,称为普通硅酸盐水泥,简称普通水泥,代号为 P.O。

我国现行标准《通用硅酸盐水泥》(GB 175—2007)规定,普通水泥的强度分为 42.5、42.5R、52.5、52.5R 四个等级,技术标准见表 4.5。

表 4.5 普通硅酸盐水泥的技术标准

| 技术性质 | 细度(比表面积)/($m^2 \cdot kg^{-1}$) | 凝结时间 | | 安定性(沸煮法) | MgO 含量/% | $SO_3$ 含量/% | 烧失量/% | 碱含量/% | 氯离子/% |
|---|---|---|---|---|---|---|---|---|---|
| | | 初凝 /min | 终凝 /h | | | | | | |
| 指标 | >300 | ≥45 | ≤10 | 必须合格 | ≤5.0 | ≤3.5 | ≤5.0 | ≤0.60 | ≤0.06 |

| 强度等级 | 抗压强度 /MPa ≥ | | 抗折强度 /MPa ≥ | |
|---|---|---|---|---|
| | 3 d | 28 d | 3 d | 28 d |
| 42.5 | 17.0 | 42.5 | 3.5 | 6.5 |
| 42.5R | 22.0 | | 4.0 | |
| 52.5 | 23.0 | 52.5 | 4.0 | 7.0 |
| 52.5R | 27.0 | | 5.0 | |

注:表中"含量"为质量分数。

### 3. 矿渣硅酸盐水泥、火山灰质硅酸盐水泥和粉煤灰硅酸盐水泥

凡由硅酸盐水泥熟料和粒化高炉矿渣、适量石膏磨细制成的水硬性胶凝材料称为矿渣硅酸盐水泥,简称矿渣水泥。

水泥中粒化高炉矿渣掺加量应大于 20%,且不超过 70%,其中允许使用不超过水泥质量 8% 的非活性混合材料或窑灰代替。矿渣水泥根据矿渣掺加量的不同分为 A 型和 B 型两种,A 型矿渣掺加量>20% 且≤50%,代号为 P. S. A;B 型矿渣掺加量>50% 且≤70%,代号为 P. S. B。

凡由硅酸盐水泥熟料和火山灰质混合材料、适量石膏磨细制成的水硬性胶凝材料称为火山灰质硅酸盐水泥,简称火山灰水泥,代号为 P. P。水泥中火山灰质混合材料掺量应大于 20%,且不超过 40%。

凡由硅酸盐水泥熟料和粉煤灰、适量石膏磨细制成的水硬性胶凝材料称为粉煤灰硅酸盐水泥,简称粉煤灰水泥,代号为 P. F。水泥中粉煤灰掺量应大于 20%,且不超过 40%。

按照我国现行标准《通用硅酸盐水泥》(GB 175—2007)规定,矿渣水泥、火山灰水泥和粉煤灰水泥的强度分为 32.5、32.5R、42.5、42.5R、52.5、52.5R 六个等级,技术标准见表 4.6。

**表4.6　矿渣水泥、火山灰水泥、粉煤灰水泥的技术标准**

| 技术性质 | 细度 /%（方孔筛筛余量） | | 凝结时间 | | 安定性（沸煮法） | MgO含量 /% | $SO_3$含量 /% | | 碱含量 /% | 氯离子 /% |
|---|---|---|---|---|---|---|---|---|---|---|
| | 80 μm | 45 μm | 初凝 /min | 终凝 /h | | | 矿渣水泥 | 火山灰水泥、粉煤灰水泥 | | |
| 指标 | ≤10 | ≤30 | ≥45 | ≤10 | 必须合格 | ≤6.0 | ≤4.0 | ≤3.5 | ≤0.60 | ≤0.06 |

| 强度等级 | 抗压强度 /MPa ≥ 3 d | 抗压强度 /MPa ≥ 28 d | 抗折强度 /MPa ≥ 3 d | 抗折强度 /MPa ≥ 28 d |
|---|---|---|---|---|
| 32.5 | 10.0 | 32.5 | 2.5 | 5.5 |
| 32.5R | 15.0 | | 3.5 | |
| 42.5 | 15.0 | 42.5 | 3.5 | 6.5 |
| 42.5R | 19.0 | | 4.0 | |
| 52.5 | 21.0 | 52.5 | 4.0 | 7.0 |
| 52.5R | 23.0 | | 4.5 | |

注：①如果水泥中 MgO 含量大于6.0%时，需进行压蒸安定性试验并合格；B 型矿渣水泥的 MgO 含量不作要求；

②表中含量为质量分数。

### 4.复合硅酸盐水泥

凡由硅酸盐水泥熟料、两种或两种以上规定的混合材料、适量的石膏磨细制成的水硬性胶凝材料，称为复合硅酸盐水泥，简称复合水泥，代号为 P.C。

水泥中混合材料总掺加量应大于20%，且不超过50%。其中允许使用不超过水泥质量8%的窑灰代替，掺矿渣时混合材料掺量不得与矿渣水泥重复。

我国现行标准《通用硅酸盐水泥》（GB 175—2007）规定，复合水泥的技术指标要求与火山灰水泥和粉煤灰水泥的要求相同。

### 5.硅酸盐系列水泥的特点

(1)硅酸盐水泥

硅酸盐水泥强度等级较高，主要用于重要结构的高强混凝土和预应力混凝土工程，由于硅酸盐水泥凝结硬化较快，抗冻性好，因而也适用于要求凝结快、早期强度高、冬季施工及严寒地区遭受反复冻融的工程。

硅酸盐水泥的水化产物中含有较多的 $Ca(OH)_2$，其水泥石抵抗软水侵蚀和化学腐蚀的能力较差，因此不宜用于与流动的软水接触和有水压作用的工程，也不宜用于受海水和矿物水作用的工程；硅酸盐水泥水化时水化热大，因此不宜用于大体积混凝土工程；另外，硅酸盐水泥不耐高温，故不能用其配制耐热混凝土，也不宜用于耐热要求高的工程。

普通水泥中所掺入混合材料较少，绝大部分仍为硅酸盐水泥熟料，其成分与硅酸盐水泥相近，因而其性能和应用与同强度等级的硅酸盐水泥也极为相近；但由于混合材料掺量稍多于硅酸盐水泥，与硅酸盐水泥相比，早期硬化速度稍慢，抗冻性与耐磨性能也略差。它被广泛用于各种混凝土或钢筋混凝土工程，是我国主要的水泥品种之一。

(2)掺混合材硅酸盐水泥

由于矿渣水泥、火山灰水泥、粉煤灰水泥、复合水泥均掺有较大量的混合材料，因此与硅酸盐水泥或普通水泥的组成成分相比，都有一个共同点，即所掺入的混合材料较多，水泥中熟料相对较少，这就使得这些水泥的性能之间有许多相近的地方，但与硅酸盐水泥或普通水泥的性能相比则有许多不同之处，具体来讲，这些水泥相对于硅酸盐水泥有以下主要特点：

①凝结硬化速度较慢。早期强度较低，但后期强度增长较多，甚至可超过同强度等级的硅酸盐水泥。这是因为相对硅酸盐水泥，这些水泥熟料矿物较少而活性混合材料较多，其水化反应是分两步进行的：首先是熟料矿物水化，此时所生成的水化产物与硅酸盐水泥基本相同。由于熟料较少，故此时参加水化和凝结硬化的成分较少，水化产物较少，凝结硬化较慢，强度较低。随后，熟料矿物水化生成的 $Ca(OH)_2$ 和石膏分别作为混合材料的碱性激发剂和硫酸盐激发剂，与混合材料中的活性成分发生二次水化反应，从而在较短的时间内有大量水化物产生，进而使其凝结硬化速度大大加快，强度增长较多。

②水化放热速度慢、放热量少。这是因为熟料含量相对较少，其中所含水化热大、放热速度快的铝酸三钙、硅酸三钙含量较少。

③对温度较为敏感。温度低时硬化较慢，当温度达到 70 ℃以上时，硬化速度大大加快，甚至可超过硅酸盐水泥的硬化速度。这是因为，温度升高加快了活性混合材料与熟料水化析出的 $Ca(OH)_2$ 的化学反应。

④抗侵蚀能力强。由于熟料水化析出的 $Ca(OH)_2$ 本身就少，再加上与活性混合材料作用时又消耗了大量的 $Ca(OH)_2$，因此水泥石中所剩余的 $Ca(OH)_2$ 就更少了，所以，这些水泥抵抗软水、海水和硫酸盐腐蚀的能力较强，宜用于水下和海港工程。

⑤抗冻性和抗碳化能力较差。根据上述特点，这些水泥除适用于地面工程外，特别适宜用于地上和水中的一般混凝土和大体积混凝土结构，以及蒸汽养护的混凝土构件，也适用于一般抗硫酸盐侵蚀的工程。

但是，由于这些水泥所掺混合材料的类型或数量不尽相同，使得它们在特性和应用上也各有特点，因而可以满足不同的工程需要。例如，矿渣水泥的耐热性好，可用于耐热混凝土工程，但其保水性较差，泌水性、干缩性较大；火山灰水泥用于潮湿环境，会吸收水分而产生膨胀胶化作用使结构变得致密，因而有较高的密实度和抗渗性，适宜用于抗渗要求较高的工程，但其耐磨性比矿渣水泥差，干燥收缩较大，在干热条件下会产生起粉现象，故不宜用于有抗冻、耐磨要求及干热环境使用的工程；粉煤灰水泥的干燥收缩小，抗裂性较好，其拌制的混凝土和易性较好。

复合硅酸盐水泥由于在水泥熟料中掺入了两种或两种以上规定的混合材料，因此，其特性主要取决于所掺混合材料的种类、掺量及相对比例，既与矿渣水泥、火山灰水泥、粉煤灰水泥有相似之处，又有其本身的特性，而且较单一混合材料的水泥具有更好的技术效果,故它也广泛适用于各种混凝土工程。

硅酸盐水泥、普通水泥、矿渣水泥、火山灰水泥、粉煤灰水泥,是目前土建工程中应用最广的水泥品种,通常称为五大品种水泥。它们的主要组成及特性见表4.7。

**表4.7 五大品种水泥的主要组成及特性**

| 名 称 | 硅酸盐水泥 | | 普通水泥 | 矿渣水泥 | | 火山灰水泥 | 粉煤灰水泥 |
|---|---|---|---|---|---|---|---|
| 代 号 | P.Ⅰ | P.Ⅱ | P.O | P.S.A | P.S.B | P.P | P.F |
| 主要成分 | 熟料,适量石膏,不加混合材料 | 熟料,适量石膏,掺加≤5%石灰石或粒化高炉矿渣 | 熟料,适量石膏,掺加>5%且≤20%活性混合材料 | 熟料,适量石膏,掺加以下范围的粒化矿渣 >20%且≤50% | 熟料,适量石膏,掺加以下范围的粒化矿渣 >50%且≤70% | 熟料,适量石膏,掺加>20%且≤40%火山灰质混合材料 | 熟料,适量石膏,掺加>20%且≤40%粉煤灰 |
| 密度/(g·cm$^{-3}$) | 3.00~3.15 | | 3.00~3.15 | 2.80~3.10 | | 2.80~3.10 | 2.80~3.10 |
| 堆积密度/(kg·m$^{-3}$) | 1 000~1 600 | | 1 000~1 600 | 1 000~1 200 | | 900~1 000 | 900~1 000 |
| 强度等级 | 42.5、42.5R<br>52.5、52.5R<br>62.5、62.5R | | 42.5、42.5R<br>52.5、52.5R | 32.5、32.5R<br>42.5、42.5R<br>52.5、52.5R | | 32.5、32.5R<br>42.5、42.5R<br>52.5、52.5R | 32.5、32.5R<br>42.5、42.5R<br>52.5、52.5R |
| 特性 硬化 | 快 | | 较快 | 慢 | | 慢 | 慢 |
| 特性 早期强度 | 高 | | 较高 | 低 | | 低 | 低 |
| 特性 水化热 | 高 | | 高 | 低 | | 低 | 低 |
| 特性 抗冻性 | 好 | | 较好 | 差 | | 差 | 差 |
| 特性 耐热性 | 差 | | 较差 | 好 | | 较差 | 较差 |
| 特性 干缩性 | 较小 | | 较小 | 较大 | | 较大 | 较小 |
| 特性 抗渗性 | 较好 | | 较好 | 差 | | 较好 | 较好 |
| 特性 耐蚀性 | 差 | | 较差 | 好 | | 好 | 好 |

## 4.1.4 其他品种水泥的技术要求

在土木工程中,除大量混凝土工程使用通用水泥外,在特定的情况下,还需使用一些特性水泥和专用水泥。

**1. 快硬水泥**

(1)快硬硅酸盐水泥

凡以硅酸盐水泥熟料和适量石膏磨细制成的、以3 d抗压强度表示强度等级的水硬性胶凝材料,称为快硬硅酸盐水泥,简称快硬水泥。

快硬硅酸盐水泥与硅酸盐水泥的生产方法基本相同,但为了使其具有比硅酸盐水泥硬化更快的特性,在生产过程中采取了以下三种主要措施:

①提高熟料中凝结硬化最快的两种成分的总含量。通常硅酸三钙为50% ~60%,铝酸三钙为8% ~14%,二者的总量不应小于60% ~65%。

②增加石膏的掺量(达到8%),促使水泥快速硬化。

③提高水泥的助磨细度,使其比表面积达到330 ~450 $m^2/kg$。

根据国家标准《快硬硅酸盐水泥》(GB/T 199—1990)规定,水泥中 $SO_3$ 含量不得超过4%、熟料中MgO含量不得超过5.0%,如经压蒸安定性试验合格,则允许放宽到6.0%,在80 μm方孔筛的筛余不得超过10%,初凝时间不得早于45 min,终凝时间不得迟于10 h;按3 d抗压抗折强度分为32.5、37.5和42.5三个等级,各等级各龄期强度不低于表4.8中的相应数值。

**表4.8 快硬硅酸盐水泥各龄期强度要求(MPa)**

| 强度等级 | 抗压强度 ≥ | | | 抗折强度 ≥ | | |
|---|---|---|---|---|---|---|
| | 1 d | 3 d | 28 d① | 1 d | 3 d | 28 d① |
| 32.5 | 15.0 | 32.5 | 52.5 | 3.5 | 5.0 | 7.2 |
| 37.5 | 17.0 | 37.5 | 57.5 | 4.0 | 6.0 | 7.6 |
| 42.5 | 19.0 | 42.5 | 62.5 | 4.5 | 6.4 | 8.0 |

注:① 供需双方参考指标。

快硬水泥凝结硬化快,早期强度增进较快,因而它适用于要求早期强度高的工程、紧急抢修工程、冬季施工工程以及制作混凝土或预应力钢筋混凝土预制构件。

由于快硬水泥颗粒较细,易受潮变质,故运输、储存时须特别注意防潮,且不宜久存,从出厂之日起超过一个月,则应重新检验,合格后方可使用。

(2)铝酸盐水泥

凡以铝酸钙为主、$Al_2O_3$ 含量大于50%的熟料磨制的水硬性胶凝材料,称为铝酸盐水泥,其代号为CA。由于其主要原料为铝矾土,故旧称矾土水泥,又由于熟料中 $Al_2O_3$ 含量较高,也常称其为高铝水泥。

1)铝酸盐水泥的矿物组成

铝酸盐水泥的主要矿物组成为铝酸一钙($CaO \cdot Al_2O_3$,简写为CA),其含量约占70%,其次还含有其他铝酸盐,如二铝酸一钙($CaO \cdot 2Al_2O_3$,简写为 $CA_2$)、七铝酸十二钙($12CaO \cdot 7Al_2O_3$,简写为 $C_{12}A_7$)和铝方柱石($2CaO \cdot Al_2O_3 \cdot SiO_2$,简写为 $C_2AS$),另外还含有少量的硅酸二钙($C_2S$)。

2)铝酸盐水泥的性质

铝酸盐水泥根据其 $Al_2O_3$ 含量不同分为四种类型:CA-50、CA-60、CA-70、CA-80,依据《铝酸盐水泥》(GB 201—2000)要求,各类型水泥各龄期强度值不低于表4.9中的数值。各种水泥的比表面积不小于300 $m^2/kg$ 或孔径为45 μm筛的筛余不大于20%;CA-50、CA-70、CA-80的初凝时间不得早于30 min,终凝时间不得迟于6 h,CA-60的初凝时间不得早于60 min、终凝时间不得迟于18 h。

**表4.9 铝酸盐水泥各龄期的强度要求(MPa)**

| 水泥类型 | 抗压强度 ≥ | | | | 抗折强度 ≥ | | | |
|---|---|---|---|---|---|---|---|---|
| | 6 h | 1 d | 3 d | 28 d | 6 h | 1 d | 3 d | 28 d |
| CA-50 | 20① | 40 | 50 | — | 3.0① | 5.5 | 6.5 | — |
| CA-60 | — | 20 | 45 | 85 | — | 2.5 | 5.0 | 10.0 |
| CA-70 | — | 30 | 40 | — | — | 5.0 | 6.0 | — |
| CA-80 | — | 25 | 30 | — | — | 4.0 | 5.0 | — |

注:① 当用户需要时,生产厂应提供结果。

3)铝酸盐水泥的特性及应用

①早期强度增长较快,24 h即可达到其极限强度的80%左右,因此宜用于要求早期强度高的特殊工程和紧急抢修工程。

②水化热较大,而且集中在早期放出,一天内即可释放出总量70%~80%的热量,因此,适应于寒冷地区的冬季施工工程,但不宜用于大体积混凝土工程。

③在高温时能产生固相反应,以烧结代替了水化结合,使得铝酸盐水泥在高温时仍然可得到较高的强度。因此,可采用耐火的骨料和铝酸盐水泥配制成使用温度高达1 300~1 400 ℃的耐火混凝土。

④由于主要组成为低钙铝酸盐,硅酸二钙含量极少,水化析出的 $Ca(OH)_2$ 也很少,故其抗硫酸盐的侵蚀性能好,适用于有抗硫酸盐侵蚀要求的工程。

⑤由于随着时间的推移会发生晶体转化,其长期强度有降低的趋势,因此用于工程中时应按其最低稳定强度进行设计,同时在使用时,其最适宜的硬化温度为15 ℃左右。一般环境温度不得超过25 ℃,故所配制的混凝土不能进行蒸汽养护也不能在炎热季节进行施工。

⑥铝酸盐水泥严禁与硅酸盐水泥、石灰等能析出 $Ca(OH)_2$ 的胶凝材料混用,也不得与尚未硬化的硅酸盐水泥混凝土接触使用,否则不仅会使铝酸盐水泥出现瞬凝现象,而且由于生成碱性水化铝酸钙,导致混凝土开裂破坏。

(3)快硬硫铝酸盐水泥

凡以适当成分的生料,经煅烧所得以无水硫铝酸钙和硅酸二钙为主要矿物成分的熟料,加入适量石膏和0~10%的石灰石磨细制成的早期强度高的水硬性胶凝材料,称为快硬硫铝酸盐水泥,也称早强硫铝酸盐水泥。

这种水泥熟料的主要矿物成分为无水硫铝酸钙[$3(CaO \cdot Al_2O_3) \cdot CaSO_4$]和β型硅酸二钙(β-$C_2S$),两者之和不少于矿物总量的85%。无水硫铝酸钙水化快,能在水泥尚未失去塑性时就形成大量的钙矾石晶体,并迅速构成结晶骨架,而同时析出的 $Al(OH)_3$

凝胶则填塞于骨架的空隙中，从而使水泥获得较高的早期强度。同时 $\beta-C_2S$ 活性较高，水化较快，也能较早地生成水化硅酸钙凝胶，并填充于钙矾石的晶体骨架中，使水泥石结构更加致密，强度进一步提高。另外，该水泥细度较大，从而也使其具有早强的特性。

根据国家标准《硫铝酸盐水泥》(GB 20472—2006)规定，快硬硫铝酸盐水泥以 3 d 抗压强度划分为 42.5、52.5、62.5 和 72.5 四个强度等级，各龄期强度不得低于表 4.10 中规定的数值。初凝时间不早于 25 min，终凝时间不迟于 3 h，细度以比表面积计不得低于 350 $m^2/kg$。

**表 4.10 快硬硫铝酸盐水泥各龄期的强度要求(MPa)**

| 强度等级 | 抗压强度 ≥ | | | 抗折强度 ≥ | | |
|---|---|---|---|---|---|---|
| | 1 d | 3 d | 28 d | 1 d | 3 d | 28 d |
| 42.5 | 30.0 | 42.5 | 45.0 | 6.0 | 6.5 | 7.0 |
| 52.5 | 40.0 | 52.5 | 55.0 | 6.5 | 7.0 | 7.5 |
| 62.5 | 50.0 | 62.5 | 65.0 | 7.0 | 7.5 | 8.0 |
| 72.5 | 55.0 | 72.5 | 75.0 | 7.5 | 8.0 | 8.5 |

快硬硫铝酸盐水泥具有快凝(一般 0.5～1 h 初凝，1～1.5 h 终凝)、早强(一般 4 h 即具有一定的强度，12 h 的强度即可达到 3 d 强度的 50%～70%)、微膨胀或不收缩的特点，因此宜用于紧急抢修工程、国防工程、冬季施工工程、抗震要求较高工程和填灌构件接头以及管道接缝等，也可以用于制作水泥制品、玻璃纤维增强水泥制品和一般建筑工程。

但由于其配制的混凝土中碱度较低，使用时应注意钢筋的锈蚀问题。同时，其主要水化产物高硫型水化硫铝酸钙在 150 ℃以上开始脱水，强度大幅度下降，使其耐热性较差。另外，其水化热较大，也不宜用于大体积混凝土工程。

**2. 膨胀型水泥**

一般水泥在硬化过程中都会产生一定的收缩，从而可能造成其制品出现裂纹而影响制品的性能和使用，甚至不适于某些工程的使用。而膨胀型水泥在硬化过程中，不仅不收缩，而且还有不同程度的膨胀。根据在约束条件下所产生的膨胀量(自应力值)和用途的不同，膨胀型水泥分为收缩补偿型膨胀水泥和自应力型膨胀水泥两大类。前者在硬化过程中的体积膨胀较小(其自应力值小于 2.0 MPa，一般为 0.5 MPa)，主要起补偿收缩、增加密实度的作用，所以称其为收缩补偿型膨胀水泥，简称膨胀水泥；后者膨胀值较大(其自应力值大于 2.0 MPa)，能够产生可以应用的化学预应力，故称其为自应力型膨胀水泥，简称自应力水泥。

膨胀型水泥根据其基本组成，可分为硅酸盐膨胀水泥、明矾石膨胀水泥、铝酸盐膨胀水泥、铁铝酸盐膨胀水泥和硫铝酸盐膨胀水泥，应用较多的是硅酸盐膨胀水泥和铝酸盐膨胀水泥。

(1)硅酸盐膨胀水泥

硅酸盐膨胀水泥是以硅酸盐水泥为主要组分，外加高铝水泥和石膏按一定比例配制而成的一种具有膨胀性的水硬性胶凝材料。这种水泥的膨胀作用主要是源于高铝水泥中的铝酸盐矿物和石膏遇水后化合形成了具有膨胀性的钙矾石晶体。由于水泥的膨胀能力主要源于高铝水泥和石膏,因此我们习惯称高铝水泥和石膏为膨胀组分。显然,水泥膨胀值的大小可通过改变膨胀组分的含量来调节。如采用85% ~88%的硅酸盐水泥熟料、6% ~7.5%的高铝水泥、6% ~7.5%的二水石膏可制成收缩补偿型水泥。硅酸盐膨胀水泥配制钢筋混凝土能够产生自应力以提高构件的抗裂性,因此按自应力的大小又分为自应力水泥(自应力值≥2.0 MPa)和补偿收缩水泥(自应力值<2.0 MPa)两大类。用这种水泥配制的混凝土可用于屋面刚性防水层、锚固地脚螺丝或修补等工程。若适当提高其膨胀组分的含量,如将高铝水泥提高到12% ~13%,二水石膏提高到14% ~17%,即可增加其膨胀量,配制成自应力水泥。这种自应力水泥常用于制造自应力钢筋混凝土压力管及配件等。

(2)铝酸盐膨胀水泥

铝酸盐膨胀水泥是由高铝水泥熟料和二水石膏共同磨细而成的水硬性胶凝材料,其中高铝水泥熟料占60% ~66%,二水石膏占34% ~40%。铝酸盐膨胀水泥及自应力水泥的膨胀作用同样是基于硬化初期生成钙矾石使其体积膨胀。该水泥细度高(比表面积不小于450 $m^2/kg$)、凝结硬化快、膨胀值高、自应力大、抗渗性高、气密性好,并且制造工艺较易控制,质量比较稳定。常用于制作大口径或较高压力的自应力水管或输气管等。

铝酸盐膨胀水泥适用于补偿收缩混凝土,用作防渗混凝土;填灌混凝土结构或构件的接缝及管道接头,结构的加固与修补,浇筑机器底座及固结地脚螺丝等。自应力水泥适用于制造自应力压力管及配件。

**3. 白色和彩色硅酸盐水泥**

(1)白色硅酸盐水泥

凡以适当成分的生料烧至部分熔融得到以硅酸钙为主要成分、氧化铁含量很少的白色硅酸盐水泥熟料,加入适量石膏共同磨细制成的水硬性胶凝材料称为白色硅酸盐水泥,简称白水泥,代号P.W。

白水泥与硅酸盐水泥由于氧化铁含量不同,因而具有不同的颜色,一般硅酸盐水泥由于含有较多的氧化铁等氧化物而呈暗灰色;而白水泥则由于氧化铁等着色氧化物含量很少而呈白色。为了满足白水泥的白度要求,在生产过程中应尽量降低氧化铁的含量,同时对于其他着色氧化物(如氧化锰、氧化钛、氧化铬等)的含量也要加以限制。为此,一是要求使用含着色杂质(铁、铬、锰等)极少的较纯原料,如纯净的高岭土、纯石英砂、纯石灰石或白垩等;二是在煅烧、粉磨、运输、包装过程中防止着色杂质混入;三是磨机的衬板要采用质坚的花岗岩、陶瓷或优质耐磨特殊钢等,研磨体应采用硅质卵石(白卵石)或人造瓷球等;四是煅烧时用的燃料应为无灰分的天然气或液体燃料。

根据国家标准《白色硅酸盐水泥》(GB/T 2015—2005),白水泥分为32.5、42.5、52.5三个强度等级。水泥在各龄期的强度要求不低于表4.11中的数值。水泥熟料中氧化镁含量不得超过5.0%,水泥中$SO_3$含量不得超过3.5%;在80 μm方孔筛上的筛余不得超过10%;初凝时间不得早于45 min,终凝时间不得迟于10 h;安定性用沸煮法检验必须合格。

表 4.11 白色水泥各龄期强度要求(MPa)

| 强度等级 | 抗压强度 ≥ | | 抗折强度 ≥ | |
|---|---|---|---|---|
| | 3 d | 28 d | 3 d | 28 d |
| 32.5 | 12.0 | 32.5 | 3.0 | 6.0 |
| 42.5 | 17.0 | 42.5 | 3.5 | 6.5 |
| 52.5 | 22.0 | 52.5 | 4.0 | 7.0 |

白水泥的白度通常用纯净氧化镁标准板,通过光谱测色仪测定,应不低于87。

(2)彩色硅酸盐水泥

彩色硅酸盐水泥简称彩色水泥,按生产方法可分为两大类:一类为由白水泥熟料、适量石膏和碱性颜料共同磨细而成。所用颜料要求不溶于水,且分散性好,耐碱性强,抗大气稳定性好,掺入水泥中不能显著降低其强度。常用的颜料有:具有不同成分和颜色的氧化铁(如铁红$Fe_2O_3$、铁黑$Fe_3O_4$等)、二氧化锰(黑褐色)、氧化铬(绿色)、赭石(赭色)、群青(蓝色)等,但在制造红色、棕色或黑色水泥时,可在普通硅酸盐水泥中加入耐碱矿物颜料,而不一定用白色硅酸盐水泥。另一类是在白水泥的生料中加入少量金属氧化物直接烧成彩色水泥熟料,然后加入适量石膏磨细而成。

白水泥和彩色水泥富有装饰性,主要用于建筑物的内外表面装修,如做成彩色砂浆、水磨石、水刷石、斩假石、水泥拉毛等各种饰面材料,用于楼地面、内外墙、楼梯、柱及台阶等的饰面。

**4. 道路硅酸盐水泥**

道路硅酸盐水泥简称道路水泥,是由道路硅酸盐水泥熟料、0~10%活性混合材料和适量石膏共同磨细制成的水硬性胶凝材料。道路硅酸盐水泥熟料以硅酸钙为主要成分,且含有较多量的铁铝酸四钙。其中,铁铝酸四钙的含量不得小于16%,铝酸三钙含量不得大于5.0%,游离氧化钙含量不得大于1.0%。

按国家标准规定《道路硅酸盐水泥》(GB 13693—2005),道路硅酸盐水泥分为32.5、42.5和52.5三个强度等级,各龄期强度值不得低于表4.12中的数值。水泥中MgO含量不得超过5.0%,$SO_3$含量不得超过3.5%;安定性用沸煮法检验必须合格;初凝时间不得早于1.5 h,终凝时间不得迟于10 h;比表面积为300~450 $m^2/kg$;28 d的干缩率不得大于0.10%;耐磨性以磨耗量表示,28 d磨耗量不得大于3.00 $kg/m^2$;碱含量由供需双方商定。若使用活性集料,用户要求提供低碱水泥时,水泥中的碱含量按($Na_2O+0.658K_2O$)计,应不超过0.60%。

表 4.12 道路水泥各龄期强度指标(MPa)

| 强度等级 | 抗压强度 ≥ | | 抗折强度 ≥ | |
|---|---|---|---|---|
| | 3 d | 28 d | 3 d | 28 d |
| 32.5 | 16.0 | 32.5 | 3.5 | 6.5 |
| 42.5 | 21.0 | 42.5 | 4.0 | 7.0 |
| 52.5 | 26.0 | 52.5 | 5.0 | 7.5 |

道路硅酸盐水泥具有早期强度高、干缩率小、耐磨性好等特性,主要用于道路路面和机场道面,也可用于要求较高的工厂地面、停车场等一般土建工程。

**5. 中低热水泥**

中低热水泥是指那些水化热较低的水泥,常用品种主要是中热硅酸盐水泥、低热硅酸盐水泥和低热矿渣硅酸盐水泥。

以适当成分的硅酸盐水泥熟料、适量石膏经磨细而制成的具有中等水化热的水硬性胶凝材料,称为中热硅酸盐水泥,简称中热水泥,代号为 P. MH。

以适当成分的硅酸盐水泥熟料、适量石膏经磨细而制成的具有低水化热的水硬性胶凝材料,称为低热硅酸盐水泥,简称低热水泥,代号为 P. LH。

以适当成分的硅酸盐水泥熟料、加入矿渣、适量石膏经磨细而制成的具有低水化热的水硬性胶凝材料,称为低热矿渣硅酸盐水泥,简称低热矿渣水泥,代号为 P. SLH。水泥中矿渣掺量为 20% ~60%(质量分数),允许用不超过混合材料总量 50% 的粒化电炉磷渣或粉煤灰代替部分矿渣。

要使水泥具有较低的水化热,关键是要控制水泥中水化热较大的铝酸三钙和硅酸三钙两种成分的含量。为此,国家标准《中热硅酸盐水泥 低热硅酸盐水泥 低热矿渣硅酸盐水泥》(GB 200—2003)规定,熟料中铝酸三钙含量对于中热水泥和低热水泥不得超过 6%,对于低热矿渣水泥不得超过 8%。熟料中硅酸三钙的含量,对于中热水泥不得超过 55%,且对于低热水泥熟料中硅酸二钙的含量不应小于 40%。国家标准对强度等级规定如下:中热水泥和低热水泥强度等级为 42.5,低热矿渣水泥强度等级为 32.5,各龄期强度值见表 4.13。水泥中 $SO_3$ 含量应不大于 3.5%;中热水泥和低热水泥的氧化镁含量不宜大于 5.0%,烧失量应不大于 3.0%,碱含量不应超过 0.60%;低热矿渣水泥的碱含量不应超过 1.0%;水泥的比表面积应不低于 250 $m^2/kg$,初凝时间不得早于 60 min,终凝时间不得迟于 12 h。

**表 4.13 中热、低热水泥及低热矿渣水泥各龄期强度值(MPa)**

| 品种 | 强度等级 | 抗压强度 | | | 抗折强度 | | |
|---|---|---|---|---|---|---|---|
| | | 3 d | 7 d | 28 d | 3 d | 7 d | 28 d |
| 中热水泥 | 42.5 | 12.0 | 22.0 | 42.5 | 3.0 | 4.5 | 6.5 |
| 低热水泥 | 42.5 | — | 13.0 | 42.5 | — | 3.5 | 6.5 |
| 矿渣水泥 | 32.5 | — | 12.0 | 32.5 | — | 3.0 | 5.5 |

水泥各龄期的水化热应不大于表 4.14 规定的数值。

**表 4.14 中热、低热水泥及低热矿渣水泥各龄期水化热值(kJ/kg)**

| 品种 | 强度等级 | 3 d | 7 d | 28 d |
|---|---|---|---|---|
| 中热水泥 | 42.5 | 251 | 293 | |
| 低热水泥 | 42.5 | 230 | 260 | 310 |
| 矿渣水泥 | 32.5 | 197 | 230 | |

由于中、低热水泥及低热矿渣水泥水化热较低,因此适用于大体积混凝土工程,如大坝、大体积建筑物和厚大的基础工程等。

**6. 砌筑水泥**

凡由一种或一种以上的水泥混合材料加入适量硅酸盐水泥熟料和石膏,经磨细制成的工作性较好的水硬性胶凝材料,称为砌筑水泥,代号为M。

水泥中混合材料掺加量应大于50%(质量分数),允许掺入适量的石灰石或窑灰。水泥中混合材料掺加量不得与矿渣硅酸盐水泥重复。

国家标准《砌筑水泥》(GB/T 3183—2003)规定,砌筑水泥分为12.5和22.5两个强度等级,各龄期强度不得低于表4.15中规定的数值。水泥中$SO_3$含量不得超过4.0%,安定性用沸煮法检验必须合格。80 μm方孔筛筛余不得超过10%。初凝不得早于60 min,终凝不得迟于12 h。砌筑水泥由于强度较低,和易性较好,主要用于配制砌筑砂浆。

**表4.15 砌筑水泥强度要求(MPa)**

| 强度等级 | 抗压强度 ≥ | | 抗折强度 ≥ | |
|---|---|---|---|---|
| | 7 d | 28 d | 7 d | 28 d |
| 12.5 | 7.0 | 12.5 | 1.5 | 3.0 |
| 22.5 | 10.0 | 22.5 | 2.0 | 4.0 |

# 4.2 集 料

集料包括岩石天然风化而成的砾石(卵石)和砂,以及岩石经机械和人工轧制而成的各种尺寸的碎石和砂。随着土木工程材料的发展,集料亦包括工业冶金矿渣与再生集料。根据集料在组配矿质混合料中的不同作用,可将集料划分为粗集料和细集料两大类。在水泥混凝土中,粒径大于4.75 mm(以方孔筛计,圆孔筛相当于5 mm)的集料称为粗集料,粒径小于4.75 mm的集料称为细集料。粗集料在混合料中主要起骨架作用,常见的粗集料有人工轧制的碎石和天然风化而成的卵石等。细集料在混合料中起填充作用,主要包括天然砂、人工砂(或称机制砂)和石屑等。常用工业冶金矿渣集料有钢渣、粒化高炉矿渣、粉煤灰等。

再生集料是指建筑物拆除、路面翻修、混凝土生产与施工等因素产生的建筑废物,采用专用设备将其加工制备而成。大力提倡使用再生集料也是发展绿色生态混凝土的主要途径之一。

## 4.2.1 细集料

**1. 细集料的技术性质**

(1)物理常数

集料的物理常数是指其内部组成结构状态的反映参数,与力学性质之间存在一定的相依性。集料的内部组成结构由组成集料的实体矿物成分和孔隙组成,孔隙又可根据是否与外界大气连通分为开口孔隙和闭口孔隙。

用于水泥混凝土的细集料，通常采用的物理常数主要有表观密度、毛体积密度、堆积密度和空隙率等。

①表观密度。细集料的表观密度是指在规定条件（105±5 ℃烘干至恒重）下，单位表观体积（包括矿质实体和闭口孔隙的体积）物质颗粒的干质量。工程上亦常将表观密度简称为视密度。

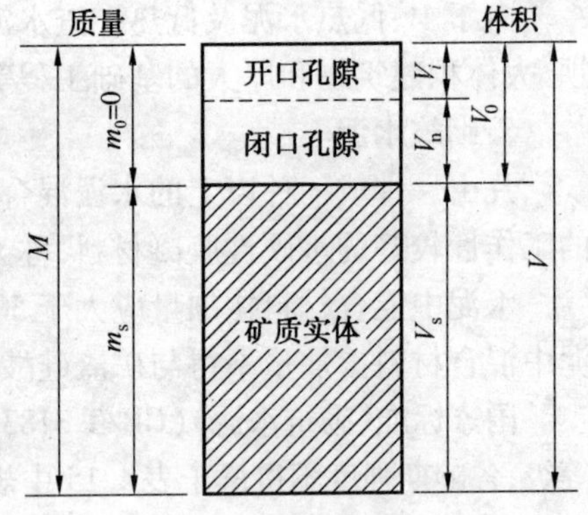

图 4.2 材料质量与体积关系示意图

由细集料的质量与体积关系示意图如图 4.2 所示，其表观密度可按下式计算：

$$\rho_a = \frac{m}{V_a} \tag{4.1}$$

式中 $\rho_a$ ——细集料的表观密度，$kg/m^3$ 或 $g/cm^3$；

$m$ ——细集料的烘干质量，kg 或 g；

$V_a$ ——细集料的表观体积，$m^3$ 或 $cm^3$，$V_a = V_s + V_n$。

按我国现行《公路工程集料试验规程》（JTG E42—2005）规定，细集料的表观密度采用容量瓶法测定。

②毛体积密度。细集料的毛体积密度是指在规定条件下，单位毛体积（包括材料实体、闭口孔隙和开口孔隙的体积）的干质量。可按下式计算：

$$\rho_b = \frac{m}{V} \tag{4.2}$$

式中 $\rho_b$ ——细集料的毛体积密度，$kg/m^3$ 或 $g/cm^3$；

$m$ ——细集料的烘干质量，kg 或 g；

$V$ ——细集料的毛体积，$m^3$ 或 $cm^3$，$V = V_s + V_n + V_i$。

③堆积密度。细集料的堆积密度是指将其装填于容器中，包括细集料物质颗粒和颗粒之间空隙在内的单位堆积体积的质量。可按下式计算：

$$\rho = \frac{m}{V_f} \tag{4.3}$$

式中 $\rho$ ——细集料的堆积密度，$kg/m^3$；

$m$ ——细集料的质量，kg；

$V_f$ ——细集料的堆积体积，$m^3$。

细集料的堆积密度按其含水率可分为干堆积密度和湿堆积密度，按细集料排列的松紧程度不同，又可分为自然堆积密度与振实（或紧装）堆积密度。

④空隙率。细集料的空隙率是指在堆积体积状态下，颗粒间空隙体积（包括开口孔隙体积和颗粒之间的间隙体积）占总体积的百分率。可按下式计算：

$$P = \frac{V_f - V_a}{V_f} \times 100\% = (1 - \frac{\rho}{\rho_a}) \times 100\% \tag{4.4}$$

式中 $P$ ——材料的空隙率，%；

$V_f$ 、$V_a$ 、$\rho$ 、$\rho_a$ ——意义同前。

空隙率的大小反映了集料相互填充的致密程度,是一项重要的控制指标。如配制水泥混凝土,水泥浆可以进入砂石的开口孔隙,应考虑空隙率以达到节约水泥和改善性能的目的。

(2)级配和细度模数

①级配。级配是细集料中各级粒径颗粒的分配情况,可通过筛分试验确定。

细集料筛分试验是将细集料通过一系列规定筛孔尺寸的标准筛,称出存留在各个筛上的集料质量,然后根据细集料试样的总质量与各筛上的存留质量,采用一系列级配参数(常用分计筛余百分率、累计筛余百分率和通过百分率)来表征其级配情况。

a. 分计筛余百分率。某号筛上的筛余质量占试样总质量的百分率,可按下式计算:

$$a_i = \frac{m_i}{M} \times 100\% \tag{4.5}$$

式中 $a_i$ ——某号筛的分计筛余百分率,%;

$m_i$ ——存留在某号筛上的质量,g;

$M$ ——试样总质量,g。

b. 累计筛余百分率。某号筛的分计筛余百分率和大于该号筛的各筛分计筛余百分率的总和,可按下式计算:

$$A_i = a_1 + a_2 + \cdots + a_i \tag{4.6}$$

式中 $A_i$ ——某号筛的累计筛余百分率,%;

$a_1, a_2, \cdots, a_i$ ——从第1号筛、第2号筛至欲计算到某号筛的分计筛余百分率,%。

c. 通过百分率。通过某筛的质量占试样总质量的百分率,即100与累计筛余百分率之差,以 $P_i$ 表示,按下式计算:

$$P_i = 100 - A_i \tag{4.7}$$

②细度模数。细度模数是评价细集料粗细程度的一种指标,通常用细度模数表示细集料的粗度。细度模数定义为细集料试样各号筛的累计筛余百分率之和除以100的商,可按下式计算:

$$M_x = \frac{(A_{0.15} + A_{0.3} + A_{0.6} + A_{1.18} + A_{2.36})}{100} \tag{4.8}$$

通常砂中含有大于4.75 mm的砾石,应采用下式计算其细度模数:

$$M_x = \frac{(A_{0.15} + A_{0.3} + A_{0.6} + A_{1.18} + A_{2.36}) - 5A_{4.75}}{100 - A_{4.75}} \tag{4.9}$$

式中 $M_x$ ——细度模数;

$A_{4.75}$ , $A_{2.36}$ , $A_{1.18}$ , $A_{0.6}$ , $A_{0.3}$ , $A_{0.15}$ ——分别为4.75 mm,2.36 mm,…,0.15 mm各筛的累计筛余百分率,%。

细度模数越大,表示细集料越粗。按我国现行标准规定,砂的粗度按细度模数可分为三级:粗砂($M_x$ =3.7~3.1)、中砂($M_x$ =3.0~2.3)、细砂($M_x$ =2.2~1.6)。

细度模数的大小主要取决于0.15~2.36 mm筛五个粒径的累计筛余,由于在累计筛余的总和中,粗颗粒分计筛余的“权”比细颗粒大,所以它的数值很大程度取决于粗颗粒的含量;另一方面,细度模数的数值与小于0.15 mm的颗粒含量无关,所以虽然细度模数在一定程度上能反映砂的粗细概念,但并不能全面反映砂的级配情况。由于细度模数相同而级配不同的砂,可配制出性质不同的混凝土,因此,考虑砂的级配分布情况时,只有同时应用细度模数和级配两项指标,才能真正反映其全部性质。

**【例4.1】 细集料筛分试验计算示例**

某工地现有一批砂样欲配制水泥混凝土,经筛分试验各筛的筛余量列于表4.16,试计算该砂样的级配参数,并判定其工程适应性。

**表4.16 砂样的筛分结果**

| 筛孔尺寸 /mm | 4.75 | 2.36 | 1.18 | 0.6 | 0.3 | 0.15 | 筛底 |
|---|---|---|---|---|---|---|---|
| 各筛筛余量 /g | 30 | 60 | 90 | 120 | 110 | 80 | 10 |

**解** 砂样的级配参数计算见表4.17。

**表4.17 砂样的筛分结果**

| 筛孔尺寸 /mm | 各筛筛余质量/g | 分计筛余百分率/% | 累计筛余百分率/% | 通过百分率/% | 混凝土用砂的级配要求(通过率)/% |
|---|---|---|---|---|---|
| 4.75 | 30 | 6 | 6 | 94 | 90~100 |
| 2.36 | 60 | 12 | 18 | 82 | 75~100 |
| 1.18 | 90 | 18 | 36 | 64 | 50~90 |
| 0.6 | 120 | 24 | 60 | 40 | 30~59 |
| 0.3 | 110 | 22 | 82 | 18 | 8~30 |
| 0.15 | 80 | 16 | 98 | 2 | 0~10 |
| 筛底 | 10 | 2 | 100 | 0 | — |
| $\sum$ | 500 | — | — | — | — |

该砂的细度模数计算如下:

$$M_x = \frac{(A_{0.15} + A_{0.3} + A_{0.6} + A_{1.18} + A_{2.36}) - 5A_{4.75}}{100 - A_{4.75}} =$$

$$\frac{(18 + 36 + 60 + 82 + 98) - 5 \times 6}{100 - 6} = 2.81$$

该砂属于中砂,由图4.3砂样的级配曲线图知,该砂满足水泥混凝土用中砂的级配要求,可以用于配制混凝土。

### 2. 细集料的技术要求

(1)级配与细度模数

优质的混凝土用砂希望具有高的密度和小的比面,这样才能达到既保证新拌混凝土有适宜的工作性和硬化后混凝土有一定的强度、耐久性,同时又达到节约水泥的目的。

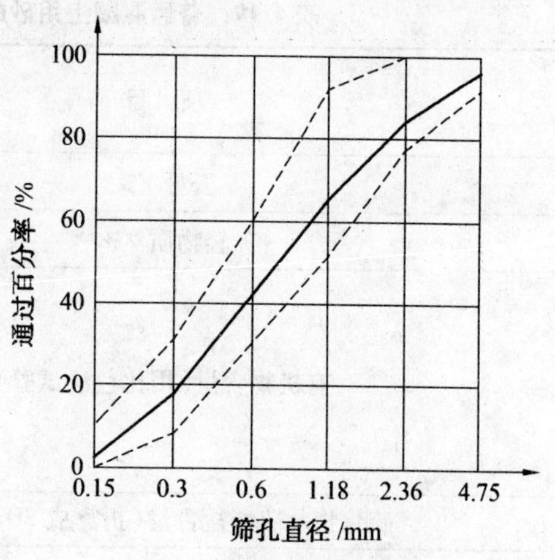


图4.3 砂的级配曲线图

混凝土用细集料的级配要求,应与一定的粗集料级配所组成的矿质混合料一并考虑。但是,如细集料的级配不良则很难配制成良好的矿质混合料。混凝土用砂的级配根据《普通混凝土用砂、石质量及检验方法标准》(JGJ 52—2006)的规定,是以细度模数 $M_x$=1.6~3.7 的砂,按0.6 mm 筛孔的累计筛余划分为三个级配区,级配范围示于表4.18。

**表4.18 砂的颗粒级配区**

| 级配区 | 筛孔尺寸/mm | | | | | | |
|---|---|---|---|---|---|---|---|
| | 9.5 | 4.75 | 2.36 | 1.18 | 0.6 | 0.3 | 0.15 |
| | 累计筛余/% | | | | | | |
| Ⅰ区 | 0 | 10~0 | 35~5 | 65~35 | 85~71 | 95~80 | 100~90 |
| Ⅱ区 | 0 | 10~0 | 25~0 | 50~10 | 70~41 | 92~70 | 100~90 |
| Ⅲ区 | 0 | 10~0 | 15~0 | 25~0 | 40~16 | 85~55 | 100~90 |

注:实际颗粒级配与表列累计百分率相比,除4.75 mm 和0.6 mm 筛号外,允许稍有超出分界线,但总超出量百分率不应大于5%。

Ⅰ区砂属于粗砂范畴,用Ⅰ区砂配制混凝土时,应较Ⅱ区砂采用较大的砂率,否则,新拌混凝土的内摩擦阻力较大、保水性差、不易捣实成型。Ⅱ区砂由中砂和一部分偏粗的细砂组成,Ⅲ区砂由细砂和一部分偏细的中砂组成。当应用Ⅲ区砂配制混凝土时,应较Ⅱ区砂采用较小的砂率,因应用Ⅲ区砂所配制成的新拌混凝土黏性略大,比较细软,易插捣成型,而且由于Ⅲ区砂的级配细、比面大,所以对新拌混凝土的工作性影响比较敏感。

对要求耐磨的混凝土,小于0.075 mm 的颗粒不应超过3%,对其他混凝土,则不应超过5%。当其颗粒成分为石粉时,此限值可分别增至7%。

(2)有害杂质含量

集料中含有妨碍水泥水化或能降低集料与水泥石黏附性以及能与水泥水化产物产生不良化学反应的各种物质,称为有害杂质。我国现行标准《普通混凝土用砂、石质量及检验方法标准》(JGJ 52—2006)对混凝土用砂的有害杂质含量限值规定见表4.19。

表4.19 普通混凝土用砂的有害杂质含量(质量分数)限值

| 项目 | | | 指标 | | |
| --- | --- | --- | --- | --- | --- |
| | | | ≥C60 | C55~C30 | ≤C25 |
| 云母/% | | | ≤2.0 | | |
| 轻物质/% | | | ≤1.0 | | |
| 有机物含量(用比色法试验) | | | 颜色应不深于标准色。当颜色深于标准色时,应按水泥胶砂强度试验方法进行强度对比试验,抗压强度比应不低于0.95 | | |
| 硫化物及硫酸盐含量(折算成$SO_3$)/% | | | ≤1.0 | | |
| 含泥量/% | | | ≤2.0 | ≤3.0 | ≤5.0 |
| 泥块含量/% | | | ≤0.5 | ≤1.0 | ≤2.0 |
| 石粉含量/% | 亚甲蓝试验 | 亚甲蓝值<1.4(合格) | ≤5.0 | ≤7.0 | ≤10.0 |
| | | 亚甲蓝值≥1.4(不合格) | ≤2.0 | ≤3.0 | ≤5.0 |
| $Cl^-$含量(以干砂质量百分率计)/% | | 钢筋混凝土用砂 | ≤0.06 | | |
| | | 预应力混凝土用砂 | ≤0.02 | | |

注:①对有抗冻、抗渗或其他特殊要求的≤C25的混凝土用砂,其含泥量不应大于3.0%、泥块含量不应大于1.0%;

②对有抗冻、抗渗要求的混凝土用砂,其云母含量不应大于1.0%;

③石粉含量限值仅限于人工砂或混合砂。

①含泥量和泥块含量。砂石中含泥量是指粒径小于0.075 mm的颗粒含量。泥块是指原颗粒粒径大于4.75 mm,经水洗手捏后变成小于2.36 mm的颗粒。泥块主要有三种类型:纯泥块是由纯泥组成的粒径大于4.75 mm的团块;泥砂团或石屑团是由砂或石屑与泥混成粒径大于4.75 mm的团块;包裹型的泥是包裹在砂石表面的泥。这三种存在形式中,包裹型的泥是以表面覆盖层的形式存在,妨碍集料与水泥净浆的黏结,影响混凝土的强度和耐久性。

②云母含量。某些砂中含有云母,云母呈薄片状,表面光滑,且极易沿节理裂开,因此,与水泥石的黏附性极差。砂中含有云母,对混凝土拌合物的工作性以及硬化后混凝土的抗冻性和抗渗性都有不利的影响。白云母较黑云母更为有害。

③轻物质含量。砂中的轻物质是指相对密度小于2.0的颗粒,如煤和褐煤等,其含量采用相对密度为1.95~2.00的重液进行分离测定。

④有机质含量。天然砂中有时混杂有机物质(如动植物的腐殖质、腐殖土等),这类有机物质将延缓水泥的硬化过程,并降低混凝土的强度,特别是早期强度。

为了消除砂中有机物的影响,可采用石灰水淘洗,或在拌和混凝土时加入少量消石灰。此外,亦可将砂在露天摊成薄层,经接触空气和阳光照射后也可消除有机物的不良影响。

⑤硫化物和硫酸盐含量。在天然砂中,常掺杂有硫铁矿($FeS_2$)或石膏($CaSO_4 \cdot 2H_2O$)的碎屑,它们含量过多,将在已硬化的混凝土中与水化铝酸钙发生反应,生成水化硫铝酸钙结晶,体积膨胀,在混凝土内产生破坏作用。对无筋混凝土,砂中硫化物和硫酸盐含量可酌情放宽。

⑥$Cl^-$含量。$Cl^-$可能存在于海砂中,对钢筋有腐蚀作用,当采用海砂配制钢筋混凝土和预应力混凝土时,应控制$Cl^-$的含量。

(3)坚固性

以下情况应进行硫酸钠坚固性检验,经5次循环后质量损失应不大于8%,对其他条件下使用的混凝土,应不大于10%。

①当混凝土处在严寒及寒冷地区室外,并经常处于潮湿或干湿交替状态下;

②有腐蚀介质作用或经常处于水位变化区的地下结构;

③有抗疲劳、耐磨、抗冲击等要求时。

(4)碱-集料反应

碱-集料反应是指水泥、外加剂以及混凝土构筑物环境中的碱与集料中碱活性矿物在潮湿环境下缓慢发生,并导致水泥混凝土开裂破坏的膨胀反应。碱-集料反应包括碱-硅反应和碱-碳酸盐反应两类,该反应会导致高速公路路面、机场道面、大型桥梁墩台和大坝等水利设施的开裂和破坏,且这种破坏会延续发展,难以补救,因此,引起世界各国的普遍关注。

由于近年来我国水泥含碱量的增大、水泥用量的提高以及含碱外加剂的应用,增加了碱-集料反应的潜在危险,因此,对于长期处于潮湿环境中的重要混凝土结构用砂,应采用快速砂浆棒法或砂浆长度法进行碱活性检验,判定有潜在危害时,应控制混凝土中的碱含量不超过3 $kg/m^3$,或采用能抑制碱-集料反应的有效措施。

### 4.2.2 粗集料

所用粗集料主要包括碎石和卵石,常称为石子,也是影响混凝土强度的主要因素之一。普通混凝土所用粗集料的质量应符合强度、级配、最大粒径、表面特征和形状、坚固性、有害杂质含量、碱活性检验、物理常数等几个方面的技术要求。

**1. 强度**

当混凝土受力时,在粗集料与水泥砂浆界面处将产生拉应力和剪应力。通常情况下粗集料的强度比水泥石的强度高,只要界面黏结强度有保障,混凝土不会因粗集料的破坏而破坏。但由于风化等原因引起集料强度降低时,用其配制的混凝土强度则会降低。因此,为保证混凝土的强度,要求所用碎石或卵石必须具有一定的强度。

粗集料的强度可用岩石的抗压强度和压碎值指标表示。岩石的抗压强度应比所配制的混凝土强度至少高20%。当混凝土的强度等级大于或等于C60时,应进行岩石抗压强度检验。通常岩石的抗压强度由生产单位提供,工程中可采用压碎值指标对其进行控制。

压碎值是指粗集料在连续增加的荷载作用下抵抗压碎的能力,作为相对衡量石料强度的一个指标。压碎值的试验方法是将9.5~13.2 mm的粗集料试样,用标准夯实法分三层装入压碎值测定仪的钢质试模内,每层用金属捣棒夯实25次,最后在碎石上再加一压头，如图4.4所示。将试模移置压力机上，在10 min左右的时间内加荷至总荷载400 kN，稳压5 s，然后卸载。取下试模，测定通过2.36 mm标准筛筛孔的碎屑质量占原粗集料试样总质量的百分率，即为压碎值，按下式计算：

$$Q'_a = \frac{m_1}{m_0} \times 100\% \tag{4.10}$$

式中 $Q'_a$——试样的压碎值，%；

$m_0$——试验前试样质量，g；

$m_1$——试验后通过2.36 mm筛孔细料质量，g。

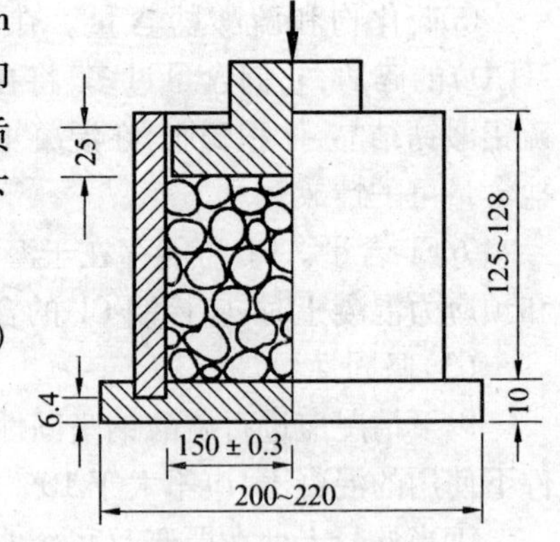


图4.4 碎石压碎值测定仪（单位：mm）

我国现行行业标准《普通混凝土用砂、石质量及检验方法标准》（JGJ 52—2006），对普通混凝土用碎石和卵石的压碎值指标要求见表4.20。

**表4.20 普通混凝土用碎石或卵石压碎值指标**

| 粗集料种类 \ 指标 | | 压碎值/% ≤ | |
|---|---|---|---|
| | | C40 ~ C60 | ≤C35 |
| 碎石 | 沉积岩 | 10 | 16 |
| | 变质岩或深成火成岩 | 12 | 20 |
| | 喷出火成岩 | 13 | 30 |
| 卵石 | | 12 | 16 |

**2. 级配**

粗集料的级配与细集料相同，采用筛分试验确定，但粗细集料所使用标准筛的筛孔尺寸不同。粗集料常采用的标准筛有：75 mm、63 mm、53 mm、37.5 mm、31.5 mm、26.5 mm、19 mm、16 mm、13.2 mm、9.5 mm、4.75 mm等筛孔尺寸。

粗细集料组成的混合料的级配有连续级配和间断级配两种。连续级配是指由大到小逐级粒径均有，并按比例互相搭配组成的混合料。连续级配曲线平顺圆滑，具有连续不间断的性质。间断级配是在混合料中剔除其中一个或几个分级，形成的级配曲线具有不连续性。

连续级配的优点是所配制的混凝土较密实，具有优良的工作性，不易离析，因此，被经常采用。但与间断级配矿质混合料相比较，连续级配配制相同强度的混凝土，所需要的水泥耗量较高。间断级配矿质混合料的最大优点是空隙率低，可以配制成密实高强的混凝土，而且水泥耗量较小，但是间断级配混凝土拌合物容易产生离析现象，适宜配制干硬性混凝土，并须采用强力振捣。

为获得密实、高强的混凝土，并能节约水泥，要求粗细集料组成的矿质混合料要有良好的级配。普通混凝土用粗集料应采用连续粒级，单粒级宜用于组配成满足要求的连续粒级，也可以与连续粒级混合使用，以改善其级配或组配成较大粒度的连续粒级。单粒级和连续粒级矿质集料的级配应满足我国现行行业标准《普通混凝土用砂、石质量及检验方法标准》(JGJ 52—2006)的规定，见表4.21。

**表4.21 碎石或卵石的颗粒级配范围**

| 级配情况 | 公称粒径/mm | 筛孔尺寸/mm | | | | | | | | | | | |
|---|---|---|---|---|---|---|---|---|---|---|---|---|---|
| | | 2.36 | 4.75 | 9.5 | 16.0 | 19.0 | 26.5 | 31.5 | 37.5 | 53 | 63 | 75 | 90 |
| | | 累计筛余(按质量计)/% | | | | | | | | | | | |
| 连续粒级 | 5~10 | 95~100 | 80~100 | 0~15 | 0 | | | | | | | | |
| | 5~16 | 95~100 | 85~100 | 30~60 | 0~10 | 0 | | | | | | | |
| | 5~20 | 95~100 | 90~100 | 40~80 | — | 0~10 | 0 | | | | | | |
| | 5~25 | 95~100 | 90~100 | — | 30~70 | — | 0~5 | 0 | | | | | |
| | 5~31.5 | 95~100 | 90~100 | 70~90 | — | 15~45 | — | 0~5 | 0 | | | | |
| | 5~40 | | 95~100 | 70~90 | — | 30~65 | — | — | 0~5 | 0 | | | |
| 单粒级 | 10~20 | | 95~100 | 85~100 | — | 0~15 | 0 | | | | | | |
| | 16~31.5 | | 95~100 | — | 85~100 | — | — | 0~10 | 0 | | | | |
| | 20~40 | | | 95~100 | — | 80~100 | — | — | 0~10 | 0 | | | |
| | 31.5~63 | | | | 95~100 | — | — | 75~100 | 45~75 | — | 0~10 | 0 | |
| | 40~80 | | | | | 95~100 | — | — | 70~100 | — | 30~60 | 0~10 | 0 |

**3. 最大粒径的选择**

粗集料的最大粒径对混凝土的强度有一定影响。在一定的配比条件下，粗集料的最大粒径过大，将减小与水泥浆接触的总面积，界面强度降低，同时还会因振捣不密实而降低混凝土的强度，且在水灰比较小时影响更为明显。

为了保证混凝土的施工质量，保证混凝土构件的完整性和密实度，粗集料的最大粒径不宜过大。要求集料的最大颗粒粒径不得大于结构截面最小尺寸的1/4，同时不得大于钢筋间最小净距的3/4；对于混凝土实心板，集料的最大粒径不宜超过板厚的1/2，且不得超过40 mm。

**4. 表面特征和形状**

表面粗糙且多棱角的碎石与表面光滑和圆形的卵石配制的混凝土相比，虽然卵石配制的混凝土具有较好的流动性，但碎石与水泥的黏结性好，混凝土的强度高。配制混凝土的粗集料，其粒形应以接近正立方体者为佳，不宜含有较多针片状颗粒，否则将显著降低水泥混凝土的抗折强度，并影响混凝土拌合物的工作性。普通混凝土用碎石和卵石的针片状颗粒含量应符合表4.22的规定。

**表4.22 粗集料针片状颗粒含量(质量分数)限值**

| 混凝土强度等级 | ≥C60 | C55~C30 | ≤C25 |
|---|---|---|---|
| 针片状颗粒含量/% | ≤8 | ≤15 | ≤25 |

### 5. 坚固性

为保证混凝土的耐久性，用作混凝土的粗集料应具有足够的坚固性，以抵抗冻融和自然因素的风化作用。混凝土用粗集料的坚固性用硫酸钠溶液法检验，试样经5次循环后，其质量损失应符合表4.23的规定。

**表4.23 普通混凝土用碎石或卵石坚固性指标**

| 混凝土所处环境条件及其性能要求 | 5次循环后质量损失 /% |
|---|---|
| 严寒、寒冷地区室外，并经常处于潮湿或干湿交替状态下；有腐蚀介质作用或经常处于水位变化区的地下结构或有抗疲劳、耐磨、抗冲击等要求 | ≤8 |
| 其他条件下使用的混凝土 | ≤12 |

### 6. 有害杂质含量

粗集料中的有害杂质主要有：黏土、淤泥及细屑、硫酸盐及硫化物、有机质、蛋白石及其他含有活性氧化硅的岩石颗粒等，主要有害杂质含量限值见表4.24。

**表4.24 粗集料有害物质含量（质量分数）限值**

| 项　目 | 指　标 | | |
|---|---|---|---|
| | ≥C60 | C55～C30 | ≤C25 |
| 含泥量（按质量计）/% | ≤0.5 | ≤1.0 | ≤2.0 |
| 泥块含量 /% | ≤0.2 | ≤0.5 | ≤0.7 |
| 卵石中有机物含量（用比色法试验） | 颜色应不深于标准色。当颜色深于标准色时，应配制成混凝土进行强度对比试验，抗压强度比应不低于0.95 | | |
| 硫化物及硫酸盐含量（折算成$SO_3$，按质量计）/% | ≤1.0 | | |

注：①对有抗冻、抗渗或其他特殊要求的混凝土用碎石或卵石，其含泥量不应大于1.0%。当含泥为非黏土质石粉时，其含泥量应较表中的规定值相应提高到1.0%、1.5%、3.0%；

②对有抗冻、抗渗或其他特殊要求的强度等级<C30的混凝土，其所用碎石或卵石中泥块含量不应大于0.5%。

### 7. 碱活性检验

对于长期处于潮湿环境的重要混凝土工程用粗集料，应进行碱活性检验。首先应用岩相法确定碱活性集料的种类和数量。若粗集料中含有活性$SiO_2$时，应采用快速砂浆棒法或砂浆长度法检验；若粗集料中含有活性碳酸盐时，应采用岩石柱法检验，以确定其是否存在潜在危害。

当确定粗集料存在潜在碱-硅反应危害时，应控制混凝土中碱的含量不超过3 $kg/m^3$，或采用能抑制碱-集料反应的有效措施。当判定粗集料中存在潜在碱-碳酸盐反应危害时，则粗集料不宜用作混凝土骨料；否则，应通过专门的混凝土试验，做最后评定。

### 8. 物理常数

粗集料具有与细集料相同的物理常数，主要包括表观密度、表干密度、毛体积密度、堆积密度和空隙率等。这些物理常数不仅可以反映粗集料的品质,间接地推断其力学性质,而且是水泥混凝土的配合比设计中必不可少的重要的设计参数。粗集料的表观密度、表干密度和毛体积密度,按我国现行试验方法规定采用网篮法测定。

## 4.3 混凝土拌合用水

混凝土拌合用水水源,可分为饮用水、地表水、地下水、海水以及经适当处理或处置后的工业废水。依据《混凝土用水标准》(JGJ 63—2006)的规定,混凝土拌合用水中的化学指标(pH 值、不溶物、可溶物、$Cl^-$、$SO_4^{2-}$和碱含量)均应符合标准要求。符合国家标准的生活饮用水,可以用来拌制混凝土,不需再进行检验。地表水、地下水、再生水的放射性应符合国家《生活饮用水卫生标准》;被检水样应与采用生活饮用水测定的水泥凝结时间和水泥胶砂强度进行对比试验,检验合格才能使用;拌合用水不应有漂浮明显的油脂和泡沫,不应有明显的颜色和异味。混凝土企业设备洗涮水不宜用于预应力钢筋混凝土、装饰混凝土、加气混凝土和暴露于侵蚀环境中的混凝土;不得用于使用碱活性或潜在碱活性骨料的混凝土。未经处理的海水严禁用于钢筋混凝土和预应力钢筋混凝土;在无法获得水源的情况下,海水可用于素混凝土,但不宜用于装饰混凝土。

## 4.4 混凝土外加剂

混凝土外加剂是在拌制混凝土过程中掺入用以改善混凝土性质的物质。掺量不应大于水泥质量的5%(特殊情况除外)。由于掺入很少的外加剂就能明显地改善混凝土的某种性能,如改善和易性;调节凝结时间;提高强度和耐久性;节省水泥等,因此外加剂深受工程界的欢迎。外加剂在混凝土及砂浆中得到越来越广泛的使用,已成为混凝土的第五组成部分。

### 4.4.1 外加剂的分类

混凝土外加剂按其主要功能可分为下列四类:

①改善混凝土拌合物流变性能的外加剂,如各种减水剂、引气剂、泵送剂、保水剂、灌浆剂等。

②调节混凝土凝结时间和硬化性能的外加剂,如缓凝剂、早强剂、速凝剂等。

③改善混凝土耐久性的外加剂,如引气剂、阻锈剂、防水剂等。

④改善混凝土其他性能的外加剂,如加气剂、膨胀剂、防冻剂、着色剂、防潮剂、消泡剂、稳定剂、脱模剂、碱-集料反应抑制剂等。

### 4.4.2 常用混凝土外加剂

目前在工程中常用的混凝土外加剂主要有减水剂、引气剂、早强剂、缓凝剂、防冻剂、膨胀剂等。

1. 减水剂

(1)减水剂的作用

减水剂是在混凝土坍落度基本相同的条件下,能减少拌合用水的外加剂。使用减水剂对混凝土主要有下列技术经济效益:

①在保证混凝土工作性和水泥用量不变的条件下,可以减少用水量,提高混凝土强度,特别是高效减水剂可大幅度减小用水量,制备早强、高强混凝土;

②在保持混凝土用水量和水泥用量不变的条件下,可增大混凝土的流变性,如采用高效减水剂可制备大流动性混凝土;

③在保证混凝土工作性和强度不变的条件下,可节约水泥用量。

(2)减水剂的作用机理

常用的减水剂均属于表面活性剂。表面活性剂有着特殊的分子结构,它是由亲水基团和憎水基团两部分组成。当表面活性剂溶于水后,其中的亲水基团会电离出某种离子(阴离子、阳离子或同时电离出阴、阳离子),根据电离后表面活性剂所带的电性,可将表面活性剂分为阳离子表面活性剂、阴离子表面活性剂、两性表面活性剂及不需电离出离子,本身具有极性的非离子表面活性剂。大部分表面活性剂属于阴离子表面活性剂。当表面活性剂溶于水后,将受到水分子的作用使亲水基团指向水分子,而憎水基团则会远离水分子而指向空气、固相物或非极性的油类等,做定向排列形成单分子吸附膜,从而降低水的表面张力。这种表面活性作用是减水剂引起减水增强作用的主要原因。

当水泥加水后,由于水泥颗粒在水中的热运动,使水泥颗粒之间在分子的作用下形成一些絮凝状结构。在这种絮凝结构中包裹着一部分拌和水(图4.5),使混凝土拌合物的流动性降低。当水泥浆中加入表面活性剂后,一方面由于表面活性剂在水泥颗粒表面做定向排列使水泥颗粒表面带有相同的电荷,这种电斥力远大于颗粒间分子引力,使水泥颗粒形成的絮凝结构被拆散(图4.6(a)),将结构中包裹的那部分水释放出来,明显地增加了拌合物的流动性。另一方面,由于表面活性剂极性基的作用还会使水泥颗粒表面形成一层稳定的溶剂化水膜(图4.6(b)),阻止了水泥颗粒间的直接接触,并在颗粒间起润滑作用,也改善了拌合物的和易性。此外,水泥颗粒充分的分散,增大了水泥颗粒的水化面积使水化充分,从而也可以提高混凝土的强度。但由于表面活性剂对水泥颗粒的包裹作用会使初期水化速度减缓。

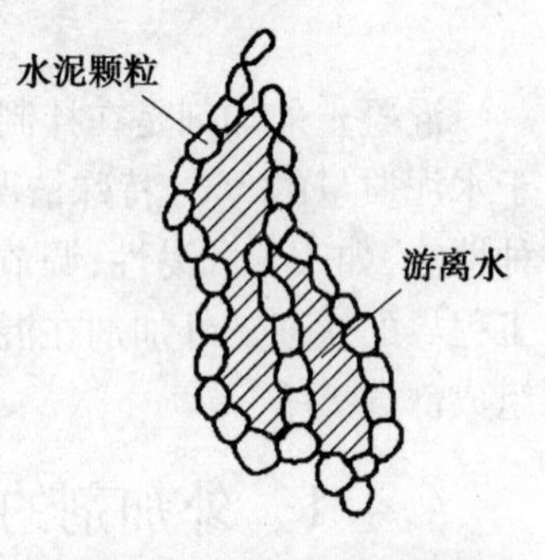

图4.5　水泥浆絮凝结构

(3)减水剂的分类

1)按功能分类

① 按塑化效果可分为普通减水剂和高效减水剂。普通减水剂减水率小于10%;高效减水剂减水率可达12%以上。

② 按引气量可分为引气减水剂和非引气减水剂。引气减水剂混凝土的含气量为3.5%~5.5%;非引气减水剂的含气量小于3%(一般在2%左右)。

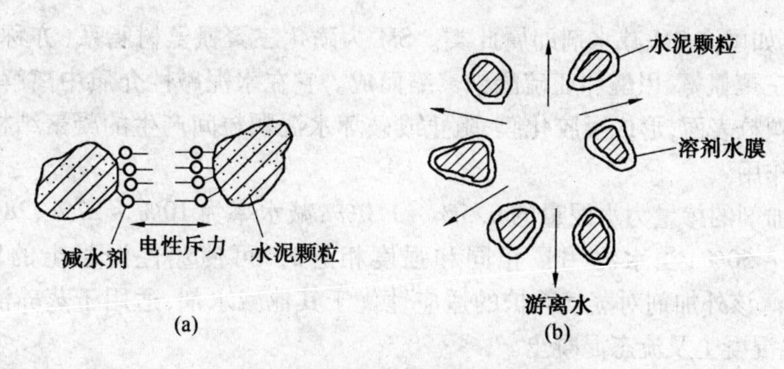


图4.6 减水剂的作用机理示意图

③ 按混凝土的凝结时间和早期强度可分为标准型、缓凝型和早强型减水剂。掺标准型减水剂混凝土的初凝及终凝时间缩短不大于1 h,延长不超过2 h。早强型减水剂除具有减水增强作用外,还可提高混凝土的早期强度。1 d强度提高30%以上,3 d强度提高20%以上,7 d强度提高15%以上,28 d强度提高5%以上。初凝和终凝时间可延长不超过2 h或缩短不超过1 h。掺缓凝型减水剂混凝土的初凝时间延长至少1 h,但不小于3.5 h;终凝时间延长不超过3.5 h。

2)按化学成分分类

① 木质素磺酸盐类。木质素磺酸盐系减水剂为普通减水剂,其主要成分为木质素磺酸盐,应用较普遍的减水剂为木质素磺酸钙,是由提取酒精后的木浆废液,经蒸发、磺化浓缩、喷雾干燥所制成的一种棕黄色的粉状物,简称M剂。M剂中木质素磺酸钙约占60%,含糖量低于12%,水不溶物约占2.5%。木质素磺酸钙为阴离子表面活性剂,其基本结构为苯甲基丙烷衍生物,在水溶液中电解成阴离子亲水基团和$Ca^{2+}$(或$Mg^{2+}$、$Na^{+}$)等阳离子。

木质素磺酸盐类外加剂掺量为水泥质量的0.2%~0.3%,减水率为5%~15%;28 d抗压强度可提高10%~15%;在混凝土工作性和强度相近条件下,可节约水泥5%~10%;当水泥用量不变,强度相近条件下,塑性混凝土的坍落度可增加50~120 mm。这类减水剂适用于日最低温度5 ℃以上的各种预制及现浇混凝土、钢筋混凝土及预应力混凝土、大体积混凝土、泵送混凝土、防水混凝土、大模板施工用混凝土及滑模施工用混凝土,但不宜单独用于蒸养混凝土。

② 聚烷基芳族磺酸盐类。这类减水剂的主要成分为萘或萘的同系物磺酸盐与甲醛的缩合物,属阴离子型高效减水剂,包括萘系(NS)、甲基萘系减水剂(BNS),亦有蒽系减水剂。根据分子式中R(烷基链)和n(核体)数的不同,其性能稍有差异,国内现生产的有NF、FDN、MF、JN、UNF、SN-2等均属此类。

这类减水剂均为高效减水剂。常用量为水泥质量的0.5%~1%,减水率为10%~25%;28 d抗压强度可提高15%~50%;当水泥用量相同和强度相近时,可使坍落度20~30 mm的低塑性混凝土的坍落度增加100~150 mm;在混凝土工作性和强度相近条件下,可节约水泥10%~20%。该类外加剂除适用于普通混凝土之外,更适用于高强混凝土、早强混凝土、流态混凝土、蒸养混凝土及特种混凝土。

③ 三氯氰氨胶甲醛树脂磺酸盐类。这类减水剂亦属阴离子型,系早强、非引气型的

高效减水剂,如国产 SM 减水剂即属此类。SM 为磺化三聚氰氨树脂系(亦称水溶性密胺树脂系),由三聚氰氨、甲醛和亚硫酸钠聚缩而成。它在水泥碱性介质中离解成的阴离子吸附于水泥颗粒表面,形成凝胶化膜,阻止或破坏水泥颗粒间产生的凝聚结构,从而加强水泥的分散作用。

此类外加剂的掺量为水泥量的 0.5% ~1.0%,减水率为 10% ~27%;28 d 抗压强度可提高 30% ~50%;当水泥用量相同和强度相近时,可使塑性混凝土的坍落度增加 150 mm以上。该外加剂对蒸气养护的适应性优于其他减水剂,适用于蒸养混凝土、高强混凝土、早强混凝土及流态混凝土。

④ 脂肪族高效减水剂。脂肪族高效减水剂是丙酮磺化合成的羰基焦醛,憎水基主链为脂肪族烃类,是一种绿色高效减水剂。无污染,对水泥适用性广,对混凝土增强效果明显,坍落度损失小,低温无硫酸钠结晶现象,广泛用于配制泵送剂、缓凝、早强、防冻、引气等各类个性化减水剂,也可以与萘系减水剂、氨基减水剂、聚羧酸减水剂复合使用。

该类减水剂掺量 1% ~2%,减水率可达 15% ~25%。在同等强度和坍落度条件下,可节约水泥 25 ~30%;早强、增强效果明显。掺入脂肪族高效减水剂的混凝土,3 d 可达到设计强度的 60% ~70%,7 d 可达到 100%,28 d 比空白混凝土强度提高 30% ~40%;高保塑和其他缓凝剂复合使用(如葡萄糖酸钠、麦芽糊精等)可使混凝土坍落度经时损失大幅减小,60 min 基本不损失,90 min 损失 10% ~20%;能显著提高混凝土的抗冻融、抗渗、抗硫酸盐侵蚀,并全面提高混凝土的其他物理性能。适用配制流态塑化混凝土、自然养护与蒸养混凝土、抗渗防水混凝土、耐久抗冻混凝土、抗硫酸盐侵蚀的海洋工程混凝土以及钢筋混凝土和预应力混凝土。

⑤ 氨基磺酸系。氨基磺酸系减水剂为高性能减水剂,主要采用对氨基苯磺酸钠、苯酚、甲醛等化工原料,通过加成、缩聚等反应合成,其分子结构中具有—$NH_2$、—OH 和—$SO_3$基团的一类高分子化合物。主要产物为芳香族氨基磺酸盐聚合物(ASF),是一种新型的高效减水剂,具有含碱量低、超塑化、缓凝、抑制坍落度损失高和增加强度等特点。

此类外加剂单独使用时,掺量一般为 1% ~2%(占总料比),与其他外加剂复合使用时,掺量为 0.2% ~0.6%(占胶料比)。掺量低,减水率高(可达 20% ~35%);坍落度 1.5 h基本无损失;3 d、7 d、28 d 抗压强度均大于 140% 以上,增强效果显著;在保持水灰比不变的情况下,可使坍落度增大 15 cm 以上;保持混凝土强度不变的情况下,可节约水泥 15% ~25%;可明显提高混凝土的抗渗性、抗碳化性。

该类外加剂适用于预拌早强混凝土、现场混凝土、商品混凝土、泵送混凝土、大体积混凝土、钢筋混凝土等;适用于配置高强、高性能、高抗渗、自密实及高耐久性混凝土。

⑥聚羧酸系(PC)。聚羧酸系减水剂包括马来酸酐聚氧乙烯酯磺酸盐、丙烯酸盐丙烯酸酯系等,是国际上在 20 世纪 80 年代中期开发,90 年代大量应用的一类新型高效减水剂。它不仅比萘系减水剂具有更高的减水率,还克服了萘系减水剂坍落度经时损失大的缺点。特别适用于配制高强度、高流态、长距离泵送的混凝土工程。

聚羧酸系减水剂是目前我国新型减水剂的一个亮点,新一代高性能聚羧酸减水剂应满足《聚羧酸系高性能减水剂》(JG/T 223—2007)的技术要求,具有以下特点:环保;掺量低,掺量范围为0.15% ~0.35%(以胶凝材料计),高减水率,可达28%以上;保坍性好,对水泥和砂具有较好的适应性；在配制高强度和高流动性自密实混凝土时，黏度低、泵送效果好。目前广泛用于配制高性能和高强、超高强混凝土，应用于交通、铁路、水利、港口、工业与民用建筑等工程的现浇混凝土、预制混凝土、早强混凝土、大流动性混凝土、泵送混凝土。

目前普遍使用的减水剂有：脂肪族高效减水剂、萘系高效减水剂、氨基磺酸盐高性能减水剂和聚羧酸高性能减水剂。掺高效减水剂的混凝土，可以大幅度地减少混凝土用水量，减水率一般可达 20% ~30%，从而显著改善混凝土的各项物理力学性能。由于高效减水剂的缓凝和引气作用极小，因而掺用的剂量可以较大，水胶比可以减小到接近混凝土的理论需水量，而混凝土的坍落度仍可达 100 ~150 mm，可制得抗压强度达 80 ~100 MPa 的高强混凝土。

**2. 引气剂**

引气剂为憎水性表面活性物质，由于它能降低水泥-水-空气的界面能，同时由于它的定向排列，形成单分子吸附膜，提高泡膜的强度，并使气泡排开水分而吸着固相粒子表面，因而能使搅拌过程混进的空气形成微小（孔径 0.01 ~2 mm）而稳定的气泡并均匀分布于混凝土中。

由于掺入引气剂的混凝土中引进了大量微小且独立的气泡，这些球状气泡如滚珠一般起着润滑作用，故使混凝土的工作性大幅改善。尤其对集料粒形不好的碎石、特细砂、人工砂混凝土的改善程度更为显著。一般来说引气量控制适宜的话，掺引气剂的减水率可在 7% ~9%。

常用的引气剂有松香热聚物、烷基磺酸钠和烷基苯碳酸钠等阴离子表面活性剂。适宜的掺加量为水泥用量的 0.005% ~0.01%，混凝土中含气量为 3% ~6%。对新拌混凝土，由于这些气泡的存在，可改善和易性，减少泌水和离析；对硬化后的混凝土，由于气泡彼此隔离，切断毛细孔通道，使水分不易渗入，又可缓冲其结冰膨胀的作用，因而提高混凝土的抗冻性、抗渗性和抗蚀性。

但是，由于气泡的存在，掺引气剂对混凝土强度会造成一定的影响。一般认为，在单掺引气剂时与不掺引气剂的混凝土相比，每增加 1% 含气量，保持水泥用量时，28 d 抗压强度下降 2% ~3%；保持水灰比不变时，下降 4% ~6%。

**3. 早强剂**

早强剂是加速混凝土早期强度发展的外加剂。早强剂对水泥中的硅酸三钙和硅酸二钙等矿物的水有催化作用，能加速水泥的水化和硬化，而具有早强的作用。通常采用复合早强剂，可以获得更为有效的早强作用。常用的早强剂按化学成分可分为无机盐类、有机盐类和有机复合的复合早强剂三类。现就具有代表性的氯化钙和三乙醇胺复合早强剂简单介绍如下。

（1）氯化钙早强剂

氯化钙的早强作用是由于它能与水泥产生水化作用，增加水泥矿物的溶解度，而加速水泥矿物水化。同时，$CaCl_2$ 还能与 $C_3A$ 作用生成水化氯铝酸钙（$3CaO \cdot Al_2O_3 \cdot 2CaCl_2 \cdot 32H_2O$ 和 $3CaO \cdot Al_2O_3 \cdot CaCl_2 \cdot 10H_2O$），这些复盐从水泥-水体系中晶析，因而能提高水泥的早期强度。此外，$CaCl_2$ 还能与 $Ca(OH)_2$ 反应，降低了水泥-水体系的碱度

使 $C_3S$ 水化反应易于进行,相应地也提高了水泥的早期强度。

在混凝土中掺入了 $CaCl_2$ 后,因为增加了溶液中的 $Cl^-$,使钢筋与 $Cl^-$ 之间产生较大的电极电位,因而对于混凝土中钢筋锈蚀影响较大。为此,在钢筋混凝土中 $CaCl_2$ 的掺加量不得超过 1%,在无筋混凝土中掺加量不得超过 3%。为了防止 $CaCl_2$ 对钢筋的锈蚀,$CaCl_2$ 早强剂一般与除锈剂复合使用。常用除锈剂有亚硝酸钠($NaNO_2$)等。$NaNO_2$ 在钢筋表面生成氧化保护膜,抑制钢筋的锈蚀作用。

(2)三乙醇胺复合早强剂

三乙醇胺复合早强剂由三乙醇胺与无机盐复合而成,其中无机盐常用 $CaCl_2$、$NaNO_2$、二水石膏($CaSO_4 \cdot 2H_2O$)、$Na_2SO_4$ 和硫代硫酸钠等。通过试验表明,以 0.05% 三乙醇胺[$N(C_2H_4OH)_3$]、0.1% $NaNO_2$、2% $CaSO_4 \cdot 2H_2O$ 配制的复合剂,是一种较好的早强剂。三乙醇胺复合早强剂的早强作用,是由于微量三乙醇胺能加速水泥的水化速度,因此它在水泥水化过程中起着"催化作用"。亚硝酸盐或硝酸盐与 $C_3A$ 生成络盐(亚硝酸盐和硝酸盐、铝酸盐)能提高水泥石的早期强度和防止钢筋锈蚀。$CaSO_4 \cdot 2H_2O$ 的掺入提供了较多的 $SO_4^{2-}$,为较早较多地生成钙矾石创造了条件,对水泥石早期强度的发展起着积极的作用。

掺加三乙醇胺复合早强剂能提高混凝土的早期强度,2 d 的强度可提高 40% 以上,能使混凝土达到 28 d 强度的养护时间缩短 1/2,对于混凝土的早期强度亦有一定提高,常用于混凝土快速低温施工。

**4. 缓凝剂**

缓凝剂是能延缓混凝土的凝结时间,对混凝土后期物理力学性能无不利影响的外加剂。缓凝剂所以能延缓水泥凝结时间,是因其在水泥及其水化物表面上的吸附作用,或与水泥反应生成不溶层而达到缓凝的效果。通常用的缓凝剂有以下几类:

①羟基羧酸盐,如酒石酸、酒石酸甲钠、柠檬酸、水杨酸等。

②多羟基碳水化合物,如糖蜜、含氧有机酸、多元醇等。

③无机化合物,如 $Na_3PO_4$、$Na_2B_4O_7$、$Na_2SO_4$ 等。

掺加缓凝剂对混凝土强度有一定的影响。一般在 1~2 d 内使混凝土的抗压强度有所降低,从第 7 d 开始上升,28 d 强度普遍有所提高,90 d 仍然保持提高趋势。随着掺加量的增大,早期强度降低得更多,强度提高所需的时间更长。掺缓凝剂混凝土的收缩略有增加,而抗冻性、耐久性则与不掺缓凝剂混凝土大致相同。

缓凝剂用于大体积混凝土工程,可延缓混凝土的凝结时间,保持工作性,延长放热时间,消除或减少裂缝,保证结构整体性。

**5. 膨胀剂**

目前使用的膨胀剂有硫铝酸钙类混凝土膨胀剂、硫铝酸钙-氧化钙类混凝土膨胀剂和氧化钙类混凝土膨胀剂几种。主要由于混凝土在凝结硬化过程中其含水量的变化而发生干缩、湿度变化而产生收缩,往往引起混凝土开裂,使其抗渗性、抗蚀能力下降而导致耐久性减弱,甚至使混凝土整体破坏而丧失使用功能。加入一定量的膨胀剂生产成微膨胀混凝土,可解决干缩对混凝土的影响。

硫铝酸钙类混凝土膨胀剂主要品种有 U 型膨胀剂、铝酸钙膨胀剂、EA-L 膨胀剂、

FN-M膨胀剂和 CAS 微膨胀剂等。这类膨胀剂是以石膏和铝矿石或其他含铝较多的矿物经煅烧或不经煅烧而成的。其中 U 型膨胀剂由生熟明矾石、石膏等组成。铝酸钙膨胀剂以 AEA-高强熟料、天然明矾石和石膏为主要原料。EA-L 膨胀剂由生明矾石、石膏等组成。FN-M 膨胀剂为硫铝酸盐混凝土膨胀剂。CAS 微膨胀剂即硫铝酸钙。石膏系膨胀剂加入到水泥混凝土中后,经过一定水化龄期就会与水泥中的一些水化产物通过化学反应而生成一种钙矾石,产生微膨胀作用力,而钢筋混凝土中的钢筋则限制了这种膨胀,因此补偿了收缩,可防止收缩裂缝的产生。钙矾石的生成在水化龄期 7 ~ 14 d 时最明显,钙矾石晶体也具有一定的强化作用,对混凝土的强度提高十分有利。

常用的 $CaCl_2$ 类混凝土膨胀剂主要是脂膜石灰膨胀剂,由石灰、硬醋酸等组成,利用石灰加水膨胀原理制成。生石灰遇水后进行水化生成熟石灰,其体积会增大 1 倍,由于石灰的反应快,正常条件下不但不能使混凝土密实,反而有可能破坏水泥石硬化体。将硬醋酸类有机酸浸在石灰表面,使之形成一层薄膜,当处于水泥水化的条件下,这层薄膜逐渐溶解,使石灰可缓慢地水化而产生膨胀。

由于混凝土中掺入膨胀剂后可使其强度明显提高,并对抗渗性及抗冻性有所改善,因此,膨胀剂可用于各类混凝土,如屋面、盛水容器与地下室等。也可在流态混凝土中提高其密实性及强度。在一些预制构件接头处以及地脚螺栓的灌浆处等也可掺入膨胀剂。由于膨胀剂不含使钢筋锈蚀的物质,不会影响混凝土对钢筋的握裹力。

**6. 防冻剂**

防冻剂根据化学成分可分为无机盐和有机物两大类。无机盐包括 $CaCl_2$、$NaCl$、$Ca(NO_2)_2$、$Ca(NO_3)_2$、$NaNO_2$、$NaNO_3$、$Na_2SO_4$、$Na_2CO_3$ 等。有机物包括乙醇、乙二醇、丙三醇、尿素、聚乙烯醇、甲酸盐、乙酸盐等。

防冻剂的作用是降低混凝土中水的冰点、降低水的冻胀应力、促进水泥水化及减少用水量等。当水中溶有溶质时,冰点会有所降低,降低的程度则与溶质的浓度成比例。当水溶液处于 0 ℃以下达到在该浓度条件下的冰点时,水将变为冰。但此时仅为水结成冰,而无溶质结晶析出,溶液的浓度会变得更浓,则其冰点又进一步降低,直至达到某个温度。只有达到该温度的饱和浓度时,才会有冰和溶质同时析出,此时冰点也就不再下降了。冰冻胀应力的大小亦随其溶体不同而有差别。因此,各种物质对水的冰点降低能力及降低冰的冻胀应力的大小与该物质所提供的质点数目有关,也与该物质的最大溶解度有关。

在寒冷地区浇筑混凝土时受气候影响很大,一般在-10 ℃左右时,混凝土可结冰而导致整个混凝土破坏。因此,在低于-5 ℃时就应加入适量的防冻剂。但是,防冻剂的加入有可能对水化产物有影响,甚至可能产生新的水化产物,当浓度较大时,这种可能性更大。此外,含有 $Cl^-$ 的防冻剂对钢筋的锈蚀有影响,使用防冻剂时应予注意。

**7. 流化剂**

掺用流化剂的目的主要是使混凝土的流动性增大,而没有减水增强的要求,这是流化剂与高效减水剂的区别。此外,掺用流化剂的混凝土能较长时间保持混凝土有较大的流动性,对混凝土的干缩、蠕变及耐久性也应有所改善。

流化剂增大混凝土流动性的原理与减水剂的作用相同,也是由于外加剂对水泥粒子有较大分散张力使它们更难凝聚所致。这种张力与流化剂的掺入时间、掺加量、混凝土的搅拌时间以及施工时的环境湿度有很大的关系。

泵送剂是流化剂中的一种，它除了能大大提高流动性以外，还能使新拌混凝土在60～180 min时间内保持其流动性，剩余坍落度不低于原始坍落度的55%。泵送剂的缓凝时间不宜超过+120 min（有特殊要求除外），但它不是缓凝剂，更不应有缓强性。

泵送剂主要由减水组分、缓凝组分、增稠组分（即保水剂）、引气组分组成。泵送剂的掺量随品牌而异，相差很大，使用前应仔细了解说明书的要求，超掺泵送剂也可能造成堵泵现象。应用泵送剂的混凝土温度不宜高于35 ℃，混凝土温度越高、运输或泵管输送距离越长，对泵送剂品质的要求就越高。

泵送剂适用各种需要采用泵送工艺的混凝土。超缓凝泵送剂用于大体积混凝土，含防冻组分的泵送剂适用于冬季施工混凝土。

### 4.4.3 常用外加剂的选用

混凝土工程中常用外加剂的名称、主要功能及适用范围列于表4.25。

**表4.25 外加剂名称、功能及适用范围**

| 名 称 | 主要功能 | 适用范围 |
| --- | --- | --- |
| 普通减水剂 | 1. 在保证混凝土和易性及强度不变的条件下，可节约水5%～10%；<br>2. 在保证混凝土工作性及水泥用量不变的条件下，可减少用水量，提高混凝土强度；<br>3. 在保证混凝土用水量和水泥用量不变的条件下，可增大混凝土的流动性 | 1. 适用于日最低气温+5 ℃以上的混凝土施工；<br>2. 各种预制及现浇混凝土、钢筋混凝土及预应力混凝土；<br>3. 大模板施工、滑模施工、大体积混凝土、泵送混凝土及流动性混凝土 |
| 高效减水剂 | 1. 在保证混凝土工作性及水泥用量不变的条件下，减少用水量15%左右可使混凝土强度提高20%左右；<br>2. 在保证混凝土用水量及水泥用量不变的条件下，可大幅度提高混凝土的流动性，制备大流动性混凝土；<br>3. 可节省水泥10%～20% | 1. 用于日最低气温0 ℃以上的混凝土施工；<br>2. 用于钢筋密集、截面复杂、空间窄小及混凝土不易振捣的部位；<br>3. 凡普通减水剂适用的范围，高效减水剂亦适用；<br>4. 制备早强、高强混凝土及大流动性混凝土 |
| 早强剂及早强减水剂 | 1. 缩短混凝土的蒸养时间；<br>2. 加速自然养护混凝土的硬化，提高混凝土的早期强度；<br>3. 早强减水剂还具有减水剂的功能 | 1. 用于日最低温度-3 ℃以上时，自然气温正负交替的严寒地区的混凝土施工；<br>2. 用于蒸养混凝土和早强混凝土 |

续表 4.25

| 名　称 | 主要功能 | 适用范围 |
| --- | --- | --- |
| 引气剂<br>及引气减水剂 | 1. 提高混凝土的耐久性、抗渗性和抗冻性；<br>2. 改善混凝土的和易性，减少混凝土的泌水离析；<br>3. 引气型减水剂还具有减水剂的功能 | 1. 有抗冻要求的混凝土，如公路路面、飞机跑道等；<br>2. 集料质量差以及轻集料混凝土；<br>3. 防水混凝土；<br>4. 泵送混凝土 |
| 缓凝剂<br>及缓凝减水剂 | 1. 延缓混凝土的凝结时间；<br>2. 降低水泥初期水化热；<br>3. 缓凝减水剂还具有减水剂的功能 | 1. 大体积混凝土；<br>2. 夏季和炎热地区的混凝土施工；<br>3. 用于日最低气温 5 ℃以上的混凝土施工；<br>4. 预拌混凝土、泵送混凝土及滑模混凝土 |
| 防冻剂 | 降低水的冰点 | 冬季负温下(0 ℃以下)混凝土施工 |
| 膨胀剂 | 使混凝土体积在水化、硬化过程中产生一定的膨胀，以减少混凝土干缩裂缝，提高抗裂性和抗渗性 | 1. 补偿收缩混凝土，自防水屋面、地下防水及基础后浇缝、防水堵漏等；<br>2. 填充用膨胀混凝土，用于设备底座灌浆、地脚螺栓固定等；<br>3. 自应力混凝土 |
| 速凝剂 | 速凝、早强 | 喷射混凝土 |
| 泵送剂 | 提高混凝土可泵性，防止泌水离析 | 1. 泵送混凝土；<br>2. 大流动性混凝土；<br>3. 预拌混凝土 |
| 着色剂 | 配制彩色混凝土和砂浆 | 各种混凝土 |
| 阻锈剂 | 防止钢筋锈蚀 | 钢筋混凝土和含有氯盐外加剂的混凝土 |
| 加气剂 | 在混凝土初凝前产生气泡，减少混凝土泌水，增大体积 | 1. 加气混凝土、砌块；<br>2. 填充用混凝土，减小密度；<br>3. 多孔轻集料混凝土 |

### 4.4.4　外加剂的技术标准

现行《混凝土外加剂》(GB 8076—2008)对掺普通减水剂、高效减水剂、早强减水剂、缓凝高效减水剂、缓凝减水剂、引气减水剂、早强剂、缓凝剂和引气剂共 9 种外加剂品种的混凝土的技术性质作了规定，参见表 4.26。

**表 4.26 掺外加剂混凝土的性能指标**

| 试验项目 | | 外加剂品种 | | | | | | | | | | | | | | | | | |
|---|---|---|---|---|---|---|---|---|---|---|---|---|---|---|---|---|---|---|---|
| | | 普通减水剂 | | 高效减水剂 | | 早强减水剂 | | 缓凝高效减水剂 | | 缓凝减水剂 | | 引气减水剂 | | 早强剂 | | 缓凝剂 | | 引气剂 | |
| | | 一等品 | 合格品 | 一等品 | 合格品 | 一等品 | 合格品 | 一等品 | 合格品 | 一等品 | 合格品 | 一等品 | 合格品 | 一等品 | 合格品 | 一等品 | 合格品 | 一等品 | 合格品 |
| 减水率 /%，不小于 | | 8 | 5 | 12 | 10 | 8 | 5 | 12 | 10 | 8 | 5 | 10 | 10 | — | — | — | — | 6 | 6 |
| 泌水率比 /%，不大于 | | 95 | 100 | 90 | 95 | 95 | 100 | 100 | | 100 | | 70 | 80 | 100 | | 100 | 110 | 70 | 80 |
| 含气量 /% | | ≤3.0 | ≤4.0 | ≤3.0 | ≤4.0 | ≤3.0 | ≤4.0 | <4.5 | | <5.5 | | >3.0 | | — | | — | | ≥3.0 | |
| 凝结时间之差 /min | 初凝 | −90 ~ +120 | | −90 ~ +120 | | −90 ~ +120 | | >+90 | | >+90 | | −90 ~ +120 | | −90 ~ +90 | | >+90 | | −90 ~ +120 | |
| | 终凝 | | | | | | | — | | — | | | | | | | | | |
| 抗压强度比 /%，不小于 | 1 d | — | — | 140 | 130 | 140 | 130 | — | | — | | — | | 135 | 125 | — | | — | |
| | 3 d | 115 | 110 | 130 | 120 | 130 | 120 | 125 | 120 | 100 | | 115 | 110 | 130 | 120 | 100 | 90 | 95 | 80 |
| | 7 d | 115 | 110 | 125 | 115 | 115 | 110 | 125 | 115 | 110 | | 110 | | 110 | 105 | 100 | 90 | 95 | 80 |
| | 28 d | 110 | 105 | 120 | 110 | 105 | 100 | 120 | 110 | 110 | 105 | 100 | | 100 | 95 | 100 | 90 | 90 | 80 |
| 收缩率比 /%，不大于 | 28 d | 135 | | 135 | | 135 | | 135 | | 135 | | 135 | | 135 | | 135 | | 135 | |
| 相对耐久性 | 不小于 | — | | — | | — | | — | | — | | 80 | 60 | — | | — | | 80 | 60 |
| 对钢筋锈蚀作用 | | 应说明对钢筋有无锈蚀危害 | | | | | | | | | | | | | | | | | |

注：①除含气量外，表中所列数据为掺外加剂混凝土与基准混凝土的差值或比值；

②凝结时间指标，“-”号表示提前，“+”号表示延缓；

③相对耐久性指标一栏中，80 和 60 表示将 28 d 龄期的掺外加剂混凝土试件冻融循环 200 次后，动弹性模量保留值≥80% 或≥60%；

④对于可以用高频振捣排除的，由外加剂所引入的气泡的产品，允许用高频振捣，达到某类型性能指标要求的外加剂，可按本表进行命名和分类，但需在产品说明书和包装上注明“用于高频振捣的××剂”。

# 4.5 掺合料

在混凝土拌合物制备时,为了节约水泥、改善混凝土的性能、调节混凝土强度等级而加入的天然或人造的矿物材料,统称为混凝土掺合料。用于混凝土中的掺合料可分为非活性矿物掺合料和活性矿物掺合料。非活性矿物掺合料一般与水泥组分不起化学作用,或化学作用很小,常用材料有磨细的石英砂、石灰石等。活性矿物掺合料虽然本身不硬化或硬化速度很慢,但能与水泥水化生成的 $Ca(OH)_2$ 发生化学反应,生成具有水硬性的胶凝材料,如粉煤灰、粒化高炉矿渣、粒化高炉矿渣粉、火山灰质材料、硅灰等。

## 4.5.1 粉煤灰

粉煤灰是燃烧煤粉后收集到的灰粒,亦称飞灰。它可以作为生产水泥的原料,也可以在土木工程中直接用作路基或路面基层材料,但直接用作混凝土的组成材料更为广泛。

粉煤灰掺入混凝土后,不仅可以取代部分水泥,而且能改善混凝土的一系列性能。现代研究认为,粉煤灰在混凝土中能与水泥互补长短、均衡配合。主要优点有:粉煤灰混凝土的施工和易性优于普通混凝土,可明显改善泵送混凝土的可泵性,特别是较易振捣密实,均质性良好,因而抗渗性能较好;粉煤灰混凝土的水化热较低,较适合于大体积混凝土工程;粉煤灰混凝土的抗侵蚀性能较好;与外加剂的叠加效应,使减水剂效果更为明显;具有优良的抑制碱-集料反应的性质。但粉煤灰混凝土也存在一些缺点:由于粉煤灰混凝土的碱度降低,故抗碳化性能下降,对钢筋的保护作用有所下降;粉煤灰含碳量较高时将影响混凝土外加剂的适应性,如降低引气剂的引气效果;由于用水量的降低,则要求更为严格的养护条件。此外,粉煤灰混凝土的早期强度较低,后期强度增长较大,因此,地下结构和大体积混凝土宜采用 56 d、60 d 或 90 d 作为设计强度等级的龄期;地上结构有条件的也可采用 56 d 或 60 d 龄期;对堤坝及某些大型基础混凝土结构甚至可以采用 180 d 的龄期。

由于粉煤灰的品质波动非常大,而且在混凝土中的作用又受到很多因素的影响,因此,粉煤灰在混凝土中的应用相对来说有非常高的技术要求。

**1. 粉煤灰的技术性质**

(1)化学成分

粉煤灰的化学成分与煤的品种和燃烧条件有关,一级燃烧烟煤和无烟煤锅炉排出的粉煤灰,其 $SiO_2$ 含量为 45% ~60%,$Al_2O_3$ 含量为 20% ~35%,$Fe_2O_3$ 含量为 5% ~10%,CaO 含量为 5% 左右,烧失量为 5% ~30%,但多数不大于 15%。化学成分中硅、铝和铁的氧化物的含量是评定粉煤灰在混凝土中应用性能的主要指标。通常低钙粉煤灰中这些氧化物含量可达 75% 以上。

(2)技术指标

依据我国现行标准《用于水泥和混凝土中的粉煤灰》(GB 1596—2005)规定,粉煤灰按煤种分为 F 类和 C 类两类。F 类粉煤灰是由无烟煤或烟煤煅烧收集的粉煤灰,C 类粉煤灰是由褐煤或次烟煤煅烧收集的粉煤灰。拌制混凝土和砂浆用粉煤灰,按其品质指标分为三个等级,见表4.27。

表4.27 用于水泥和混凝土中粉煤灰的技术要求

| 质量指标 \ 等级 | | Ⅰ | Ⅱ | Ⅲ |
|---|---|---|---|---|
| 细度(0.045 mm方孔筛筛余)/% ≤ | | 12.0 | 25.0 | 45.0 |
| 需水量比/% ≤ | | 95 | 105 | 115 |
| 烧失量/% ≤ | | 5.0 | 8.0 | 15.0 |
| 含水量/% ≤ | | 1.0 | | |
| $SO_3$含量(质量分数)/% ≤ | | 3.0 | | |
| 游离CaO/% ≤ | F类粉煤灰 | 1.0 | | |
| | C类粉煤灰 | 4.0 | | |
| 安定性雷氏夹沸煮后增加距离/mm ≤ | | 5.0 | | |

注:需水量比是指在相同流动度下,粉煤灰的需水量与硅酸盐水泥的需水量之比。

①细度。粉煤灰细度与其对混凝土强度的贡献有明显的相关性,因为细度越细的粉煤灰一般活性越大,所以细度是粉煤灰分级的一项指标。细度是以45 μm方孔筛的筛余量表示。

②需水量比。需水量比是指在相同流动度下,粉煤灰的需水量与硅酸盐水泥的需水量之比。需水量比小的粉煤灰掺入混凝土中,可增加其流动度,改善和易性,提高强度。

③烧失量。烧失量是指粉煤灰在高温灼烧下损失的质量。烧失部分主要为未烧尽的固态碳,这些碳成分的增加,即意味有效活性成分的减少。同时,会导致粉煤灰的需水量增加,因此要加以控制。

④$SO_3$含量。粉煤灰中$SO_3$含量超过一定限量,可使混凝土后期生成有害的钙矾石,导致危害。$SO_3$含量是测定硫酸盐的依据。

**2.粉煤灰的适用范围**

在混凝土工程中掺加粉煤灰时,应根据工程的性质选用不同质量等级的粉煤灰。各级粉煤灰的适用范围如下:

①Ⅰ级粉煤灰适用于钢筋混凝土和跨度小于6 m的预应力混凝土。

②Ⅱ级粉煤灰适用于钢筋混凝土和无筋混凝土。

③Ⅲ级粉煤灰主要用于无筋混凝土。对设计强度等级C30及以上的无筋粉煤灰混凝土宜采用Ⅰ、Ⅱ级粉煤灰。

用于预应力混凝土、钢筋混凝土及设计强度等级C30及以上的无筋混凝土的粉煤灰等级,如经试验论证,可采用比上述三条规定低一级的粉煤灰。

## 4.5.2 粒化高炉矿渣粉

磨细高炉粒化矿渣是一种活性较高的混凝土掺合料。粒化高炉矿渣是炼铁工业的副产品。冶炼时,炉料由铁矿石、焦炭和杂矿组成,在高温区矿石中的氧化铁被还原成金属铁,同时矿石中的 $SiO_2$、$Al_2O_3$ 等与溶剂中的 CaO、MgO 等化合成渣。渣的比重为1.5~2.2,轻于铁水,故从高炉底部渣铁口上部流出,铁从下部流出。矿渣流出后用水急冷则成粒状,故称为粒化高炉矿渣(或水渣)。

(1)粒化高炉矿渣的化学成分

高温时呈熔融体的矿渣经急冷后大部分熔融玻璃态被保留下来,玻璃体结构的存在保证了矿渣具有较高的活性。我国大型钢铁企业的粒化高炉矿渣的玻璃体含量一般都在85%以上。矿渣的化学成分以 CaO、$SiO_2$、$Al_2O_3$ 为主,通常含量在90%左右,另外还含有少量的 MgO、$Fe_2O_3$、MnO、$TiO_2$ 以及少量的硫化物。与水泥熟料相比,矿渣的 CaO 偏低,$SiO_2$ 偏高。CaO、$SiO_2$、$Al_2O_3$ 在矿渣中除主要形成玻璃体外还形成少量的晶体。矿渣的活性主要地取决于它的化学成分和成粒质量,通常采用质量系数($\frac{CaO+MgO+Al_2O_3}{SiO_2+MnO+TiO_2}$)作为评价粒化高炉矿渣的品质的一项指标,必须大于1.2。

(2)粒化高炉矿渣的技术要求

作为混凝土掺合料使用,应将粒化高炉矿渣加工成粒化高炉矿渣粉才具有更好的使用效果。粒化高炉矿渣粉(简称矿渣粉),是指合格的粒化高炉矿渣经干燥、粉磨(或掺加少量石膏一起粉磨)而成的粉体,其质量应符合《用于水泥和混凝土中的粒化高炉矿渣粉》(GB/T 18046—2008)的要求,见表4.28。

**表4.28 用于水泥和混凝土中粒化高炉矿渣粉的技术要求**

| 质量指标 \ 级别 | | S105 | S95 | S75 |
|---|---|---|---|---|
| 密度/($g\cdot cm^{-3}$) ≤ | | 2.8 | | |
| 比表面积/($cm^2\cdot g^{-1}$) ≥ | | 500 | 400 | 300 |
| 活性指数/% ≥ | 7 d | 95 | 75 | 55 |
| | 28 d | 105 | 95 | 75 |
| 流动度比/% ≥ | | 95 | | |
| 含水量/% ≤ | | 1.0 | | |
| $SO_3$ 含量(质量分数)/% ≤ | | 4.0 | | |
| 氯离子含量(质量分数)/% ≤ | | 0.06 | | |
| 烧失量/% ≤ | | 3.0 | | |

粒化高炉矿渣粉的活性指数是最重要的评价指标,是指试验样品与同龄期对比试样的抗压强度之比值的百分率。对比试样为符合规定要求的硅酸盐水泥,试验样品由对比

水泥和矿渣粉按其质量比为1∶1组成。矿渣粉的流动度比是指试验样品流动度与对比样品流动度之比值的百分率。

粒化高炉矿渣粉掺入混凝土,不仅可以取代部分水泥,而且具有能降低混凝土的水化热,提高混凝土的抗渗性能、抗侵蚀和后期强度,抑制碱-集料反应等优点,可用于钢筋混凝土和预应力混凝土工程。尤其可用于大体积工程、地下和水下工程,以及耐硫酸混凝土等工程。还适用于高强、高性能混凝土和预拌混凝土。

一般,粒化高炉矿渣粉的掺量可达到胶结料的30% ~50%,在这种条件下,混凝土可缓凝1 ~2 h,强度亦有所提高。

### 4.5.3 火山灰质掺合料

火山灰质材料包括天然火山灰和人工火山灰两大类。天然的火山灰材料包括火山灰、浮石、凝灰岩、沸石岩、硅藻土和硅藻石五类。人工火山灰材料包括煤矸石、烧页岩、烧黏土、煤渣和硅质渣五类。这类材料有两个特点:一是都具有火山灰性,即这类材料本身加水不硬化,但在与石灰混合后再加水便能在空气中硬化,并能继续在水中硬化。二是它们的化学成分都是以$SiO_2$为主,一般在50%左右。因此,与矿渣和其他非活性掺合材料不同。

国家标准规定了火山灰材料四项技术指标:烧失量(人工一类的)小于10%、$SO_3$小于3%、火山灰性试验必须合格、28 d抗压强度比大于62%。

(1)烧失量

天然火山灰材料的烧失量多为结晶水,对水泥没什么危害。人工火山灰材料的烧失量多为未燃尽之炭。试验证明,这部分炭是材料中的有害成分,其含量过高将影响混凝土的耐久性。

(2)$SO_3$含量

S属有害成分,以$SO_3$表示。试验发现当$SO_3$含量在3.5%以上时,火山灰材料将有可能引起钢筋锈蚀,掺量大时尤甚。

(3)火山灰性试验

火山灰性试验是检验火山灰活性的一种简单、方便的方法,该方法的试验原理是将掺30%火山灰材料的水泥按5∶1的水灰比制成混浊液,置于40±2 ℃条件下养护7 d或14 d。到养护期后将混浊液过滤,滴定滤液中的CaO和$OH^-$数量(毫克分子/升),以CaO量为纵坐标、$OH^-$量为横坐标在火山灰活性图上画有一条CaO在不同$OH^-$浓度下的溶解度曲线。当试验点落在曲线下方时,即该试验材料能够吸收熟料水化析出的$Ca(OH)_2$,说明它具有火山灰性,反之则不具备。

(4)抗压强度比

该方法是用掺30%火山灰材料的水泥28 d抗压强度和硅酸盐水泥28 d抗压强度的比值来衡量的。

### 4.5.4 硅 灰

硅灰也称硅粉或微硅粉,是工业电炉在高温熔炼工业硅及硅铁的过程中,随废气逸出的烟尘经收集处理而成。由于硅灰的火山灰活性极高,目前已成为一种有效的混凝土掺合料。

硅灰颜色在浅灰色与深灰色之间,密度2.2 g/cm$^3$左右,比水泥轻,与粉煤灰相似,堆积密度一般在200~350 kg/m$^3$。硅灰颗粒非常微小,大多数颗粒的粒径小于1 μm,平均粒径0.1 μm左右,仅是水泥颗粒平均直径的1/100。硅灰的比表面积为15 000~25 000 m$^2$/kg。硅灰的物理性质决定了硅灰的微小颗粒具有高度的分散性,可以充分填充于水泥颗粒之间,提高水泥浆体硬化后的密实度。

硅灰的主要化学成分为非晶态的无定形$SiO_2$,一般占90%以上(通常用于高性能混凝土中的硅灰的$SiO_2$最低要求含量为85%),具有较高的火山灰活性,在水泥水化产物$Ca(OH)_2$的碱性激发下,$SiO_2$能迅速与$Ca(OH)_2$反应,生成水化硅酸钙凝胶(C-S-H),不仅可以大幅度提高混凝土的早期及后期强度,还可以获得良好的黏聚性,控制混凝土的离析和泌水,减少或避免混凝土出现蜂窝、麻面、薄弱夹层、裂缝等缺陷;硅灰在硬化的混凝土中,由于使水泥浆体的毛细孔减少,从而增大混凝土的密实度,提高混凝土的抗渗性、抗冻性、抗磨性、抗碳化性、抗硫酸盐与氯盐的腐蚀性及抑制碱-集料反应等,可有效改善混凝土的耐久性;对于钢筋混凝土,掺入硅微粉不仅可以提高基体与钢筋间的黏结强度,还能增强钢筋的抗锈蚀能力。

由于硅粉的颗粒极细,作为混凝土掺合料会提高用水量,因此常与超塑化剂同时使用。

### 4.5.5 沸石粉

沸石粉(F矿粉)由天然沸石岩经磨细加工而成,是一种含水硅铝酸盐矿物,属火山灰质材料的一种。沸石粉含有大量活性的$SiO_2$和$Al_2O_3$(一般沸石粉中的$SiO_2$和$Al_2O_3$的含量总和约占80%),其火山灰活性仅次于硅灰,而优于粉煤灰和矿渣。

沸石岩系有30多个品种,用作混凝土掺合料的主要是斜发沸石和丝光沸石。沸石岩具有较大的内表面积和开放性结构。沸石粉本身没有活性,但在水泥或石灰等碱性材料激发下,其所含的活性硅和活性铝与$Ca(OH)_2$反应,生成水化硅酸钙,使混凝土的密度增大、强度增长、抗渗性能提高。

沸石粉掺入混凝土中,可使混凝土拌合物获得优良的流动性和黏聚性,不离析,泌水率较小。可以提高混凝土的强度和耐久性,具有抑制碱-集料反应的性质和抗碳化、抗钢筋锈蚀的性能。

沸石粉掺入混凝土中可以置换部分水泥,并能保证混凝土的强度。将其掺入32.5以上矿渣水泥或火山灰水泥配制的混凝土中可取代水泥10%,掺入32.5以上的普通水泥混凝土中可取代水泥10%~20%。沸石粉用于轻骨料混凝土中可增加混凝土的黏聚性,减少轻骨料上浮的现象。一般可掺入15%左右的沸石粉等量取代水泥。

沸石粉配以减水剂、早强剂等外加剂复合使用时,可制备各种不同性能要求的混凝土。

# 第5章　普通混凝土的组成设计

**工程案例一：**

**[设计资料]**

(1)按桥梁设计图纸：某A桥预应力混凝土T梁用水泥混凝土设计强度为40 MPa；混凝土置信度界限$t=1.645$；水泥混凝土强度标准差$\sigma=6.0$ MPa。

(2)按预应力混凝土梁钢筋密集程度和现场施工机械设备，要求水泥混凝土拌合物的坍落度为30~50 mm。

(3)可供选择的组成材料及性质如下：

①水泥：42.5硅酸盐水泥，实测28 d抗压强度为48.5 MPa，密度$\rho_c=3.0\ g/cm^3$。

②碎石：一级石灰岩轧制的碎石，最大粒径为20 mm，表观密度$\rho_g=2.780\ g/cm^3$，现场含水率$W_g=1.5\%$。

③砂：清洁河砂，粗度属于中砂，表观密度$\rho_s=2.685\ g/cm^3$，现场含水率$W_s=3.0\%$。

④水：饮用水，符合混凝土拌合用水要求。

⑤减水剂：采用UNF-5，掺量为0.8%，减水率为15%。

**[设计要求]**

(1)确定水泥混凝土配制强度$f_{cu,0}$，并选择适宜的组成材料。

(2)按我国现行设计方法确定计算配合比。

(3)通过实验室试拌调整和强度试验，确定实验室配合比。

(4)按提供的现场骨料的含水率折算为工地配合比。

**工程案例二：**

**[设计资料]**

(1)某高速公路路面交通量属于特重级，所用水泥混凝土的设计抗弯拉强度为5.0 MPa，施工单位混凝土抗弯拉强度样本的标准差为0.42 MPa($n=15$)，无抗冻性要求。

(2)要求施工坍落度为10~30 mm。

(3)组成材料如下：

①水泥：52.5普通硅酸盐水泥，实测水泥胶砂抗弯拉强度为8.45 MPa，密度$\rho_c=3\,100\ kg/m^3$。

②碎石：一级石灰石轧制的碎石，最大粒径为31.5 mm，表观密度$\rho_g=2\,720\ kg/m^3$，振实密度为1 750 kg/m³，现场含水率为1.0%。

③砂：洁净的河砂，细度模数2.62，表观密度$\rho_s=2\,650\ kg/m^3$，现场含水率为3.5%。

④水：饮用水，符合混凝土拌合用水要求。

[设计要求]

(1)确定混凝土试配抗弯拉强度,并选择适宜的组成材料。

(2)计算初步配合比。

(3)通过试拌调整和强度检验确定实验室配合比。

(4)根据现场骨料的含水率折算为工地配合比。

## 5.1 混凝土组成设计概述

**1. 混凝土配合比的表示方法**

混凝土配合比是指混凝土中各组成材料之间的比例关系。混凝土配合比,可以采用单位用量表示法,即以 1 $m^3$ 混凝土中各种材料的用量来表示,如水泥∶水∶砂∶碎石=340 $kg/m^3$∶175 $kg/m^3$∶620 $kg/m^3$∶1 182 $kg/m^3$;也可以采用相对用量表示法,即以水泥质量为 1,各种材料用量与水泥用量的比例表示,如上述配合比采用相对用量可表示为 1∶1.82∶3.48;$W/C=0.51$。工程中通常以每搅拌一盘混凝土的各种材料用量表示。

**2. 混凝土配合比设计的基本要求**

混凝土配合比设计的要求有以下四方面:

①满足结构设计和质量验收规范规定的强度要求;

②满足现场施工条件所要求的工作性;

③满足工程所处环境和设计规定的耐久性要求;

④在满足上述要求的前提下,尽量减少高价材料(水泥)的用量,降低混凝土的成本,以便取得较好的经济效果。

**3. 混凝土配合比设计的三个参数**

普通混凝土四种主要组成材料的相对比例,通常由三个参数来控制。

(1)水胶比

混凝土中水与胶凝材料的比例称为水胶比。如前所述,水胶比对混凝土和易性、强度和耐久性都具有重要的影响,因此,通常是根据强度和耐久性来确定水胶比的大小。一方面,水胶比较小时可以使强度更高且耐久性更好;另一方面,在保证混凝土和易性所要求用水量基本不变的情况下,只要满足强度和耐久性对水胶比的要求,选用较大水胶比时,可以节约胶凝材料。

(2)砂率

砂子占砂石总量的百分率称为砂率。砂率对混凝土的和易性影响较大,若选择不恰当,还会对混凝土强度和耐久性产生影响。砂率的选用应该合理,在保证和易性要求的条件下,宜取较小值,以利于节约水泥。

(3)用水量

用水量是指 1 $m^3$ 混凝土拌合物中水的用量($kg/m^3$)。在水胶比确定后,混凝土中单位用水量也表示水泥浆与骨料之间的比例关系。为节约水泥和改善耐久性,在满足流动性的条件下,应尽可能取较小的单位用水量。

**4. 混凝土配合比设计的基本原理**

(1)绝对体积法

绝对体积法是假定混凝土拌合物的体积等于各组成材料绝对体积与混凝土拌合物中所含空气体积之和。

(2)假定表观密度法(假定容重法)

如果原材料比较稳定,可先假设混凝土的表观密度为一定值,混凝土拌合物各组成材料的单位用量之和即为其表观密度。通常普通混凝土的表观密度为2 350 ~2 450 kg/m$^3$。

(3)查表法

查表法是根据大量试验结果进行整理,将各种配比列成表,使用时根据相应条件查表,选取适当的配比。因为它是直接从工程实际中总结的结果,比较实用,所以在工程中应用较广泛。

**5. 设计的基本资料**

混凝土配合比设计的基本资料包括以下四方面:

①设计要求的混凝土强度等级,承担施工单位的管理水平;

②工程所处的环境和设计对混凝土耐久性的要求;

③原材料品种及其物理力学性能指标;

④混凝土所处的部位、结构构造情况及施工条件等。

# 5.2 混凝土配合比设计的技术规定

## 5.2.1 混凝土拌合物工作性选择

混凝土拌合物的工作性,依据结构物的断面尺寸、钢筋配置的疏密以及捣实的机械类型和施工方法等来选择。一般对无筋大结构、钢筋配置稀疏易于施工的结构,尽可能选用较小的坍落度,以节约水泥。反之,对断面尺寸较小、形状复杂或配筋特密的结构,则应选用较大的坍落度,可易于浇捣密实,以保证施工质量。

公路桥涵用混凝土拌合物的工作性根据公路桥涵技术规范有关规定选择,表5.1可供选用参考。

**表5.1 公路桥涵用混凝土拌合物的坍落度**

| 项次 | 结构种类 | 坍落度 /mm |
|---|---|---|
| 1 | 桥涵基础、墩台、仰拱、挡土墙及大型制块等便于灌注捣实的结构 | 0 ~20 |
| 2 | 上列桥涵墩台等工程中较不便施工处 | 10 ~30 |
| 3 | 普通配筋的钢筋混凝土结构 | 30 ~50 |
| 4 | 钢筋较密、断面较小的钢筋混凝土结构(梁、柱、墙等) | 50 ~70 |
| 5 | 钢筋配置特密、断面高而狭小极不便灌注捣实的特殊结构部位 | 70 ~90 |

水泥混凝土路面用道路混凝土拌合物的工作性按《公路水泥混凝土路面施工技术规范》(JTG F30—2003)规定,对于滑模摊铺机施工的碎石混凝土最佳工作性坍落度为25~50 mm,卵石混凝土为20~40 mm,适宜的范围是10~65 mm。

路面混凝土和易性的选择,根据我国现行标准《公路工程水泥及水泥混凝土试验规程》(JTG E30—2005)规定,水泥混凝土稠度分级,见表5.2。

**表5.2 水泥混凝土的稠度分级**

| 级别 | 坍落度/mm | 维勃时间/s | 级别 | 坍落度/mm | 维勃时间/s |
|---|---|---|---|---|---|
| 特干硬 | — | ≥31 | 低塑 | 50~90 | 10~5 |
| 很干稠 | — | 30~21 | 塑性 | 100~150 | ≤4 |
| 干稠 | 10~40 | 20~11 | 流态 | >160 | — |

## 5.2.2 混凝土设计强度等级

我国现行标准《混凝土结构设计规范》(GB 50010—2010)规定,素混凝土结构的混凝土强度等级不应低于C15;钢筋混凝土结构的混凝土强度等级不应低于C20,采用强度等级400 MPa及以上的钢筋时,混凝土强度等级不应低于C30;预应力混凝土结构的混凝土强度等级不宜低于C40,且不应低于C30;承受重复荷载的钢筋混凝土结构的混凝土构件,混凝土强度等级不应低于C30。高强混凝土,其强度等级不低于C60。

路面混凝土配合比设计,应依据《公路水泥混凝土路面设计规范》(JTJ D40—2011)规定,按表5.3不同交通量等级的水泥混凝土抗弯拉强度标准值的规定选用。

**表5.3 路面水泥混凝土抗弯拉强度标准值**

| 交通等级 | 特重 | 重 | 中等 | 轻 |
|---|---|---|---|---|
| 抗弯拉强度标准值/MPa | 5.0 | 5.0 | 4.5 | 4.0 |

## 5.2.3 混凝土耐久性的技术要求

混凝土配合比设计不仅考虑混凝土构筑所处的环境条件,更应严格控制最大水胶比和最小胶凝材料用量,保证达到耐久性的要求。《混凝土结构设计规范》(GB 50010—2010)规定,混凝土耐久性设计内容包括混凝土结构所处的环境类别及不同环境下的耐久性技术措施、提出对原材料耐久性的基本要求、确定混凝土构件中钢筋的混凝土保护层厚度、提出结构使用阶段的检测与维护要求等。

**1.最大水胶比和最小胶凝材料用量限值**

混凝土结构暴露的环境类别划分为7个等级:一、二a、二b、三a、三b、四、五,对处于不同环境等级中的混凝土结构,其混凝土配合比设计规定的最大水胶比及其他指标限值见表5.4。

**表 5.4 设计使用年限为 50 年的混凝土结构耐久性的基本要求**

<table>
<tr><th colspan="2">环境类别</th><th>环境条件</th><th>最大水胶比</th><th>最低强度等级</th><th>最大氯离子含量/%</th><th>最大碱含量/(kg·m⁻³)</th></tr>
<tr><td colspan="2">一</td><td>1. 室内干燥环境；<br>2. 无侵蚀性静水浸没环境</td><td>0.60</td><td>C20</td><td>0.30</td><td>不限制</td></tr>
<tr><td rowspan="2">二</td><td>a</td><td>1. 室内潮湿环境；<br>2. 非严寒和非寒冷地区的露天环境；<br>3. 非严寒和非寒冷地区与无侵蚀性的水或土壤直接接触的环境；<br>4. 严寒和寒冷地区的冰冻线以下与无侵蚀性的水或土壤直接接触的环境</td><td>0.55</td><td>C25</td><td>0.20</td><td rowspan="4">3.0</td></tr>
<tr><td>b</td><td>1. 干湿交替环境；<br>2. 水位频繁变动环境；<br>3. 严寒和寒冷地区的露天环境；<br>4. 严寒和寒冷地区的冰冻线以上与无侵蚀性的水或土壤直接接触的环境</td><td>0.50(0.55)</td><td>C30(C25)</td><td>0.15</td></tr>
<tr><td rowspan="2">三</td><td>a</td><td>1. 严寒和寒冷地区冬季水位变动区环境；<br>2. 受除冰盐影响环境；<br>3. 海风环境</td><td>0.45(0.50)</td><td>C35(C30)</td><td>0.15</td></tr>
<tr><td>b</td><td>1. 盐渍土环境；<br>2. 受除冰盐作用环境；<br>3. 海岸环境</td><td>0.40</td><td>C40</td><td>0.10</td></tr>
</table>

注：①氯离子含量系指其占胶凝材料总量的百分比；

②预应力构件混凝土中的最大氯离子含量为 0.06%，其最低混凝土强度等级宜按表中的规定提高两个等级；

③素混凝土构件的水胶比及最低强度等级的要求可适当放松；

④有可靠工程经验时，二类环境中的最低混凝土强度等级可降低一个等级；

⑤处于严寒和寒冷地区二 b、三 a 类环境的混凝土应使用引气剂，并可采用括号中的有关参数；

⑥当使用非碱活性骨料时，对混凝土中的碱含量可不作限制。

环境等级四、五分别指海水环境、受人为或自然的侵蚀性物质影响的环境，其混凝土的耐久性设计应符合有关的标准规定。对设计年限为 100 年的混凝土结构，其耐久性设计要求更加严格。

混凝土配合比设计中，除配制 C15 及其以下强度等级的混凝土外，依据《普通混凝土配合比设计规程》(JGJ 55—2011)的规定，混凝土的最小胶凝材料用量应符合表 5.5 的规定。

**表5.5 混凝土的最小胶凝材料用量**

| 最大水胶比 | 最小胶凝材料用量/(kg·m$^{-3}$) | | |
|---|---|---|---|
| | 素混凝土 | 钢筋混凝土 | 预应力混凝土 |
| 0.60 | 250 | 280 | 300 |
| 0.55 | 280 | 300 | 300 |
| 0.50 | | 320 | |
| ≤0.45 | | 330 | |

混凝土中掺加矿物掺合料时，其掺量应通过试验确定，但最大掺量宜参照现行规范《普通混凝土配合比设计规程》(JGJ 55—2011)的规定。采用硅酸盐水泥或普通硅酸盐水泥时，钢筋混凝土与预应力混凝土中，矿物掺合料最大掺量宜符合表5.6的规定。

**表5.6 钢筋混凝土与预应力混凝土中矿物掺合料最大掺量限值**

| 矿物掺合料种类 | 水胶比 | 最大掺量/% | | | |
|---|---|---|---|---|---|
| | | 钢筋混凝土 | | 预应力混凝土 | |
| | | 硅酸盐水泥 | 普通硅酸盐水泥 | 硅酸盐水泥 | 普通硅酸盐水泥 |
| 粉煤灰 | ≤0.40 | 45 | 35 | 35 | 30 |
| | >0.40 | 40 | 30 | 25 | 20 |
| 粒化高炉矿渣粉 | ≤0.40 | 65 | 55 | 55 | 45 |
| | >0.40 | 55 | 45 | 45 | 35 |
| 钢渣粉 | — | 30 | 20 | 20 | 10 |
| 磷渣粉 | — | 30 | 20 | 20 | 10 |
| 硅灰 | — | 10 | 10 | 10 | 10 |
| 复合掺合料 | ≤0.40 | 65 | 55 | 55 | 45 |
| | >0.40 | 55 | 45 | 45 | 35 |

注：①采用其他通用硅酸盐水泥时，宜将水泥混合材掺量20%以上的混合材量计入矿物掺合料；

②复合掺合料各组分的掺量不宜超过单掺时的最大掺量；

③在混合使用两种或两种以上矿物掺合料时，矿物掺合料总掺量应符合表中复合掺合料的规定。

对基础大体积混凝土、粉煤灰、粒化高炉矿渣粉和复合掺合料的最大掺量可增加5%；采用掺量大于30%的C类粉煤灰混凝土应以实际使用的水泥和粉煤灰掺量进行安定性检验。

**2. 混凝土拌合物中水溶性氯离子限值**

混凝土拌合物中水溶性氯离子最大含量应符合表5.7的规定。混凝土拌合物中氯离子含量采用快速测定法，执行现行行业标准《水工混凝土试验规程》(SL 352—2006)的测定方法。

表 5.7 混凝土拌合物中水溶性氯离子最大含量(质量分数)

| 环境条件 | 水溶性氯离子最大含量/%(占水泥用量的质量百分比) | | |
|---|---|---|---|
| | 钢筋混凝土 | 预应力混凝土 | 素混凝土 |
| 干燥环境 | 0.30 | 0.06 | 1.00 |
| 潮湿但不含氯离子的环境 | 0.20 | | |
| 潮湿且含有氯离子的环境、盐渍土环境 | 0.10 | | |
| 除冰盐等侵蚀性物质的腐蚀环境 | 0.06 | | |

3. **混凝土最小含气量限值**

长期处于潮湿或水位变动的寒冷和严寒环境以及盐冻环境的混凝土应掺用引气剂。引气剂掺量应根据混凝土含气量要求经试验确定，混凝土最小含气量应符合表 5.8 的规定，最大不宜超过 7.0%。

表 5.8 混凝土最小含气量

| 粗骨料最大公称粒径/mm | 混凝土最小含气量 /% | |
|---|---|---|
| | 潮湿或水位变动的寒冷和严寒环境 | 盐冻环境 |
| 40.0 | 4.5 | 5.0 |
| 25.0 | 5.0 | 5.5 |
| 20.0 | 5.5 | 6.0 |

4. **碱含量的规定**

对于有预防混凝土碱骨料反应设计要求的工程，宜掺用适量粉煤灰或其他矿物掺合料，混凝土中最大碱含量不应大于 3.0 $kg/m^3$；对于矿物掺合料碱含量，粉煤灰碱含量可取实测值的 1/6，粒化高炉矿渣粉碱含量可取实测值的 1/2。

## 5.3 普通混凝土配合比设计

普通混凝土配合比设计需要进行初步配合比设计、实验室配合比设计与施工配合比设计三个阶段才能完成。

1. **初步配合比设计**

(1)确定混凝土的配制强度

当混凝土设计强度等级小于 C60 时，配制强度应按下式确定：

$$f_{cu,0} \geq f_{cu,k} + 1.645\sigma \tag{5.1}$$

式中 $f_{cu,0}$ ——混凝土的配制强度，MPa；

$f_{cu,k}$ ——设计要求的混凝土强度等级,MPa;

1.645——保证率系数(一般采用 $t$ 表示,为置信度界限,决定保证率 $P$ 的积分下限)。现行规范对一般工程中混凝土要求其强度保证率 $P \geqslant 95\%$,保证率系数 $t = 1.645$;

$\sigma$ ——混凝土强度标准差,MPa。混凝土强度标准差按下式计算:

$$\sigma = \sqrt{\frac{\sum_{i=1}^{n} f_{cu,i}^{2} - nm_{f_{cu,i}}^{2}}{n-1}} \tag{5.2}$$

式中 $f_{cu,i}$ ——第 $i$ 组试件强度,MPa;

$m_{f_{cu,i}}$ ——$n$ 组试件的平均强度,MPa;

$n$——试件组数。

一般,当具有近期1~3个月的同类混凝土(同一品种、同一强度等级)强度资料,且试件组数不小于30组时,混凝土强度标准差可计算获得。对于强度等级不大于C30的混凝土,若强度标准差计算值不小于3.0 MPa时,应按式(5.2)计算结果取值;当混凝土强度标准差计算值小于3.0 MPa时,应取3.0 MPa。对于强度等级大于C30且小于C60的混凝土,若强度标准差计算值不小于4.0 MPa时,应按式(5.2)计算结果取值;当混凝土强度标准差计算值小于4.0 MPa时,应取4.0 MPa。

若无历史统计资料时,强度标准差可根据要求的强度等级按表5.9规定选用。

**表5.9 强度标准差 $\sigma$ 取值表**

| 强度等级 | ≤C20 | C25 ~ C45 | C50 ~ C55 |
|---|---|---|---|
| $\sigma$ /MPa | 4.0 | 5.0 | 6.0 |

当混凝土设计强度等级不小于C60时,配制强度应按下式确定:

$$f_{cu,0} \geqslant 1.15 f_{cu,k} \tag{5.3}$$

(2)计算水胶比

1)按混凝土的强度理论计算水胶比

将已确定的混凝土的配制强度和胶凝材料的实际强度代入混凝土强度公式(5.4),可推算出混凝土的水胶比,如式(5.5):

$$f_{cu,0} = \alpha_a f_b \left(\frac{B}{W} - \alpha_b\right) \tag{5.4}$$

$$W/B = \frac{\alpha_a f_b}{f_{cu,0} + \alpha_a \alpha_b f_b} \tag{5.5}$$

式中 $f_{cu,0}$ ——混凝土配制强度,MPa;

$\alpha_a, \alpha_b$ ——回归系数,可按表2.3的规定取值;

$f_b$ ——胶凝材料28 d胶砂抗压强度实测值,MPa。当该抗压强度实测值时,可按下式确定:

$$f_b = \gamma_f \cdot \gamma_s \cdot f_{ce} \tag{5.6}$$

式中 $\gamma_f$, $\gamma_s$ ——粉煤灰、粒化高炉矿渣粉的影响系数,可按表5.10选用。

$f_{ce}$——水泥 28 d 胶砂抗压强度实测值,MPa。当无水泥抗压强度实测值时,可按下式计算:

$$f_{ce} = \gamma_c \cdot f_{ce,g} \tag{5.7}$$

式中 $\gamma_c$——水泥强度等级值的富余系数,可按实际统计资料确定,当缺乏实际统计资料时,可按表 5.11 选用;

$f_{ce,g}$——水泥强度等级值,MPa。

**表 5.10 粉煤灰影响系数和粒化高炉矿渣粉影响系数**

| 矿物掺合料掺量 /% | 粉煤灰影响系数 $\gamma_f$ | 粒化高炉矿渣粉影响系数 $\gamma_s$ |
|---|---|---|
| 0 | 1.00 | 1.00 |
| 10 | 0.85 ~ 0.95 | 1.00 |
| 20 | 0.75 ~ 0.85 | 0.95 ~ 1.00 |
| 30 | 0.65 ~ 0.75 | 0.90 ~ 1.00 |
| 40 | 0.55 ~ 0.65 | 0.80 ~ 0.90 |
| 50 | — | 0.70 ~ 0.85 |

注:①采用 I 级、II 级粉煤灰宜取上限值;

②采用 S75 级粒化高炉矿渣粉宜取下限值,采用 S95 级粒化高炉矿渣粉宜取上限值,采用 S105 级粒化高炉矿渣粉可取上限值加 0.05;

③当超出表中的掺量时,粉煤灰和粒化高炉矿渣粉影响系数应经试验确定。

**表 5.11 水泥强度等级值的富余系数**

| 水泥强度等级值 | 32.5 | 42.5 | 52.5 |
|---|---|---|---|
| 富余系数 $\gamma_c$ | 1.12 | 1.16 | 1.10 |

2)按耐久性校核水胶比

根据上式计算所得的水胶比只能满足强度要求,还应根据混凝土所处的环境条件参照表 5.4 进行耐久性校核。

(3)计算用水量和外加剂用量

1)单位用水量

每立方米干硬性或塑性混凝土的用水量($m_0$)应符合下列规定:

①混凝土水胶比在 0.40 ~ 0.80 范围时,可根据粗骨料的品种、最大公称粒径及施工要求的混凝土拌合物稠度值(坍落度或维勃稠度值),按表 5.12 选取混凝土拌合物的单位用水量。

②混凝土水胶比小于 0.40 时,可通过试验确定。

表5.12 混凝土的用水量选用表(kg/m³)

| 拌合物稠度 | | | 卵石公称最大粒径/mm | | | | 碎石公称最大粒径/mm | | | |
|---|---|---|---|---|---|---|---|---|---|---|
| 项目 | | 指标 | 10 | 20 | 31.5 | 40 | 16 | 20 | 31.5 | 40 |
| 塑性混凝土 | 坍落度/mm | 10~30 | 190 | 170 | 160 | 150 | 200 | 185 | 175 | 165 |
| | | 35~50 | 200 | 180 | 170 | 160 | 210 | 195 | 185 | 175 |
| | | 55~70 | 210 | 190 | 180 | 170 | 220 | 205 | 195 | 185 |
| | | 75~90 | 215 | 195 | 185 | 175 | 230 | 215 | 205 | 195 |
| 干硬性混凝土 | 维勃稠度/s | 16~20 | 175 | 160 | — | 145 | 180 | 170 | — | 155 |
| | | 11~15 | 180 | 165 | — | 150 | 185 | 175 | — | 160 |
| | | 5~10 | 185 | 170 | — | 155 | 190 | 180 | — | 165 |

注:①本表用水量系采用中砂时的取值。采用细砂时,每立方米混凝土用水量可增加5~10 kg;采用粗砂时,可减少5~10 kg。

②掺用各种外加剂或掺合料时,用水量应相应调整。

掺外加剂时,流动性或大流动性混凝土的单位用水量可按下式计算:

$$m_{w0} = m'_{w0}(1-\beta) \tag{5.8}$$

式中 $m_{w0}$——掺外加剂混凝土的单位用水量,kg/m³;

$m'_{w0}$——未掺外加剂时推定的满足实际坍落度要求的混凝土的单位用水量,kg/m³,推定方法:以表5.12中90 mm坍落度的用水量为基础,按每增大20 mm坍落度相应增加5 kg/m³用水量来计算,当坍落度增大到180 mm以上时,随坍落度相应增加的用水量可减少;

$\beta$——外加剂的减水率,应经混凝土试验确定,无减水作用的外加剂$\beta=0$。

2)混凝土中单位外加剂用量

应按下式计算:

$$m_{a0} = m_{b0} \cdot \beta_a \tag{5.9}$$

式中 $m_{a0}$——计算配合比每立方米混凝土中外加剂用量,kg/m³;

$m_{b0}$——计算配合比每立方米混凝土中胶凝材料用量,kg/m³;

$\beta_a$——外加剂掺量,%,应经混凝土试验确定。

(4)计算混凝土的单位胶凝材料、矿物掺合料和水泥用量

1)计算单位胶凝材料用量

每立方米混凝土的胶凝材料用量($m_{b0}$)应按式(5.10)计算,并应进行试拌调整,在拌合物性能满足的情况下,取经济合理的胶凝材料用量。

$$m_{b0} = \frac{m_{w0}}{W/B} \tag{5.10}$$

2)计算单位矿物掺合料用量

每立方米混凝土的矿物掺合料用量($m_{f0}$)应按下式计算:

$$m_{f0} = m_{b0} \cdot \beta_f \tag{5.11}$$

式中 $m_{f0}$ ——计算配合比每立方米混凝土中矿物掺合料用量,kg/m³;

$\beta_f$ ——矿物掺合料掺量,%,可结合表 5.6 及水胶比的有关规定确定。

3)计算单位水泥用量

每立方米混凝土的水泥用量($m_{c0}$)应按下式计算:

$$m_{c0} = m_{b0} - m_{f0} \tag{5.12}$$

计算得到单位胶凝材料用量,还应按表 5.5 的最小限量进行混凝土耐久性校核。

(5)确定砂率

砂率应根据骨料的技术指标、混凝土拌合物性能和施工要求,参考以往历史资料确定。当缺乏砂率的历史资料时,混凝土砂率的确定应符合下列规定:

①坍落度小于 10 mm 的混凝土,其砂率应经试验确定;

②坍落度为 10~60 mm 的混凝土,其砂率可根据粗骨料品种、最大公称粒径及水胶比按表 5.13 选取;

③坍落度大于 60 mm 的混凝土,其砂率可经试验确定,也可在表 5.13 的基础上,按坍落度每增大 20 mm、砂率增大 1% 的幅度予以调整。

**表 5.13 混凝土的砂率(%)**

| 水胶比(W/B) | 卵石公称最大粒径 /mm | | | 碎石公称最大粒径 /mm | | |
|---|---|---|---|---|---|---|
| | 10 | 20 | 40 | 16 | 20 | 40 |
| 0.40 | 26~32 | 25~31 | 24~30 | 30~35 | 29~34 | 27~32 |
| 0.50 | 30~35 | 29~34 | 28~33 | 33~38 | 32~37 | 30~35 |
| 0.60 | 33~38 | 32~37 | 31~36 | 36~41 | 35~40 | 33~38 |
| 0.70 | 36~41 | 35~40 | 34~39 | 39~44 | 38~43 | 36~41 |

注:①本表数值系中砂的选用砂率,对细砂或粗砂,可相应地减少或增大砂率;

②采用人工砂配制混凝土时,砂率可适当增加;

③只用一个单粒级粗骨料配制混凝土时,砂率应适当增大。

(6)计算粗、细骨料单位用量($m_{g0}$、$m_{s0}$)

粗、细骨料的单位用量,可采用质量法或体积法求得。

1)质量法(又称假定表观密度法)

质量法是假定混凝土拌合物的表观密度为一固定值,混凝土拌合物各组成材料的单位用量之和即为其表观密度。在砂率值为已知的条件下,粗、细骨料的单位用量可由下式计算:

$$\begin{cases} m_{f0} + m_{c0} + m_{g0} + m_{s0} + m_{w0} = \rho_{cp} \\ \beta_s = \dfrac{m_{s0}}{m_{g0} + m_{s0}} \times 100\% \end{cases} \tag{5.13}$$

式中 $m_{f0}, m_{c0}, m_{w0}, m_{s0}, m_{g0}$ ——混凝土中掺合料、水泥、水、细骨料,粗骨料的用量,kg/m³;

$\beta_s$ ——砂率,%;

$\rho_{cp}$ ——每立方米混凝土拌合物的假定质量,kg/m³,可取 2 350~2 450 kg/m³。

2)体积法(又称绝对体积法)

体积法是假定混凝土拌合物的体积等于各组成材料绝对体积和混凝土拌合物中所含空气体积之和。在砂率值为已知的条件下,粗、细骨料的单位用量可由下式计算:

$$\begin{cases} \dfrac{m_{c0}}{\rho_c} + \dfrac{m_{f0}}{\rho_f} + \dfrac{m_{g0}}{\rho_g} + \dfrac{m_{s0}}{\rho_s} + \dfrac{m_{w0}}{\rho_w} + 0.01\alpha = 1 \\ \beta_s = \dfrac{m_{s0}}{m_{g0} + m_{s0}} \times 100\% \end{cases} \tag{5.14}$$

式中 $\rho_c$ ——水泥密度,$kg/m^3$,可按国标《水泥密度测定方法》(GB/T 208—94)测定,也可取 2 900 ~3 100 $kg/m^3$;

$\rho_f$ ——矿物掺合料密度,$kg/m^3$,可按水泥密度测定方法测定;

$\rho_g$,$\rho_s$ ——粗、细骨料的表观密度,$kg/m^3$;

$\rho_w$ ——水的密度,$kg/m^3$,可取 1 000 $kg/m^3$;

$\alpha$ ——混凝土的含气量,%。在不使用引气剂或引气型外加剂时,$\alpha$ 可取为 1。

以上两种确定粗、细骨料单位用量的方法,一般认为,质量法比较简单,不需要各种组成材料的密度资料,如施工单位已积累有当地常用材料所组成的混凝土湿表观密度资料,亦可得到准确的结果。体积法由于是根据各组成材料实测的密度来进行计算的,所以可获得较为精确的结果。

(7)得出计算配合比

混凝土计算配合比可采用单位用量表示或相对用量表示,如 $m_{ba}:m_{wa}:m_{sa}:m_{ga}$ 或 $1:m_{sa}/m_{ba}:m_{ga}/m_{ba}:m_{wa}/m_{ba}$。

**2. 实验室试配混凝土**

(1)试拌

1)试拌材料

要求试配混凝土所用各种原材料,要与实际工程使用的材料相同,粗、细骨料的称量均以干燥状态为基准。如不是用干燥骨料配制,称料时应在用水量中扣除骨料中超过的含水量值,骨料称量也应相应增加。但在以后试配调整时配合比仍应取原计算值,不计该项增减数值。

2)搅拌方法和拌合物数量

混凝土配制应采用强制式搅拌机进行搅拌,搅拌方法宜与施工时采用的方法相同。试拌时,每盘混凝土的最小搅拌量应符合表 5.14 的规定。如需进行抗折强度试验,则应根据实际需要计算用量。采用机械搅拌时,其搅拌量应不小于搅拌机额定搅拌量的 1/4。

**表 5.14 混凝土试配的最小搅拌量**

| 骨料最大粒径 /mm | 拌合物数量 /L |
|---|---|
| ≤31.5 | 20 |
| 40 | 25 |

(2)校核工作性,调整并提出基准配合比

按照计算配合比进行试拌,以校核混凝土拌合物的工作性。如试拌得出的拌合物的坍落度(或维勃稠度)不能满足要求,或黏聚性和保水性能不良时,则宜在保持计算水胶比不变的条件下,通过调整配合比其他参数使混凝土拌合物性能符合设计与施工要求,然后修正计算配合比,提出基准配合比,以 $m_{ba}:m_{wa}:m_{sa}:m_{ga}$ 表示。

通常,混凝土试拌调整过程中,在计算配合比的基础上,保持水胶比不变,尽量采用较少的胶凝材料用量,以节约胶凝材料为原则,通过调整外加剂用量和砂率,使混凝土拌合物坍落度及和易性等性能满足施工要求,提出基准配合比。

(3)制作试件,检验强度

以混凝土拌合物基准配合比为基础,制备强度试件,检验强度。为校核混凝土的强度,至少拟定三个不同的配合比,其中一个为按上述方法得出的基准配合比,另外两个配合比的水胶比值宜较基准配合比分别增加和减少 0.05,其用水量应该与基准配合比相同,但砂率可分别增加和减少 1%。

拟定的三个不同配合比应满足下列要求:

①由于进行混凝土强度试验时,拌合物性能应符合设计与施工要求。所以强度试验采用三个不同水胶比的配合比的混凝土拌合物性能应维持不变,即维持用水量不变,增加和减少胶凝材料用量,并相应减少和增加砂率,外加剂掺量也作减少和增加的微调。并且制作检验混凝土试件的强度时,尚应检验拌合物的坍落度(或维勃稠度)、黏聚性、保水性及测定混凝土的表观密度等,并以此试验结果表征该配合比的混凝土拌合物的性能。

②进行混凝土强度试验时,每个配合比至少制作一组(三块)试件,在标准养护 28 d(或设计规定龄期,如 60 d、90 d 等)条件下进行抗压强度测试。

混凝土强度试验的目的是通过对三个不同水胶比的配合比进行比较,取得能够满足配制强度($f_{cu,0}$)要求的,且胶凝材料用量经济合理的配合比。

**3. 调整配合比,确定实验室配合比**

根据混凝土强度和表观密度试验结果,进一步修正配合比,即可得到实验室配合比的设计值。

(1)根据强度试验结果修正配合比

①确定水胶比($m_w/m_b$)。根据强度试验结果,通过绘制强度 - 胶水比关系图或采用插值法,偏于安全考虑,选用略大于配制强度($f_{cu,0}$)对应的胶水比。

也可以直接采用前述三个水胶比混凝土强度试验中一个满足配制强度($f_{cu,0}$)的胶水比作进一步配合比调整,此方法相对简单,但有时可能强度富余较多,经济代价略高。

②确定用水量($m_w$)和外加剂($m_a$)。应根据确定的水胶比作调整。

③ 确定胶凝材料用量($m_b$)。应以用水量($m_w$)乘以确定的水胶比($m_w/m_b$)计算得出胶凝材料用量。

④ 确定粗、细集骨料料用量($m_g$ 和 $m_s$)。应根据用水量和胶凝材料用量进行调整。混凝土调整后配合比可表示为:$m_b:m_w:m_s:m_g$ 或 $1:m_w/m_b:m_s/m_b:m_g/m_b$。

(2)根据混凝土拌合物实测表观密度修正配合比

①混凝土配合比经强度检验结果修正后,可按式(5.15)计算出混凝土拌合物的表观

密度( $\rho_{c,c}$ ):

$$\rho_{c,c} = m_c + m_f + m_g + m_s + m_w \tag{5.15}$$

②计算混凝土配合比的校正系数( $\delta$ ):

$$\delta = \frac{\rho_{c,t}}{\rho_{c,c}} \tag{5.16}$$

式中 $\delta$——混凝土配合比校正系数;

$\rho_{c,t}$——混凝土拌合物的表观密度实测值,$kg/m^3$;

$\rho_{c,c}$——混凝土拌合物的表观密度计算值,$kg/m^3$。

若混凝土拌合物表观密度的实测值与计算值的相对误差 $\frac{|\rho_{c,t} - \rho_{c,c}|}{\rho_{c,c}} \times 100\% \leqslant 2\%$ 时,无需校正;若>2%时,则应将调整后配合比中各材料用量均乘以校正系数( $\delta$ ),即得最终确定的实验室配合比设计值:

$$\begin{cases} m'_b = m_b \cdot \delta \\ m'_s = m_s \cdot \delta \\ m'_g = m_g \cdot \delta \\ m'_w = m_w \cdot \delta \end{cases} \tag{5.17}$$

经修正调整后,混凝土实验室配合比设计值,可表示为:$m'_b : m'_s : m'_g : m'_w$(或 $1 : \frac{m'_s}{m'_b} : \frac{m'_g}{m'_b} : \frac{m'_w}{m'_b}$),或者 $m'_c : m'_f ; m'_s : m'_g : m'_w$。

(3)耐久性复核

配合比调整后,应测定混凝土拌合物水溶性氯离子含量,试验结果应符合表 5.7 的规定。对耐久性有设计要求的混凝土应进行相关耐久性试验验证。

生产单位可根据常用材料设计出常用的混凝土配合比备用,并应在启用过程中予以验证或调整。当对混凝土性能有特殊要求时,或水泥、外加剂或矿物掺合料等原材料品种、质量有显著变化时,应重新进行配合比设计。

**4. 施工配合比换算**

实验室最后确定的混凝土配合比,粗细骨料是以绝对干燥状态下计算的,而施工现场砂、石材料为露天堆放,都有一定的含水率。因此,施工现场应根据现场砂、石的实际含水率的变化,将试验室配合比换算为施工配合比。

设施工现场实测砂、石含水率分别为 $a\%$、$b\%$,则施工配合比的各种材料单位用量为:

$$\begin{cases} m_c = m'_c \\ m_f = m'_f \\ m_s = m'_s(1 + a\%) \\ m_g = m'_g(1 + b\%) \\ m_w = m'_w - (m'_s \cdot a\% + m'_g \cdot b\%) \end{cases} \tag{5.18}$$

施工配合比为：$m_b : m_w : m_s : m_g$ 或 $m_c : m_f : m_w : m_s : m_g$。

根据确定的混凝土施工配合比，每盘混凝土材料称量值按下式计算：

$$m = V \cdot m_i \tag{5.19}$$

式中 $m$ ——各材料的用量，kg；

$m_i$ ——施工配合比中各材料的单位用量，$kg/m^3$；

$V$ ——每盘混凝土搅拌量，$m^3$。

**【例 5.1】** 试设计钢筋混凝土桥 T 形梁用混凝土配合比。

**[原始资料]**

已知混凝土设计强度等级为 C30，无强度历史统计资料，要求混凝土拌合物坍落度为 30～50 mm。桥梁所在地区属温和地区。

组成材料：可供应强度等级 42.5 MPa 的硅酸盐水泥，密度 $\rho_c = 3.10\times10^3 kg/m^3$，富余系数 $\gamma_c = 1.16$。砂为中砂，表观密度 $\rho_s = 2.65\times10^3\ kg/m^3$。碎石公称最大粒径为 20 mm，表观密度 $\rho_g = 2.70\times10^3\ kg/m^3$。

**[设计要求]**

(1)按所给资料计算出初步配合比。

(2)按初步配合比在实验室进行试拌调整，得出实验室配合比。

**[设计步骤]**

**1. 计算初步配合比**

(1)确定混凝土配制强度($f_{cu,0}$)

根据设计要求混凝土强度确定试配强度：$f_{cu,k} = 30$ MPa，无历史统计资料，按表 5.9 标准差 $\sigma = 5.0$ MPa。

按式(5.1)，混凝土配制强度为：

$$f_{cu,0} = f_{cu,k} + 1.645\sigma = (30 + 1.645 \times 5)\text{MPa} = 38.2\text{ MPa}$$

(2) 计算水灰比($W/C$)

1) 按强度要求计算水灰比

① 计算水泥实际强度。由题意，已知采用强度等级 42.5 MPa 的硅酸盐水泥，其 $f_{cu,k} = 42.5$ MPa，水泥富余系数 $\gamma_c = 1.16$。水泥实际强度为：

$$f_{ce} = 1.16 \times 42.5\text{ MPa} = 49.3\text{ MPa}$$

② 计算混凝土水灰比。已知混凝土配制强度 $f_{cu,0} = 38.2$ MPa，水泥实际强度 $f_{ce} = 49.3$ MPa。本单位无混凝土强度回归系数统计资料，采用表 2.3 中碎石 $\alpha_a = 0.53$，$\alpha_b = 0.20$。按式(5.5) 计算水灰比：

$$\frac{W}{C} = \frac{\alpha_a f_{ce}}{f_{cu,0} + \alpha_a \alpha_b f_{ce}} = \frac{0.53 \times 49.3}{38.2 + 0.53 \times 0.20 \times 49.3} = 0.60$$

2)按耐久性校核水灰比

根据混凝土所处环境条件属于温和地区，查表 5.4，允许混凝土最大水灰比为 0.55。为满足混凝土耐久性设计要求，应采用水灰比为 0.55。

(3) 选定单位用水量($m_{w0}$)

已知，要求混凝土拌合物坍落度为 30 ～ 50 mm，碎石最大粒径为 20 mm。查表 5.12

选用混凝土单位用水量 $m_{w0}=195\ kg/m^3$。

(4) 计算单位水泥用量($m_{c0}$)

1) 按强度计算单位水泥用量

已知混凝土单位用水量 $m_{w0}=195\ kg/m^3$,水灰比 $W/C=0.55$,按式(5.10)计算混凝土中单位水泥用量:

$$m_{c0}=\frac{m_{w0}}{W/C}=\frac{195}{0.55}\ kg/m^3=355\ kg/m^3$$

2)按耐久性校核单位用灰量

根据混凝土所处环境条件属温和地区配筋混凝土,查表5.5,最小水泥用量不得低于300 $kg/m^3$。混凝土中单位水泥用量为355 $kg/m^3$符合耐久性要求。

(5)选定砂率($\beta_s$)

已知粗骨料采用碎石、最大粒径20 mm,水灰比 $W/C=0.55$。查表5.13选定混凝土砂率 $\beta_s=35\%$。

(6)计算单位砂石用量($m_{s0}$、$m_{g0}$)

1)采用质量法

已知单位水泥用量 $m_{c0}=355\ kg/m^3$,单位用水量 $m_{w0}=195\ kg/m^3$,混凝土拌合物假定表观密度 $\rho_{cp}=2\ 400\ kg/m^3$,砂率 $\beta_s=35\%$。由式(5.13)得:

$$\begin{cases} m_{s0}+m_{g0}=2\ 400-355-195 \\ \dfrac{m_{s0}}{m_{s0}+m_{g0}}\times 100\%=35\% \end{cases}$$

解得:砂用量 $m_{s0}=648\ kg/m^3$,碎石用量 $m_{g0}=1\ 202\ kg/m^3$。

按质量法计算得初步配合比:$m_{c0}:m_{w0}:m_{s0}:m_{g0}=355:195:648:1\ 202$,即1:1.83:3.39;0.55。

2)采用体积法

已知水泥密度 $\rho_c=3.10\ g/cm^3$,砂表观密度 $\rho_s=2.65\ g/cm^3$,碎石表观密度 $\rho_g=2.70\ g/cm^3$,对于非引气混凝土 $\alpha=1$,由公式(5.14)得:

$$\begin{cases} \dfrac{m_{g0}}{2.70}+\dfrac{m_{s0}}{2.65}=1\ 000-(\dfrac{355}{3.10}+\dfrac{195}{1}+10) \\ \dfrac{m_{s0}}{m_{g0}+m_{s0}}\times 100\%=35\% \end{cases}$$

解得:砂用量 $m_{s0}=639\ kg/m^3$;碎石用量 $m_{g0}=1\ 187\ kg/m^3$。

按体积法计算得初步配合比为:$m_{c0}:m_{w0}:m_{s0}:m_{g0}=355:195:639:1\ 187$。

**2. 试配混凝土**

(1)计算试拌材料用量

按计算初步配合比(以绝对体积法计算结果为例)试拌20 L混凝土拌合物,各种材料用量:

水泥:(355×0.02)kg=7.10 kg

水:(195×0.02)kg=3.90 kg

砂：(639×0.02) kg=12.78 kg

碎石：(1 187×0.02) kg=23.74 kg

(2)检验并调整工作性

按计算材料用量拌制混凝土拌合物，测定其坍落度为10 mm，未满足题中给定的施工和易性要求。为此，保持水灰比不变，增加5%水泥浆。再经拌和，其坍落度为40 mm，黏聚性和保水性亦良好，满足施工和易性要求。此时，混凝土拌合物各组成材料实际用量为：

水泥：7.10×(1+5%) kg=7.46 kg

水：3.90×(1+5%) kg=4.10 kg

砂：12.78 kg

碎石：23.74 kg

(3)提出基准配合比

调整工作性后，混凝土拌合物的基准配合比为 $m_{ca}:m_{wa}:m_{sa}:m_{ga}=373:205:639:1\ 187$，或为1：1.71：3.18；0.55。

(4)制作试件，检验强度

采用水灰比分别为 $(W/C)_A=0.50$、$(W/C)_B=0.55$ 和 $(W/C)_C=0.60$ 拌制三组混凝土拌合物。砂、碎石用量不变，用水量亦保持不变，则三组水泥分别为A组为8.20 kg，B组为7.46 kg，C组为6.83 kg，A组、C组的砂率分别减少和增加1%。除基准配合比一组(B组)外，其他两组配合比经混凝土试拌测定坍落度并观察其黏聚性和保水性，均合格。

三组配合比经拌制成型，在标准条件下养护28 d后，按规定方法测定其立方体抗压强度，实测值列于表5.15。

表5.15 三组配合比的混凝土强度实测值

| 组别 | 水灰比(W/C) | 灰水比(C/W) | 28 d立方体抗压强度实测值 $f_{cu,28}$/MPa |
|---|---|---|---|
| A | 0.50 | 2.00 | 45.3 |
| B | 0.55 | 1.82 | 39.5 |
| C | 0.60 | 1.67 | 34.2 |

**3. 调整配合比，确定实验室配合比**

(1)根据强度试验结果修正配合比

按表5.15试验数据，绘制“混凝土抗压强度-灰水比”关系曲线(图5.1)，经内插计算得到相应混凝土配制强度 $f_{cu,0}=38.2$ MPa 的灰水比 $C/W=1.79$，即水灰比 $W/C=0.56$。

按强度试验结果修正配合比，各材料单位用量为：

水：$m_w=195\times(1+0.05)\ \text{kg/m}^3=205\ \text{kg/m}^3$

水泥：$m_{cb}=(205\div 0.56)\ \text{kg/m}^3=366\ \text{kg/m}^3$

砂、石用量，按体积法计算，得：

$$\begin{cases} \dfrac{m_{g0}}{2.70} + \dfrac{m_{s0}}{2.65} = 1000 - \left(\dfrac{366}{3.10} + \dfrac{205}{1} + 10\right) \\ \dfrac{m_{s0}}{m_{g0} + m_{s0}} \times 100\% = 35\% \end{cases}$$

砂：$m_s = 626$ kg，碎石：$m_g = 1\ 163$ kg。

经强度修正后，混凝土配合比为 $m_c : m_w : m_s : m_g = 366 : 205 : 626 : 1\ 163$。

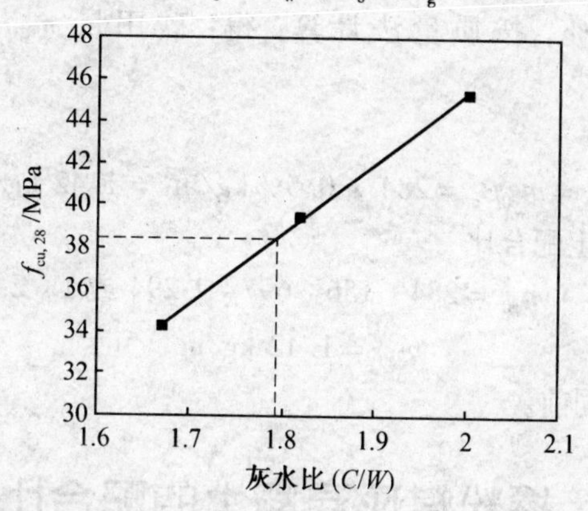


图 5.1　混凝土 28 d 抗压强度与 $C/W$ 的关系曲线

(2)根据混凝土拌合物实测表观密度修正配合比

计算出混凝土拌合物的表观密度：

$$\rho_{c,c} = (366 + 205 + 626 + 1\ 163)\,\text{kg/m}^3 = 2\ 360\ \text{kg/m}^3$$

混凝土拌合物的实测表观密度 $\rho_{c,t} = 2\ 400\ \text{kg/m}^3$，则修正系数 $\delta = 2\ 400/2\ 360 = 1.02$。

混凝土拌合物表观密度的实测值与计算值的相对误差为 1.69% ≤2%，无需校正，故确定实验室配合比即为 $m_c : m_w : m_s : m_g = 366 : 205 : 626 : 1\ 163$。

(3)耐久性复核

采用实验室配合比，测定混凝土拌合物水溶性氯离子含量，试验结果符合规定要求。

**4. 换算工地配合比**

根据工地实测，砂的含水率 $w_s = 5\%$，碎石的含水率 $w_g = 1\%$，各种材料的用量为：

水泥：$m_c = 366\ \text{kg/m}^3$

砂：$m_s = 626 \times (1 + 5\%)\,\text{kg/m}^3 = 657\ \text{kg/m}^3$

碎石：$m_g = 1\ 163 \times (1 + 1\%)\,\text{kg/m}^3 = 1\ 175\ \text{kg/m}^3$

水：$m_w = [202 - (626 \times 5\% + 1\ 163 \times 1\%)]\,\text{kg/m}^3 = 159\ \text{kg/m}^3$

因此，工地配合比为 $m_c : m_w : m_s : m_g = 366 : 159 : 657 : 1\ 175$，或 1 : 1.80 : 3.21；0.43。

**【例 5.2】**　按普通水泥混凝土设计例 5.1 资料，掺加高效减水剂 UNF-5，掺加量 0.5%，减水率 $\beta = 20\%$，试求该混凝土的配合比。

**解**　(1)确定配制强度和水灰比

由例 5.1 计算得：试配强度 $f_{cu,0} = 38.2$ MPa，水灰比 $W/C = 0.55$。

(2) 计算掺外加剂混凝土的单位用水量

$$m_{w0,a} = 195 \times (1 - 20\%)\ kg/m^3 = 156\ kg/m^3$$

(3) 计算掺外加剂水泥混凝土单位水泥用量

$$m_{c0} = \frac{165}{0.55}\ kg/m^3 = 284\ kg/m^3$$

(4) 计算掺外加剂混凝土单位粗细骨料用量

砂率同前,$\beta_s = 35\%$,按质量法计算,得:砂用量 $m_{s0} = 697\ kg/m^3$;碎石用量$m_{g0} = 1\ 294\ kg/m^3$。

(5) 外加剂用量

$$m_{a0} = m_{c0}\beta_a = 284 \times 0.5\%\ kg/m^3 = 1.42\ kg/m^3$$

(6) 掺外加剂混凝土配合比

$$m_{c0} : m_{w0,a} : m_{s0} : m_{g0} = 284 : 156 : 697 : 1\ 294 \text{ 或 } 1 : 2.45 : 4.56 ; 0.55$$

$$m_{a0} = 1.42\ kg/m^3$$

(7)校核调整方法同前。

## 5.4 掺粉煤灰混凝土的配合比设计

粉煤灰掺入混凝土后,不仅可以取代部分水泥,而且能改善混凝土的一系列性能。现代研究认为,粉煤灰在混凝土中,能与水泥互补长短、均衡协和,所以粉煤灰可充当混凝土的减水剂、释水剂、增塑剂、密实剂、抑热剂、抑胀剂等一系列复合功能的基本材料。所以粉煤灰混凝土具有明显的技术经济效益。本节所述的粉煤灰混凝土是指在混凝土中掺加粉煤灰组分的粉煤灰普通混凝土。

混凝土中掺用粉煤灰的配合比设计方法,按国标《粉煤灰混凝土应用技术规范》(GBJ 146—1990)规定,可以采用超量取代法和外加法等。目前多采用超量取代法。

**1. 配合比设计原则**

掺粉煤灰混凝土配合比设计,是以基准混凝土(即未掺粉煤灰的混凝土)的配合比为基础,按等稠度、等强度等级的原则,用超量取代法进行调整。

所谓"等稠度"和"等强度"等级,是指配制成的粉煤灰混凝土具有与基准混凝土拌合物相同的稠度和硬化后指定龄期的强度等级相等。

所谓"超量取代法"是粉煤灰总掺入量中,一部分取代等体积的水泥,超量部分粉煤灰取代等体积的砂。

**2. 设计步骤**

(1)计算初步配合比

根据普通混凝土配合比设计方法,计算得初步配合比 $m_{c0}$、$m_{s0}$、$m_{g0}$ 和 $m_{w0}$。

(2)选定粉煤灰取代水泥的掺量百分率和粉煤灰超量系数

粉煤灰取代水泥的掺量百分率$f(\%)$,不得超过表5.16 规定的允许最大限量。

表 5.16 粉煤灰取代水泥最大限量表

| 混凝土种类 | 粉煤灰取代水泥最大限量 /% | | | |
|---|---|---|---|---|
| | 硅酸盐水泥 | 普通硅酸盐水泥 | 矿渣硅酸盐水泥 | 火山灰硅酸盐水泥 |
| 预应力钢筋混凝土 | 25 | 15 | 10 | |
| 钢筋混凝土、高强度混凝土、耐冻混凝土、蒸养混凝土 | 30 | 25 | 20 | 15 |
| 中、低强度混凝土，泵送混凝土，大体积混凝土，地下、水下混凝土 | 50 | 40 | 30 | 20 |
| 碾压混凝土 | 65 | 55 | 45 | 35 |

粉煤灰超量系数( $\delta_f$ )根据粉煤灰的等级按表 5.17 选用。

表 5.17 粉煤灰超量系数

| 粉煤灰级别 | 超量系数($\delta_f$) |
|---|---|
| Ⅰ | 1.1 ~ 1.4 |
| Ⅱ | 1.3 ~ 1.7 |
| Ⅲ | 1.5 ~ 2.0 |

(3)计算粉煤灰取代水泥量、超量部分质量和总掺量

粉煤灰取代水泥量：

$$m_{f1} = m_{c0} \cdot f \tag{5.20}$$

粉煤灰超量部分质量：

$$m_{f2} = m_{f1}(\delta_f - 1) \tag{5.21}$$

粉煤灰总量：

$$m_f = m_{f1} + m_{f2} \tag{5.22}$$

(4) 计算粉煤灰混凝土的单位水泥用量

$$m_{cf} = m_{c0} - m_{f1} \tag{5.23}$$

(5) 计算粉煤灰混凝土的单位砂用量

$$m_{sf} = m_{s0} - \frac{m_{f2}}{\rho_f} \cdot \rho_s \tag{5.24}$$

(6) 确定粉煤灰混凝土各种材料用量

由前已计算得 $m_{cf}$、$m_{sf}$，取 $m_{gf} = m_{g0}$、$m_{wf} = m_{w0}$。

粉煤灰各材料用量为 $m_{cf}$、$m_{wf}$、$m_{sf}$ 和 $m_{gf}$。

(7) 试拌、调整、提出实验室配合比

调整方法同前。

【例5.3】 按普通混凝土配合比设计例5.1资料，掺加Ⅰ级粉煤灰，粉煤灰密度为2.2 g/cm³，求该混凝土配合比。

**解** (1) 计算基准混凝土配合比

按普通水泥混凝土配合比设计例5.1，得$m_{c0}:m_{w0}:m_{s0}:m_{g0}=355:195:639:1\ 187$。

(2) 选定粉煤灰取代水泥掺量百分率和粉煤灰超量系数

由所给条件知：水泥品种为普通硅酸盐水泥，混凝土工程种类为钢筋混凝土，查表5.16得粉煤灰取代水泥最大限量为25%，现取$f=20\%$。

粉煤灰等级为Ⅰ级，水泥强度等级为42.5 MPa，水泥混凝土强度等级为C30，查表5.17取粉煤灰超量系数$\delta_f=1.2$。

(3) 计算粉煤灰取代水泥量、粉煤灰超量部分质量和粉煤灰总量

粉煤灰取代水泥量：

$$m_{f1}=m_{co}\cdot f=(355\times 20\%)\ \mathrm{kg/m^3}=71\ \mathrm{kg/m^3}$$

粉煤灰超量部分质量：

$$m_{f2}=m_{f1}(\delta_f-1)=71\times(1.2-1.0)\ \mathrm{kg/m^3}=14.2\ \mathrm{kg/m^3}$$

粉煤灰总量：

$$m_f=m_{f1}+m_{f2}=(71+14.2)\ \mathrm{kg/m^3}=85\ \mathrm{kg/m^3}$$

(4) 计算粉煤灰混凝土的单位水泥用量

$$m_{cf}=m_{c0}-m_{f1}=(355-71)\ \mathrm{kg/m^3}=284\ \mathrm{kg/m^3}$$

(5) 计算粉煤灰混凝土单位砂用量

$$m_{sf}=m_{s0}-\frac{m_{f2}}{\rho_f}\cdot\rho_s=\left(639-\frac{14.2}{2.2}\times 2.65\right)\mathrm{kg/m^3}=601\ \mathrm{kg/m^3}$$

(6) 粉煤灰混凝土各种材料用量

由以上计算知：胶凝材料$m_b=369\ \mathrm{kg/m^3}$（其中$m_{cf}=284\ \mathrm{kg/m^3}$、$m_f=85\ \mathrm{kg/m^3}$），$m_{sf}=601\ \mathrm{kg/m^3}$，取$m_{gf}=m_{g0}=1\ 187\ \mathrm{kg/m^3}$，$m_{wf}=m_{w0}=195\ \mathrm{kg/m^3}$。

(7) 试拌、调整、提出实验室配合比

经试拌坍落度符合要求，观察黏聚性、保水性良好。混凝土拌合物实测表观密度$\rho_{c,t}=2\ 385\ \mathrm{kg/m^3}$，其表观密度计算值$\rho_{c,c}=2\ 352\ \mathrm{kg/m^3}$，校正系数$\delta=1.01$。混凝土拌合物表观密度修正的相对误差为1.40% < 2%，无需校正。

混凝土的实验室配合比为$(m_c+m_f):m_w:m_s:m_g=369:195:601:1\ 187$，或1 : 1.63 : 3.22;0.53。

$$水胶比=\frac{m_w}{m_c+m_f}=\frac{195}{369}=0.53$$

# 第 6 章　混凝土质量评定及控制

**工程案例：**

某现场采用集中搅拌混凝土，强度等级为 C30，抽样对其同批抗压强度进行检测，抗压强度代表值列于下表，试评定该批混凝土是否合格。

**表 6.1　20 组混凝土试件抗压强度代表值 $f_{cu,i}$（MPa）**

| | | | | | | | | | |
|---|---|---|---|---|---|---|---|---|---|
| 36.5 | 38.4 | 33.6 | 37.5 | 33.8 | 37.2 | 38.2 | 39.4 | 40.2 | 38.4 |
| 38.6 | 34.4 | 35.8 | 35.6 | 39.8 | 33.6 | 33.4 | 38.6 | 35.4 | 38.8 |

按前述方法，混凝土在施工前应进行严格的配合比设计，那么在混凝土施工现场应如何控制混凝土的生产与施工质量，并对其进行质量评定呢？

## 6.1　混凝土的生产质量控制

### 6.1.1　混凝土质量的波动

混凝土是由水泥、水、粗细集料组成的一种非均质材料，其质量受到下列因素的影响而发生波动。

**1. 原材料的质量和配合比**

混凝土组成材料中水泥的质量对混凝土的影响极为明显，如水泥实际强度的波动将直接影响混凝土强度的波动。另外，施工现场含水率的变化以及现场集料的混杂或泥土的混入均会引起混凝土质量的波动。

**2. 施工工艺**

混凝土施工的各个环节如拌和方式（人工或机械）、运输时间、浇灌和振捣情况以及养护时间、湿度、温度等，均对混凝土的质量波动有明显影响。

### 6.1.2　混凝土的质量控制

混凝土广泛应用于各种土木工程结构中，受力复杂且会受到各种气候环境的侵蚀，因此，对混凝土生产和施工过程进行严格的质量控制是保证工程质量的必要手段。依据现行国标《混凝土质量控制标准》（GB 50164—2011）的规定，混凝土的质量控制主要包括初步控制、生产控制和合格控制三个方面。

**1. 初步控制**

混凝土质量的初步控制包括组成材料的质量检验与控制、混凝土配合比的合理确定，以及施工组织等内容。

拌制混凝土前应对水泥、砂、石、水、外加剂和掺合料等各种原材料进行严格的质量检验，检验的频率、方法及质量评定标准均应严格执行规范要求；严格进行混凝土配合比的确定与调整；配备相应的技术人员，并及时标定拌和设备的各种计量装置，拌和时严格控制配合比。

**2. 生产控制**

混凝土生产控制包括组成材料的计量、混凝土拌合物的搅拌、运输、浇筑和养护等工序的控制。此过程中，施工单位应根据设计要求，提出质量控制目标，建立混凝土质量保证体系，制订必要的混凝土质量管理制度。对各生产工序应定期进行统计分析，借助各种质量管理图表（直方图、控制图）等手段及时地进行质量控制，既要保证混凝土各种性能符合要求，又要力求保持其生产质量的稳定性。

**3. 合格控制**

混凝土合格控制包括混凝土拌合物的各项性质（坍落度或维勃稠度指标、颜色一致且不得有离析和泌水现象的均匀性指标等）、强度和耐久性应满足混凝土的质量要求。

但实际上，由于原材料的质量和配料计量的波动、施工条件波动及气温变化，以及取样方法、试件成型及养护条件的差异、试验机的误差和试验人员的操作熟练程度等试验条件的影响，必然会造成混凝土质量在一定程度上产生波动。

土木工程中，一般采用混凝土的抗压强度作为评定和控制其质量的主要指标。在正常连续生产的情况下，采用数理统计的方法对混凝土进行合格评定，以检验混凝土的强度是否达到质量要求。

## 6.2 混凝土生产质量控制方法

### 6.2.1 混凝土的质量控制手段

混凝土的质量控制是以数理统计方法作为基本手段，常用的方法有频数分布直方图法、控制图法等，下面分别介绍。

**1. 频数分布直方图法**

直方图又称质量分布图、矩形图、柱状图、频数分布直方图。它是用一系列宽度相等、高度不等的长方形表示数据的图形，是将产品质量频率分布状态用直方形表示的图表。它主要是对大量计量数据进行整理加工，找出其统计规律的方法，即分析数据分布的形态，以便对总体的分布特征进行推断。其图形为直角坐标系中顺序排列的若干矩形，其宽度表示数据范围的间隔，高度表示给定间隔内的数据值。借助对直方图的观察，可探索质量分布规律，分析判断整个生产过程是否正常。

（1）直方图的绘制

频数是指在重复试验中，随机事件出现的次数。频数的统计方法有两种：一是以单个数值进行统计，即某个数据出现的次数就是它的频数；二是按区间进行统计，即是将已收集的数据按照一定划分范围把整个数值分成若干区间，按每个区间内数值重复出现的次数作为这个区间的频数。在质量控制中，一般多采用第二种方法，也就是按区间进行统计。

下面结合实例说明绘制直方图的方法和步骤。

【例 6.1】 某混凝土材料,抽检结果列于表 6.2 中。

**表 6.2 混凝土 7 d 抗压强度抽检结果(MPa)**

| 序号 | 数据 | | | | | | | | | | 最大 | 最小 | 极差 |
|---|---|---|---|---|---|---|---|---|---|---|---|---|---|
| 1 | 6.12 | 6.35 | 5.84 | 5.90 | 5.95 | 6.14 | 6.05 | 6.03 | 5.81 | 5.86 | 6.35 | 5.81 | 0.54 |
| 2 | 5.78 | 6.25 | 5.94 | 5.80 | 5.90 | 5.86 | 5.99 | 6.16 | 6.18 | 5.79 | 6.25 | 5.78 | 0.47 |
| 3 | 5.67 | 5.64 | 5.88 | 5.71 | 5.82 | 5.94 | 5.91 | 5.84 | 5.68 | 5.91 | 5.94 | 5.64 | 0.30 |
| 4 | 6.03 | 6.00 | 5.95 | 5.96 | 5.88 | 5.74 | 6.06 | 5.81 | 5.76 | 5.82 | 6.06 | 5.74 | 0.32 |
| 5 | 5.89 | 5.88 | 5.64 | 6.00 | 6.12 | 6.07 | 6.25 | 5.74 | 6.16 | 5.66 | 6.25 | 5.64 | 0.61 |
| 6 | 5.58 | 5.73 | 5.81 | 5.57 | 5.93 | 5.96 | 6.04 | 6.09 | 6.01 | 6.04 | 6.09 | 5.57 | 0.52 |
| 7 | 6.11 | 5.82 | 6.26 | 5.54 | 6.26 | 6.01 | 5.98 | 5.85 | 6.06 | 6.01 | 6.26 | 5.54 | 0.72 |
| 8 | 5.86 | 5.88 | 5.97 | 5.99 | 5.84 | 6.03 | 5.91 | 5.95 | 5.82 | 5.88 | 5.99 | 5.82 | 0.17 |
| 9 | 5.85 | 6.43 | 5.92 | 5.89 | 5.90 | 5.94 | 6.00 | 6.20 | 6.14 | 6.07 | 6.43 | 5.85 | 0.58 |
| 10 | 6.08 | 5.86 | 5.96 | 5.53 | 6.24 | 6.19 | 6.21 | 6.32 | 6.05 | 5.97 | 6.32 | 5.53 | 0.79 |

1)收集数据

从加工的产品(母体)中随机抽取几个样品(至少 50 个),一一检测,并收取数据。本例为 100 个数据。

2)数据分析与整理

从收集的数据中找出最大值和最小值,并计算其极差。

本例中:最大值 $X_{max}=6.43$;最小值 $X_{min}=5.53$;极差 $R=X_{max}-X_{min}=6.43-5.53=0.9$。

3)确定组数与组距

通常先定组数,后定组距。组数用 $B$ 表示,应根据收集数据总数而定。根据经验,一般当数据少于 50 个数据时,$B=5\sim7$ 组;总数为 50~100 个数据时,$B=6\sim10$ 组;总数为 100~250 个数据时,$B=7\sim12$ 组;总数 250 个数据以上时,$B=10\sim20$ 组,这样能较好地反映数据的分布情况。

组距用 $h$ 表示,其计算公式为:$h=R/B$。

本例中取 $B=10$,则组距 $h=R/B=0.9/10=0.09$。

4)确定组界值

为避免数据恰好落在组界上,组界值要比原来的数据精度高一位。

第一组的下界值$=X_{min}-h/2$;第一组的上界值$=X_{min}+h/2$;

第一组的上界值就是第二组的下界值,第二组的下界值加上组距 $h$ 即为第二组的上界值,依此类推。

本例中第一组界值为:$(5.53-0.045)\sim(5.53+0.045)=(5.485)\sim(5.575)$。

5)统计频数

组界值确定后按组号,统计频数、频率(相对频数)统计结果列于表6.3。

表6.3　频数分布统计表

| 序号 | 分组区间 | 频数 | 相对频数 | 序号 | 分组区间 | 频数 | 相对频数 |
|---|---|---|---|---|---|---|---|
| 1 | 5.485~5.575 | 3 | 0.03 | 7 | 6.025~6.115 | 14 | 0.14 |
| 2 | 5.575~5.665 | 4 | 0.04 | 8 | 6.115~6.205 | 9 | 0.09 |
| 3 | 5.665~5.755 | 6 | 0.06 | 9 | 6.205~6.295 | 6 | 0.06 |
| 4 | 5.755~5.845 | 14 | 0.14 | 10 | 6.295~6.385 | 2 | 0.02 |
| 5 | 5.845~5.935 | 21 | 0.21 | 11 | 6.385~6.475 | 1 | 0.01 |
| 6 | 5.935~6.025 | 20 | 0.20 | | | | |

6)绘制直方图

以横坐标为质量特性,纵坐标为频数(或频率)作直方图,如图6.1所示。

由图6.1可知,如果收集的检测数据越来越多,分组越来越细,直方图就转化为一条光滑的曲线。这条曲线就是概率分布曲线。

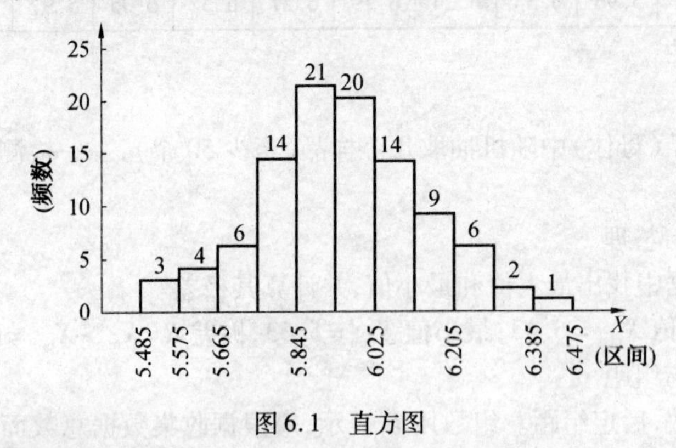


图6.1　直方图

(2)直方图的应用

作直方图的目的,是通过观察图的形状来判断质量是否稳定,质量分布状态是否正常,预测不合格率。直方图在质量控制中的用途,主要有估计可能出现的不合格率、考察工序能力、判断质量分布状态和判断施工能力。

1)估计可能出现的不合格率

质量评定标准,一般都有上、下两个标准界限值,上限为 $T_U$,下限为 $T_L$,故不合格率有超上限不合格率 $P_U$ 和超下限不合格率 $P_L$,总的不合格率为:

$$P = P_U + P_L \tag{6.1}$$

为了计算 $P_U$ 与 $P_L$ 引入相应的系数:

$$K_U = \frac{|T_U - \overline{X}|}{S} \qquad K_L = \frac{|T_L - \overline{X}|}{S} \tag{6.2}$$

根据 $K_U$、$K_L$ 查《正态分布概率系数表》,即可确定超上限不合格率 $P_U$ 和超下限不合格

率 $P_L$。

**【例6.2】** 在例6.1中,已知质量标准为 $T_U = 6.5$ MPa、下限为 $T_L = 5.5$ MPa,试计算可能出现的不合格率 $P$。

**解** 经计算 $\overline{X} = 5.946$ MPa,$S = 0.181$ MPa,则:

$$K_U = \frac{|T_U - \overline{X}|}{S} = \frac{|6.5 - 5.946|}{0.181} = 3.06$$

$$K_L = \frac{|T_L - \overline{X}|}{S} = \frac{|5.5 - 5.946|}{0.181} = 2.46$$

查《正态分布概率系数表》:

$$K_U = 3.06 \text{ 时}, P_U = 0.001\,1$$

$$K_L = 2.46 \text{ 时}, P_L = 0.006\,9$$

故可能出现的不合格率为 $P = P_U + P_L = 0.008 = 0.8\%$。

2)考察工序能力

工序能力是指工序处于稳定状态下的实际生产合格产品的能力,通常用工序能力指数来表示。工序能力指数就是质量标准范围 $T$ 与该工序生产精度的比值,其计算方法如下:

①当质量标准中心与质量分布中心重合时

$$C_p = \frac{T}{6S} = \frac{T_U - T_L}{6S} \tag{6.3}$$

②当质量标准中心与质量分布中心不重合时

$$C_{pK} = \frac{T_U - T_L}{6S}(1 - K) = C_p(1 - K) \tag{6.4}$$

式中 $K$——相对偏移量。

$$K = \frac{\left|\frac{T_U + T_L}{2} - \overline{X}\right|}{\frac{T_U - T_L}{2}} \tag{6.5}$$

③当质量标准只有上限或下限时

$$\begin{cases} C_p = \dfrac{\overline{X} - T_L}{3S}(\text{下限控制}) \\ C_p = \dfrac{T_U - \overline{X}}{3S}(\text{上限控制}) \end{cases} \tag{6.6}$$

若 $\overline{X} > T_U$ 或 $\overline{X} < T_L$,则认为 $C_p = 0$,即完全没有工序能力。

从上式可以看出,$C_p$ 值是工序所生产的产品质量范围能满足质量标准的程度。判断工序能力,主要用 $C_p$ 值来衡量,其判断标准见表6.4。

表 6.4 工序能力判断标准

| $C_p$ 值 | 工序能力判断 |
| --- | --- |
| $C_p > 1.33$ | 工序能力充分满足要求，但 $C_p$ 值越是大于 1.33 说明工序能力越有潜力，应考虑标准是否定的过宽，工序是否经济 |
| $C_p = 1.33$ | 理想状态 |
| $1 \leqslant C_p < 1.33$ | 较理想状态，但 $C_p$ 值接近或等于 1 时，则有发生不合格品的可能，应加强质量控制 |
| $0.67 \leqslant C_p < 1$ | 工序能力不足，应采取措施改进工艺条件 |
| $C_p < 0.67$ | 工序能力非常不足 |

3）判断质量分布状态

当生产条件正常时，直方图应该是中间高两侧低，左右接近对称的正常型图形，如图 6.2(a)所示。当出现非正常图形时，就要进一步分析原因，并采取措施加以纠正。常见的非正常图形有图 6.2(b)～(f)5 种类型。

①锯齿型（图 6.2(b)）：直方图呈现凹凸不平现象。这多数是由于分组不当或组距确定不当所致。

②孤岛型（图 6.2(c)）：在直方图旁边有一个独立的"小岛"出现。主要原因是生产过程中出现异常情况，如原材料发生变化或突然变换不熟练的工人。

③双峰型（图 6.2(d)）：直方图出现两个峰。主要原因是观测值来自两个总体，两个分布的数据混合在一起造成的，此时数据应加以分层。

④缓坡型（图 6.2(e)）：直方图的顶峰偏向左侧或右侧，即平均值过于偏左或偏右。这是由于施工过程中的上控制界限或下控制界限控制太严所造成的。

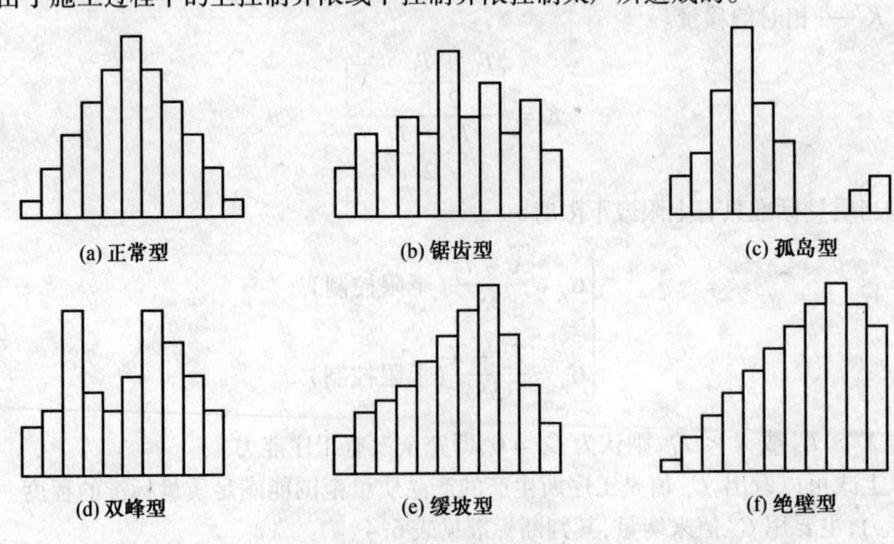


图 6.2 常见的直方图图形

⑤绝壁型（图 6.2(f)）：直方图的分布中心偏向一侧，常是由操作者的主观因素所造

成的,即一般多是因数据收集不正常(如剔除了不合格品的产品数据),或是在工序检验中出现了人为的干扰现象。这时应重新进行数据统计或重新按规定检验。

4)判断施工能力

将正常型直方图与质量标准进行比较,即可判断实际生产施工能力。如图6.3所示,$T$表示质量标准要求的界限,$B$代表实际质量特性值分布范围。比较结果一般有以下几种情况:

①$B$在$T$中间,两边各有一定的余地,这是理想的控制状态,如图6.3(a)所示。

②$B$虽在$T$之内,但偏向一侧,有可能出现超上限或超下限的不合格产品,要采取纠偏措施,如图6.3(b)所示。

③$B$与$T$重合,实际分布太宽,极易产生超上限与超下限的不合格产品,要采取措施提高工序能力,如图6.3(c)所示。

④$B$过分小于$T$,说明工序能力过大,不经济,如图6.3(d)所示。

⑤$B$过分偏离$T$的中心,已经产生超上限或超下限的不合格产品,需要调整,如图6.3(e)所示。

⑥$B$大于$T$,已经产生大量超上限与超下限的不合格产品,说明工序能力不能满足要求,如图6.3(f)所示。

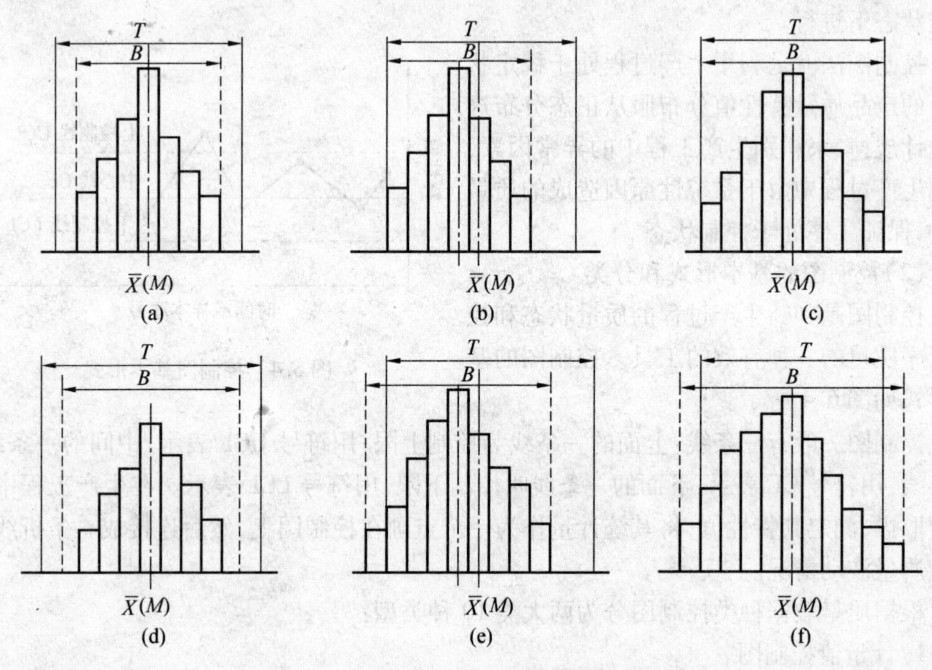


图6.3 实际质量分布与质量标准的关系

**2.控制图法**

直方图是质量控制的静态分析方法,反映质量在某一段时间里的静止状态。然而工程都是在动态的施工过程中形成的,因此,在质量控制中单用静态分析法是不够的,还必须有动态分析法。生产采用这种方法,可随时了解生产过程中质量变化的情况,及时采取措施,使生产处于稳定状态。控制图法就是典型的动态分析方法。

控制图又称管理图,是1924年美国贝尔研究所的休哈特博士首先提出的,目前已成为质量控制中常用的统计分析工具。

(1)质量波动的原因

正如前面所述,工程质量总是具有波动性,质量数据总是具有差异性。影响工程质量波动的原因很多,一般包括人、机具设备、材料、工艺方法和环境等五方面的因素。这五方面原因可归纳为两类,即偶然性原因和系统性原因。

偶然性原因是经常对产品质量起作用的因素,但其出现带有随机性质的特点。如原材料成分和性能发生微小的变化,工人操作的微小变化,周围环境的微小变化等等。这些因素在生产施工中大量存在,但就其个别因素来说,对产品质量影响程度很小,而且不容易消除和识别,甚至消除这些因素在经济上也不合算,所以又称这类因素为不可避免的原因。由这类原因造成的质量波动是正常的波动,不需加以控制,即认为生产工程处于稳定状态,在此状态下当有大量的质量特性值时,其分布服从正态分布的规律。

系统性因素是对产品质量影响很大的异常性因素,如原材料质量规格的显著变化,工人不遵守操作规程,机械设备调整不当,检测仪器使用的不合理,周围环境的显著变化等等。这类原因一般比较容易识别,并且一经消除,其作用和影响就不复存在,所以这类原因是可以避免的。质量控制就是要防止、发现、排除这些异常因素,保证生产过程在正常稳定状态下进行。

控制图法就是利用生产过程处于稳定状态下的产品质量特性值分布服从正态分布这一统计规律,来识别生产工程中的异常因素,控制生产过程中由于系统性原因造成的质量波动,保证工序处于控制状态。

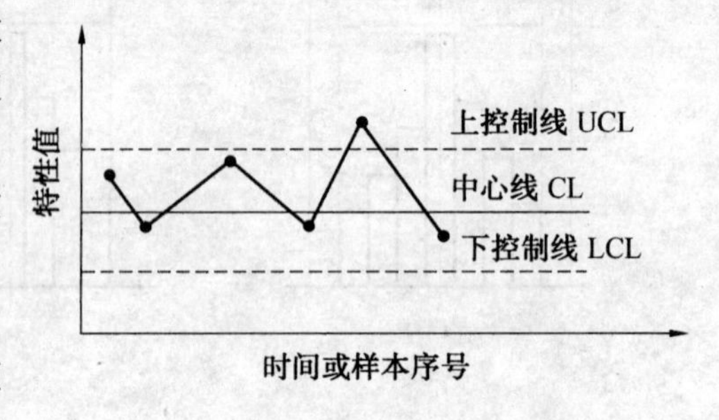


图6.4 控制图基本形式

(2)控制图的基本形式和分类

控制图是判断生产过程的质量状态和控制工序质量的一种有效的工具。控制图的基本形式如图6.4所示。

控制图一般有三条线:上面的一条线为控制上限,用符号UCL表示;中间的一条线叫中心线,用符号CL表示;下面的一条线叫控制下限,用符号LCL表示。在生产工程中,按规定取样,测定其特性值,将其统计量作为一个点画在控制图上,然后连接成一条折线,即表示质量波动情况。

根据质量数据种类控制图分为两大类10种类型:

1)计量值控制图

①$X$图,即单值控制图;

②$X$-$R$图,即单值与极差控制图;

③$\overline{X}-R$图,即平均值与极差控制图;

④$\widetilde{X}-R$图,即中位数(中值)与极差控制图;

⑤$X_{max}$图,即最大极限值控制图;

⑥ $X - R_S$ 图,即单值与移动极差控制图。

2)计数值控制图

① $P_n$ 图,即不合格品数控制图;

② $P$ 图,即不合格品率控制图;

③ $C$ 图,即缺陷数控制图;

④ $U$ 图,即单位缺陷数控制图。

控制图中的控制界限是根据数理统计学原理,采取"3 倍标准差法"计算确定的。即中心线定在被控制对象的平均值(包括单值、平均值、极差、中位数等的平均值)上面,以中心线为基准向上下各量 3 倍标准偏差即为控制上限和控制下限。因为控制图是以正态分布为理论依据,采用 3 倍标准差法,可以在最经济的条件下,实现工序控制,达到保证产品质量的目的。

各类控制图的控制界限计算公式及公式中采用的系数见表 6.5 和 6.6。

**表 6.5　控制界限计算公式**

| 数据 | 控制图种类 | 控制界限 | 中心线 | 备　注 |
|---|---|---|---|---|
| 计量值 | 平均值 $\overline{X}$ | $\overline{X} \pm A_2\overline{R}$ | $\overline{X} = \sum_{i=1}^{K} \overline{X}_i/K$ | $A_2\overline{R} = 3S$ |
| | 极差 $R$ | $D_4\overline{R}, D_3\overline{R}$ | $\overline{R} = \sum_{i=1}^{K} R_i/K$ | $D_3\overline{R} = \overline{R} - 3S$<br>$D_4\overline{R} = \overline{R} + 3S$ |
| | 中位数 $\widetilde{X}$ | $\overline{\widetilde{X}} \pm m_3A_2\overline{R}$ | $\overline{\widetilde{X}} = \sum_{i=1}^{K} X_i/K$ | $m_3A_2\overline{R} = 3S$ |
| | 单值 $X$ | $\overline{X} \pm E_2\overline{R}$ | $X = \sum_{i=1}^{K} X_i/K$ | $E_2\overline{R} = 3S$ |
| 计数值 | 不合格品数 $P_n$ | $\overline{P}_n \pm 3\sqrt{n\overline{P}(1-\overline{P})}$ | $\overline{P}_n = \frac{\sum_{i=1}^{K} P_{ni}}{K}$ | $\sqrt{\overline{P}_n(1-\overline{P})} = S$ |
| | 不合格品率 $P$ | $\overline{P} \pm 3\sqrt{\frac{\overline{P}(1-\overline{P})}{n}}$ | $\overline{P} = \frac{\sum_{i=1}^{K} P_i}{K}$ | $\sqrt{\frac{\overline{P}(1-\overline{P})}{n}} = S$ |
| | 缺陷数 $C$ | $\overline{C} \pm 3\sqrt{\overline{C}}$ | $\overline{C} = \frac{\sum_{i=1}^{K} C_i}{K}$ | $\sqrt{\overline{C}} = S$ |
| | 单位缺陷数 $U$ | $\overline{U} \pm 3\sqrt{\frac{\overline{U}}{n}}$ | $\overline{U} = \frac{\sum_{i=1}^{K} U_i}{K}$ | $\sqrt{\frac{\overline{U}}{n}} = S$ |

注:式中"$K$" 为样本组数

(3)控制图的绘制

以 $\overline{X} - R$ 图为例来说明,这是将 $\overline{X}$ 控制图和 $R$ 控制图联用的一种形式,一般把 $\overline{X}$ 控制图放在 $R$ 控制图上面,主要观察控制平均值和标准差的变动。$\overline{X} - R$ 图的理论根据比较充分,检测生产过程不稳定的能力也强,因此是最常用的一组控制图。

表 6.6　控制图系数表

| 样本数 | 控制图 | R 控制图 | | 控制图 | X 控制图 |
|---|---|---|---|---|---|
| $n$ | $A_2$ | $D_4$ | $D_3$ | $m_3A_2$ | $E_2$ |
| 2 | 1.88 | 3.27 | — | 1.88 | 2.66 |
| 3 | 1.02 | 2.57 | — | 1.19 | 1.77 |
| 4 | 0.73 | 2.28 | — | 0.80 | 1.46 |
| 5 | 0.58 | 2.11 | — | 0.69 | 1.29 |
| 6 | 0.48 | 2.00 | — | 0.55 | 1.18 |
| 7 | 0.42 | 1.92 | 0.08 | 0.51 | 1.11 |
| 8 | 0.37 | 1.86 | 0.14 | 0.43 | 1.05 |
| 9 | 0.34 | 1.82 | 0.18 | 0.41 | 1.01 |
| 10 | 0.31 | 1.78 | 0.22 | 0.36 | 0.98 |

注:表中"—"表示不考虑下控制界限。

(4)控制图的观察分析

应用控制图的主要目的是分析判断生产过程是否处于稳定状态,预防不合格品的发生。

怎样用控制图来分析判断生产过程是正常还是异常呢？当控制图的点子满足以下两个条件。就认为生产过程基本上处于控制状态,即生产正常:一是点子没有跳出控制界限;二是点子随机排列没有缺陷。否则就认为生产过程发生了异常变化,必须把引起这种变化的原因找出来,排除掉。这里所说的点子在控制界限内排列有缺陷,包括以下情况:

①点子连续在中心线一侧出现 7 个以上,如图 6.5(a)所示。

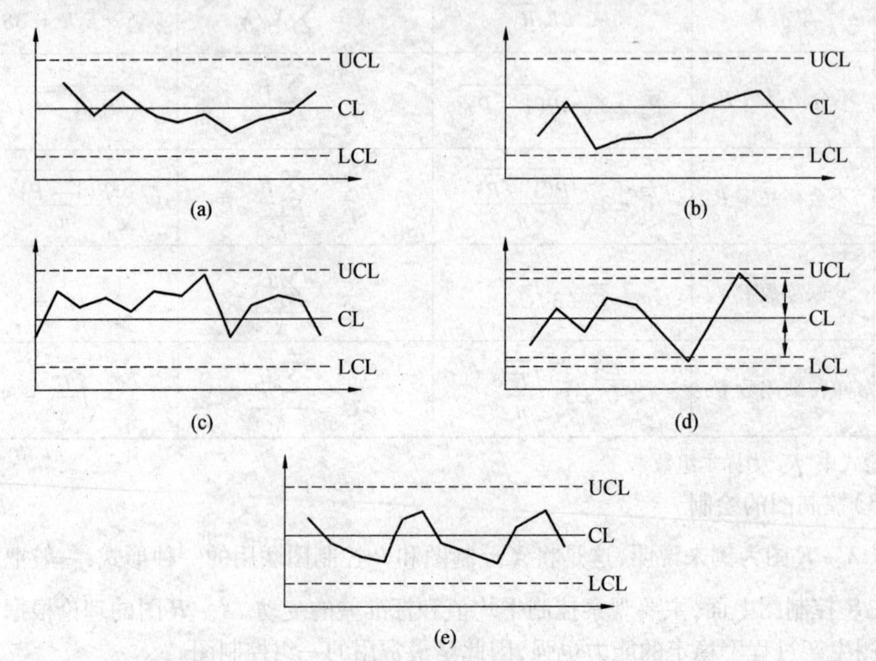


图 6.5　控制图的异常现象

②连续7个点子上升或者下降,如图6.5(b)所示。

③点子在中心线一侧多次出现,如连续11点中至少有10个在同一侧,如图6.5(c)所示;或连续14个点中至少有12个点、连续17个点中至少有14个点、连续20个点中至少有16个点出现在同一侧。

④点子接近控制界限,如连续3个点中至少有两个点在中心线上或者下2倍标准差横线以外出现,如图6.5(d)所示;或者连续7个点中至少有3个点或者连续10个点中至少有4个点在该横线外出现。

⑤点子出现周期性波动,如图6.5(e)所示。

## 6.2.2 混凝土的质量评定

混凝土的质量一般以抗压强度来评定,为此必须有足够数量的混凝土试验值来反映混凝土的总体质量。为使抽取的混凝土试样更有代表性,《混凝土强度检验评定标准》(GB 50107—2009)规定:混凝土试样应在浇灌地点随机抽取。当经试验证明搅拌机卸料口和浇筑地点的混凝土强度无明显差异时,混凝土试样也可在卸料口随机抽取。

《混凝土强度检验评定标准》(GB 50107—2009)还规定混凝土强度应分批进行检验评定。一个验收批的混凝土应由强度等级相同、龄期相同以及生产工艺条件和配合比基本相同的混凝土组成。对于施工现场集中拌和的混凝土,其强度检验评定按统计方法进行。对零星生产的预制构件中的混凝土或现场搅拌量不大的混凝土,不能获得统计方法所需的组数时,可按非统计方法检验评定混凝土强度。

**1.混凝土强度的早期推定**

在道路与桥梁工程中,判定混凝土质量的强度,通常以标准条件下养护28 d龄期的立方体试件的抗压强度(或抗折强度)来表示。现代公路与桥梁建设高速发展,这种需要28 d方能得到检验结果的方法,显然不能满足及时控制和判定混凝土质量的要求。因此,近年来许多研究者致力于快速推定混凝土强度试验方法的研究,我国现行行业标准《公路工程水泥及水泥混凝土试验规程》(JTG E30—2005)推荐了“1 h促凝压蒸法”推定混凝土的强度。

该方法是在事先已建立同材料的水泥混凝土强度推定式的条件下,通过测定新拌水泥混凝土湿筛砂浆试样促凝压蒸1 h后的快硬强度,可即时预测出该水泥混凝土试样潜在的标准养护28 d龄期(抗压和抗折)强度,用于水泥混凝土现场质量管理或配合比设计及其调整。

混凝土试件标准养护28 d龄期(抗压和抗折)强度与促凝压蒸1 h后的快硬湿筛砂浆试件抗压强度间,满足线性回归或对数回归关系。如式(6.7)~式(6.10):

$$\hat{f}_{28} = a_1 + b_1 f_{1h} \tag{6.7}$$

$$\hat{f}_{f28} = a_2 + b_2 f_{1h} \tag{6.8}$$

或

$$\hat{f}_{28} = A_1 f_{1h}^{B_1} \tag{6.9}$$

$$\hat{f}_{f28} = A_2 f_{1h}^{B_2} \tag{6.10}$$

式中 $\hat{f}_{28}$ ——混凝土试件标准养护 28 d 龄期的抗压强度,MPa;

$\hat{f}_{f28}$ ——混凝土试件标准养护 28 d 龄期的抗折强度,MPa;

$f_{1h}$ ——促凝压蒸 1 h 后的快硬湿筛砂浆试件抗压强度,MPa;

$a_1,b_1,a_2,b_2$ 或 $A_1,B_1,A_2,B_2$——待定系数(与原材料性质有关,通过试验确定)。

如果根据工程或研究需要,欲由混凝土早期强度获得混凝土的后期强度,通常可以采用单龄期推算和双龄期推算两种方法。

(1)单龄期推算法

可根据混凝土的实测早期强度($f_{c,a}$),由图 6.6(a)得出下列计算公式:

$$f_{c,n}=f_{c,a}\cdot\frac{\lg n}{\lg a} \tag{6.11}$$

式中 $f_{c,n}$ ——$n$ 天龄期混凝土的抗压强度,MPa;

$f_{c,a}$ ——$a$ 天龄期混凝土的抗压强度,MPa。

(2)双龄期推算法

可根据混凝土的实测早期强度($f_{c,a}$ 和 $f_{c,b}$),由图 6.6(b)得出下列计算公式:

$$f_{c,n}=f_{c,a}+m(f_{c,b}-f_{c,a}) \tag{6.12}$$

$$m=\frac{\lg(1+\lg n)-\lg(1+\lg a)}{\lg(1+\lg b)-\lg(1+\lg a)} \tag{6.13}$$

式中 $f_{c,n}$ ——$n$ 天龄期混凝土的抗压强度,MPa;

$f_{c,a}$,$f_{c,b}$ —— $a$ 天和 $b$ 天龄期混凝土的抗压强度,MPa。

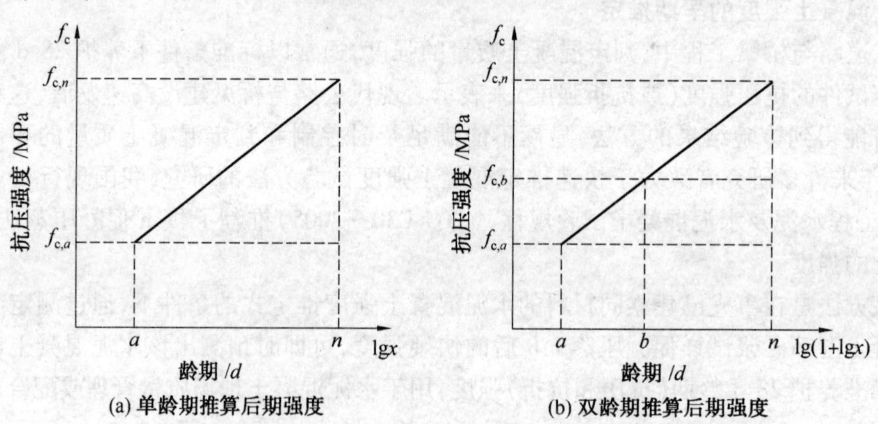


图 6.6 水泥混凝土的强度随时间的增长(龄期为对数坐标)

由于影响混凝土强度的因素较为复杂,目前尚无准确的推算方法,按上式推算的混凝土强度结果只能作为参考。

**2. 混凝土强度评定方法**

对混凝土进行质量评定,首先应按照标准规定的方法取样,并确定抗压强度代表值。

混凝土试样应在混凝土浇筑地点随机抽取,取样频率应符合以下规定:每 100 盘,但不超过 100 m³的同配合比的混凝土,取样次数不得少于一次;每一工作班拌制的同配合比的混凝土不足 100 盘时,其取样次数不得少于一次。

每组三个试件应在同一盘混凝土中取样,按标准方法制作、养护和测定立方体抗压强度代表值。强度代表值的确定应符合下列规定:取三个试件强度的算术平均值作为每组试件的强度代表值;每一组试件中强度最大值和最小值与中间值之差超过中间值的15%时,取中间值作为该组试件的强度代表值;当每一组试件中强度最大值和最小值与中间值之差均超过中间值的15%时,该组试件的强度不应作为强度评定的依据。

若采用非标准尺寸的立方体试件时,应采用相应的换算系数折算为标准试件的立方体抗压强度。

在混凝土生产中,同一配合比的混凝土,在施工条件基本相同的条件下,$n$ 组试件抗压强度的波动服从正态分布。因此,可以采取数理统计的方法对混凝土的强度进行评定。

(1)统计方法

1)已知标准差方法

当混凝土生产条件在较长时间内能保持一致,且同一品种混凝土的强度变异性能保持稳定时,应由连续的三组试件代表一个验收批。其强度应同时满足式(6.14)和式(6.15)的要求:

$$m_{f_{cu}} \geqslant f_{cu,k} + 0.7\sigma_0 \tag{6.14}$$

$$f_{cu,min} \geqslant f_{cu,k} - 0.7\sigma_0 \tag{6.15}$$

当混凝土强度等级不高于 C20 时,其强度最小值尚应满足式(6.16)的要求:

$$f_{cu,min} \geqslant 0.85 f_{cu,k} \tag{6.16}$$

当混凝土强度等级高于 C20 时,其强度最小值尚应满足式(6.17)的要求:

$$f_{cu,min} \geqslant 0.90 f_{cu,k} \tag{6.17}$$

式中 $m_{f_{cu}}$ ——同一验收批混凝土立方体抗压强度的平均值,MPa;

$f_{cu,k}$ ——混凝土立方体抗压强度标准值(即混凝土设计强度),MPa;

$f_{cu,min}$ ——同一验收批混凝土立方体抗压强度的最小值,MPa;

$\sigma_0$ ——验收批混凝土立方体抗压强度的标准差,MPa。

验收批混凝土强度标准差($\sigma_0$),应根据前一个检验期(不应超过三个月)内同一品种混凝土试件的强度数据,按式(6.18)确定:

$$\sigma_0 = \frac{0.59}{m}\sum_{i=1}^{m}\Delta f_{cu,i} \tag{6.18}$$

式中 $\Delta f_{cu,i}$ ——前一检验期内,第 $i$ 验收批混凝土试件立方体抗压强度的极差(即强度最大值与最小值之差),MPa;

$m$ ——前一检验期内验收批的总批数($m$ 不得少于15)。

2)未知标准差方法

当混凝土生产条件不能满足前述规定,或在前一个检验期内的同一品种混凝土没有足够的数据用以确定验收批混凝土强度的标准差时,应由不少于10组的试件组成一个验收批,其强度应同时满足式(6.19)、(6.20)的要求:

$$m_{f_{cu}} - \lambda_1 \cdot s_{f_{cu}} \geqslant f_{cu,k} \tag{6.19}$$

$$f_{cu,min} \geqslant \lambda_2 \cdot f_{cu,k} \tag{6.20}$$

式中 $\lambda_1, \lambda_2$——合格判定系数,按表6.7取用;

$s_{f_{cu}}$——验收批混凝土立方体抗压强度的标准差，MPa（$s_{f_{cu}} \geqslant 2.5$ MPa）。

验收批混凝土立方体抗压强度标准差（$s_{f_{cu}}$）可按式(6.21)计算：

$$s_{f_{cu}} = \sqrt{\frac{\sum_{i=1}^{n} f_{cu,i}^2 - n \cdot m_{f_{cu}}^2}{n-1}} \tag{6.21}$$

式中 $f_{cu,i}$——验收批第 $i$ 组混凝土试件的立方体抗压强度值，MPa；

$n$——一个验收批混凝土试件的总组数。

**表 6.7 混凝土强度的合格判定系数**

| 试件组数 | 10～14 | 15～24 | ≥25 |
| --- | --- | --- | --- |
| $\lambda_1$ | 1.70 | 1.65 | 1.60 |
| $\lambda_2$ | 0.90 | 0.85 | 0.85 |

（2）非统计方法

当试件数量有限（通常少于 10 组且不少于 3 组）时，可按非统计方法评定混凝土强度，其强度应同时满足式(6.22)、(6.23)的要求：

$$m_{f_{cu}} \geqslant \lambda_3 f_{cu,k} \tag{6.22}$$

$$f_{cu,min} \geqslant \lambda_4 f_{cu,k} \tag{6.23}$$

式中 $\lambda_3$，$\lambda_4$——合格判定系数，按表 6.8 取用。

**表 6.8 混凝土强度的合格判定系数**

| 试件组数 | <C50 | ≥C50 |
| --- | --- | --- |
| $\lambda_3$ | 1.70 | 1.65 |
| $\lambda_4$ | 0.90 | 0.85 |

（3）混凝土强度的合格性判断

当检验结果满足上述规定时，则该批混凝土强度判为合格；反之，该批混凝土强度判为不合格。

由不合格批混凝土制成的结构或构件，应进行鉴定。对不合格的结构或构件必须及时进行处理。当对混凝土试件强度的代表性有怀疑时，可采用从结构或构件中钻取试件的方法或采用非破损检验方法，按有关标准的规定对结构或构件中混凝土的强度进行推定。

## 6.2.3 企业生产质量水平的确定

混凝土强度，除应按上述方法分批进行合格评定外，尚应对一个统计周期内的相同等级和龄期的混凝土进行统计分析，以确定企业的生产管理水平。

**1. 统计分析参数**

(1)混凝土强度标准差

$$\sigma = \sqrt{\frac{\sum_{i=1}^{n} f_{cu,i}^{2} - n \cdot \mu_{f_{cu}}^{2}}{n-1}} \tag{6.24}$$

(2)强度不低于要求强度等级值的百分率

$$P = \frac{n_0}{n} \times 100\% \tag{6.25}$$

式中 $\sigma$ ——混凝土强度标准差,MPa;

$f_{cu,i}$ ——统计周期内第 $i$ 组混凝土试件的立方体抗压强度值,MPa;

$\mu_{f_{cu}}$ ——统计周期内 $n$ 组混凝土试件的立方体抗压强度的平均值,MPa;

$P$ ——强度不低于要求强度等级值的百分率,%;

$n$ ——统计周期内相同强度等级的混凝土试件组数;

$n_0$——统计周期内试件强度不低于要求强度等级值的组数。

(3)盘内混凝土的标准差与变异系数

盘内混凝土的标准差和变异系数可利用正常生产连续累积的强度资料分别按式(6.26)、式(6.27)计算:

$$\sigma_b = \frac{0.59}{n} \sum_{i=1}^{n} \Delta f_{cu,i} \tag{6.26}$$

$$\delta_b = \frac{\sigma_b}{\mu_{f_{cu}}} \times 100\% \tag{6.27}$$

式中 $\sigma_b$ ——盘内混凝土的标准差,MPa;

$\Delta f_{cu,i}$ ——第 $i$ 验收批混凝土试件立方体抗压强度的极差,MPa;

$n$ ——试件组数,该值不得少于30组;

$\delta_b$ ——盘内混凝土的变异系数,%,盘内混凝土的变异系数( $\delta_b$ )不宜大于5%;

$f_{cu,i}$ —— $n$ 组混凝土试件立方体抗压强度的平均值,MPa。

**2. 企业的生产管理水平**

对一个统计周期内的相同等级和龄期的混凝土,统计计算强度平均值( $f_{cu,i}$ )、标准差( $\sigma$ )和强度不低于要求强度等级值的百分率( $P$ ),确定混凝土的生产质量水平,见表6.9。

**表6.9 混凝土的生产质量水平**

| 评定指标 | 生产场所 | 优 | | 一般 | | 差 | |
|---|---|---|---|---|---|---|---|
| | | 混凝土强度等级 | | | | | |
| | | <C20 | ≥C20 | <C20 | ≥C20 | <C20 | ≥C20 |
| 混凝土强度标准差( $\sigma$ )/MPa | 预拌混凝土和预制混凝土构件厂 | ≤3.0 | ≤3.5 | ≤4.0 | ≤5.0 | >4.0 | >5.0 |
| | 集中搅拌混凝土的施工现场 | ≤3.5 | ≤4.0 | ≤4.5 | ≤5.5 | >4.5 | >5.5 |

续表 6.9

| 评定指标 | 生产场所 | 优 | | 一般 | | 差 | |
|---|---|---|---|---|---|---|---|
| | | 混凝土强度等级 | | | | | |
| | | <C20 | ≥C20 | <C20 | ≥C20 | <C20 | ≥C20 |
| 强度不低于要求强度等级值的百分率( $P$ ) /% | 预拌混凝土和预制混凝土构件厂及集中搅拌混凝土的施工现场 | ≥95 | | >85 | | ≤85 | |

对按月或季统计计算的强度平均值(试件组数不得少于 25 组)应满足式(6.28)的要求:

$$f_{cu,k} + 1.4\sigma \leqslant \mu_{f_{cu}} \leqslant f_{cu,k} + 2.5\sigma \tag{6.28}$$

对商品混凝土厂和预制混凝土构件厂,其统计周期可取一个月;对在现场集中搅拌混凝土的施工单位,其统计周期可根据实际情况确定。

# 第 7 章　特殊功能混凝土

随着外加剂的诞生与土木工程的建设需求,在普通混凝土的基础上,各种特殊功能混凝土得到迅速发展,如高强混凝土、高性能混凝土、轻混凝土、抗渗混凝土、抗冻混凝土、大体积混凝土、道路混凝土、泵送混凝土、聚合物混凝土等。外加剂、掺合料、适宜的组成材料以及一些特殊要求的施工工艺是实现各种功能混凝土的关键因素。

在各种环境与工程特点的建设中,往往面临着许多工程问题,如:

1. 混凝土处于水下,抗渗混凝土如何实现?

2. 抗渗混凝土与掺粉煤灰混凝土有何关系?与普通混凝土相比,其配合比设计有何特殊要求?

3. 泵送混凝土在配制上有何特点?

4. 何谓高性能混凝土?与高强混凝土有何区别?

5. 道路混凝土与普通混凝土有区别吗?

6. 轻混凝土有何特点?哪些工程需要使用?

7. 抗冻混凝土应采用什么设计方法?

8. 海洋工程混凝土设计有哪些特殊要求?

9. 目前商品混凝土在我国发展较快,其应用现状如何?

## 7.1　轻混凝土

轻混凝土是指表观密度小于 1 950 $kg/m^3$ 的混凝土。按原材料与制造方法可分为轻集料混凝土、多孔混凝土和大孔混凝土三类。轻混凝土的主要特点如下:

(1)表观密度小

轻混凝土与普通混凝土相比,其表观密度一般可减小 1/4 ~ 3/4,使上部结构的自重明显减轻,从而显著地减少地基处理费用,并且可减小柱子的截面尺寸。又由于构件自重产生的恒载减小,因此可减少梁板的钢筋用量。此外,还可降低材料运输费用,加快施工进度。

(2)保温性能良好

材料的表观密度是决定其导热系数的最主要因素,因此轻混凝土通常具有良好的保温性能,降低建筑物使用能耗。

(3)耐火性能良好

轻混凝土具有保温性能好、热膨胀系数小等特点,遇火强度损失小,故特别适用于耐火等级要求高的高层建筑和工业建筑。

(4)力学性能良好

轻混凝土的弹性模量较小,受力变形较大,抗裂性较好,能有效吸收地震能,提高建筑物的抗震能力,故适用于有抗震要求的建筑。

(5)易于加工

轻混凝土中,尤其是多孔混凝土,易于打入钉子和进行锯切加工。这对于施工中固定门窗框、安装管道和电线等带来很大方便。

轻混凝土在主体结构中的应用尚不多,主要原因是价格较高。但是,若对建筑物进行综合经济分析,则可收到显著的技术和经济效益,尤其是考虑建筑物使用阶段的节能效益,其技术经济效益更佳。

## 7.1.1 轻骨料混凝土

用轻粗骨料、轻细骨料(或普通砂)和水泥配制而成的,干表观密度不大于1 950 kg/m$^3$的混凝土,称为轻骨料混凝土。当粗细骨料均为轻骨料时,称为全轻混凝土;当细骨料全部或部分为普通砂时,称砂轻混凝土。

**1.轻骨料混凝土的分类**

轻骨料按粒径大小可分为轻粗骨料和轻细骨料。凡是骨料粒径为5 mm以上,堆积密度小于1 000 kg/m$^3$的轻质骨料,称为轻粗骨料。粒径小于5 mm,堆积密度小于1 200 kg/m$^3$的轻质骨料,称为轻细骨料。轻骨料按来源不同可分为三类:天然轻骨料(如浮石、火山渣及多孔石灰岩等)、工业废料轻骨料(如粉煤灰陶粒、膨胀矿渣珠、烧结煤矸石陶粒等)和人造轻骨料(如膨胀珍珠岩、页岩陶粒、黏土陶粒等)。

依据《轻骨料混凝土技术规程》(JGJ 51—2002),轻骨料混凝土按其干表观密度可分为14个等级,见表7.1。某一密度等级轻骨料混凝土的密度标准值,可取该密度等级干表观密度变化范围的上限值。

**表7.1 轻骨料混凝土的密度等级**

| 密度等级 | 干表观密度的变化范围/(kg·m$^{-3}$) | 密度等级 | 干表观密度的变化范围/(kg·m$^{-3}$) |
|---|---|---|---|
| 600 | 560~650 | 1 300 | 1 260~1 350 |
| 700 | 660~750 | 1 400 | 1 360~1 450 |
| 800 | 760~850 | 1 500 | 1 460~1 550 |
| 900 | 860~950 | 1 600 | 1 560~1 650 |
| 1 000 | 960~1 050 | 1 700 | 1 660~1 750 |
| 1 100 | 1 060~1 150 | 1 800 | 1 760~1 850 |
| 1 200 | 1 160~1 250 | 1 900 | 1 860~1 950 |

轻骨料混凝土的强度等级按其立方体抗压强度标准值分为LC5.0、LC7.5、LC10、LC15、LC20、LC25、LC30、LC35、LC40、LC45、LC50、LC55、LC60等。

按不同用途,轻骨料混凝土分为保温轻骨料混凝土、结构保温轻骨料混凝土、结构轻骨料混凝土三类,其相应的强度等级和表观密度要求见表7.2。

**表7.2 轻混凝土的用途及强度等级和表观密度要求**

| 类别名称 | 混凝土强度等级的合理范围 | 混凝土表观密度等级的合理范围 | 用途 |
|---|---|---|---|
| 保温轻骨料混凝土 | LC5.0 | ≤800 | 主要用于保温的围护结构或热工构筑物 |
| 结构保温轻骨料混凝土 | LC5.0~LC15 | 800~1 400 | 主要用于既承重又保温的围护结构 |
| 结构轻骨料混凝土 | LC15~LC60 | 1 400~1 900 | 主要用于承重构件或构筑物 |

轻骨料混凝土在建筑工程应用较为广泛，最常用的强度等级在C30～C60范围内的结构混凝土，陶粒混凝土完全可以达到。高强陶粒混凝土，需要使用高强陶粒，目前桥梁上实际使用的陶粒混凝土，在欧洲最高强度等级可达到LC65，抗压强度超过65 MPa，我国实际使用的陶粒混凝土，最高强度也能够达到LC50。

**2. 轻骨料混凝土的特点**

轻骨料混凝土由于其轻骨料具有颗粒表观密度小、总表面积大、易于吸水等特点，所以，制作与使用有如下特点：

轻骨料本身吸水率较天然砂、石大，若不进行预湿，则拌合物在运输或浇注过程中的坍落度损失较大，在设计混凝土配合比时须考虑轻骨料附加水量。

拌合物中粗骨料容易上浮，也不易搅拌均匀，应选用强制式搅拌机进行较长时间搅拌。轻骨料混凝土成型时振捣时间不宜过长，以免造成分层，最好采用加压振捣。

轻骨料吸水能力较强，要加强浇水养护，防止早期干缩开裂。

轻骨料混凝土的碳化能力和对钢筋的保护作用一般比普通混凝土差。有研究表明，轻骨料混凝土的碳化速度为普通混凝土的1.8～2.0倍，因此，轻骨料混凝土应采用较厚的保护层或掺加阻锈剂，才能保证对钢筋的保护作用。

与普通混凝土相比，轻骨料混凝土的抗化学腐蚀性与其基本一样，主要取决于水泥胶结料的特性与质量。

轻骨料混凝土具有良好的抗冻性，主要由于轻集料的多孔结构。即使采用干集料时，不用引气剂轻骨料混凝土也能获得良好的抗冻性。

**3. 轻骨料混凝土的配合比设计**

(1)原材料

轻骨料混凝土所用原材料应满足《轻集料及其试验方法第1部分：轻集料》(GB/T 17431.1—2010)和《膨胀珍珠岩》(JC 209—92)的技术要求，且膨胀珍珠岩的堆积密度应大于80 kg/m$^3$。

(2)配合比设计

轻骨料混凝土的配合比设计主要应满足抗压强度、密度和稠度的要求，并以合理使用材料和节约水泥为原则。如有其他特殊性能要求时也必须同时考虑，如混凝土的特殊性能(弹性模量、碳化和抗冻性等)。

配合比设计的步骤如下：

1)计算试配强度

轻骨料混凝土的试配强度按式(5.1)计算，其中强度标准差可由施工单位根据同品种、同强度等级轻骨料混凝土统计资料计算提供(强度试件组数不应少于25组)。无资料时，可按表7.3选用。

**表7.3 强度标准差 $\sigma$ (MPa)**

| 混凝土强度等级 | <LC20 | LC20～LC35 | >LC35 |
|---|---|---|---|
| $\sigma$ | 4.0 | 5.0 | 6.0 |

2)水泥用量的确定

轻骨料混凝土的水泥用量可参照表7.4确定。

表7.4　轻骨料混凝土的水泥用量(kg/m³)

| 混凝土试配强度/MPa | 轻骨料密度等级 | | | | | | |
|---|---|---|---|---|---|---|---|
| | 400 | 500 | 600 | 700 | 800 | 900 | 1 000 |
| <5.0 | | | | | | | |
| 5.0~7.5 | | | 230~280 | 220~300 | | | |
| 7.5~10 | 260~320 | 250~300 | 240~320 | 240~320 | | | |
| 10~15 | 280~360 | 260~340 | 260~350 | 260~340 | 240~330 | | |
| 15~20 | | 280~370 | 280~350 | 280~380 | 270~370 | 260~360 | 250~350 |
| 20~25 | | | 300~400 | 330~400 | 320~390 | 310~380 | 300~370 |
| 25~30 | | | | 380~450 | 370~440 | 360~430 | 350~420 |
| 30~40 | | | | | 390~490 | 380~480 | 370~470 |
| 40~50 | | | | 420~500 | 430~530 | 420~520 | 410~510 |
| 50~60 | | | | | 450~550 | 440~540 | 430~530 |

注:①表中横线以上为采用32.5级水泥时的水泥用量值,横线以下为采用42.5级水泥时的水泥用量;

②表中下限值适用于圆球型和普通型轻粗骨料,上限值适用于碎石型轻粗骨料和全轻混凝土;

③最高水泥用量不宜超过550 kg/m³,最小水泥用量限值见表7.7。

3)用水量的确定

轻骨料混凝土的用水量包括净用水量和附加水量两种。净用水量为混凝土搅拌时用水量,附加水量为轻骨料使用前1 h的预吸水量。轻骨料混凝土的净用水量根据稠度(坍落度或维勃稠度)和施工要求,按表7.5选用。

表7.5　轻骨料混凝土的净用水量

| 轻骨料混凝土用途 | 稠度 | | 净用水量/(kg·m⁻³) |
|---|---|---|---|
| | 维勃稠度/s | 坍落度/mm | |
| 预制构件及制品: | | | |
| (1)振动构件及制品 | 10~20 | — | 45~140 |
| (2)振动台成型 | 5~10 | 0~10 | 140~180 |
| (3)振捣棒或平板振动器振实 | — | 30~80 | 165~215 |
| 现浇混凝土: | | | |
| (1)机械振捣 | — | 50~100 | 180~225 |
| (2)人工振捣或钢筋密集 | — | ≥80 | 200~230 |

注:①表中值适用于圆球型及普通型轻粗骨料,对碎石型轻粗骨料,宜增加10 kg左右的用水量;

②掺加外加剂时,宜按其减水率适当减少用水量,并按施工稠度要求进行调整;

③表中值适用于砂轻混凝土;若采用轻砂时,宜取轻砂1 h吸水率为附加水量;若无轻砂吸水率数据时,可适当增加用水量,并按施工稠度要求进行调整。

根据净用水量和附加用水量的关系计算总用水量：

$$m_{wt} = m_{wn} + m_{wa} \tag{7.1}$$

式中 $m_{wt}$——每立方米混凝土的总用水量,kg;

$m_{wn}$——每立方米混凝土的净用水量,kg;

$m_{wa}$——每立方米混凝土的附加水量,kg。

根据粗骨料的预湿处理方法和细骨料的品种,附加用水量宜按表7.6所列公式计算。

**表7.6 附加水量的计算(kg/m³)**

| 项目 | 附加水量($m_{wa}$) |
|---|---|
| 粗骨料预湿,细骨料为普砂 | $m_{wa} = 0$ |
| 粗骨料不预湿,细骨料为普砂 | $m_{wa} = m_a \cdot w_a$ |
| 粗骨料预湿,细骨料为轻砂 | $m_{wa} = m_s \cdot w_s$ |
| 粗骨料不预湿,细骨料为轻砂 | $m_{wa} = m_a \cdot w_a + m_s \cdot w_s$ |

注:① $w_a$、$w_s$ 分别为粗、细骨料的1 h吸水率;

②当轻骨料含水时,必须在附加水量中扣除自然含水量。

4)水胶比

轻骨料混凝土配合比中的水灰比应以净水灰比表示。配制全轻混凝土时,可采用总水灰比表示,但应加以说明。轻骨料混凝土的最大水灰比和最小水泥用量的选用限值见表7.7。

**表7.7 轻骨料混凝土的最大水胶比和最小水泥用量**

| 混凝土所处的环境条件 | 最大水灰比 | 最小水泥用量/(kg·m⁻³) | |
|---|---|---|---|
| | | 配筋混凝土 | 素混凝土 |
| 不受风雪影响混凝土 | 不作规定 | 270 | 250 |
| 受风雪影响的露天混凝土;位于水中及水位升降范围内的混凝土和潮湿环境中的混凝土 | 0.50 | 325 | 300 |
| 寒冷地区位于水位升降范围内的混凝土和受水压或除冰盐作用的混凝土 | 0.45 | 375 | 350 |
| 严寒和寒冷地区位于水位升降范围内和受硫酸盐、除冰盐等腐蚀的混凝土 | 0.40 | 400 | 375 |

注:①严寒地区指最寒冷月份的月平均温度低于-15 ℃者,寒冷地区指最寒冷月份的月平均温度处于-5~-15 ℃者;

②水泥用量不包括掺合料;

③严寒和寒冷地区用的轻骨料混凝土应掺入引气剂,其含气量宜为5%~8%。

5)确定砂率

轻骨料混凝土的砂率可按表7.8选用。当采用松散体积法设计配合比时,表中数值为松散体积砂率;当采用绝对体积法设计时,表中数值为绝对体积砂率。

表 7.8 轻骨料混凝土的砂率

| 轻骨料混凝土用途 | 细骨料品种 | 砂率 /% |
|---|---|---|
| 预制构件 | 轻砂 | 35 ~ 50 |
| | 普通砂 | 30 ~ 40 |
| 现浇混凝土 | 轻砂 | — |
| | 普通砂 | 35 ~ 45 |

注:①当混合使用普通砂和轻砂作细骨料时,砂率宜取中间值,宜按普通砂和轻砂的混合比例进行插入计算。

②当采用圆球型轻粗骨料时,砂率宜采用表中值下限;采用碎石型时,则宜取上限。

6)确定粗、细骨料用量

细、粗骨料的计算应用体积法。砂轻混凝土和全轻混凝土宜采用松散体积法进行配合比计算,砂轻混凝土也可采用绝对体积法计算。当采用松散体积法设计配合比时,粗、细骨料松散状态的总体积可按表 7.9 选用。

表 7.9 粗细骨料总体积

| 轻粗骨料粒径 | 细骨料品种 | 粗细骨料总体积 /$m^3$ |
|---|---|---|
| 圆球型 | 轻砂 | 1.25 ~ 1.50 |
| | 普通砂 | 1.10 ~ 1.40 |
| 普通型 | 轻砂 | 1.30 ~ 1.60 |
| | 普通砂 | 1.10 ~ 1.50 |
| 碎石型 | 轻砂 | 1.35 ~ 1.65 |
| | 普通砂 | 1.10 ~ 1.60 |

注:①混凝土强度等级较高时,宜取表中下限范围;

②当采用膨胀珍珠岩砂时,宜取表中上限值。

①采用松散体积法确定粗、细骨料单位用量的计算步骤

根据粗细骨料的类型,按表 7.9 选用粗细骨料总体积,并按下式计算每立方米混凝土的粗、细骨料的用量:

$$V_s = V_t \times S_p \tag{7.2}$$

$$m_s = V_s \times \rho_{ls} \tag{7.3}$$

$$V_a = V_t - V_s \tag{7.4}$$

$$m_a = V_a \times \rho_{la} \tag{7.5}$$

式中 $V_s$ , $V_a$ , $V_t$ ——分别为每立方米细骨料、粗骨料和粗细骨料的松散体积,$m^3$;

$m_s$ , $m_a$ ——分别为每立方米细骨料和粗骨料的用量,kg;

$S_p$ ——砂率,%;

$\rho_{ls}$ , $\rho_{la}$ ——分别为细骨料和粗骨料的堆积密度,$kg/m^3$。

②采用绝对体积法计算粗、细骨料单位用量的步骤

$$V_s = \left[1 - \left(\frac{m_c}{\rho_c} + \frac{m_{wn}}{\rho_w}\right) \div 1\,000\right] \times S_p \tag{7.6}$$

$$m_s = V_s \times \rho_s \tag{7.7}$$

$$V_a = 1 - \left(\frac{m_c}{\rho_c} + \frac{m_{wn}}{\rho_w} + \frac{m_s}{\rho_s}\right) \div 1\ 000 \tag{7.8}$$

$$m_a = V_a \times \rho_{ap} \tag{7.9}$$

式中 $V_s$ ——每立方米混凝土的细骨料绝对体积,$m^3$;

$m_c$ ——每立方米混凝土的水泥用量,kg;

$\rho_c$ ——水泥的相对密度,可取 $\rho_c = 2.9 \sim 3.1$;

$m_{wn}$ ——每立方米混凝土净用水量;

$\rho_w$ ——水的密度,可取 $\rho_w = 1.0\ kg/m^3$;

$V_a$ ——每立方米混凝土的轻粗骨料绝对体积,$m^3$;

$\rho_s$ ——细骨料密度,采用普通砂时,为砂的相对密度,可取 $\rho_s = 2.6$;采用轻砂时,为轻砂的颗粒表观密度,$g/cm^3$;

$\rho_{ap}$ ——轻粗骨料的颗粒表观密度,$kg/m^3$。

7)干表观密度($\rho_{cd}$)校正

按下式计算轻骨料混凝土干表观密度,当与设计要求的干表观密度的误差大于2%时,则应按下式重新调整和计算配合比:

$$\rho_{cd} = 1.15m_c + m_a + m_s \tag{7.10}$$

8)轻骨料混凝土配合比设计的特殊要求

① 轻骨料混凝土配合比中的轻骨料宜采用同一品种的轻骨料。结构保温轻骨料混凝土及其制品掺入煤(炉)渣轻骨料时,其掺量不应大于轻骨料总量的30%,煤(炉)渣含碳量不应大于10%。为改善轻骨料混凝土某些性能而加入另一种品种粗骨料时,其合理掺量应通过试验具体确定。

② 在轻骨料混凝土配合比中加入化学外加剂或矿物掺合料时,其品种、掺量和对水泥的适用性,必须通过试验确定。

③ 大孔轻骨料混凝土和泵送轻骨料混凝土的配合比设计应进行特殊调整。

④ 粉煤灰轻骨料混凝土的配合比计算应按下列步骤进行:

a. 首先按上述步骤计算基准轻骨料混凝土的配合比;

b. 按表7.10选择粉煤灰取代水泥率;

**表7.10 粉煤灰取代水泥率 $\beta_c$(%)**

| 混凝土强度等级 | 取代普通硅酸盐水泥率 | 取代矿渣硅酸盐水泥率 |
|---|---|---|
| ≤LC15 | 25 | 20 |
| LC20 | 15 | 10 |
| ≥LC25 | 20 | 15 |

注:①表中数值为范围上限,以32.5级水泥为基准;

②≥LC20的混凝土宜采用Ⅰ、Ⅱ级粉煤灰,≤LC15的素混凝土可采用Ⅲ级粉煤灰;

③在有试验根据时,粉煤灰取代水泥百分率可适当放宽。

c. 根据基准轻集料混凝土水泥用量($m_{co}$)和选用的粉煤灰取代水泥率($\beta_c$),按下式计算粉煤灰轻骨料混凝土的水泥用量($m_c$):

$$m_c = m_{co}(1 - \beta_c) \tag{7.11}$$

d. 根据粉煤灰级别和混凝土的强度等级粉煤灰超量系数（$\delta_c$）可在1.2～2.0之间选取，并按下式计算粉煤灰掺量（$m_f$）：

$$m_f = \delta_c(m_{co} - m_c) \tag{7.12}$$

e. 分别计算每立方米粉煤灰轻集料混凝土中水泥、粉煤灰和细骨料的绝对体积。按粉煤灰超出水泥体积，扣除同体积的细骨料用量。

f. 用水量保持与基准混凝土相同，通过试配，以符合稠度要求来调整用水量。

9）配合比的调整

① 以计算轻集料混凝土配合比为基准，再选取与之相差±10%的相邻两个水泥用量，保持用水量不变，砂率适当增减，分别按三个配合拌制混凝土拌合物。测定其稠度，调整用水量直至满足稠度要求为止。

② 按校正后的三个混凝土配合比进行试配，检验混凝土拌合物的稠度和振实湿表观密度，制作确定混凝土抗压强度标准值的试块，每种配合比至少制作一组。

③ 试块标准养护28 d后，测定混凝土的抗压强度与干表观密度。最后，以既能达到设计要求的混凝土配制强度和干表观密度又具有最小水泥用量的配合比作为选定的配合比。

④ 对选定的配合比进行质量校正。按照混凝土拌合物实测湿表观密度（$\rho_{co}$）与计算湿表观密度（$\rho_{cc}$）比较，计算校正系数（$\eta$）：

$$\rho_{cc} = m_a + m_s + m_c + m_f + m_{wt} \tag{7.13}$$

$$\eta = \frac{\rho_{co}}{\rho_{cc}} \tag{7.14}$$

式中　$m_a, m_s, m_c, m_f, m_{wt}$——分别为配合比计算所得的粗骨料、细骨料、水泥、粉煤灰用量和总用水量，$kg/m^3$。

⑤选定配合比中各项材料用量分别乘以校正系数即为最终的配合比设计值。

【例7.1】　某设计强度等级为LC15的陶粒预制板，密度等级为1 400 $kg/m^3$，坍落度要求为35～80 mm，陶粒最大粒径为15 mm，细骨料为天然河砂，密度为2.65 $g/m^3$，细度模数为2.8，试设计该陶粒混凝土的配合比。

**解**　依据题意，实测各项设计参数如下：轻粗骨料的干表观密度为820 $kg/m^3$，1 h吸水率为20%；水泥选用32.5等级普通硅酸盐水泥，其实测密度为3.10 $g/m^3$。

（1）计算试配强度

$$f_{cu,0} = f_{cu,k} + 1.645\sigma = (15 + 1.645 \times 4.0)\text{MPa} = 21.58\text{ MPa}$$

（2）确定水泥用量

查表7.4，确定P. O32.5水泥用量为300 $kg/m^3$，并按表7.7复核，满足最小水泥用量限值要求。

（3）确定净用水量

LC15陶粒预制板的设计坍落度为35～80 mm，查表7.5，取净用水量定为190 $kg/m^3$。

(4)计算水灰比

$\frac{W}{C}=\frac{190}{300}=0.63$,按表7.7最大水胶比限值复核,满足要求。

(5)砂率

查表7.8,取砂率为35%。

(6)按绝对体积法计算砂和轻骨料质量

$$V_s=\left[1-\left(\frac{m_c}{\rho_c}+\frac{m_{wn}}{\rho_w}\right)\div 1\,000\right]\times S_p=\left[1-\left(\frac{300}{3.1}+\frac{190}{1}\right)\div 1\,000\right]\times 0.35\ \mathrm{m^3}=0.25\ \mathrm{m^3}$$

$$m_s=V_s\times\rho_s=(0.25\times 2\,650)\ \mathrm{kg/m^3}=662\ \mathrm{kg/m^3}$$

$$V_a=\left[1-\left(\frac{m_c}{\rho_c}+\frac{m_{wn}}{\rho_w}+\frac{m_s}{\rho_s}\right)\div 1\,000\right]=\left[1-\left(\frac{300}{3.1}+\frac{190}{1}+\frac{662}{2.65}\right)\div 1\,000\right]\ \mathrm{m^3}=0.463\ \mathrm{m^3}$$

$$m_a=V_a\times\rho_{ap}=(0.463\times 820)\ \mathrm{kg/m^3}=380\ \mathrm{kg/m^3}$$

(7)复查干表观密度

$$\rho_{cd}=1.15m_c+m_a+m_s=(1.15\times 300+380+662)\ \mathrm{kg/m^3}=1\,387\ \mathrm{kg/m^3}$$

与设计密度等级比较,误差小于2%,且符合表7.1的密度等级要求。

### 7.1.2 多孔混凝土

多孔混凝土中无粗、细骨料,内部充满大量细小封闭的孔,孔隙率高达60%以上。多孔混凝土根据孔的生成方式可分为加气混凝土和泡沫混凝土两种。近年来,也有用压缩空气经过充气介质弥散成大量微气泡,均匀地分散在料浆中而形成多孔结构。这种多孔混凝土称为充气混凝土。

**1. 加气混凝土**

根据养护方法不同,多孔混凝土可分为蒸压多孔混凝土和非蒸压(蒸养或自然养护)多孔混凝土两种。由于蒸压加气混凝土在生产和制品性能上有较多优越性,以及可以大量地利用工业废渣,近年来的发展应用较为迅速。

多孔混凝土质轻,其表观密度不超过1 000 kg/m$^3$,通常在300~800 kg/m$^3$之间;保温性能优良,导热系数随其表观密度降低而减小,一般为0.09~0.17 W/(m·K);可加工性好,可锯、可刨、可钉、可钻,并可用胶黏剂黏结。

蒸压加气混凝土是用钙质材料(水泥、石灰)、硅质材料(石英砂、粉煤灰、粒化高炉矿渣、页岩等)和适量加气剂为原料,经过磨细、配料、搅拌、浇注、切割和蒸压养护(在压力为0.81.5 MPa下养护68 h)等工序生产而成。加气剂一般采用铝粉膏,它能迅速与钙质材料中的$Ca(OH)_2$发生化学反应产生氢气,形成气泡,使料浆形成多孔结构。

蒸压加气混凝土通常是在工厂预制成砌块或条板等制品。蒸压加气混凝土砌块适用于承重和非承重的内墙和外墙,也可用作框架结构中的非承重墙,还可做成各种保温制品(如管道保温壳等)。加气混凝土条板可用于工业和民用建筑中,作承重和保温合一的屋面板和隔墙板等。

**2. 泡沫混凝土**

泡沫混凝土是将由水泥等拌制的料浆与由泡沫剂搅拌造成的泡沫混合搅拌,再经浇注、养护硬化而成的多孔混凝土,也称为发泡混凝土。

配制自然养护的泡沫混凝土时,水泥强度等级不宜低于32.5,否则混凝土强度太低。当生产中采用蒸汽养护或蒸压养护时,不仅可缩短养护时间,且能提高强度,还能掺用粉煤灰、煤渣或矿渣,以节省水泥,甚至可以全部利用工业废渣代替水泥。常用的泡沫剂有松香泡沫剂和水解性血泡沫剂。

泡沫混凝土的技术性质和应用,与相同表观密度的加气混凝土大体相同。也可在现场直接浇注,用作屋面保温层。

### 7.1.3 大孔混凝土

大孔混凝土指无细骨料的混凝土,按其粗骨料的种类,可分为普通无砂大孔混凝土和轻骨料大孔混凝土两类。普通大孔混凝土是用碎石、卵石、重矿渣等配制而成。轻骨料大孔混凝土则是用陶粒、浮石、碎砖、煤渣等配制而成。有时为了提高大孔混凝土的强度,也可掺入少量细骨料,这种混凝土称为少砂混凝土。

普通大孔混凝土的表观密度为1 500~1 900 kg/m$^3$,抗压强度为3.5~10 MPa,主要用于承重及保温外墙体。轻骨料大孔混凝土的表现密度为500~1 500 kg/m$^3$,抗压强度为1.5~7.5 MPa,主要用于自承重的保温外墙体。

大孔混凝土的导热系数小,保温性能好,收缩一般较普通混凝土小30%~50%,抗冻性优良。适用于制作墙体小型空心砌块、砖和各种板材,也可用于现浇墙体。普通大孔混凝土还可制成滤水管、滤水板等,广泛用于市政工程。

## 7.2 高强混凝土

自1850年钢筋混凝土出现以来,作为重要的结构材料,混凝土的高强化是人们努力的目标。20世纪50年代以前,各国生产的混凝土强度都在30 MPa以下,30 MPa以上即为高强混凝土;60年代强度提高到41~52 MPa;现在50~60 MPa的高强混凝土已开始用于高层建筑与桥梁工程。在我国,通常将强度等级不低于C60的混凝土称为高强混凝土。

### 7.2.1 达到高强的综合措施

为了保证混凝土质量,达到高强的目的,通常采用下列几方面的综合措施。

**1. 精选优质原材料**

(1)优质高强水泥

并非所有高强度等级水泥都能配制出高强混凝土。高强混凝土用水泥,应从矿物组成和细度两方面考虑。矿物成分中$C_3S$和$C_3A$含量应较高,特别是$C_3S$含量要高。水泥经两次振动磨细后,可大大提高强度,细度按比表面积计,应达到4 000~6 000 cm$^2$/g以上。

(2)采用磁化水拌和

磁化水是普通的水以一定速度流经磁场,由于磁化作用提高了水的活性。用磁化水拌制混凝土，容易进入水泥颗粒内部，使水泥水化更完全、充分，因而可提高混凝土强度30%～50%。

(3)硬质高强的集料

粗集料应选择坚硬岩石轧制的碎石，岩石强度应为混凝土强度等级的两倍以上。碎石宜呈近似正立方体，有棱角以及形成具有高内摩擦力的骨架。碎石表面组织应粗糙，使其与水泥石具有优良的黏结力。通常碎石最大粒径不大于15 mm，混凝土可得到较高的抗压强度。细集料与粗集料应能组成密实的矿质混合料。

(4)高效外加剂

高强混凝土均需采用优质高效减水剂及其他外加剂。

**2. 采用各种提高强度的方法**

可采取不同的原理达到提高水泥混凝土强度的目标，具体方法归纳于表7.11。

**表7.11 高强混凝土的配制原理和方法**

| 原理 | 方法 | | | | | |
| --- | --- | --- | --- | --- | --- | --- |
| | 应用减水剂 | 采用活性集料 | 高温高压蒸汽养生 | 高压成型 | 应用聚合物 | 应用增强纤维 |
| 改善水泥水化条件 | | | △ | | | |
| 使用水泥以外的结合料 | | | | | △ | |
| 减少孔隙率 | | | | △ | △ | |
| 减少水灰比 | △ | | | △ | | |
| 改善集料与水泥的黏结力 | | △ | | | △ | |
| 使用增强材料 | | | | | | △ |

注："△"表示常用方法。

## 7.2.2 高强混凝土的配合比设计

高强混凝土可通过采用高强度水泥、优质集料、较低的水灰比、高效外加剂和矿物掺合料以及强烈振动密实作用等方法取得。高强混凝土的配合比设计按照我国现行标准《普通混凝土配合比设计规程》(JGJ 55—2011)进行。

**1. 对配制高强度混凝土的原材料的特殊要求**

(1)水泥应选用硅酸盐水泥或普通硅酸盐水泥。

(2)粗骨料宜选用连续级配，其最大公称粒径不应大于25 mm，针片状颗粒含量不宜大于5.0%，含泥量不应大于0.5%，泥块含量不应大于0.2%。

(3)细骨料的细度模数宜为2.6～3.0，含泥量不应大于2.0%，泥块含量不应大于0.5%。

(4)宜采用减水率不小于25%的高性能减水剂。目前采用具有高减水率的聚羧酸高性能减水剂配制高强混凝土相对较多，其主要优点是减水率高，可不低于28%，混凝土保塑性较好，混凝土收缩较小。

(5)宜复合掺用粒化高炉矿渣粉、粉煤灰和硅灰等矿物掺合料;粉煤灰等级不应低于Ⅱ级;对强度等级不低于 C80 的高强混凝土宜掺用硅灰。目前,采用复合掺用粒化高炉矿渣粉和粉煤灰配制高强混凝土比较普遍,对于强度等级不低于 C80 的高强混凝土,复合掺用粒化高炉矿渣粉、粉煤灰和硅灰比较合理,硅灰掺量一般为3% ~8%。

**2. 高强混凝土配合比设计**

高强混凝土配合比应经试验确定,在缺乏试验依据的情况下,配合比设计宜符合下列规定:

(1)水胶比、胶凝材料用量和砂率可按表 7.12 选取,并应经试配确定。

**表 7.12　水胶比、胶凝材料用量和砂率**

| 强度等级 | 水胶比 | 胶凝材料用量/(kg·m$^{-3}$) | 砂率 /% |
|---|---|---|---|
| ≥C60,<C80 | 0.28 ~0.34 | 480 ~560 | 35 ~42 |
| ≥C80,<C100 | 0.26 ~0.28 | 520 ~580 | |
| C100 | 0.24 ~0.26 | 550 ~600 | |

(2)外加剂和矿物掺合料的品种、掺量,应通过试配确定;矿物掺合料掺量宜为25% ~40%;硅灰掺量不宜大于10%。

(3)水泥用量不宜大于 500 kg/m$^3$。

高强混凝土在试配过程中,应采用三个不同的配合比进行混凝土强度试验,其中一个可为依据表 7.12 计算后调整的试拌配合比,另外两个配合比的水胶比,宜较试拌配合比分别增加和减少 0.02。

高强混凝土设计配合比确定后,尚应采用该配合比进行不少于三盘混凝土的重复试验,每盘混凝土应至少成型一组试件,每组混凝土的抗压强度不应低于配制强度。

高强混凝土抗压强度测定宜采用标准尺寸试件,使用非标准尺寸试件时,尺寸折算系数应经试验确定。

【例 7.2】　某高层建筑工程主体 1 ~3 层剪力墙和柱混凝土设计强度等级为 C60 高强混凝土,该结构最小断面长为 240 mm,钢筋间最小净距为 38 mm,要求混凝土坍落度为 55 ~70 mm。已知混凝土搅拌站生产水平较好(混凝土强度标准差 $\sigma$ =4.0 MPa)。

组成材料选用:

水泥:P. O52.5,密度 $\rho_c$ =3 100 kg/m$^3$,28 d 实测强度 $f_{ce}$ =55.0 MPa。

河砂:中砂(细度模数为 2.90),表观密度 $\rho_s$ = 2 660 kg/m$^3$。

碎石:连续粒级,最大粒径为 25 mm,表观密度 $\rho_g$ =2 700 kg/m$^3$。

减水剂:FDN 高效减水剂,掺量为水泥用量的 0.8%,减水率为 17%。

水:自来水。

**解**　1. 计算初步配合比

(1)确定混凝土配制强度

按题意已知,设计要求混凝土强度 $f_{cu,k}$ =60 MPa,强度标准差 $\sigma$ =4.0 MPa。计算混凝土配制强度:

$$f_{cu,0} = f_{cu,k} + 1.645\sigma = (60 + 1.645 \times 4.0)\text{MPa} = 66.6\ \text{MPa}$$

(2)确定水胶比

按经验,初步取 $W/C = 0.34$。

(3)计算用水量

已知混凝土要求坍落度55~70 mm,碎石最大粒径为25 mm,查表5.12选用混凝土用水量 $m_{wo} = 200\ \text{kg/m}^3$。已知FDN高效减水剂的减水率为17%,计算混凝土用水量:

$$m_{w0} = 200 \times (1 - 0.17)\text{kg/m}^3 = 166\ \text{kg/m}^3$$

(4)计算水泥用量

已知 $m_{w0} = 166\ \text{kg/m}^3$, $W/C = 0.34$,水泥单位用量为:

$$m_{c0} = \frac{m_{w0}}{W/C} = \frac{166}{0.34}\text{kg/m}^3 = 488\ \text{kg/m}^3$$

(5)计算减水剂用量

已知FDN高效减水剂掺量为水泥用量的0.8%,则减水剂用量为:

$$m_{a0} = (488 \times 0.8\%)\text{kg/m}^3 = 3.90\ \text{kg/m}^3$$

(6)选择砂率

按经验,初步选取砂率 $\beta_s = 35\%$。

(7)计算砂、石用量

采用体积法计算:

$$\begin{cases} \dfrac{m_{g0}}{2\ 700} + \dfrac{m_{s0}}{2\ 660} + \dfrac{488}{3\ 100} + \dfrac{166}{1\ 000} + 0.01 \times 1 = 1 \\ \dfrac{m_{s0}}{m_{g0} + m_{s0}} \times 100\% = 35\% \end{cases}$$

解得: $m_{s0} = 626\ \text{kg/m}^3$, $m_{g0} = 1\ 163\ \text{kg/m}^3$。由此,得初步配合比为:

水泥:水:砂:石子:FDN高减水剂=488:166:626:1 163:3.90 或 =1:1.28:2.38:0.008;0.34。

**2. 实验室配合比**

(1)确定各组分材料用量

按初步配合比,试拌15 L混凝土,各组成材料用量为:

水泥:(488×0.015)kg=7.32 kg

水:(166×0.015)kg=2.49 kg

砂:(626×0.015)kg=9.39 kg

石子:(1 163×0.015)kg=17.45 kg

FDN高效减水剂:(3.90×0.015)kg=0.059 kg

(2)试拌,检验混凝土和易性,提出基准配合比。

按以上计算用量进行试拌,测得坍落度为65 mm,满足施工要求,且黏聚性和保水性均良好,则初步配合比即为基准配合比。

(3)检验强度,确定实验室配合比

1)检验强度

根据已确定的基准配合比另外计算两个水胶比,分别较基准配合比的 $W/C$ 增加和减少0.03,用水量与基准配合比相同,砂率分别增加和减少1.0%,得到三组配合比。每组配合比均实际试拌15 L,测其和易性指标与表观密度,然后制作立方体试件进行强度检验。最终试验结果见表7.13。

**表7.13　不同水灰比的混凝土及强度试验结果汇总表**

| 配合比编号 | $W/C$ | 实测坍落度 /mm | 表观密度 /$(\mathrm{kg\cdot m^{-3}})$ | 黏聚性和保水性 | 28 d抗压强度 /MPa |
|---|---|---|---|---|---|
| 1 | 基准 | 65 | 2 470 | 良好 | 68.8 |
| 2 | 基准+0.03 | 70 | 2 450 | 良好 | 63.4 |
| 3 | 基准-0.03 | 60 | 2 480 | 良好 | 75.1 |

根据表7.13混凝土28 d抗压强度实测结果,绘制 $f_{cu,28}-C/W$ 关系曲线,如图7.1所示。由图可知相应于配制强度 $f_{cu,0}=66.6$ MPa的灰水比值 $C/W=2.84$,即水灰比 $W/C=0.35$。

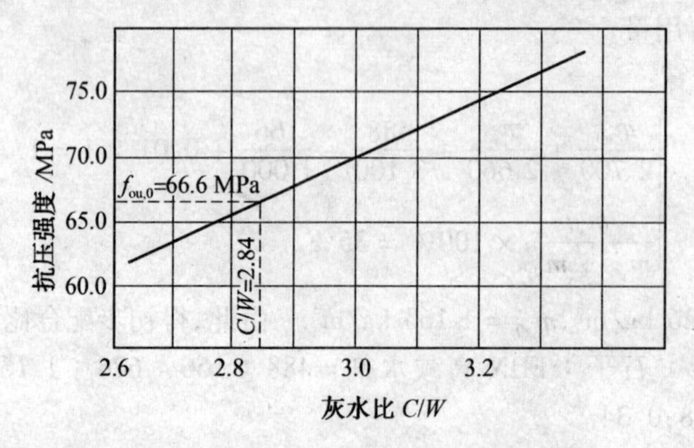


图7.1　混凝土 $f_{cu,28}-C/W$ 关系曲线图

2)确定实验室配合比

① 根据强度试验结果,采用体积法,按下列步骤确定每立方米混凝土的材料用量:

水: $m_w=166\ \mathrm{kg/m^3}$

水泥: $m_c=\dfrac{166}{0.35}\mathrm{kg/m^3}=474\ \mathrm{kg/m^3}$

FDN高效减水剂: $(474\times0.8\%)\ \mathrm{kg/m^3}=3.79\ \mathrm{kg/m^3}$

单位砂、石用量:

$$\begin{cases}\dfrac{m_g}{2\ 700}+\dfrac{m_s}{2\ 660}+\dfrac{474}{3\ 100}+\dfrac{166}{1\ 000}+0.01\times1=1\\[2ex]\dfrac{m_s}{m_g+m_s}\times100\%=35\%\end{cases}$$

解得: $m_s=629\ \mathrm{kg/m^3}$, $m_g=1\ 169\ \mathrm{kg/m^3}$。由此,得初步配合比为:

水泥：水：砂：石子：FDN 高减水剂 = 474：166：629：1 169：3.79 或 = 1：1.33：2.47：0.008；0.35。

② 按密度复核配合比

混凝土表观密度的计算值 $\rho_{cc} = m_w + m_c + m_s + m_g + m_a = (166 + 474 + 629 + 1\ 169 + 3.79)\ kg/m^3 = 2\ 442\ kg/m^3$，其实测值 $\rho_{ct} = 2\ 470\ kg/m^3$，计算混凝土配合比校正系数：

$$\delta = \frac{\rho_{ct}}{\rho_{cc}} = \frac{2\ 470}{2\ 442} = 1.01$$

因混凝土表观密度实测值与计算值之差的绝对值不超过计算值的 2%，故可不按校正系数进行调整。

实验室配合比为：

水泥：水：砂：石子：FDN 高减水剂 = 474：166：629：1 169：3.79 或 = 1：1.33：2.47：0.008；0.35。

## 7.3 高性能混凝土

在混凝土的发展历史中，人们始终认为混凝土"坚固耐久"，但实践证明，普通混凝土在大气与水中，尤其在恶劣环境中不一定耐久。即使混凝土实现了高强混凝土，但工程经验表明，高强混凝土并不能解决一切问题，许多水工、海港、桥梁工程的破坏原因往往不是强度不足，而是耐久性不够。这一问题即使在发达的欧美国家也非常突出，每年需要耗费巨资用于维修各种耐久性因素导致的混凝土工程破坏。由于结构使用年限短，修复破坏建筑物的工程费用大，人们开始考虑，在建造初期，采用高性能混凝土延长结构使用年限，减少维修费用更具有经济性，新型外加剂和胶凝材料的出现，使得既具有良好施工性能，又有优异的力学性能和耐久性的混凝土生产成为现实，这种混凝土称为高性能混凝土。

**1. 高性能混凝土的定义**

高性能混凝土（High Performance Concrete，简称 HPC）是在 20 世纪 80 年代末 90 年代初才出现的。1990 年 5 月在美国国家标准与技术研究所（NIST）和混凝土协会（ACI）主办的第一届高性能混凝土会议上首次定义高性能混凝土，其含义可概括为：混凝土的使用寿命要长（耐久性作为设计的主要指标）；混凝土应具有较高的体积稳定性；混凝土应具备良好的施工性质；混凝土应具有一定的强度和密实性。

现代高强混凝土不仅具有较高的强度，由于密实性好还具有独特的耐久性，因此，高强混凝土应属高性能混凝土。但高性能混凝土是否必须高强，却有不同的看法，欧美学者的研究偏重于硬化后混凝土的性能，认为高性能即高强度或高强度和高耐久性，其强度指标不宜低于 50 ~ 60 MPa。但日本学者则更重视工作性（和易性）与耐久性。

就目前工程急需和研究热点来看，高性能水泥混凝土的特点集中表现为大流动性、高强度、高韧性、高耐久性。其中，高强度有可以作为高性能混凝土的核心标志。高性能混凝土是近期混凝土技术发展的主要方向，有人称之为 21 世纪混凝土。

20 世纪 80 年代末各个工业先进国家都争先恐后投巨资研究开发高性能混凝土。其实,挪威因北海海洋石油开发需要,是较早对高性能混凝土开展研究的国家之一,至今已建造了数十个海洋采油平台,成功地经受了非常恶劣的海洋环境。早在1986年挪威已将高性能混凝土列为国家资助项目,为了提高结构的耐久性,挪威所有的桥梁混凝土必须掺粉煤灰或硅粉,水胶比不得超过0.4。日本早在20世纪60年代就能较容易地制成C60~C80高强混凝土,并建成了数十座高强混凝土铁路桥。但其高性能混凝土的应用也只局限在道路、桥梁及水工建筑范围,掺配使用的掺合料中一般掺有大量的活性材料,如矿渣、粉煤灰等,降低水化热,满足高性能混凝土的施工要求。加拿大在1989年设立包括高性能混凝土在内的15项国家资助项目,1994年开始又斥资400万美元对施工应用进行研究。1993年美国联邦公路管理局发起了在全国公路桥梁建设中推广应用高性能混凝土的计划,1996年美国公路与运输协会和美国联邦公路管理局联合成立了高性能混凝土工作小组,实施高性能混凝土在公路工程中的应用。

我国1980年在湘桂铁路复线建成的红水河铁路斜拉桥的预应力混凝土箱梁,采用了C60大流动性泵送混凝土技术。近年来建成的一些著名桥梁多采用高强混凝土,如上海杨浦大桥、武汉长江二桥等均采用C50掺粉煤灰泵送混凝土,汕头海湾大桥主梁采用C60混凝土。我国已在高强高性能混凝土的研究与使用方面取得了许多的技术成果。

可以说,高性能混凝土是随着现代科技与生产的发展,各种超长、超高、超大型混凝土构筑物以及在严酷环境下使用的重大混凝土结构的发展产物,如高层建筑、高速铁路、跨海大桥、海底隧道、海上采油平台、核反应堆、有毒有害废物处置工程等施工难度大、使用环境恶劣、维修困难的具有特殊要求的混凝土工程,要满足更高要求的耐久性,则需要设计和使用高性能混凝土。

**2. 高性能混凝土的组成材料**

配制高性能混凝土时,往往配合使用以下措施:降低水胶比,可以获得高强度;降低空隙率,可以获得高密实度、低渗透性;改善水泥的水化产物以提高强度和致密性;提高水泥等胶结料与骨料的黏结强度;利用非水泥的增强材料如纤维、树脂等。

(1)水泥

高性能混凝土多用高强度等级普通硅酸盐水泥配制,且应满足以下要求:标准稠度用水量要低;水化热和放热速度不能过快、过早,因此不宜使用早强型水泥;水泥质量稳定,立窑水泥不宜使用;配制有高强、早强要求的高性能混凝土时,应使用高强度等级的非R型水泥;当混凝土强度要求在C60或以下时,可以使用强度等级为42.5的矿渣水泥。

如果使用高性能水泥,可较好的制备高性能混凝土。所谓高性能水泥,首先是一种调粒级配水泥,即含比表面积为3 400 $cm^2/g$的普通水泥颗粒70%;水泥粗粉,其比表面积为600 $cm^2/g$的水泥25%;超细粉5%(主要是比表面积18 000 $cm^2/g$的石灰石粉和比表面积达200 000 $cm^2/g$的硅灰)。其次是活化水泥,即将高效减水剂粉与水泥熟料混合磨细,或者是掺活化填料的水泥。第三是超细水泥,其比表面积达10 000 $cm^2/g$以上。第四种是球状水泥,是一种通过高速气流粉碎熟料,并采用特殊处理使超细微粒粘牢在较大粒子表面从而形成的球圆形颗粒为主,粉尘量小的水泥。这种水泥在日本据称已进入实用阶段。

(2)矿物掺合料

矿物掺合料是高强与高性能混凝土的必要组分之一,常用的矿物掺合料主要有粉煤灰、磨细粒化矿渣粉、硅灰等。作为辅助胶凝材料,能降低新拌混凝土硬化过程中温升、改善施工性能、增进抗腐蚀能力和提高强度。掺入粉煤灰就可以降低 $Ca(OH)_2$在界面区的沉积量,掺入更细小的矿物细粉则会更多地与 $Ca(OH)_2$反应生成 C-S-H 凝胶充填空隙,它是无定形的、致密的,从而明显地改善了两相结合部的微结构,明显提高混凝土的强度、抗渗性及抗化学腐蚀性等耐久性能。但在使用中应当注意硅灰、沸石粉等超细粉的用量,由于其需水量大,因而允许掺量一般不超过10%。而磨细粉煤灰和超细矿渣需水量与水泥接近甚至小于水泥,具有减水作用。在水化作用发生开始时,这些微粒不可避免地会降低水化作用较快的水泥浆与骨料间的黏结,使得早期强度偏低。但28 d龄期后,粉煤灰对混凝土强度的增强作用逐渐加大,水灰比越小,增强作用越明显,90 d后与水泥对混凝土强度的贡献十分接近。

(3)高性能减水剂及其他外加剂

常用的减水剂有萘磺酸盐甲醛缩合物(掺量在0.35%~1.5%)、蜜胺磺酸系(液体掺量在1.5%~4%)、聚羧酸系(掺量在0.1%~0.3%)、氨基磺酸系(液体掺量在1.5%~2.5%)、木质素磺酸盐(掺量在0.1%~0.3%)。应注意,萘磺酸盐甲醛缩合物与三聚氰胺磺酸盐甲醛缩合物两个系列的高效减水剂,不能直接用于配制高性能混凝土,必须复合使用。混凝土强度越高,使用不同的高效减水剂对最终强度的影响越大。

配制高性能混凝土往往还需要选用复合型高性能减水剂,如缓凝剂、引气剂、增稠剂、膨胀剂等,以满足高性能混凝土的不同需求。

(4)合适的粗细骨料

粗细骨料在混凝土中约占总体积的65%~75%,因此,合适的粗细骨料是配制高性能混凝土的基础。粗细骨料的品质、单位体积混凝土中粗细骨料所占的体积、粗骨料的最大粒径构成了配制高性能混凝土的三要素,必须同时考虑。

细骨料应选择较圆滑、坚硬的河沙或碎石砂,细度模数宜在2.6~3.2,含泥量低,表观密度大于2.15 $g/cm^3$,且吸水率低。粗骨料应选择表面粗糙有棱角的硬质砂岩、石灰岩、玄武岩轧制的碎石,最大粒径宜在15~20 mm,压碎值在10%~15%之间,表观密度大于2.65 $g/cm^3$,吸水率不超过1%。

**3.配合比设计方法**

高性能混凝土采用不同的矿物掺合料、化学外加剂以及合理的工艺参数,以保证满足其耐久性和强度等要求,因而其组分较普通混凝土多,配合比设计也比较复杂。目前国际上提出的高性能混凝土配合比设计方法很多,比较典型和应用较多的有以下三种:

①美国混凝土协会(ACI)方法:此设计适用于抗压强度在41~83 MPa之间的混凝土。它采用一系列不同胶凝材料比例和用量进行试配,最后得到最佳配合比。

②法国国家路桥实验室方法:通过在模型材料上大量试验的结论编制了计算机软件,称为BETONLAB,可较好地预测给定要求下的最佳、最经济的配合比。

③加拿大方法:在现有高强高性能混凝土实践经验的基础上加以总结,对配合比设计的主要参数给定一些假设,进而算出第一盘试配的配合比。

我国还没有统一高性能混凝土配合比的设计方法，但较常采用的方法有假定表观密度法和组分体积法。

(1)假定表观密度法

高性能混凝土密实度大，其表观密度应设定为2 450 ~2 500 kg/m$^3$。

1)试配强度

高性能混凝土变异系数较大，故试配强度$f_{c28}$应适当增大。亦可参考下式计算：

$$f_{c28} = (f_c + T) + K_1\sigma \tag{7.15}$$

式中 $f_{c28}$—— 高性能混凝土设计强度，MPa；

$T$—— 温度修正系数，取4 ~ 6 MPa，因试块强度无法代表实际构件强度而定的修正值；

$K_1$—— 常数，取2.0 ~ 2.5；

$\sigma$ ——混凝土强度标准差，约为6 MPa(对C50 ~ C60混凝土)。

2)确定水胶比

采用同济大学提出的改进保罗米公式：

$$f_{c28} = 0.304 f_{ce}[(C + M)/W + 0.62] \tag{7.16}$$

式中 $f_{ce}$ ——水泥28d实测强度，MPa；

$M$ ——混凝土中掺合料用量，kg。

3)矿物掺合料(辅助胶凝材料)用量

矿物掺合料一般按质量计为内掺10% ~15%。硅粉约为5% ~7%，天然沸石超细粉也是如此；超细矿渣约为10%；粉煤灰则需超量取代。在单位用水量不变的条件下，要使28 d抗压强度与基准混凝土相同，要用1.2 ~1.4 kg粉煤灰取代1 kg水泥。适宜的取代量可达到25%左右。按体积计算，则矿物掺合料通常占全部胶凝材料的25%左右。据此，可算出水泥的用量。

4)绝对用水量

由于高性能混凝土水胶比小于0.40，故最大用水量不超过175 kg/m$^3$，这样可根据经验假定用水量。亦可按表7.14根据不同强度等级确定用水量。此表最适用于最大粒径12 ~19 mm，坍落度200 ~250 mm的混凝土。

**表7.14 高强混凝土最大用水量**

| 强度等级 | A | B | C | D | E | O |
|---|---|---|---|---|---|---|
| 平均强度 /MPa | 75 | 85 | 100 | 110 | 130 | 50 ~ 65 |
| 最大用水量 /(kg · m$^{-3}$) | 160 | 150 | 140 | 130 | 120 | 165 ~ 175 |

5)砂率$S_p$

因为高性能混凝土中水泥浆体积相对较大，故砂率通常取得低些。国外资料统计表明，$f_{c28}$ =60 ~ 120 MPa的混凝土$S_p$ =34% ~44%，若$f_{c28}$ =80 ~ 100 MPa，$S_p$ =38% ~42%，强度越高，砂率越低。砂率也可以参考表7.15选用。

表7.15 砂率($S_p$)选用参考表

| 胶凝材料总量/(kg·m$^{-3}$) | 350~400 | 401~450 | 451~500 | 501~550 | 551~600 |
|---|---|---|---|---|---|
| $S_p$/% | 42 | 39 | 36 | 33 | 30 |

由于表观密度是设定的,则可根据砂率和已确定的其他成分求出粗、细骨料用量。

【例7.3】 某框架柱要求用C60混凝土,采用普通硅酸盐水泥,强度等级为52.5,实测强度$f_{ce}$=59.3 MPa。采用中砂,细度模数$M_x$=2.84,碎石规格为5~15 mm,要求施工坍落度为220 mm,掺缓凝高效减水剂1.5%和粉煤灰,求其配合比。

**解** 假定表观密度为2 450 kg/m$^3$。要求C60混凝土,配制强度应为70 MPa。

根据$f_{c28}=0.304f_{ce}[(C+F)/W+0.62]$,得到$W/(C+F)=0.31$。用水量查表为170 kg,则胶凝材料总量为:

$$m_{C+F}=\frac{170}{0.31}\text{kg/m}^3=548\ \text{kg/m}^3$$

由于掺入粉煤灰,设取代量为15%,粉煤灰用量$m_F$=548×0.15=82 kg/m$^3$,则水泥用量$m_c$=466 kg/m$^3$。

根据胶凝材料用量,结合参考用表与国外资料,取$S_p$=36%。

$m_g+m_s+548+170=2\ 450$,则$m_s$=624 kg,$m_g$=1 108 kg,外加剂用量为8.22 kg。

经试配,混凝土的强度实测$f_{c28}$=76.8 MPa,满足设计要求。

(2)组分体积法

通过对大量试验结果的分析表明,高性能混凝土的最佳水泥浆与集料体积比为35∶65。因此,1 m$^3$混凝土总量中水泥浆总体积为0.35 m$^3$,减去拌合水量和约2%的含气量的(即0.02 m$^3$)体积,余下为胶凝材料。再根据各组分的体积乘以相应的密度则可求得该种材料的质量。

胶凝材料的组成大致有三种情况:

①全部由水泥组成;

②由水泥+粉煤灰(或矿渣细粉)组成,体积比为75∶25;

③水泥+粉煤灰(或矿渣)+硅灰,体积比为75∶15∶10。

由于高性能混凝土最佳匹配为0.35 m$^3$水泥浆体和0.65 m$^3$骨料。若设定强度等级为C65的混凝土中细骨料与粗骨料的体积比为2∶3(相当于砂率40%),对于依次为A、B、C、D、E级混凝土的细粗骨料体积比,可根据强度越高砂率越低的原则列出(见表7.16)。而0.35 m$^3$水泥浆体中各组分体积含量列于表7.17,混凝土各组分的密度列入表7.18中。

表 7.16 不同强度等级的混凝土中骨料体积($m^3$)

| 强度等级 | 细骨料：粗骨料 | 细骨料体积 | 粗骨料体积 |
|---|---|---|---|
| A | 2：3 | 0.26 | 0.39 |
| B | 1.95：3.05 | 0.253 5 | 0.396 5 |
| C | 1.90：3.10 | 0.247 | 0.403 |
| D | 1.85：3.15 | 0.240 5 | 0.409 5 |
| E | 1.80：3.20 | 0.234 | 0.416 |

表 7.17 0.35 $m^3$胶凝物中各组分体积含量

| 强度等级 | 水 | 空气 | 胶结材料总量 | ① | ② | | ③ | | |
|---|---|---|---|---|---|---|---|---|---|
| | | | | 水泥 | 水泥 | 粉煤灰 | 水泥 | 粉煤灰 | 硅灰 |
| A(65) | 0.16 | 0.02 | 0.17 | 0.17 | 0.127 5 | 0.042 5 | 0.127 5 | 0.025 5 | 0.017 |
| B(75) | 0.15 | 0.02 | 0.18 | 0.18 | 0.135 | 0.045 | 0.135 | 0.027 | 0.018 |
| C(90) | 0.14 | 0.02 | 0.19 | 0.19 | 0.142 5 | 0.047 5 | 0.142 5 | 0.028 5 | 0.019 |
| D(102) | 0.13 | 0.02 | 0.20 | — | 0.15 | 0.05 | 0.15 | 0.03 | 0.02 |
| E(120) | 0.12 | 0.02 | 0.21 | — | 0.157 5 | 0.052 5 | 0.153 5 | 0.031 5 | 0.021 |

表 7.18 混凝土各种组分密度值

| 水泥 | 粉煤灰水淬渣 | 渣粉 | 天然砂 | 碎石、砾石 |
|---|---|---|---|---|
| 4 | 2.5 | 2.1 | 2.65 | 2.70 |

【例 7.4】 试配 75 MPa 混凝土，欲掺用胶结料总量 25% 的粉煤灰，掺液体高性能减水剂 2.2%，其有效成分为 35%，求其配合比。

**解** 根据表 7.14，本例题要求接近 B 级高性能混凝土，用水量可设定为 150 kg/$m^3$。每立方米混凝土中水泥浆体积一般以 0.35 $m^3$计算。浆体中约有 2% 的空气，占 0.02 $m^3$，则胶结材料总量体积为：$(0.35-0.15-0.02)\,m^3=0.18\ m^3$。

查表 7.17 可得水泥占浆体总体积的 0.135 $m^3$，粉煤灰占 0.045 $m^3$。粉煤灰体积乘以粉煤灰的密度 2 355 kg/$m^3$ 得粉煤灰用量为 106 kg；水泥体积乘以水泥的密度 3 140 kg/$m^3$，得水泥用量为 424 kg。

再查表 7.16，得知粗细集料比为 1.95：3.05，其中细集料砂的体积为 0.253 5 $m^3$，乘以砂的表观密度 2 650 kg/$m^3$，得到砂用量为 672 kg；该强度等级混凝土的粗集料体积为 0.396 5，乘以其表观密度 2 700 kg/$m^3$，得到碎石用量为 1 070 kg。

高性能减水剂的用量为：$[(424+106)\times0.022]\,kg=11.7\ kg$。

由于该液体减水剂有效成分含量为 35%，因此，用水量为：$(11.7\times0.35)\,kg=4.10\ kg$，这些用水量应从总用水量中减去。

即每立方米混凝土材料用量为：水泥 424 kg，粉煤灰 106 kg，水 146 kg，砂 672 kg，碎

石 1 070 kg,减水剂 11.7 kg。所要求的 75 MPa 混凝土配合比为:

(水泥+粉煤灰):水:砂:碎石:减水剂 =(424+106):146:672:1 070:11.7

(或=1:0.28:1.27:2.02:0.022)

(3)我国混凝土专家提出的设计方法

林宝玉教授提出如下建议:

1)配合比设计原则

①正确选用原材料是配合比优化设计的前提。

②在满足设计强度的情况下,水泥用量与胶凝材料浆体体积应尽可能低。

③必须选用减水效果及流动性保持能力好的高效减水剂,通常应根据需要采用复合型外加剂。

④应根据耐久性的不同要求,选用一种以上的掺合料,几种掺合料复合使用通常能取得更好的效果,如可采用硅粉与粉煤灰、矿渣或其他掺合料共掺、粉煤灰与矿渣共掺等方案。应尽可能多地使用掺合料以降低水泥用量,在多种掺合料中,应考虑多掺粉煤灰与矿渣,少掺硅粉。

⑤采用尽可能低的水胶比与工作性最优的砂率。

2)参数选择与范围(适用于 C60 ~ C100)

①胶凝材料浆体体积 $V_G$(全部胶凝材料与水占混凝土的体积比)。$V_G$ 主要与混凝土的体积稳定性(收缩与徐变等)密切相关。国内设计配合比较少使用这一参数,Mehta 具体提出 $V_G$ 值不应超过 35%。林宝玉教授提出,配制骨料最大粒径不超过 40 mm 的 C60 ~ C100 高性能混凝土,$V_G$ 值宜取 28% ~32%。

②水泥用量。实际工程中,水泥用量较多介于 330 ~450 kg/m$^3$ 之间,超过 500 kg/m$^3$ 的实例较少。

③高效减水剂。高效减水剂用量通常介于 0.5% ~2.0%(以含固量占胶凝材料总质量计)。掺有硅粉的混凝土需要较高剂量的高效减水剂。

④掺合料。粉煤灰(Ⅰ、Ⅱ级)用量为 15% ~30%,磨细矿渣为 20% ~30%,硅粉为 5% ~15%,天然沸石粉(F 矿粉)或石粉为 5% ~10%,膨胀剂(UEA)为 8% ~12%。当强度等级要求降低时,粉煤灰与矿渣的掺量可进一步加大。

⑤水胶比。多数高性能混凝土掺有一种以上的掺合料,其强度与水胶比之间基本呈线性关系。C60 ~ C100 混凝土的水胶比较多介于 0.25 ~0.35 之间,一般不超过 0.40。

⑥最大用水量。C60 ~ C100 高性能混凝土的最大用水量根据流动性的不同要求而异,对于塑性混凝土(坍落度 70 ~120 mm),用水量介于 90 ~130 kg/m$^3$ 之间;对于流动性混凝土(坍落度 160 ~220 mm),用水量可能在 110 ~150 kg/m$^3$ 之间。

⑦砂率。砂率对新鲜混凝土的流动性及硬化混凝土的强度均有明显影响。优化砂率是取得好的技术效果的廉价手段,不应被忽视。影响砂率的因素除了其自身的细度模数与级配外,还与胶凝材料用量、粗骨料粒径以及施工工艺有关。对于碎石和卵石混凝土,其选择范围通常为 0.34 ~0.42、0.26 ~0.36。

近年来,我国采用一些高强、高性能混凝土工程,其配合比案例见表 7.19。

表 7.19 国内某些工程中采用高强高性能混凝土的配合比

| 序号 | 工程名称 | 强度等级 | 水泥品种 | 砂率/% | 水灰(胶)比 | 坍落度/mm | 减水剂 | 材料用量/(kg·m$^{-3}$) | | | | |
|---|---|---|---|---|---|---|---|---|---|---|---|---|
| | | | | | | | | 水 | 水泥 | 砂 | 石 | 粉煤灰 |
| 1 | 上海杨浦大桥 | C50 | 52.5 | 34 | 0.39 | 160±20 | 南浦 2 号 | 190 | 440 | 576 | 1 100 | 44 |
| | | | | 37 | 0.39 | 180±20 | | 190 | 440 | 626 | 1 050 | 44 |
| 2 | 广东国际大厦 | C60 | 52.5 | 37 | 0.39 | 220 | DP | 226 | 498 | 609 | 1 014 | 75 |
| | | | | 36 | 0.35 | 200 | | 198 | 498 | 590 | 1 031 | 75 |
| 3 | 丹东商场 | C60 | 52.5 | 32 | 0.31 | 175 | UNF | 170 | 553 | 563 | 1 188 | 0 |
| 4 | 上海恒丰路高层建筑 | C60 | 52.5 | 37 | 0.37 | 160±30 | FTN-2A | 185 | 460 | 616 | 1 050 | 35 |
| 5 | 北京新世纪饭店 | C70 | | 35 | 0.39 | 180 | FDN、木钙 | 195 | 467 | 612 | 1 139 | 硅粉 33 |
| 6 | 京津塘高速公路凉水河大桥 | C60 | | 34 | 0.37 | 160 | NF-2 | 185 | 550 | 579 | 1 125 | 0 |

## 7.4 抗渗混凝土

抗渗混凝土系指抗渗等级不低于 P6 级的混凝土,即能够抵抗 0.6 MPa 静水压力作用而不发生透水现象的混凝土,也称之为防水混凝土。抗渗混凝土的抗渗等级有 P6,P8,P10,P12,…为了提高混凝土的抗渗性,通常采用合理选择原材料、提高混凝土的密实程度以及改善混凝土内部孔隙结构等方法来实现。

### 7.4.1 抗渗混凝土的配制方法

目前,常用的抗渗混凝土有以下几种配制方法:

**1. 富水泥浆法**

富水泥浆法是依靠采用较小的水胶比,较高的水泥用量和砂率,提高水泥浆的质量和数量,使混凝土更加密实。

**2. 骨料级配法**

骨料级配法是通过改善骨料级配,使骨料本身达到最大密实程度的堆积状态。为了降低空隙率,还应加入约占骨料量 5% ~8% 的粒径小于 0.16 mm 的细粉料。同时严格控制水胶比、用水量及拌合物的和易性,使混凝土结构致密,提高抗渗性。

**3. 外加剂法**

外加剂法是在混凝土中掺入适当品种的外加剂,改善混凝土内孔结构,隔断或堵塞混凝土中各种孔隙、裂缝、渗水通道等,以达到改善混凝土抗渗的目的。常采用引气剂(如松香热聚物)、密实剂(如采用 $FeCl_3$ 防水剂)、高效减水剂(降低水胶比)、膨胀剂(防止混凝土收缩开裂)等。此方法施工简单,造价低廉,质量可靠,被广泛采用。

**4. 采用特种水泥法**

采用无收缩不透水水泥、膨胀水泥等来拌制混凝土,能够改善混凝土内的孔结构,可有效提高混凝土的致密度和抗渗能力。

### 7.4.2 抗渗混凝土的配合比设计

抗渗混凝土的配合比设计按照我国现行标准《普通混凝土配合比设计规程》(JGJ 55—2011)进行。

**1.抗渗混凝土所用原材料的规定**

抗渗混凝土所用原材料应符合以下规定:

(1)水泥宜采用普通硅酸盐水泥;

(2)粗骨料的最大公称粒径不宜大于40 mm,其含泥量不得大于1.0%,泥块含量不得超过0.5%;

(3)细骨料的含泥量不得大于3.0%,泥块含量不得大于1.0%;

(4)宜掺用矿物掺合料,粉煤灰等级应为Ⅰ级或Ⅱ级。

**2.配合比设计特殊规定**

抗渗混凝土配合比的计算方法和试配步骤除应遵守普通混凝土配合比设计方法外,尚应符合下列规定:

(1)每立方米混凝土中的胶凝材料用量不宜小于320 kg;

(2)砂率宜为35%~45%;

(3)最大水胶比应符合表7.20的规定。

**表7.20 抗渗混凝土最大水胶比**

| 设计抗渗等级 | 最大水胶比 | |
|---|---|---|
| | C20~C30 | C30以上 |
| P6 | 0.60 | 0.55 |
| P8~P12 | 0.55 | 0.50 |
| P12以上 | 0.50 | 0.45 |

(4)掺用引气剂或引气型外加剂的抗渗混凝土,应进行含气量试验,含气量宜控制在3.0%~5.0%。

(5)进行抗渗混凝土配合比设计时,尚应增加抗渗性能试验,并应符合下列规定:

①配制抗渗混凝土要求的抗渗水压值应比设计值提高0.2 MPa;

②试配时,宜采用水灰比最大的配合比做抗渗试验,其试验结果应符合下式要求:

$$P_t \geqslant \frac{P}{10} + 0.2 \tag{7.17}$$

式中 $P_t$——6个试件中不少于4个未出现渗水时的最大水压值,MPa;

$P$——设计要求的抗渗等级值。

【例7.5】 某高层地下室剪力墙,壁厚350 mm,钢筋间最小净距40 mm,设计混凝土抗渗等级为P8,强度等级为C40,施工要求坍落度为35~50 mm,求其配合比。

所用的原材料如下:

水泥:普通水泥 P. O42.5,密度 $\rho_c$ =3 100 kg/m³,水泥强度实测值为 46.6 MPa。

河砂:中砂,表观密度 $\rho_s$ =2 660 kg/m³。

碎石:5 ~25 mm 连续级配,表观密度 $\rho_g$ =2 680 kg/m³。

水:自来水。

**解** (1)计算初步配合比

①确定混凝土配制强度

已知混凝土设计强度 $f_{cu,k}$ =40 MPa,无历史统计资料,查表 5.9 标准差 $\sigma$ =5.0 MPa,计算混凝土配制强度:

$$f_{cu,0} = f_{cu,k} + 1.645\sigma = (40 + 1.645 \times 5.0)\,\text{MPa} = 48.2\ \text{MPa}$$

②计算水灰比

混凝土配制强度 $f_{cu,0}$ = 48.2 MPa,水泥强度实测值 $f_{ce}$ = 46.6 MPa;采用级配碎石,查表 2.3,回归系数 $\alpha_a$ = 0.53,$\alpha_b$ = 0.20,依据混凝土强度理论公式计算水灰比:

$$W/C = \frac{\alpha_a f_{ce}}{f_{cu,0} + \alpha_a \alpha_b f_{ce}} = \frac{0.53 \times 46.6}{48.2 + 0.53 \times 0.20 \times 46.6} = 0.46$$

按耐久性复核, $W/C$ =0.46 满足表 7.20 规定的 0.50 最大水胶比的设计要求。

③确定用水量

已知混凝土要求设计坍落度为 35 ~50 mm,碎石最大粒径为 25 mm,查表 5.12 选用混凝土用水量 $m_{w0}$ =190 kg/m³。

④计算水泥用量

已知 $m_{w0}$ = 190 kg/m³,$W/C$ = 0.46,水泥单位用量为:

$$m_{c0} = \frac{m_{w0}}{W/C} = \frac{190}{0.46}\text{kg/m}^3 = 413\ \text{kg/m}^3$$

按耐久性复核, $m_{c0}$ = 413 kg/m³ 符合最小胶凝材料用量不小于 320 kg/m³ 的设计规定。

⑤确定砂率

查表 5.13,初步确定砂率 $\beta_s$ =35%。

⑥计算砂、石用量(采用体积法)

$$\begin{cases} \dfrac{m_{g0}}{2\ 680} + \dfrac{m_{s0}}{2\ 660} + \dfrac{413}{3\ 100} + \dfrac{190}{1\ 000} + 0.01 \times 1 = 1 \\ \dfrac{m_{s0}}{m_{g0} + m_{s0}} \times 100\% = 35\% \end{cases}$$

解得: $m_{s0}$ = 623 kg/m³,$m_{g0}$ =1 159 kg/m³。由此得初步配合比为:

水泥 : 水 : 砂 : 石子=413 : 190 : 623 : 1 159 或 =1 : 1.51 : 2.81;0.46。

(2)实验室配合比检验与调整

由初步配合比进行实验室检验、调整,获得实验室配合比。混凝土除应满足工作性、强度要求外,还应进行混凝土抗渗性试验,以满足设计要求。

在现代抗渗混凝土的配制中,为使混凝土达到良好的抗渗性能,往往采用同时掺加外加剂与粉煤灰的"双掺"配制方案,可参照第 5 章5.3 节与 5.4 节进行配合比设计。

# 7.5 抗冻混凝土

抗冻混凝土是指混凝土投入使用后具有抵抗一定冻害的性能,通常指抗冻等级不低于F50的混凝土。抗冻混凝土不同于冬期施工混凝土,抗冻混凝土有在冬期施工的,也有不在冬期施工的。

抗冻混凝土以F代表其抗冻等级,以抗冻融循环的次数为等级值。当混凝土标准试件经过若干次冻融循环后,以质量损失不超过5%、强度损失不超过25%作为满足相应抗冻等级要求的评价标准。

抗冻混凝土配合比的设计方法与普通混凝土相同,可以掺用外加剂,但在原材料选料方面有不同的要求。

**1.抗冻混凝土原材料的特殊规定**

(1)水泥应采用硅酸盐水泥或普通硅酸盐水泥;

(2)粗骨料宜选用连续级配,其含泥量不得大于1.0%,泥块含量不得大于0.5%;

(3)细骨料含泥量不得大于3.0%,泥块含量不得大于1.0%;

(4)粗、细骨料均应进行坚固性试验,并应符合现行行业标准《普通混凝土用砂、石质量及检验方法标准》(JGJ 52—2006)的规定;

(5)抗冻等级不小于F100的抗冻混凝土宜掺用引气剂;

(6)在钢筋混凝土和预应力混凝土中不得掺用含有氯盐的防冻剂,在预应力混凝土中不得掺用含有亚硝酸盐或碳酸盐的防冻剂。

**2.抗冻混凝土配合比设计要求**

(1)最大水胶比和最小胶凝材料用量应符合表7.21的规定;

(2)复合矿物掺合料掺量与其他矿物掺合料掺量宜符合表7.22的规定;

(3)掺用引气剂的混凝土最小含气量应符合表5.8的规定;

(4)掺用外加剂时,参照第5章5.3节进行配合比设计;

(5)进行试配、调整时,应增加混凝土抗冻性试验。

**表7.21 复合矿物掺合料最大掺量(%)**

| 设计抗冻等级 | 最大水胶比 | | 最小胶凝材料用量/(kg·m$^{-3}$) |
|---|---|---|---|
| | 无引气剂时 | 掺引气剂时 | |
| F50 | 0.55 | 0.60 | 300 |
| F100 | 0.50 | 0.55 | 320 |
| 不低于F150 | — | 0.50 | 350 |

表 7.22　复合矿物掺合料最大掺量(%)

| 水胶比 | 采用硅酸盐水泥时 | 采用普通硅酸盐水泥时 |
|---|---|---|
| ≤0.40 | 60 | 50 |
| >0.40 | 50 | 40 |

注:①采用其他通用硅酸盐水泥时,可将水泥混合材料掺量20%的混合材料量计入矿物掺合料;

②复合矿物掺合料中各矿物掺合料组分的掺量不宜超过表5.6中单掺时的限量。

## 7.6　大体积混凝土

当混凝土结构物尺寸较大时,水泥水化产生的热量不易散发,引起结构物内部温度升高而表面温度较低,较大的温度变化和差异引起的体积变化常常导致受约束的混凝土的开裂。

大体积混凝土目前还没有确切的定义,美国混凝土协会认为,大体积混凝土是:现场浇筑的混凝土,尺寸大到需要采取措施降低水化热和水化热引起的体积变化,以最大限度地减少混凝土的开裂。同时该协会还提出:结构最小尺寸大于0.6 m,即应考虑水化热引起的体积变化与开裂问题。日本建筑学会标准则认为:结构断面最小尺寸在80 cm以上,水化热引起混凝土内最高温度与外界气温之差超过25 ℃的混凝土,称为大体积混凝土。我国现行规范给出大体积混凝土的定义为:体积较大的、可能由胶凝材料水化热引起的温度应力导致有害裂缝的结构混凝土。

大体积混凝土由于温度的快速升高常常导致混凝土结构物出现大量的裂缝,温度应力及裂缝的出现对结构物的强度及耐久性都会造成严重的破坏。因此,在浇筑大体积混凝土时采取必要的措施防止温度的过快变化是非常必要的。

### 7.6.1　大体积混凝土常采取的措施

**1. 降低混凝土发热量**

(1)采用低水化热水泥;

(2)参加粉煤灰,减少水泥用量;

(3)应用高效缓凝减水剂;

(4)掺加高效减水剂可以减少用水量和水泥用量,减少水化热的产生,同时延缓早期强度的发展;

(5)掺加引气剂,空气含量为4%左右;

(6)应用低热膨胀系数粗集料;

(7)尽可能应用最大粒径较大的粗集料。

尽量用粒径较大且颗粒形状和级配较好的粗集料,避免用砂量过多,应用级配优良且没有黏土的砂。

**2. 降低混凝土浇筑温度**

研究表明,当把混凝土的浇筑温度降低10 ℃时,可以降低其开裂时应变的10% ~

15%。降低混凝土浇筑温度的方法有：

(1)选择在低温季节浇筑混凝土。

(2)降低材料温度。

(3)加冰拌和。温度升高1 ℃的水所吸收的热量约为水泥和集料的4.5倍，所以采用冷却水拌和可以有效地降低混凝土的温度，用冰片代替部分水拌和混凝土是一种常用的降低混凝土温度的方法，但在拌和结束前要注意使所有的冰都融化，以保证混凝土质量的均匀性。

(4)避免吸收外温。运输工具、泵送管道等均应用麻袋包裹，淋水降温。在模板和混凝土外表面遮阴，避免阳光直射或水养护。

**3. 分块分层浇筑混凝土**

结构物水平尺寸越大约束越大，大体积混凝土结构往往根据搅拌能力和浇筑能力划分为若干块浇筑混凝土，同时采用薄层浇筑，利用层面散热以降低混凝土温度。

**4. 埋设冷却水管**

埋设水管用连续流动的冷水降低混凝土的温度，冷却时间一般在浇筑开始初期的10～15 d。

## 7.6.2 大体积混凝土的配合比设计

大体积混凝土配合比的设计、计算与试配、调整，按照我国现行标准《普通混凝土配合比设计规程》(JGJ 55—2011)进行。为减少混凝土的水化热，大体积混凝土应在保证混凝土和易性、强度与耐久性要求的前提下，掺用缓凝剂、减水剂及减少水泥水化热的掺合料，提高掺合料和骨料的含量，以降低混凝土中单位水泥用量。

**1. 大体积混凝土所用原材料的规定**

(1)水泥宜采用中、低热硅酸盐水泥或低热矿渣硅酸盐水泥，水泥的3 d和7 d水化热应符合现行国家标准《中热硅酸盐水泥、低热硅酸盐水泥、低热矿渣硅酸盐水泥》(GB 200—2003)的规定。当采用硅酸盐水泥或普通硅酸盐水泥时，应掺加矿物掺合料，胶凝材料的3 d和7 d水化热分别不宜大于240 kJ/kg和270 kJ/kg。水化热试验方法应按现行国家标准《水泥水化热测定方法》(GB/T 12959—2008)执行。采用低水化热的胶凝材料，有利于限制大体职混凝土由于温度应力引起的裂缝。

(2)粗骨料宜为连续级配，最大公称粒径不宜小于31.5 mm，含泥量不应大于1.0%。粗骨料粒径太小则限制混凝土变形作用较小。

(3)细骨料宜采用中砂，含泥量不应大于3.0%。

(4)宜掺用矿物掺合料和缓凝型减水剂。

**2. 大体积混凝土配合比设计的特殊要求**

(1)水胶比不宜大于0.55，用水量不宜大于175 kg/m$^3$。水胶比大、用水量多对限制裂缝不利。

(2)在保证混凝土性能要求的前提下，宜提高每立方米混凝土中的粗骨料用量；砂率宜为38%～42%。混凝土中粗骨料较多有利于限制胶凝材料硬化体的变形作用。

(3)在保证混凝土性能要求的前提下，应减少胶凝材料中的水泥用量，提高矿物掺合料掺量,矿物掺合料掺量应符合表5.6的规定。

因为水泥水化热相对较高,所以大体积混凝土中往往掺用大量粉煤灰,减少胶凝材料中的水泥用量,以达到降低水化热的目的。

(4)在配合比试配和调整时,控制混凝土绝热温升不宜大于50 ℃。通常,可通过混凝土绝热温升测试设备测定混凝土的绝热温升,或通过计算求出混凝土的绝热温升,从而在配合比设计过程中控制混凝土的绝热温升。

(5)大体积混凝土配合比应满足施工对混凝土凝结时间的要求。延迟混凝土的凝结时间对大体积混凝土施工操作和温度控制有利。大体积混凝土配合比设计应重视混凝土的凝结时间。

(6)当采用混凝土60 d或90 d龄期的设计强度时,宜采用标准尺寸试件进行抗压强度试验。由于采用低水化热的胶凝材料有利于限制大体积混凝土由于温度应力引起的裂缝,所以大体积混凝土的胶凝材料中往往掺用大量粉煤灰等矿物掺合料,使混凝土强度发展较慢,采用混凝土60 d或90 d龄期强度也是合理的。

## 7.6.3 大体积混凝土的热工计算

大体积混凝土的热工计算包括混凝土拌合物温度、混凝土浇筑温度、混凝土绝热温升、混凝土内部温度等。

**1.混凝土拌合物温度**

混凝土拌合物温度也称为出机温度,其计算方法大致可分为计算法和图表法两类。由于混凝土的温度涉及的因素很多,条件变化不一,要制作简便实用的图表比较困难。这里介绍一种计算表格法,这种方法简便易懂,便于计算和复查。

混凝土拌合物的热量,是由各种原材料所供给,根据拌和前混凝土原材料的总热量与拌和后流态混凝土的总热量两者相等的原则,即可求得混凝土的拌和温度,其关系式如下:

$$T_0 \sum WC = \sum T_i WC \tag{7.18}$$

式中 $T_0$ ——混凝土拌合物温度,℃;

$W$ ——各种材料的质量,kg;

$C$ ——各种材料的比热,kJ/(kg·K);

$T_i$ ——各种材料的初始温度,℃;为方便计算,可列成表7.23所示的表格形式。

由此可得出混凝土的拌合物温度:

$$T_0 = \frac{\sum T_i WC}{\sum WC} = \frac{55\ 496}{2\ 605}℃ = 21.3\ ℃$$

对于冬季混凝土施工拌合物温度,我国现行标准《混凝土结构工程施工及验收规范》(GB 50204—2011)规定了计算方法,公式如下:

$$T_0 = \frac{0.9(m_c T_{ce} + m_s T_{sa} + m_g T_g) + 4.2T_w(m_w - w_{sa}m_s - w_g m_g) + C_1(w_{sa}m_s T_{sa} + w_g m_g T_g) + C_2(w_{sa}m_s + w_g m_g)}{4.2m_w + 0.9(m_c + m_s + m_g)} \tag{7.19}$$

式中 $T_0$ ——混凝土拌合物温度,℃;

$m_w, m_c, m_s, m_g$ ——水、水泥、砂、石的用量,kg;

$T_w, T_{ce}, T_{sa}, T_g$ ——水、水泥、砂、石的温度,℃;

$w_{sa}, w_g$ ——砂、石的含水率,%;

$C_1, C_2$——水的比热容[kJ/(kg·K)]及溶解热(kJ/kg),按表7.24选取。

**表7.23 混凝土拌合物温度计算表**

| 材料名称 | 质量 $W$ /kg | 比热 $C$ /(kJ·kg$^{-1}$·K$^{-1}$) | 热当量 $WC$ /(kJ·℃$^{-1}$) | 温度 $T_i$ /℃ | 热量 $T_iWC$ /kJ |
|---|---|---|---|---|---|
| | ① | ② | ③=①×② | ④ | ⑤=③×④ |
| 水泥 | 270 | 0.84 | 227 | 28 | 6 356 |
| 砂子 | 600 | 0.84 | 504 | 23 | 11 592 |
| 碎石 | 1 275 | 0.84 | 1 071 | 22 | 23 562 |
| 粉煤灰 | 80 | 0.84 | 67 | 22 | 1 474 |
| 砂中含水量3% | 18 | 4.2 | 76 | 17 | 1 292 |
| 石中含水量1% | 13 | 4.2 | 55 | 17 | 935 |
| 拌和水 | 144 | 4.2 | 605 | 17 | 10 285 |
| 合计Σ | 2 400 | | 2 605 | | 55 496 |

注:①砂、石质量是扣除含水量后的净重;

②表中原材料的用量根据实验室提供的混凝土配合比资料,材料温度根据施工时的气温进行预估。

**表7.24 水的比热容 $C_1$、溶解热 $C_2$ 选用表**

| 骨料温度 | $C_1$ /(kJ·kg$^{-1}$·K$^{-1}$) | $C_2$ /(kJ·kg$^{-1}$) |
|---|---|---|
| >0 | 4.2 | 0 |
| ≤0 | 2.1 | 335 |

## 2.混凝土浇筑温度

混凝土浇筑温度是指混凝土拌合物出机后,经运输、平仓、振捣过程后的温度。混凝土浇筑温度与外界气温有关。当外界气温高于拌和温度时,浇筑温度比拌合物温度高;反之较低。这种冷量或热量的损失,随混凝土运输工具的类型、转运次数及平仓振捣的时间而变化。根据实测资料推出混凝土浇筑温度的计算公式如下:

$$T_j = T_0 + (T_q + T_0) \cdot (A_1 + A_2 + A_3 + \cdots + A_n) \tag{7.20}$$

式中 $T_j$ ——混凝土浇筑温度,℃;

$T_0$ ——混凝土拌合物温度,℃;

$T_q$ ——外界气温,℃;

$A_1, A_2, A_3, \cdots, A_n$ ——温度损失系数,其值如下:

①混凝土装、卸和转运,每次 $A=0.032$。

②混凝土运输时 $A=\theta t$ , $t$ 为运输时间(以 min 计), $\theta$ 值见表 7.25。

③浇筑过程中 $A=0.003t$ , $t$ 为浇捣时间(以 min 计)。

**表 7.25 混凝土运输时冷量或热量损失计算 $\theta$ 值**

| 运输工具 | 混凝土容积 /$m^3$ | $\theta$ |
|---|---|---|
| 滚动式搅拌机 | 6.0 | 0.004 2 |
| 自卸汽车(开敞式) | 1.0 | 0.004 0 |
| 自卸汽车(开敞式) | 1.4 | 0.003 7 |
| 自卸汽车(开敞式) | 2.0 | 0.003 0 |
| 自卸汽车(封闭式) | 2.0 | 0.001 7 |
| 长方形吊斗 | 0.3 | 0.022 0 |
| 长方形吊斗 | 1.6 | 0.013 0 |
| 圆柱形吊斗 | 1.6 | 0.000 9 |
| 双轮手推车(保温) | 0.15 | 0.007 0 |
| 双轮手推车(不保温) | 0.15 | 0.010 0 |

此外,《混凝土结构工程施工及验收规范》(GB 50204—2011)还规定大体积混凝土的浇筑温度不宜超过 28 ℃,并规定了冬季混凝土浇筑温度的计算方法,公式如下:

$$T_j = T_0 - (at_\tau + 0.032n) \cdot (T_0 - T_q) \tag{7.21}$$

式中 $t_\tau$ ——混凝土自运输至浇筑成型完成的时间,h;

$n$ ——混凝土的转运次数;

$a$ ——温度损失系数,$h^{-1}$,按表 7.26 选取。

**表 7.26 温度损失系数 $a$ 选用表**

| 运输工具 | 混凝土搅拌输送车 | 开敞式大型自卸汽车 | 开敞式小型自卸汽车 | 封闭式自卸汽车 | 手推车 |
|---|---|---|---|---|---|
| $a$ /$h^{-1}$ | 0.25 | 0.20 | 0.30 | 0.10 | 0.50 |

外界气温与混凝土拌合物温度相差越大,对浇筑温度的影响就越大。因此,当使用预冷后的原材料拌制混凝土时,更须加快施工速度,缩短浇筑时间,这样能降低混凝土的浇筑温度,可相应降低混凝土内部的最高温度,并减少结构物的内外温差。降低浇筑温度,还可延长混凝土的初凝时间,改善混凝土的浇筑性能,能够有效保证混凝土的施工质量。

**3. 混凝土的绝热温升**

计算混凝土的绝热温升时,假定结构物周围没有任何散热和热损失的情况下,将水泥水化热全部转化成温升后的温度值。混凝土的最终绝热温升值与水泥用量、水泥品种、混凝土的热学性能有关,可按下式计算:

$$T_n = \frac{m_c \cdot Q}{C \cdot \rho} + \frac{m_f}{50} \tag{7.22}$$

不同龄期的混凝土绝热温升值计算如下：

$$T_{(t)} = T_n(1 - e^{-mt}) \tag{7.23}$$

式中 $T_n$ ——混凝土最终绝热温升,℃;

$T_{(t)}$ ——在 $t$ 龄期时混凝土的绝热温升,℃;

$m_c$ ——每立方米混凝土中的水泥用量,kg;

$Q$ ——每千克水泥水化热量,kJ/kg;

$C$ ——混凝土的比热,可按0.97 kJ/(kg·K)计算;

$\rho$ ——混凝土的密度,取2 400 kg/m³;

$m_f$ ——每立方米混凝土中粉煤灰用量,kg;

$m$ ——混凝土水化时温升系数,随水泥品种及浇筑温度而异,一般为0.30~0.41(见表7.27);

$t$ ——龄期,d。

**表7.27 计算水化热温升时的 $m$ 值**

| 浇筑温度/℃ | 5 | 10 | 15 | 20 | 25 | 30 |
|---|---|---|---|---|---|---|
| $m$ | 0.295 | 0.318 | 0.340 | 0.362 | 0.384 | 0.406 |

为方便计算,将 $e^{-mt}$ 与 $(1 - e^{-mt})$ 值列于表7.28。

**表7.28 $e^{-mt}$ 与 $(1 - e^{-mt})$ 值**

| 浇筑温度/℃ | $m$ | $e^{-mt}$ 与 $(1 - e^{-mt})$ 值 | 龄期/d | | | | | |
|---|---|---|---|---|---|---|---|---|
| | | | 1 | 2 | 3 | 4 | 5 | 6 |
| 5 | 0.295 | $a$ | 0.255 | 0.446 | 0.587 | 0.693 | 0.771 | 0.830 |
| | | $b$ | 0.745 | 0.554 | 0.413 | 0.307 | 0.229 | 0.170 |
| 10 | 0.318 | $a$ | 0.272 | 0.471 | 0.615 | 0.720 | 0.796 | 0.852 |
| | | $b$ | 0.728 | 0.529 | 0.385 | 0.280 | 0.204 | 0.148 |
| 15 | 0.340 | $a$ | 0.288 | 0.493 | 0.639 | 0.743 | 0.817 | 0.870 |
| | | $b$ | 0.712 | 0.507 | 0.361 | 0.257 | 0.183 | 0.130 |
| 20 | 0.362 | $a$ | 0. 304 | 0.515 | 0.662 | 0.765 | 0.836 | 0.886 |
| | | $b$ | 0.696 | 0.485 | 0.338 | 0.235 | 0.164 | 0.114 |
| 25 | 0.384 | $a$ | 0.319 | 0.536 | 0.684 | 0.785 | 0.853 | 0.900 |
| | | $b$ | 0.681 | 0.464 | 0.316 | 0.215 | 0.147 | 0.100 |
| 30 | 0.406 | $a$ | 0.334 | 0.556 | 0.704 | 0.803 | 0.869 | 0.913 |
| | | $b$ | 0.666 | 0.444 | 0.296 | 0.197 | 0.131 | 0.087 |

注:表中 $a$ 为 $(1 - e^{-mt})$ 值,$b$ 为 $e^{-mt}$ 值。

**4. 混凝土内部温度**

水泥水化热引起的绝热温升后,浇筑温度 $T_j$ 即为在绝热状态下的混凝土内部温度。在绝热状态下,不同龄期的混凝土内部温度计算如下:

$$T_{T(t)} = T_j + T_{(t)} \tag{7.24}$$

式中 $T_{T(t)}$——在绝热状态下，不同龄期的混凝土内部温度℃。

应用大体积混凝土从浇筑完毕后，就有一个初始温度（即浇筑温度），以后由于水泥水化热的影响，混凝土内部温度不断上升，然后通过天然散热或人工冷却，温度又逐渐下降，最后趋于稳定，如图7.2所示。因此，混凝土内部的实际温度并非“绝热状态”，并不是符合式(7.22)的假定条件。由于结构物散热的边界条件比较复杂，要严格计算出混凝土内部温度非常困难，人们通常采用简便的图表法来确定混凝土的内部温度。

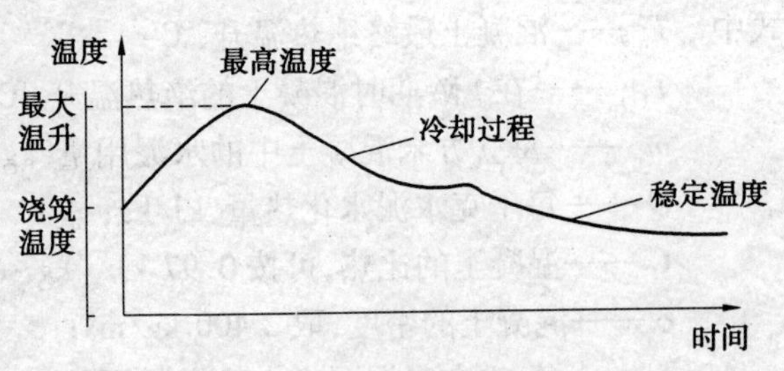


图7.2 混凝土温度变化曲线

图表法：混凝土由水泥水化热引起的实际温升，远比在绝热条件下最终水化热的温升要小。工程实践证明，在散热条件大致相似的情况下，浇筑块的厚度不同，散热的温度也不同，并大致符合越薄散热越快，越厚散热越慢的规律。当浇筑块厚在5 m以上时，混凝土的实际温升已接近于绝热温升。利用不同浇筑块厚度与混凝土最终绝热温升的关系$\xi$值（$\xi = T_m/T_h$，称为不同浇筑块厚度的温度系数，见表7.29），可估算不同龄期时混凝土的内部温度。

表7.29 不同浇筑块厚度与混凝土绝热温升的关系$\xi$值

| 浇筑块厚度 /m | 1.0 | 1.5 | 2.0 | 3.0 | 5.0 | 6.0 |
|---|---|---|---|---|---|---|
| $\xi$ | 0.36 | 0.49 | 0.57 | 0.68 | 0.79 | 0.82 |

注：$T_m$——混凝土由水化热引起的实际温升，℃。

不同龄期混凝土水化热温升曲线与浇筑厚度的关系如图7.3所示，详见表7.30。

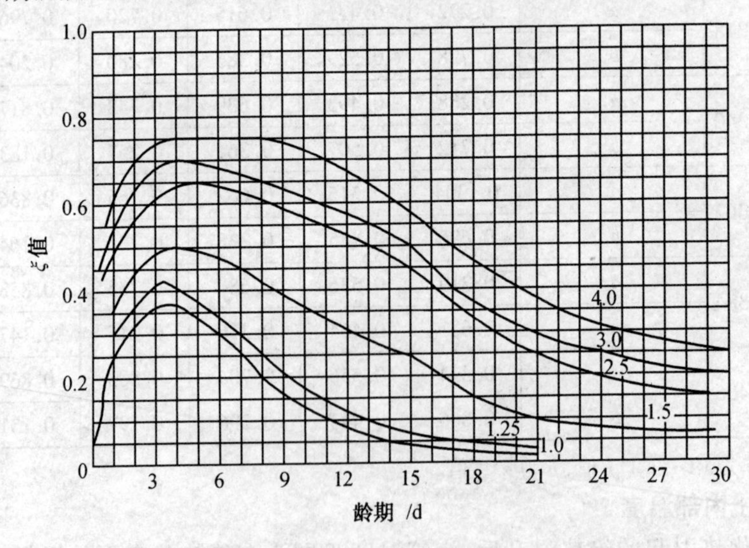


图7.3 不同浇筑块厚度与混凝土绝热温度的关系（$\xi$值）

**表 7.30 不同龄期水化热温升与浇筑块厚度的关系**

| 浇筑块厚度 /m | 不同龄期（d）时的 $\xi$ 值 | | | | | | | | | |
|---|---|---|---|---|---|---|---|---|---|---|
| | 3 | 6 | 9 | 12 | 15 | 18 | 21 | 24 | 27 | 30 |
| 1.00 | 0.36 | 0.29 | 0.17 | 0.09 | 0.05 | 0.03 | 0.01 | | | |
| 1.25 | 0.42 | 0.31 | 0.19 | 0.11 | 0.07 | 0.04 | 0.03 | | | |
| 1.50 | 0.49 | 0.46 | 0.38 | 0.29 | 0.21 | 0.15 | 0.12 | 0.08 | 0.05 | 0.04 |
| 2.50 | 0.65 | 0.62 | 0.59 | 0.48 | 0.38 | 0.29 | 0.23 | 0.19 | 0.16 | 0.15 |
| 3.00 | 0.68 | 0.67 | 0.63 | 0.57 | 0.45 | 0.36 | 0.30 | 0.25 | 0.21 | 0.19 |
| 4.00 | 0.74 | 0.73 | 0.72 | 0.65 | 0.55 | 0.46 | 0.37 | 0.30 | 0.25 | 0.24 |

注：本表适用于混凝土浇筑温度为 20～30 ℃的工程。

混凝土内部的中心温度，可按下式计算：

$$T_{max} = T_j + T_{(t)} \cdot \xi \tag{7.25}$$

式中 $T_{max}$——混凝土中心温度，℃；

$T_j$——混凝土的浇筑温度，℃；

$T_{(t)}$——在 $t$ 龄期时混凝土的绝热温升，℃；

$\xi$——不同浇筑块厚度的温度系数。

**5. 大体积混凝土养护时的温度控制**

大体积混凝土的裂缝多发生于早期，主要是由于早期混凝土内升温速度高，过早拆模使混凝土表面温度骤降，形成很陡的温度梯度，而混凝土的早期强度低，极限拉伸小，如果养护不善，极易产生裂缝。而在冬季负温季节或在早春晚秋气温变化大且频繁的时节，由于表面处于负温或因温度骤降，表面裂缝也可能出现于晚期，寒冷地区更为明显。为防止因温度变化引起结构物开裂，大体积混凝土施工养护必须进行温度控制。

《混凝土结构工程施工及验收规范》(GB 50204—2011) 规定：对大体积混凝土的养护，应根据气候条件采取控温措施，并按需要测定浇筑后混凝土表面和内部的温度，将温度差控制在设计要求范围以内；当设计无具体要求时，温度不宜超过 25 ℃。混凝土的养护时间与水泥品种有关，可参照表 7.31 的规定。利用后期强度的混凝土以及干燥、炎热气候条件下的混凝土，应延长养护时间，至少养护 28 d，对裂缝有严格要求时，应适当延长。

**表 7.31 大体积混凝土养护时间**

| 水泥品种 | 养护时间 /d |
|---|---|
| 普通水泥 | 14 |
| 矿渣水泥、粉煤灰水泥、火山灰水泥、大坝水泥、复合水泥 | 21 |
| 混凝土中掺入掺合料时 | 21 |

混凝土养护时可采用降温法、保温法、蓄水法和水浴法等温控方法，其中保温法在施

工中最常采用。利用保温材料提高新浇筑混凝土表面和四周的温度,减少混凝土的内外温差,是一项简便有效的温控方法。同时在后期拆除四周模板后,还应对结构物及时覆盖加以养护,防止晚期混凝土出现开裂。

应该指出,采用保温法控制温度的基本原理是利用混凝土的初始温度加上水泥水化热的温升,在缓慢的散热过程中(通过人为控制),使混凝土获得必要的强度。因此,在冬季施工中,混凝土的原材料必须加热搅拌,而且混凝土的浇筑温度不应低于10 ℃,否则,无法控制混凝土内外温差小于25 ℃的施工要求。

(1)保温材料及导热系数λ

由于大体积混凝土的保温规模大,在选择保温隔热材料方面应尽量以就地取材、施工简便和经济为目的。各种保温材料及导热系数见表7.32。

**表7.32 各种保温材料及导热系数λ[W/(m·K)]**

| 材料名称 | λ | 材料名称 | λ |
|---|---|---|---|
| 木模 | 0.23 | 甘蔗板 | 0.05 |
| 钢模 | 58 | 沥青玻璃棉毡 | 0.05 |
| 草袋 | 0.14 | 沥青矿棉 | 0.09~0.12 |
| 木屑 | 0.17 | 油毡纸 | 0.05 |
| 炉渣 | 0.47 | 泡沫塑料制品 | 0.03~0.05 |
| 干砂 | 0.33 | 普通混凝土 | 2.30~3.49 |
| 湿砂 | 1.71~3.14 | 加气混凝土 | 0.16 |
| 黏土 | 1.38~1.47 | 泡沫混凝土 | 0.10 |
| 黏土砖 | 0.43 | 水 | 0.605 |
| 灰砂砖 | 0.69~0.79 | 空气 | 0.03 |

(2)保温层构造

根据工程特点、气候和施工条件情况,保温层可选用以下几种构造:

①结构物表面。气温在15 ℃以上季节施工时,对于裸露的混凝土表面可采用层状材料,或一般简便的散状材料(如湿砂、锯末等)覆盖。低温季节施工时,则必须采取多种层状材料覆盖;此时如遇气温骤变时,还应特别注意将保温材料紧密地固定于混凝土的表面,以便形成不透风的围护层,否则很难奏效。

②结构物四周。除按规定设横板保护外,气温在15 ℃以上季节可在模板外侧再覆挂层状保温材料。低温季节施工时,则必须采用带填充材料的双层箱形保温模板或再在外侧覆挂层状保温材料。

各种保温层的隔热性能列于表7.33,以供参考。

**表7.33　各种构造保温层的传热系数$\beta$值[W/(m²·K)]**

| 保温层的构造 | | 系数$\beta$值,当修正系数$k$值为 | | | | | | | |
|---|---|---|---|---|---|---|---|---|---|
| | | 3.00 | 2.60 | 2.30 | 2.00 | 1.90 | 1.60 | 1.50 | 1.30 |
| 木模板(30 mm),外包两层草袋 | | 3.38 | 2.93 | 2.59 | 2.26 | 2.14 | 1.80 | 1.69 | 1.47 |
| 木模板(50 mm),外包两层草袋 | | 3.09 | 2.67 | 2.36 | 2.06 | 1.95 | 1.65 | 1.55 | 1.34 |
| 钢模板,外包两层草袋 | | 3.98 | 3.44 | 3.05 | 2.64 | 2.51 | 2.12 | 1.99 | 1.72 |
| 双层箱形保温层厚度(内外模板各为25 mm及20 mm,用锯末填充)/mm | 100 | | | | | | 1.14 | 1.07 | 0.93 |
| | 150 | | | | | | 0.86 | 0.80 | 0.70 |
| | 200 | | | | | | 0.64 | 0.60 | 0.52 |
| 锯末层厚度/mm | 100 | 2.69 | 2.33 | 2.06 | 1.79 | 1.70 | 1.43 | 1.34 | 1.16 |
| | 150 | 1.88 | 1.63 | 1.44 | 1.26 | 1.19 | 1.00 | 0.94 | 0.81 |
| | 200 | 1.69 | 1.47 | 1.29 | 1.13 | 1.07 | 0.91 | 0.85 | 0.73 |
| 湿砂层厚度/mm | 100 | 23.36 | 20.15 | 17.83 | 15.50 | 14.71 | 12.41 | 11.63 | 10.08 |
| | 150 | 13.43 | 11.64 | 10.30 | 8.96 | 8.51 | 7.16 | 6.72 | 5.83 |
| | 200 | 9.70 | 8.41 | 7.43 | 6.47 | 6.14 | 5.18 | 4.85 | 4.20 |
| 干砂层厚度/mm | 100 | 8.51 | 7.37 | 6.52 | 5.68 | 5.40 | 4.54 | 4.26 | 3.69 |
| | 150 | 4.61 | 3.99 | 3.54 | 3.07 | 2.92 | 2.45 | 2.30 | 2.00 |
| | 200 | 3.11 | 2.69 | 2.38 | 2.07 | 1.97 | 1.65 | 1.56 | 1.35 |

修正系数$k$值可根据刮风及结构高山地面位置决定,见7.34。

**表7.34　计算传热系数的修正值$K$**

| 保温层种类 | $K_1$ | $K_2$ |
|---|---|---|
| 保温层完全由容易透风的保温材料组成 | 2.60 | 3.00 |
| 保温层由容易透风的保温材料组成,但在混凝土面层上铺一层不易透风的材料 | 2.00 | 2.30 |
| 保温层由容易透风的保温材料组成,并在保温层的上面再铺一层不易透风的材料 | 1.60 | 1.90 |
| 保温层由容易透风的保温材料组成,而保温层的上面和下面各铺一层不易透风的材料 | 1.30 | 1.50 |
| 保温层完全由不易透风的保温材料所组成 | 1.30 | 1.50 |

注:①$K_1$值为一般刮风情况(风速$<4$ m/s,且结构物位置高出地面水平$\ngtr 25$ m)的修正系数;$K_2$值是刮大风时的修正系数。

②属于不易透风保温材料的有油布、帆布、棉麻毡、胶合板、装设很好的模板;属于容易透风的保温材料有锯末、砂、炉、渣、草袋等。

当表7.33中找不到所需要的保温层的传热系数时,可采用下式计算:

$$\beta = \frac{K}{0.05 + \frac{\delta_1}{\lambda_1} + \frac{\delta_2}{\lambda_2} + \cdots + \frac{\delta_n}{\lambda_n}} \tag{7.26}$$

式中 $\delta_i$—— 保温材料所需的厚度(其中包括模板),$i = 1,2,3,\cdots,n$;

$\lambda_i$ ——保温材料的导热系数,W/(m·K)。

假定混凝土的中心温度向混凝土表面的散热量等于混凝土表面保温材料应补充的发热量,则根据热交换原理,可由下式估算保温材料所需的厚度:

$$\delta_i = \frac{0.5h\lambda_i(T_b - T_q)}{\lambda(T_{max} - T_b)} \cdot K \tag{7.27}$$

式中 $\lambda$ ——混凝土的导热系数,W/(m·K);

$T_{max}$ ——混凝土中心最高温度,℃;

$T_b$ ——混凝土表面温度,℃;

$T_q$ ——混凝土浇筑后3~5 d空气平均温度,℃;

$K$——传热系数的修正值;

0.5 h——指中心温度向边界散热的距离,恰为结构物厚度($h$)的一半。

由于混凝土内部的最高温度一般发生在浇筑后的3~5 d,因此 $T_{max}$、$T_b$ 值可近似地按龄期3 d时的温度计算。

**【例7.6】** 某基础底板长91 m,宽31 m,厚2.5 m,设计混凝土强度等级为C20,采用60 d强度,用32.5级矿渣水泥,每立方米混凝土水泥用量 $m_c = 250$ kg, $Q = 285$ kJ/kg,粉煤灰 $F = 60$(kg/m$^3$),混凝土比热取0.97 kJ/(kg·K),混凝土浇筑温度为25 ℃,试估算不同龄期时混凝土的内部温度。

**解** 先求出混凝土的最终绝热温升:

$$T_n = \frac{m_c \cdot Q}{C \cdot \rho} + \frac{m_f}{50} = \left(\frac{250 \times 285}{0.97 \times 2\,400} + \frac{60}{50}\right) ℃ = 31.8 ℃$$

查表7.30的 $\xi$ 值,可求出不同龄期的水化热温升,即可求出不同龄期的混凝土绝热温升值,见表7.35。

**表7.35 不同龄期混凝土的绝热温升值**

| $T$/d | $\xi$ | $T_{(t)} = T_n(1 - e^{-mt})$ /℃ | $T_{(t)} \cdot \xi$ /℃ | $T_j$ /℃ | $T_{max} = T_j + T_{(t)} \cdot \xi$ /℃ |
|---|---|---|---|---|---|
| 3 | 0.65 | $31.8\times(1-2.178^{-0.384\times3}) = 21.8$ | 14.2 | 25 | 39.2 |
| 6 | 0.62 | $31.8\times(1-2.178^{-0.384\times6}) = 28.6$ | 17.7 | 25 | 42.7 |
| 9 | 0.59 | $31.8\times(1-2.178^{-0.384\times9}) = 30.8$ | 18.2 | 25 | 3.2 |
| ⋮ | ⋮ | ⋮ | ⋮ | ⋮ | ⋮ |
| 30 | 0.15 | $31.8\times(1-2.178^{-0.384\times30}) = 31.8$ | 4.8 | 25 | 29.8 |

**【例7.7】** 宝钢转炉基础底板,厚度为2.5 m,在第3 d时混凝土的内部中心温度为53.1 ℃,此时实测表面温度为31 ℃,气温21 ℃,混凝土的导热系数 $\lambda = 2.3$ W/(m·K),试求混凝土表面所需保温材料的厚度。

**解** 设采用草袋保温, $\lambda_i = 0.14$ W/(m·K), $K = 1.5$ ,代入公式(7.27)得:

$$\delta_i = \frac{0.5h\lambda_i(T_b - T_q)}{\lambda(T_{max} - T_b)} \cdot K = \frac{0.5 \times 2.5 \times 0.14 \times (31 - 21)}{2.3 \times (53.1 - 31)} \times 1.5 \text{ m} = 0.05 \text{ m}$$

即混凝土表面需铺设50 mm厚草袋,同理,也可以计算出侧面需要的保温材料(应包括模板在内)。

# 7.7 道路混凝土

水泥混凝土路面是以水泥混凝土为主要材料做面层的路面,以水泥混凝土板作为路面面层,下设基层所组成的路面,简称混凝土路面,亦称刚性路面。水泥混凝土路面有素混凝土、钢筋混凝土、连续配筋混凝土、预应力混凝土、钢纤维混凝土和装配式混凝土等各种路面。

道路混凝土主要指路面混凝土,水泥混凝土路面用混凝土的技术要求与配合比设计方法目前主要执行我国行业标准《公路水泥混凝土路面施工技术规范》(JTG F30—2003)。

## 7.7.1 道路混凝土的技术标准

路面水泥混凝土与普通混凝土一样,也应具备良好的力学性能、耐久性和工艺性质,以满足施工要求与路面构筑物良好的承受车辆荷载反复作用和经久耐用的设计要求。

**1. 工作性**

道路混凝土在施工过程中要求混凝土拌合物应具备良好的工作性,即易于拌和、运输、浇筑、捣实和抹面,并且不出现分层、泌水、离析等现象。混凝土拌合物的工作性可采用坍落度试验或维勃稠度试验评价,流动性应满足设计要求,同时观察黏聚性和保水性均应良好。

道路水泥混凝土的坍落度一般宜采用10~25 mm,维勃稠度宜在10~30 s之间。

**2. 强度**

道路混凝土以抗折强度作为主要评价指标,不同交通量等级水泥路面,混凝土弯拉强度标准值的规定见表5.3。一般情况下,混凝土抗折强度约为立方体抗压强度的10%~20%,混凝土抗压强度与抗折强度存在一定的关系(表7.36),但并非线性关系。

**表7.36 混凝土抗压强度与抗折强度的关系**

| 抗折强度 /MPa | 4.0 | 4.5 | 5.0 | 5.5 |
|---|---|---|---|---|
| 抗压强度 /MPa | 25.0 | 30.0 | 35.5 | 40.0 |

**3. 耐久性**

混凝土路面在使用环境中,经常受到干湿、冷热、雨雪冲刷、腐蚀、车辆磨损和冲击等综合作用,因此,要求路面混凝土应具有良好的耐磨、抗冻等耐久性能。提高混凝土耐久性的关键问题是配制出高密实的混凝土,其中水灰比与水泥用量又是核心内容。

在道路混凝土配合比设计中,考虑满足道路混凝土的耐久性要求,对最大水灰(胶)比与最小水泥用量进行了限制,具体要求见表7.37。

表 7.37 道路混凝土最大水灰比和最小单位水泥用量限值

| 公路等级 | | 高速公路、一级公路 | 二级公路 | 三、四级公路 |
|---|---|---|---|---|
| 最大水灰(胶)比 | | 0.44 | 0.46 | 0.48 |
| 抗冰冻要求最大水灰(胶)比 | | 0.42 | 0.44 | 0.46 |
| 抗盐冻要求最大水灰(胶)比 | | 0.40 | 0.42 | 0.44 |
| 最小单位水泥用量/(kg·m$^{-3}$) | 42.5 级 | 300 | 300 | 200 |
| | 32.5 级 | 310 | 310 | 305 |
| 抗冰(盐)冻时最小单位水泥用量/(kg·m$^{-3}$) | 42.5 级 | 320 | 320 | 315 |
| | 32.5 级 | 330 | 330 | 325 |
| 掺粉煤灰时最小单位水泥用量/(kg·m$^{-3}$) | 42.5 级 | 260 | 260 | 255 |
| | 32.5 级 | 280 | 270 | 265 |
| 抗冰(盐)冻掺粉煤灰最小单位水泥用量(42.5 级水泥)/(kg·m$^{-3}$) | | 280 | 270 | 265 |

## 7.7.2 道路水泥混凝土配合比设计

水泥混凝土路面用混凝土配合比设计,按我国现行行业标准《公路水泥混凝土路面施工技术规范》(JTG F30—2003)的规定,采用抗弯拉强度作为设计指标进行配合比设计。

路面水泥混凝土配合比设计,应满足:施工工作性、抗弯拉强度、耐久性(包括耐磨性)和经济合理的要求。设计步骤如下:

**1. 计算初步配合比**

(1)确定配制强度

混凝土配制抗弯拉强度的均值按下式计算:

$$f_c = \frac{f_r}{1 - 1.04C_v} + ts \tag{7.28}$$

式中 $f_c$——混凝土配制 28 d 抗弯拉强度的均值,MPa;

$f_r$——混凝土设计抗弯拉强度,MPa;

$s$——抗弯拉强度试验样本的标准差,MPa;

$t$——保证率系数,按表 7.38 确定;

$C_v$——抗弯拉强度变异系数,应按统计数据在表 7.39 的规定范围内取值。在无统计数据时,抗弯拉强度变异系数应按设计取值;如施工配置抗弯拉强度超出设计给定的抗弯拉强度变异系数上限,则必须改进机械装备和提高施工控制水平。

表7.38 保证率系数 $t$

| 公路等级 | 判别概率 $P$ | 样本数/组 | | | | |
|---|---|---|---|---|---|---|
| | | 3 | 6 | 9 | 15 | 20 |
| 高速公路 | 0.05 | 1.36 | 0.79 | 0.61 | 0.45 | 0.39 |
| 一级公路 | 0.10 | 0.95 | 0.59 | 0.46 | 0.35 | 0.30 |
| 二级公路 | 0.15 | 0.72 | 0.46 | 0.37 | 0.28 | 0.24 |
| 三、四级公路 | 0.20 | 0.56 | 0.37 | 0.29 | 0.22 | 0.19 |

表7.39 各级公路混凝土路面抗弯拉强度变异系数

| 公路等级 | 高速公路 | 一级公路 | | 二级公路 | 三、四级公路 | |
|---|---|---|---|---|---|---|
| 混凝土抗弯拉强度变异水平等级 | 低 | 低 | 中 | 中 | 中 | 高 |
| 抗弯拉强度变异系数 $C_v$ 允许变化范围 | 0.05~0.10 | 0.05~0.10 | 0.10~0.15 | 0.10~0.15 | 0.10~0.15 | 0.15~0.20 |

(2)计算水灰比($W/C$)

根据粗骨料的类型,水灰比可分别按下列统计公式计算:

对碎石或碎卵石混凝土:

$$\frac{W}{C}=\frac{1.5684}{f_c+1.0097-0.3595f_s} \tag{7.29}$$

对卵石混凝土:

$$\frac{W}{C}=\frac{1.2618}{f_c+1.5492-0.4079f_s} \tag{7.30}$$

式中 $f_s$——水泥实测28 d抗弯拉强度,MPa。

掺用粉煤灰时,应计入超量取代法中代替水泥的那一部分粉煤灰用量(代替砂的超量部分不计入),用水胶比 $W/(C+F)$ 代替水灰比 $W/C$。水灰比不得超过表7.37规定的最大水灰比。

(3)计算单位用水量($W_0$)

混凝土拌合物每1 $m^3$ 的用水量(kg),按下式确定:

对于碎石混凝土:

$$W_0=104.97+0.309S_L+11.27C/W+0.61S_p \tag{7.31}$$

对于卵石混凝土:

$$W_0=86.89+0.370S_L+11.24C/W+1.00S_p \tag{7.32}$$

式中 $S_L$——混凝土拌合物坍落度,mm;

$S_p$——砂率,%,参考表7.40选定。

按式(7.31)或式(7.32)计算的用水量是按骨料为自然风干状态计。

表 7.40　砂的细度模数与最优砂率关系

| 砂细度模数 | | 2.2 ~ 2.5 | 2.5 ~ 2.8 | 2.8 ~ 3.1 | 3.1 ~ 3.4 | 3.4 ~ 3.7 |
|---|---|---|---|---|---|---|
| 砂率 $S_p$ /% | 碎石 | 30 ~ 34 | 32 ~ 36 | 34 ~ 38 | 36 ~ 40 | 38 ~ 42 |
| | 卵石 | 28 ~ 32 | 30 ~ 34 | 32 ~ 36 | 34 ~ 38 | 36 ~ 40 |

(4)计算单位水泥用量( $C_0$ )

混凝土拌合物每 1 $m^3$ 水泥用量(kg),按下式计算:

$$C_0 = W_0/(W/C) \tag{7.33}$$

单位水泥用量不得小于表 7.37 中按耐久性要求的最小水泥用量。

(5)计算砂石材料单位用量( $S_0, G_0$ )

砂石材料单位用量可按前述绝对体积法或质量法确定。

按质量法计算时,混凝土单位质量可取 2 400 ~ 2 450 kg/$m^3$;按体积法计算时,应计入设计含气量。采用超量取代法掺用粉煤灰时,超量部分应代替砂,并折减用砂量。经计算得到的配合比应验算单位粗骨料填充体积率,且不宜小于 70%。

**2. 试拌、调整、提出基准配合比**

(1)试拌

取施工现场实际材料,配制 0.03 $m^3$ 混凝土拌合物。

(2)测定工作性

测定坍落度(或维勃稠度),并观察黏聚性和保水性。

(3)调整配比

如流动性不符合要求,应在水灰比不变的情况下,增减水泥浆用量,如黏聚性和保水性不符合要求,应调整砂率。

(4)提出基准配合比

调整后,提出一个流动性、黏聚性和保水性均符合要求的基准配合比。

**3. 强度测定、确定实验室配合比**

(1)制备抗弯拉强度试件按基准配合比增加和减少水灰比 0.03,再计算二组配合比,用三组配合比制备抗弯拉强度试件。

(2)抗弯拉强度测定三组试件在标准条件下经 28 d 养护后,按标准方法测定其抗弯拉强度。

(3)确定实验室配合比根据抗弯拉强度,确定符合工作性和强度要求,并且最经济合理的实验室配合比(或称理论配合比)。

**4. 换算工地配合比**

根据施工现场材料性质、砂石材料颗粒表面含水率,对理论配合比进行换算,得出施工配合比。

**【例 7.8】** 某一级公路路面为水泥混凝土,设计混凝土抗折强度 5.0 MPa,强度标准差为 0.50 MPa,施工要求混凝土拌合物坍落度为 10 ~ 25 mm,求其配合比。

所用原材料如下:

水泥：普通水泥42.5，密度$\rho_c=3\ 100\ kg/m^3$，实测28 d抗折强度为7.2 MPa。

河砂：中砂，表观密度$\rho_s=2\ 650\ kg/m^3$。

碎石：符合连续颗粒级配，最大粒径31.5 mm，表观密度$\rho_g=2\ 680\ kg/m^3$。

水：自来水。

外加剂：FDN高效减水剂，掺量1%，减水率15%。

**解** (1)计算初步配合比

①确定混凝土的配制抗折强度

$$f_c=\frac{f_r}{1-1.04C_v}+ts=\left(\frac{5.0}{1-1.04\times 0.10}+0.35\times 0.50\right)\text{MPa}=5.76\text{ MPa}$$

②计算水灰比

已知混凝土抗折配制强度$f_c=5.76$ MPa，水泥实测28 d抗折强度$f_s=7.2$ MPa，施工采用碎石，计算水灰比得：

$$\frac{W}{C}=\frac{1.568\ 4}{f_c+1.009\ 7-0.359\ 5f_s}=\frac{1.568\ 4}{5.76+1.009\ 7-0.359\ 5\times 7.2}=0.38$$

查表7.37，$W/C=0.38$符合耐久性要求。

③确定用水量

已知施工要求混凝土拌合物坍落度为10～25 mm（选取20 mm），碎石最大粒径为31.5 mm，选取砂率$S_p=34\%$，则：

$$W_0=104.97+0.309S_L+11.27C/W+0.61S_p=$$
$$(104.97+0.309\times 20+11.27\times 1/0.38+0.61\times 34)\text{kg/m}^3=162\text{ kg/m}^3$$

由于使用高效减水剂，减水率为15%，故计算用水量为：

$$W_0=162\times(1-15\%)\text{kg/m}^3=138\text{ kg/m}^3$$

④计算水泥用量

$$C_0=\frac{W_0}{W/C}=\frac{138}{0.38}\text{kg/m}^3=363\text{ kg/m}^3$$

查表7.37，水泥用量$C_0=371\ kg/m^3$符合耐久性要求。

⑤计算外加剂用量

已知FDN高效减水剂掺量为1%，减水剂掺量为：$a=(363\times 1\%)\ kg/m^3=3.63\ kg/m^3$。

⑥计算砂、石用量

采用体积法计算：

$$\begin{cases}\dfrac{m_{g0}}{2\ 680}+\dfrac{m_{s0}}{2\ 650}+\dfrac{363}{3\ 100}+\dfrac{138}{1\ 000}+0.01\times 1=1\\[2ex]\dfrac{m_{s0}}{m_{g0}+m_{s0}}\times 100\%=35\%\end{cases}$$

解得：$m_{s0}=688\ kg/m^3$，$m_{g0}=1\ 273\ kg/m^3$。由此得初步配合比为

水泥：水：砂：石子：FDN = 363：138：688：1 273：3.63 或 = 1：1.90：3.51：0.01;0.38。

(2)试配调整,确定基准配合比

根据初步配合比,计算拌制 30 L 混凝土拌合物,测得其坍落度为 20 mm,符合施工对稠度的要求,观察黏聚性和保水性均良好,因此,初步配合比即为基准配合比。

(3)检验抗折和抗压强度,确定实验室配合比

根据已确定的基准配合比,另外计算两个水灰比较基准配合比分别增减 0.03 的配合比,用水量与基准配合比相同,砂率分别增减 1%,每个配合比均计算拌制 30 L 混凝土拌合物,进行混凝土坍落度的验证,观察黏聚性与保水性均满足要求。然后测定混凝土拌合物的表观密度,并制作抗折强度与抗压强度试件。将三组配合比混凝土试验结果汇总于表 7.41。

**表 7.41　不同配合比混凝土拌合物及强度试验结果汇总表**

| 配合比 | 实测坍落度 /mm | 表观密度 /($kg \cdot m^{-3}$) | 标准养护 28 d 强度 /MPa | |
|---|---|---|---|---|
| | | | 抗折 | 抗压 |
| 基准 $W/C$-0.03 | 15 | 2 480 | 6.7 | 56.4 |
| 基准 $W/C$ | 20 | 2 470 | 6.1 | 51.7 |
| 基准 $W/C$+0.03 | 25 | 2 450 | 5.6 | 48.1 |

经比较,确定基准配合比为实验室配合比。根据现场砂石材料的实际含水率,将路面混凝土的实验室配合比折算为施工配合比。

## 7.8　泵送混凝土

泵送混凝土是随着现代混凝土技术的发展,提出的一种浇筑施工工艺,目前,已广泛应用于高层建筑、大体积混凝土、桥梁工程等大型工程。

泵送混凝土是指在施工现场通过压力泵及输送管道进行浇注的混凝土。泵送混凝土可用于大多数混凝土工程,尤其适用于施工地域和施工机具受到限制的混凝土浇筑,按混凝土泵的不同型号,泵送效率约为每小时 30 ~ 80 $m^3$ 混凝土,泵送水平运距 200 ~ 500 m,泵送垂直运距 50 ~ 100 m。随着现代混凝土泵送技术的发展,混凝土泵送距离已远远突破了传统运距,采用高压混凝土泵,垂直运距可达 300 m 或更高。如上海金茂大厦,目前是上海第二高摩天大楼、中国内地第三高楼、世界第八高楼。楼高 420.5 m,主楼采用 C50 混凝土,总量为 13 500 $m^3$,利用超高层泵送商品混凝土技术,泵送高度达 382.5 m。

混凝土泵由带搅拌叶片的料斗、吸入阀、排除阀和混凝土活塞构成,排出阀与输送管连接,当活塞启动回程时,吸入阀开启,排出阀关闭,然后活塞将混凝土缸中的混凝土压入输送管,如此活塞连续往复运动,将混凝土连续不断地经输送管压送至浇筑处。图 7.4 为泵送混凝土现场浇筑照片。

泵送混凝土属流态混凝土的一种,其配合比设计方法同流态混凝土,但应注意为满足可泵性的要求,泵送混凝土的坍落度一般以 100 ~ 220 mm 为宜,坍落度过小影响泵送效率甚至会发生堵管现象,坍落度过大,则因离析泌水,同样容易发生堵管,同时混凝土应具

(a)

(b)

图7.4　泵送混凝土施工现场

有较小的坍落度损失,能够在较长时间内或较长的运输距离中保持足够的流动性能以利于泵送。泵送混凝土的配合比设计按照我国现行标准《普通混凝土配合比设计规程》(JGJ 55—2011)进行。

**1. 泵送混凝土所采用的原材料的规定**

(1)泵送混凝土应选用硅酸盐水泥、普通硅酸盐水泥、矿渣硅酸盐水泥和粉煤灰硅酸盐水泥。这些种类的水泥配制的混凝土,性能比较稳定,易于泵送。

(2)粗骨料宜采用连续级配,其针片状颗粒含量不宜大于10%;粗骨料的最大公称粒径与输送管径之比宜符合表7.42的规定。粗骨料具有良好的颗粒粒型和级配,有利于配制泵送性能良好的混凝土。

(3)细骨料宜采用中砂,其通过公称直径为0.315 mm筛孔的颗粒含量不宜少于15%。

(4)泵送混凝土应掺用泵送剂或减水剂,并宜掺用矿物掺合料。掺用泵送剂或减水剂以及粉煤灰,并调整其合适掺量,是配制泵送混凝土的基本方法。

**表7.42　粗骨料的最大粒径与输送管径之比**

| 粗骨料种类 | 泵送高度/m | 粗骨料的公称最大粒径与输送管径之比 |
|---|---|---|
| 碎　石 | <50 | ≤1∶3.0 |
| | 50~100 | ≤1∶4.0 |
| | >100 | ≤1∶5.0 |
| 卵　石 | <50 | ≤1∶2.5 |
| | 50~100 | ≤1∶3.0 |
| | >100 | ≤1∶4.0 |

**2. 泵送混凝土试配时的特殊要求**

(1)胶凝材料用量不宜小于300 kg/m$^3$,以防止出现离析现象。

(2)砂率宜为35%~45%。

(3)泵送混凝土试配时应考虑坍落度经时损失。泵送混凝土的坍落度经时损失值可以通过调整外加剂进行控制，通常坍落度经时损失控制在 30 mm/h 以内比较好。

**3. 泵送混凝土配合比参考**

表 7.43 为我国一些工程采用泵送高强混凝土的配合比，供参考使用。

**表 7.43　适用于泵送的高强混凝土配合比**

| 序号 | 水灰比 | 砂率 /mm | 泵送剂 NF | 坍落度 /mm | 材料用量 /($kg \cdot m^{-3}$) | | | | 7 d 强度 /MPa | 28 d 强度 /MPa |
|---|---|---|---|---|---|---|---|---|---|---|
| | | | | | 水泥 | 水 | 砂 | 石 | | |
| 1 | 0.33 | 34.8 | NF-2,1.4 | 239 | 550 | 180 | 597 | 1120 | 58.4 | 63.4 |
| 2 | 0.33 | 34.8 | 1.2 | 219 | 550 | 180 | 597 | 1120 | 55.6 | 69.4 |
| 3 | 0.33 | 34.8 | 1.0 | 205 | 550 | 180 | 597 | 1120 | 61.9 | 70.1 |
| 4 | 0.39 | 40.0 | 1.0 | 227 | 500 | 195 | 689 | 1034 | 51.1 | 69.4 |
| 5 | 0.39 | 40.0 | 1.3 | 233 | 500 | 195 | 689 | 1034 | 49.5 | 67.8 |
| 6 | 0.34 | 34 | NF-0,1.4 | 132 | 550 | 185 | 579 | 1125 | 59.9 | 69.7 |
| 7 | 0.36 | 36.5 | 1.4 | 220 | 500 | 180 | 634 | 1105 | 50.0 | 72.0 |
| 8 | 0.36 | 35.3 | 1.4 | 212 | 450<br>粉煤灰 50 | 180 | 613 | 1125 | 58.8 | 70.4 |
| 9 | 0.38 | 40.0 | NF-1,0.70 | 141 | 513 | 195 | 685 | 1028 | 57.4 | 73.1 |
| 10 | 0.40 | 40.0 | NF-1,0.55 | 158 | 488 | 195 | 694 | 1040 | 55.4 | 67.6 |

**【例 7.9】** 某高层商品住宅楼，主体为钢筋剪力墙混凝土结构，设计混凝土强度等级为 C30，泵送施工要求混凝土拌合物入泵时坍落度为 150±10 mm，现场搅拌所用原材料如下：

水泥：42.5 普通水泥，密度 $\rho_c$ = 3 100 kg/m$^3$，水泥实际强度 $f_{ce}$ = 45.0 MPa。

河砂：中砂，表观密度 $\rho_s$ = 2 630 kg/m$^3$。

碎石：5～20 mm 连续级配，最大粒径 20 mm，表观密度 $\rho_g$ = 2 690 kg/m$^3$。

粉煤灰：磨细Ⅱ级干排灰，表观密度 $\rho_f$ = 2 200 kg/m$^3$。

JT-38 型高效泵送剂：掺量为水泥质量的 0.8% 时，减水率为 16%。

水：可饮用水。

**解**　(1)计算初步配合比

①确定配制强度

已知混凝土设计强度 $f_{cu,k}$ = 30 MPa，无混凝土强度统计资料，查表知标准差 $\sigma$ = 5.0 MPa，计算混凝土配制强度：

$$f_{cu,0} = f_{cu,k} + 1.645\sigma = 38.2\ \text{MPa}$$

②确定水灰比

已知混凝土配制强度 $f_{cu,0}$ = 38.2 MPa，水泥 28 d 实际强度 $f_{ce}$ = 45.0 MPa，无混凝土强度回归系数统计资料，采用表 2.3 中碎石 $\alpha_a$ = 0.53，$\alpha_b$ = 0.20，计算水灰比：

$$\frac{W}{B} = \frac{\alpha_a f_{ce}}{f_{cu,0} + \alpha_a \alpha_b f_{ce}} = \frac{0.53 \times 45.0}{38.2 + 0.53 \times 0.20 \times 45.0} = 0.56$$

按耐久性校核水胶比,满足要求。

③确定用水量

由题意已知,要求混凝土拌合物坍落度为150±10 mm,碎石最大粒径为20 mm。现场搅拌并泵送,故可不考虑经时坍落度损失,查表5.12取混凝土用水量 $m_{wo}=230\ kg/m^3$。由于采用JT-38型高效泵送剂,其减水率为16%,故计算用水量为:

$$m_{wo}=m'_{wo}(1-\beta)=230\times(1-16\%)kg/m^3=193\ kg/m^3$$

④计算混凝土中单位胶凝材料、粉煤灰和水泥用量

已知混凝土单位用水量 $m_{wo}=193\ kg/m^3$,水胶比 $W/B=0.56$,计算混凝土中胶凝材料:

$$m_{bo}=\frac{m_{wo}}{W/B}=\frac{193}{0.56}kg/m^3=345\ kg/m^3$$

按耐久性校核,粉煤灰和水泥用量满足不低于300 kg/m³胶凝材料最小用量。

按下式计算单位粉煤灰用量:

$$m_{fo}=m_{bo}\cdot\beta_f=(345\times15\%)kg/m^3=52\ kg/m^3$$

计算单位水泥用量:

$$m_{co}=m_{bo}-m_{fo}=(345-52)kg/m^3=293\ kg/m^3$$

⑤计算泵送剂用量

已知T-38型高效泵送剂掺量为水泥质量的0.8%,由于混凝土中胶凝材料总量为345 kg/m³,泵送剂用量为:

$$m_{bs}=345\ kg/m^3\times0.8\%=2.8\ kg/m^3$$

⑥确定砂率

初步确定砂率 $\beta_s=41\%$。

⑦计算砂、石用量

采用体积法计算:

$$\begin{cases}\frac{m_{g0}}{2\,690}+\frac{m_{s0}}{2\,630}+\frac{293}{3\,100}+\frac{52}{2\,200}+\frac{193}{1\,000}+0.01\times1=1\\ \frac{m_{s0}}{m_{g0}+m_{s0}}\times100\%=41\%\end{cases}$$

解得:$m_{s0}=742\ kg/m^3$,$m_{g0}=1\,067\ kg/m^3$。由此得初步配合比为:

(水泥+粉煤灰):水:砂:石子:泵送剂=(293+52):193:742:1 067:2.8(或=1:2.15:3.09:0.016;0.56)

(2)试配、调整,确定实验室配合比

实验室配合比按第5章5.3节的试配步骤及方法确定。

## 7.9 商品混凝土

商品混凝土是指在工厂中生产,并作为商品出售的混凝土。商品混凝土由专业的混凝土生产企业生产,生产设备先进,计量精确,搅拌均匀,生产人员专业性强、经验丰富。

另外,商品混凝土企业一般还具有较完善的质量保证体系及质量检测系统,包括对水泥、砂石料、外加剂等原材料的检验以及对新拌混凝土和硬化混凝土性能的检验,有效保证了混凝土的质量。

采用商品混凝土可以减少施工现场的建筑材料的堆放,当施工现场较狭窄时,这一作用将更明显,同时由于施工现场材料少,也减少了对周围环境的污染,有利于文明施工。由于商品混凝土具有以上优点,目前商品混凝土越来越广泛地应用于公路、桥梁及建筑工程中,以至于许多大中城市均规定市区内不允许进行混凝土的现场搅拌。

# 第8章 砂 浆

砂浆作为一种不加粗骨料的特殊混凝土,与水泥混凝土相比,提出以下问题:

1. 在性能方面与混凝土相比有哪些异同?

2. 砂浆有哪些种类?

3. 砂浆如何进行配合比设计?

4. 与特种混凝土相比,有哪些特种砂浆?如何应用?

5. 何谓干粉砂浆?目前应用与应用前景如何?

砂浆是由胶结料、细骨料、掺加料和水按照适当比例配制而成的建筑材料。在土木工程中起黏结、衬垫和传递应力的作用。

用水泥、细集料和水配制成的砂浆称为水泥砂浆。用水泥、细集料、掺加料和水配制成的砂浆称为水泥混合砂浆。

在土木工程中,砂浆主要用来砌筑圬工桥涵、沿线挡土墙、隧道衬砌等砌体以及修饰构筑物的表面。故按其用途,可分为砌筑砂浆和抹面砂浆两类。如按砂浆的生产方式可分为由专业生产厂生产的预制砂浆(包括湿拌砂浆或干拌砂浆)和现场配制砂浆。

不同砂浆拌合物的表观密度不同,其表观密度的一般分布列于表8.1。

**表8.1 砌筑砂浆拌合物的表观密度**

| 砂浆种类 | 表观密度/($kg \cdot m^{-3}$) |
|---|---|
| 水泥砂浆 | ≥1 900 |
| 水泥混合砂浆 | ≥1 800 |
| 预拌砌筑砂浆 | ≥1 800 |

## 8.1 砌筑砂浆

砌筑砂浆是指将块体材料(砖、石、砌块等)经砌筑成为整体,起黏结、衬垫和传力作用的砂浆。砌体强度不仅取决于砌块,而且取决于砂浆的强度,所以砂浆为砌体的重要组成单元。砌筑砂浆广泛用于工业与民用建筑及一般构筑物工程。

### 8.1.1 组成材料

砂浆所用原材料不应对人体、生物与环境造成有害的影响。砂浆的组成材料除了不含粗集料外,基本上与混凝土的组成材料相同,但亦有差异之处。现就其特点分述如下。

**1. 水泥**

常用的各品种水泥均可作为砂浆的结合料,水泥宜采用通用硅酸盐水泥或砌筑水泥。

水泥强度等级应根据砂浆品种及强度等级的要求进行选择，但由于砂浆的强度等级较低，所以水泥的强度等级不宜太高，否则水泥的用量太低，会导致砂浆的保水性不良。一般规定 M15 及以下强度等级的砌筑砂浆宜选用 32.5 级的通用硅酸盐水泥或砌筑水泥；M15 以上强度等级的砌筑砂浆宜选用 42.5 级通用硅酸盐水泥。

**2. 掺加料**

为提高砂浆的和易性，除了水泥外，还掺加各种掺加料（如石灰、黏土和粉煤灰等）作为结合料，配制成各种混合砂浆，以达到提高质量、降低成本的目的。

(1)砌筑砂浆用石灰膏、电石膏应符合下列规定：

①生石灰熟化成石灰膏时，应用孔径不大于 3 mm×3 mm 的网过滤，熟化时间不得少于 7 d；磨细生石灰粉的熟化时间不得少于 2 d。沉淀池中储存的石灰膏，应采取防止干燥、冻结和污染的措施。严禁使用脱水硬化的石灰膏。

②制作电石膏的电石渣应用孔径不大于 3 mm×3 mm 的网过滤，检验时应加热至 70 ℃后至少保持 20 min，并应待乙炔挥发完后再使用。

③消石灰粉不得直接用于砌筑砂浆中。

(2)石灰膏、电石膏试配时，稠度应为 120±5 mm。

(3)粉煤灰、粒化高炉矿渣粉、硅灰、天然沸石粉应符合相应的标准规定。当采用其他品种矿物掺合料时，应有可靠的技术依据，并应在使用前进行试验验证。

**3. 细集料**

细骨料作为砂浆的骨料，砌筑砂浆宜选用中砂，其质量应符合标准规定，且应全部通过 4.75 mm 的筛孔。

**4. 水**

拌制砂浆用水与混凝土用水相同。

**5. 外加剂**

为提高砂浆的和易性，节约结合料的用量，必要时可掺加外加剂。最常用的有微沫剂，它是一种松香热聚物，掺量为水泥质量的 0.005% ~0.010%，即可取得良好的效果。

**6. 保水增稠材料**

保水增稠材料是指一些改善砂浆可操作性及保水性能的非石灰类材料。

### 8.1.2 技术性质

**1. 新拌砂浆和易性**

砂浆在硬化前应具有良好的和易性。和易性包括流动性和保水性。

(1)流动性

砂浆的流动性是指其在自重或外力作用下流动的性能。砂浆的流动性与用水量、胶结材料的品种和用量、细集料的级配和表面特征、掺合料及外加剂的特性和用量、拌和时间等因素有关。

砂浆的流动性用稠度表示，采用稠度仪测定。测定方法是将砂浆拌合物一次装入稠度仪的容器中，使砂浆表面低于容器口 10 mm 左右，用捣棒插捣 25 次，然后轻轻将容器摇动或敲击 5 ~6 下，使砂浆表面平整，将容器置于稠度仪上，使试锥与砂浆表面接触，拧开制动螺丝,同时计时,待 10 s 时立即固定螺丝,从刻度盘读出试锥下沉的深度(精确至 1 mm)即为砂浆的稠度。

砂浆的稠度,可根据砌体的类型、气候条件、施工条件等因素决定。砌筑各种砌体材料的砌筑砂浆的施工稠度要求见表 8.2。

**表 8.2 砌筑砂浆的施工稠度(mm)**

| 砌体种类 | 施工稠度 |
|---|---|
| 烧结普通砖砌体、粉煤灰砖砌体 | 70~90 |
| 混凝土砖砌体、普通混凝土小型空心砌块砌体、灰砂砖砌体 | 50~70 |
| 烧结多孔砖砌体、烧结空心砖砌体、轻集料混凝土小型空心砌块砌体、蒸压加气混凝土砌块砌体 | 60~80 |
| 石砌体 | 30~50 |

(2)保水性

砂浆保水性是指砂浆能保持水分的性能。砂浆在运输、静置或砌筑过程中,水分不应从砂浆中离析,并使砂浆保持必要的稠度,便于操作;同时使水泥正常水化,保证砌体强度。

砂浆的保水性用保水率表示,采用保水性试验测定。其方法是将砂浆拌合物一次性填入置于不透水片上的金属或硬塑料圆环试模,用抹刀插捣数次,当填充砂浆略高于试模边缘时,用抹刀刮去试模表面多余的砂浆,并称量试模、下不透水片与砂浆总质量。用 2 片医用棉纱覆盖在砂浆表面,再放上 8 片滤纸,用不透水片盖在滤纸表面,并用重物压住静止 2 min 后,移走重物及不透水片,取出滤纸并称量滤纸质量,然后计算砂浆的保水性。

砂浆的保水性与胶结材料的类型和用量、细集料的级配、用水量以及有无掺合料和外加剂等有关。砌筑砂浆的保水率应满足表 8.3 的要求。为提高保水性,可掺加石灰膏、粉煤灰和微沫剂等。

**表 8.3 砌筑砂浆的保水率**

| 砂浆种类 | 保水率/% |
|---|---|
| 水泥砂浆 | ≥80 |
| 水泥混合砂浆 | ≥84 |
| 预拌砌筑砂浆 | ≥88 |

**2. 硬化后砂浆的强度**

砂浆硬化后应具有足够的强度。而砂浆在圬工砌体中,主要是传递压力,所以要求砌筑砂浆应具有一定的抗压强度。砂浆抗压强度是确定其强度等级的重要依据。

(1)砂浆抗压强度等级

砂浆抗压强度等级是以 70.7 mm×70.7 mm×70.7 mm 的正方体试件,在温度为 20±2 ℃和相对湿度为 90%以上的标准养护条件下,养护至 28 d 龄期的抗压强度平均值确定的。

我国现行《砌筑砂浆配合比设计规程》(JGJ/T 98—2010)规定,水泥砂浆及预拌砌筑砂浆的强度等级可分为 M5、M7.5、M10、M15、M20、M25、M30 七个强度等级;水泥混合砂浆的强度等级可分为 M5、M7.5、M10、M15 四个强度等级。

(2)砂浆强度的影响因素

砂浆强度的影响因素很多,随其组成材料的种类和使用条件的差异有较大的波动。

①用于不吸水基底的砂浆的强度。密实基底(如致密的石料)吸收砂浆中的水分甚微,对砂浆的水灰比影响不大。因此砂浆强度与普通混凝土一样,主要取决于水泥强度及水灰比,它们之间的关系可以由经验公式(8.1)表示:

$$f_{m,28} = 0.293 f_{ce}(C/W - 0.4) \tag{8.1}$$

式中 $f_{m,28}$——砂浆 28 d 抗压强度,MPa;

$f_{ce}$——水泥 28 d 实测抗压强度,MPa;

$C/W$——砂浆的灰水比。

②用于吸水基底的砂浆强度。吸水基底(如黏土砖、多孔混凝土等)吸水性较强,即使砂浆用水量不同,但经砌体吸水后,保留在砂浆中的水分几乎是相同的。因此,砂浆强度主要取决于水泥强度及其用量,而与水灰比无关。它们之间的关系可以由经验公式(8.2)表示:

$$f_{m,28} = \frac{\alpha \cdot f_{ce} \cdot Q_c}{1\,000} + \beta \tag{8.2}$$

式中 $f_{m,28}$,$f_{ce}$——意义同前;

$Q_c$——砂浆中单位水泥用量,$kg/m^3$;

$\alpha$,$\beta$——砂浆的特征系数,可由试验确定。

## 8.1.3 砂浆配合比设计

**1. 现场配制砌筑砂浆配合比计算**

(1)现场配制水泥混合砂浆配合比计算步骤

1)计算砂浆的试配强度($f_{m,0}$)

砂浆的试配强度按式(8.3)计算:

$$f_{m,0} = kf_2 \tag{8.3}$$

式中 $f_{m,0}$——砂浆的试配强度,精确至 0.1 MPa;

$f_2$——砂浆强度等级,精确至 0.1 MPa;

$k$——系数,按表 8.4 取值。

砂浆强度标准差应符合下列规定:

①当有统计资料时,按式(8.4)计算:

$$\sigma = \sqrt{\frac{\sum_{i=1}^{n} f_{m,i}^2 - n^2 \mu_{fm}}{n-1}} \tag{8.4}$$

式中 $f_{m,i}$——统计周期内同一品种砂浆第 $i$ 组试件的强度,MPa;

$\mu_{fm}$ ——统计周期内同一品种砂浆 $n$ 组试件强度的平均值,MPa;

$n$ ——统计周期内同一品种砂浆试件的总组数,$n \geqslant 25$。

②当不具有同期统计资料时,$\sigma$ 可按表 8.4 取值。

**表 8.4 砂浆强度标准差 $\sigma$ 及 $k$ 值**

| 强度等级 / 施工水平 | 强度标准差 $\sigma$/MPa | | | | | | | $k$ |
|---|---|---|---|---|---|---|---|---|
| | M5 | M7.5 | M10 | M15 | M20 | M25 | M30 | |
| 优良 | 1.00 | 1.50 | 2.00 | 3.00 | 4.00 | 5.00 | 6.00 | 1.15 |
| 一般 | 1.25 | 1.88 | 2.50 | 3.75 | 5.00 | 6.25 | 7.50 | 1.20 |
| 较差 | 1.50 | 2.25 | 3.00 | 4.50 | 6.00 | 7.50 | 9.00 | 1.25 |

2)计算水泥用量( $Q_c$ )

每立方米砂浆中的水泥用量,应按式(8.5)计算:

$$Q_c = \frac{1\,000(f_{m,0} - \beta)}{\alpha \cdot f_{ce}} \tag{8.5}$$

式中 $Q_c$ ——砂浆中的水泥用量,$kg/m^3$,精确至 1 $kg/m^3$;

$f_{m,0}$ ——砂浆的试配强度,精确至 0.1 MPa;

$f_{ce}$ ——水泥的实际强度,精确至 0.1 MPa;

$\alpha,\beta$ ——砂浆的特征系数,其中 $\alpha = 3.03$,$\beta = -15.09$。各地区也可用本地区试验资料确定 $\alpha$、$\beta$ 值,统计用的试验组数不得少于 30 组。

在无法取得水泥的实际强度时,可按式(8.6)计算 $f_{ce}$:

$$f_{ce} = \gamma_c \cdot f_{ce,k} \tag{8.6}$$

式中 $f_{ce,k}$ ——水泥的强度等级对应的强度值;

$\gamma_c$ ——水泥强度等级值的富余系数,该值应按实际统计资料确定。无统计资料时,$\gamma_c$ 可取 1.0。

3)计算石灰膏用量( $Q_D$ )

水泥混合砂浆中石灰膏用量按式(8.7)计算:

$$Q_D = Q_A - Q_c \tag{8.7}$$

式中 $Q_D$ ——每立方米砂浆中石灰膏用量,精确至 1 $kg/m^3$,石灰膏使用时的稠度宜为 120±5 mm,如稠度不在规定范围时可按表 8.5 进行换算;

$Q_c$ ——每立方米砂浆中水泥用量,精确至 1 $kg/m^3$;

$Q_A$ ——每立方米砂浆中水泥和石灰膏总量,精确至 1 $kg/m^3$,可取 350 kg。

**表 8.5 砌筑砂浆的材料用量($kg/m^3$)**

| 稠度/mm | 120 | 110 | 100 | 90 | 80 | 70 | 60 | 50 | 40 | 30 |
|---|---|---|---|---|---|---|---|---|---|---|
| 换算系数 | 1.00 | 0.99 | 0.07 | 0.95 | 0.93 | 0.92 | 0.90 | 0.88 | 0.87 | 0.86 |

4)确定砂浆中的砂用量( $Q_s$ )

应按干燥状态(含水量小于0.5%)的堆积密度值作为每立方米砂浆中砂用量的计算

值($kg/m^3$)。

5)确定砂浆中的用水量($Q_w$)

每立方米砂浆中用水量,可根据砂浆稠度等要求选用210~310 $kg/m^3$。混合砂浆中的用水量,不包括石灰膏中的水;当采用细砂或粗砂时,用水量分别取上限或下限;稠度小于70 mm时,用水量可小于下限;施工现场气候炎热或干燥季节,可酌量增加用水量。

(2)现场配制水泥砂浆配合比选用

1)水泥砂浆

水泥砂浆材料用量可按表8.6选用。

**表8.6 每立方米水泥砂浆材料用量($kg/m^3$)**

| 强度等级 | 水泥用量 | 砂用量 | 用水量 |
|---|---|---|---|
| M5 | 200~230 | 1 $m^3$砂的堆积密度值 | 270~330 |
| M7.5 | 230~260 | | |
| M10 | 260~290 | | |
| M15 | 290~330 | | |
| M20 | 340~400 | | |
| M25 | 360~410 | | |
| M30 | 430~480 | | |

注:①M15及M15以下强度等级水泥砂浆,水泥强度等级为32.5级;M15以上强度等级水泥砂浆,水泥强度等级为42.5级。

②当采用细砂或粗砂时,用水量分别取上限或下限。

③稠度小于70 mm时,用水量可小于下限。

④施工现场气候炎热或干燥季节,可酌量增加用水量。

⑤试配强度应式(8.3)计算。

2)水泥粉煤灰砂浆

水泥粉煤灰砂浆材料用量可按表8.7选用。

**表8.7 每立方米水泥粉煤灰砂浆材料用量($kg/m^3$)**

| 强度等级 | 水泥和粉煤灰总量 | 粉煤灰用量 | 砂用量 | 用水量 |
|---|---|---|---|---|
| M5 | 210~240 | 粉煤灰掺量可占胶凝材料总量的15%~25% | 砂的堆积密度值 | 270~330 |
| M7.5 | 240~270 | | | |
| M10 | 270~300 | | | |
| M15 | 300~330 | | | |

注:其他说明同表8.6。

**2.预拌砌筑砂浆的配合比设计**

(1)预拌砌筑砂浆应符合下列规定:

①在确定湿拌砌筑砂浆稠度时应考虑砂浆在运输和储存过程中的稠度损失。

②湿拌砌筑砂浆应根据凝结时间要求确定外加剂掺量。

③干混砌筑砂浆应明确拌制时的加水量范围。

④预拌砌筑砂浆的搅拌、运输、储存等，以及预拌砌筑砂浆性能应符合现行行业标准《预拌砂浆》(JG/T 230—2007)的规定。

(2)预拌砌筑砂浆的试配应符合下列规定：

①预拌砌筑砂浆生产前应进行试配，试配强度应按式(8.3)计算确定，试配时稠度取70～80 mm。

②预拌砌筑砂浆中可掺入保水增稠材料、外加剂等，掺量应经试配后确定。

**3. 砌筑砂浆配合比试配、调整与确定**

(1)砌筑砂浆试配时应考虑工程实际要求，并采用机械搅拌。搅拌时间应自开始加水算起，对水泥砂浆和水泥混合砂浆，搅拌时间不得少于120 s；对预拌砌筑砂浆和掺有粉煤灰、外加剂、保水增稠材料等的砂浆，搅拌时间不得少于180 s。

(2)按计算或查表所得配合比进行试拌时，应按现行行业标准《建筑砂浆基本性能试验方法标准》(JGJ/T 70—2009)测定砌筑砂浆拌合物的稠度和保水率。当稠度和保水率不能满足要求时，应调整材料用量，直到符合要求为止，然后确定为试配时的砂浆基准配合比。

(3)试配时至少应采用三个不同的配合比，其中一个配合比应为按本规程得出的基准配合比，其余两个配合比的水泥用量应按基准配合比分别增加及减少10%。在保证稠度、保水率合格的条件下，可对用水量、石灰膏、保水增稠材料或粉煤灰等活性掺合料用量作相应调整。

**【例8.1】** 某住宅砖砌体要求用强度等级为32.5的普通水泥配制M5石灰水泥混合砂浆。中砂，含水率为2%，干堆积密度为1 500 kg/m$^3$，陈伏好的石灰膏，容重为1 350 kg/m$^3$，试计算其配合比。

**解** (1)计算初步配合比

①砂浆试配强度

该施工单位的施工水平按一般评价，选取$k=1.20$，则

$$f_{m,0}=kf_2=1.20\times 5\ \text{MPa}=6.0\ \text{MPa}$$

②计算水泥用量$Q_c$

$$Q_c=\frac{1\,000(f_{m,0}-\beta)}{\alpha\cdot f_{ce}}=1\,000\times\frac{6.0-(-15.09)}{3.03\times 32.5}=214\ \text{kg}$$

③计算石灰膏用量$Q_D$

$$Q_D=Q_A-Q_c=(350-214)\text{kg}=136\ \text{kg}$$

④确定干砂用量

按砂的干堆积密度1 500 kg/m$^3$知干砂用量为1 500 kg，已知砂的含水率为2%，因此，1 m$^3$ 砂浆中湿砂用量为1 530 kg，其中含水量为30 kg。

⑤确定用水量

按用水量经验值210～310 kg/m$^3$取用260 kg，考虑湿砂中含水30 kg，因此，用水量取230 kg。

⑥确定砂浆配合比

1 m$^3$砂浆中水泥、石灰膏、砂和水的用量配合比为：

$$Q_c : Q_D : Q_s : Q_w = 214 : 136 : 1\,530 : 230$$

(2)试验调整

以上的砂浆配合比经过试拌、测定和易性和调整配合比,再按规定方法制备试件和强度检验,最后确定出砂浆配合比。

## 8.2 其他砂浆

### 8.2.1 抹面砂浆

抹面砂浆为涂抹于建筑物或构筑物表面的砂浆,不承受荷载,按其功能的不同可分为普通抹面砂浆、装饰砂浆、防水砂浆和具有特殊功能的防水砂浆(按功能分类又属特种砂浆)等。防水砂浆应与基底层有良好的黏结力,以保证在施工或长期自然环境因素下不脱落、不开裂,且不丧失其主要功能。抹面砂浆多分层抹成均匀的薄层,表面要求平整、细致。

**1. 普通抹面砂浆**

普通抹面砂浆用于室外时,对建筑或墙体起保护作用。它可以抵抗风、雨、雪等自然因素及有害介质的侵蚀,提高建筑或墙体抗风化、防潮、防腐蚀和保温、隔热的能力,用于室内则具有一定的装饰效果。

抹面砂浆通常分为两层或三层进行施工,各层的作用与要求不同,因此所选用的砂浆也不同。底层砂浆的作用是使砂浆与底面黏结牢固,要求砂浆有良好的和易性和较高的黏结力,并且保水性良好,否则水分易被底面吸收掉而影响黏结力。中层主要用来找平,有时可省去不用,面层砂浆主要起装饰作用,应达到平整美观的效果。

抹面水泥砂浆的配合比为水泥：砂=1：2～1：3(体积比),水泥石灰混合砂浆的配合比一般为水泥：掺加料：砂=1：0.5：4.5～1：1：6.0。

**2. 饰面砂浆**

涂抹在建筑物内外墙表面,具有美观装饰效果的抹面砂浆通称为装饰砂浆。要选用具有一定颜色的胶凝材料、骨料,以及采用某种特殊的操作工艺,使表面呈现出各种不同的色彩、线条与花纹等装饰效果。

装饰砂浆所采用的胶凝材料有普通水泥、矿渣水泥、火山灰质水泥、白水泥、彩色水泥,或是在常用水泥中掺加一些耐碱矿物颜料配成彩色水泥以及石灰、石膏等。集料除砂外,常采用大理石、花岗岩等带颜色的细石渣或玻璃、陶瓷碎片等。因此,装饰砂浆又分为灰浆类和石渣类两类砂浆。

### 8.2.2 特种砂浆

**1. 防水砂浆**

防水砂浆用作防水层,适用于不受振动和具有一定刚度的混凝土或砖石砌体的表面,以及地下室水池、水塔等防水工程。

用普通水泥砂浆多层抹面作为防水层时,要求水泥不低于32.5级,砂宜采用中砂或粗砂。配合比控制在水泥：砂=1：2~1：3，水灰比范围为0.40~0.50。

在普通水泥砂浆中掺入防水剂，可以提高砂浆的防水能力，配合比范围与上述相同。用膨胀水泥或无收缩水泥配制防水砂浆时，由于水泥具有微膨胀或补偿收缩性能，提高了砂浆的密实性，砂浆的抗渗性提高，并具有良好的防水效果。体积配合比为水泥：砂=1：2.5，水灰比为0.4~0.5。

**2. 绝热砂浆**

采用水泥、石灰、石膏等胶凝材料与膨胀珍珠岩砂、膨胀蛭石或陶粒砂等轻质多孔骨料，按一定比例配制的砂浆称为绝热砂浆，也称为保温砂浆。绝热砂浆具有质轻和良好的绝热性能，其导热系数为0.07~0.10 W/(m·K)，可用于屋面隔热层、隔热墙壁、供热管道隔热层等。

**3. 吸声砂浆**

一般绝热砂浆是由轻质多孔骨料制成的，都具有吸声性能。还可以用水泥、石膏、砂、锯末(其体积比约为1：1：3：5)等配制成吸声砂浆，或在石灰、石膏砂浆中掺入玻璃纤维、矿物棉等松软纤维材料配制而成。吸声砂浆主要用于歌剧院、会议室等室内墙壁和平顶的吸声。

**4. 耐酸砂浆**

耐酸砂浆是用水玻璃(硅酸钠)与氟硅酸钠拌制而成的一种砂浆。水玻璃硬化后具有很好的耐酸性能。耐酸砂浆多用作衬砌材料、耐酸地面和耐酸容器的内壁防护层等。

**5. 防辐射砂浆**

在水泥浆中掺入重晶石粉和砂，可配制成有防 X 射线能力的砂浆；如在水泥砂浆中掺加硼砂、硼酸等可配制有抗中子辐射能力的砂浆。此类防射线砂浆专门应用于射线防护工程。

### 8.2.3 干粉砂浆

干粉砂浆又称干混砂浆，或砂浆干拌料，系指由专门的厂家生产的、在施工现场使用的一种新型建筑砂浆品种。其主要由胶凝材料、细骨料以及掺合料和化学试剂等，经干燥、计量、混合系统混合均匀后，袋装或散装运至施工现场，加水搅拌直接使用的砂浆产品。

干粉砂浆是于20世纪50年代欧洲建筑市场发展壮大起来的，如今在西方发达国家以及世界许多发展中国家得到广泛应用。干粉砂浆作为传统砂浆的替代产品，可作为主要的黏结材料，其自身具有许多优点。

**1. 保证施工质量**

不同用途的砂浆，如砌筑砂浆、抹灰砂浆、地面砂浆、砌块专用砂浆等，对材料的抗收缩、抗龟裂、保温、防潮、施工等特殊性能的要求不同，这些特性需要按照科学的配方和严格配制才能实现，施工现场很难满足其质量要求。干粉砂浆是经大规模自动化工艺生产，产品质量稳定、可靠，许多微量化学添加剂保证了产品满足特殊的质量要求。

**2. 改善砂浆技术性能**

干粉砂浆能够大大改善砂浆的各种技术性质，如砂浆的和易性好，易抹易刮，挂浆均匀;保水能力与砂浆的附着力强;干缩率低,抗收缩、抗裂、抗渗等能力较高。

3.**提高施工效益**

由于优良的科学配方,干粉砂浆比传统砂浆获得更优越的施工性能,施工速度及施工效率明显提高,缩短施工工期。同时,由于干粉砂浆良好的技术性能,可以降低施工层厚度,节约材料。并且施工质量的提高,还可以大大减少工程维修返工率,降低建筑物的长期维护费用。

4.**利废环保,改善工人的工作环境**

生产干粉砂浆可大量利用工业废料,如粉煤灰、矿渣、石油冶炼渣等,利于环保。由于干粉砂浆的机械化生产,工人的劳动强度得到明显改善;再者由于施工性能优良,易于施工操作(现场使用,只需加水搅拌即可),避免飘尘飞扬,提高施工效率,使工人的工作和生活环境得到很好的改善。

# 第二篇　混凝土检测技术

# 第9章　试验设计工程案例

## 9.1　C30 普通混凝土配合比设计

**工程案例一**:某城市高架桥工程采用 C30 混凝土立柱,试设计其配合比。

原始资料如下:

已知混凝土设计强度等级为 C30,无强度历史统计资料,要求混凝土拌合物坍落度为 30 ~ 50 mm。工程所在地区属温和地区、无侵蚀性水浸没。

**[试验设计方案]**:

**1. 原材料的选择与检验**

(1)水泥:选择 P. O 42.5 普通硅酸盐水泥,检验物理、力学性质。相关试验主要包括比表面积、凝结时间、安定性和胶砂强度试验。

(2)粗集料:采用公称最大粒径为 20 mm 的级配碎石,由 5 ~ 10 mm、10 ~ 20 mm 两种规格碎石组配,主要检验各种规格碎石的物理和力学性质。相关试验主要包括压碎值、针片状颗粒含量、表观密度试验。

(3)细集料:采用天然砂,主要检验砂的物理性质。相关试验主要包括颗粒级配、表观密度试验、堆积密度、含泥量、泥块含量试验。

(4)水:选用自来水。

**2. C30 混凝土初步配合比设计计算**

**3. C30 混凝土实验室配合比设计**

(1)试拌 30 L 混凝土,检验工作性,提出基准配合比。进行坍落度试验,并观察黏聚性与保水性,检验并调整工作性满足设计要求。

(2)制备三组不同 $W/C$(基准 $W/C$、基准 $W/C\pm0.05$)的立方体抗压强度试件,进行强度检验。主要试验有 28 d 立方体抗压强度试验,并依据强度理论按 $f_{cu,28}-C/W$ 关系曲线进行校核。

(3)混凝土表观密度试验,进行密度复核,提出实验室配合比。

**4. C30 混凝土施工配合比设计**

(1)实测砂、石自然含水率。

(2)将混凝土实验室配合比折算为施工配合比。

**[混凝土检测报告]**:

**1. 原材料的检验报告**

(1)水泥检测报告(表 9.1)

**表 9.1　水泥检测报告表**

<table>
<tr><td>委托单位</td><td colspan="2">—</td><td>报告编号</td><td>2011JCSN003</td></tr>
<tr><td>工程名称</td><td colspan="2">—</td><td>检测编号</td><td>2011SN003</td></tr>
<tr><td>建设单位</td><td colspan="2">—</td><td>监理单位</td><td>—</td></tr>
<tr><td>工程部位</td><td colspan="2">—</td><td>检测类别</td><td>室内检测</td></tr>
<tr><td>样品名称</td><td colspan="2">普通硅酸盐水泥 P. O 42.5</td><td>检测性质</td><td>委托检测</td></tr>
<tr><td>样品状态</td><td colspan="2">干燥、无结块</td><td>委 托 人</td><td>—</td></tr>
<tr><td>生产厂家</td><td colspan="2">—</td><td>委托日期</td><td>2011.08.30</td></tr>
<tr><td>检测地点</td><td colspan="2">—</td><td>检测日期</td><td>2011.08.31</td></tr>
<tr><td>检测项目</td><td colspan="4">细度(比表面积)、凝结时间、安定性、强度</td></tr>
<tr><td>检测依据</td><td colspan="4">GB 175—2007、GB/T 8074—2008、GB/T 1346—2011、GB/T 17671—1999</td></tr>
<tr><td colspan="5">检测内容</td></tr>
<tr><td>编号</td><td colspan="2">检测项目</td><td>国家标准</td><td>实测结果</td></tr>
<tr><td>1</td><td colspan="2">细度(比表面积)/(m$^2$ · kg$^{-1}$)</td><td>≥300</td><td>360</td></tr>
<tr><td rowspan="2">2</td><td rowspan="2">凝结时间<br>/min</td><td>初 凝</td><td>不早于 45</td><td>235</td></tr>
<tr><td>终 凝</td><td>不迟于 600</td><td>400</td></tr>
<tr><td>3</td><td colspan="2">安定性(沸煮)/mm</td><td>雷氏法:膨胀值≯5</td><td>2.0</td></tr>
<tr><td rowspan="4">4</td><td colspan="2" rowspan="2">抗折强度 /MPa</td><td>≥3.5 (3d)</td><td>5.0</td></tr>
<tr><td>≥6.5 (28d)</td><td>8.5</td></tr>
<tr><td colspan="2" rowspan="2">抗压强度 /MPa</td><td>≥17.0 (3d)</td><td>19.0</td></tr>
<tr><td>≥42.5 (28d)</td><td>49.5</td></tr>
<tr><td>检测结论</td><td colspan="4">依据 GB 175—2007 标准:<br>所检普通硅酸盐水泥细度(比表面积)、凝结时间、安定性和强度合格。<br>检测单位(盖章)<br>日　期:2011 年 09 月 30 日</td></tr>
<tr><td>检测说明</td><td colspan="4">1. 环境条件:温度 20 ℃,相对湿度 60%;<br>2. 本报告页数不全无效;<br>3. 委托检测仅对来样负责。</td></tr>
</table>

批准:　　　　　　　审核:　　　　　　　主检:

(2)粗集料的检测报告(表9.2、9.3)

**表9.2 10~20 mm粗集料的检测报告表**

| 委托单位 | — | 报告编号 | 2011JCSG003 |
|---|---|---|---|
| 工程名称 | — | 检测编号 | 2011SG003 |
| 建设单位 | — | 监理单位 | — |
| 样品名称(规格) | 普通混凝土用碎石(10~20 mm) | 检测类别 | 室内检测 |
| 产　　地 | — | 检测性质 | 委托检测 |
| 工程部位 | — | 进场数量 | — |
| 检测地点 | — | 委 托 人 | — |
| 检测项目 | 针片状颗粒含量、压碎指标、表观密度 | 委托日期 | 2011.08.30 |
| 检测依据 | JGJ 52—2006 | 检测日期 | 2011.09.1 |
| 检　测　内　容 | | | |
| 编号 | 检测项目 | 实测结果 | |
| 1 | 针片状颗粒含量(质量分数)/% | 3 | |
| 2 | 压碎指标/% | 12.8 | |
| 3 | 表观密度/($kg \cdot m^{-3}$) | 2 700 | |
| 检测结论 | 依据JGJ 52—2006标准:<br>所检普通混凝土用碎石(10~20 mm)针片状含量为3%、压碎指标为12.8%、表观密度为2 700 $kg/m^3$。<br>检测单位(盖章)<br>日期:2011年09月10日 | | |
| 检测说明 | 1.环境条件:温度20 ℃,相对湿度60%;<br>2.本报告页数不全无效;<br>3.委托检测仅对来样负责。 | | |

批准:　　　　审核:　　　　主检:

表 9.3　5~10 mm 粗集料的检测报告表

| 委托单位 | — | 报告编号 | 2011JCSG003 |
| --- | --- | --- | --- |
| 工程名称 | — | 检测编号 | 2011SG003 |
| 建设单位 | — | 监理单位 | — |
| 样品名称(规格) | 普通混凝土用碎石(5~10 mm) | 检测类别 | 室内检测 |
| 产　　地 | — | 检测性质 | 委托检测 |
| 工程部位 | — | 进场数量 | — |
| 检测地点 | — | 委 托 人 | — |
| 检测项目 | 针片状颗粒含量、压碎指标、表观密度 | 委托日期 | 2011.08.30 |
| 检测依据 | JGJ 52-2006 | 检测日期 | 2011.09.1 |

检　测　内　容

| 编号 | 检测项目 | 实测结果 |
| --- | --- | --- |
| 1 | 针片状颗粒含量(质量分数)/% | 8 |
| 2 | 压碎指标/% | 13.3 |
| 3 | 表观密度/($kg \cdot m^{-3}$) | 2 720 |
| 检测结论 | 依据 JGJ 52—2006 标准：<br>所检普通混凝土用碎石(5~10 mm)针片状含量为 8%、压碎指标为 13.3%、表观密度为 2 720 $kg/m^3$。<br>检测单位(盖章)<br>日　期:2011 年 09 月 10 日 | |
| 检测说明 | 1. 环境条件:温度 20 ℃,相对湿度 60%；<br>2. 本报告页数不全无效；<br>3. 委托检测仅对来样负责。 | |

批准:　　　　　　审核:　　　　　　主检:

(3)细集料的检测报告(表9.4)

**表9.4　细集料的检测报告表**

| 委托单位 | — | 报告编号 | 2011JCSZ003A |
|---|---|---|---|
| 工程名称 | — | 检测编号 | 2011SZ003A |
| 建设单位 | — | 监理单位 | — |
| 工程部位 | — | 检测类别 | 室内检测 |
| 样品名称 | 河砂 | 检测性质 | 委托检测 |
| 产地品种 | — | 委 托 人 | — |
| 检测地点 | — | 委托日期 | 2011.08.30 |
| 检测依据 | GB/T 14684—2011 | 检测日期 | 2011.08.31 |
| 检测项目 | 堆积密度、表观密度、含泥量、泥块含量、颗粒级配 | | |
| 检测内容 | | | |
| 堆积密度/($kg \cdot m^{-3}$) | 1 490 | 表观密度/($kg \cdot m^{-3}$) | 2 630 |
| 泥块含量/% | 0.4 | 含泥量/% | 2.0 |
| 细度模数 $M_x$ | 2.68 | 颗粒级配 | Ⅱ区,中砂 |
| 检测结论 | 依据GB/T 14684—2011:<br>1. $M_x$=2.68,中砂,Ⅱ区颗粒级配合格。<br>2. 含泥量达到Ⅱ类砂指标要求。<br>3. 泥块含量达到Ⅱ类砂指标要求。<br>检测单位(盖章)<br>日　　期:2011年09月05日 | | |
| 检测说明 | 1. 环境条件:温度20 ℃,相对湿度60%;<br>2. 本报告页数不全无效;<br>3. 委托检测仅对来样负责。 | | |

批准:　　　　审核:　　　　主检:

2. 混凝土配合比设计报告(表 9.5)

表 9.5 混凝土配合比设计报告表

| 委托单位 | — | 报告编号 | 2011JCHP002 |
| --- | --- | --- | --- |
| 工程名称 | — | 检测编号 | 2011HP002 |
| 建设单位 | — | 监理单位 | — |
| 工程部位 | — | 坍落度 /mm | 30~50 |
| 样品名称 | C30 混凝土配合比 | 砂子种类 | 河砂 |
| 水泥品种等级 | 普通硅酸盐 42.5 | 检测类别 | 室内检测 |
| 水泥生产厂家 | — | 检测性质 | 委托检测 |
| 委 托 人 | — | 委托日期 | 2011.09.12 |
| 检测地点 | — | 检测日期 | 2011.09.14 |
| 检测项目 | 混凝土配合比 | | |
| 检测依据 | JGJ 55—2011 | | |
| 检测内容 | | | |
| 每立方米材料用量 /(kg·m$^{-3}$) | 水泥:砂:碎石:水 = 349:622:1 264:185 | $W/C$=0.53 | |
| 检测结论 | 依据 JGJ 55—2011,据送样,经试配,检测项目满足规范要求。<br>检测单位(盖章)<br>日 期:2011 年 10 月 14 日 | | |
| 检测说明 | 1. 环境条件:温度 20 ℃,相对湿度 60%;<br>2. 本报告页数不全无效;<br>3. 委托检测仅对来样负责。 | | |

批准: 审核: 主检:

[**混凝土配合比设计结果**]:

(1)C30 水泥混凝土实验室配合比(kg/m$^3$)为:

水泥:砂:碎石:水 = 349:622:1 264:185 $W/C$ =0.53

(2)换算工地配合比

根据工地实测,碎石含水率为 3.0%,砂含水率为 5.0%,各种材料用量换算:

水泥:349 kg/m$^3$

砂：622×(1+5.0%)kg/m$^3$=653 kg/m$^3$

碎石：1 264×(1+3.0%)kg/m$^3$=1 302 kg/m$^3$

水：(185-622×5.0%-1 264×3.0%)kg/m$^3$=116 kg/m$^3$

C30水泥混凝土工地配合比(kg/m$^3$)：

水泥：砂：碎石：水 = 349：653：1 302：116

## 9.2 M7.5水泥砌筑砂浆配合比设计

**工程案例二**：某建筑砖墙工程采用M7.5水泥砌筑砂浆，试设计其配合比。

原始资料如下：

已知砌筑砂浆设计强度等级为M7.5，无强度历史统计资料，要求砂浆稠度为70～90 mm，保水性≥80%。工程所在地区属温和地区。

**[试验设计方案]**：

**1.原材料的选择与检验**

(1)水泥：选择PC32.5复合硅酸盐水泥，检验物理、力学性质。相关指标试验主要包括细度、凝结时间、安定性和胶砂强度试验。

(2)细集料：采用天然砂，主要检验砂的物理性质。相关试验主要包括颗粒级配、表观密度试验、堆积密度、含泥量、泥块含量试验。

(3)水：选用自来水。

**2.M7.5水泥砌筑砂浆初步配合比设计计算**

**3.M7.5水泥砌筑砂浆实验室配合比检验**

(1)试拌10 L水泥砂浆，检验流动性与保水性；相关试验主要有稠度试验、保水率试验。

(2)制备三组不同$W/C$(基准$W/C$、其余两个配合比的水泥用量按基准配合比分别增加及减少10%)的立方体抗压强度试件，进行强度检验。主要试验有28 d砂浆抗压强度试验。

**4.M7.5水泥砌筑砂浆施工配合比**

(1)实测砂的自然含水率；

(2)将砂浆实验室配合比折算成施工配合比。

**[混凝土检测报告]**：

**1.原材料的检验报告**

(1)水泥的检测报告(表9.6)

**表 9.6　水泥检测报告汇总表**

<table>
<tr><td>委托单位</td><td colspan="3">—</td><td>报告编号</td><td>2011JCSN003</td></tr>
<tr><td>工程名称</td><td colspan="3">—</td><td>检测编号</td><td>2011SN003</td></tr>
<tr><td>建设单位</td><td colspan="3">—</td><td>监理单位</td><td>—</td></tr>
<tr><td>工程部位</td><td colspan="3">—</td><td>检测类别</td><td>室内检测</td></tr>
<tr><td>样品名称</td><td colspan="3">复合硅酸盐水泥 P.O 32.5</td><td>检测性质</td><td>委托检测</td></tr>
<tr><td>样品状态</td><td colspan="3">干燥、无结块</td><td>委 托 人</td><td>—</td></tr>
<tr><td>生产厂家</td><td colspan="3">—</td><td>委托日期</td><td>2011.08.30</td></tr>
<tr><td>检测地点</td><td colspan="3">—</td><td>检测日期</td><td>2011.08.30</td></tr>
<tr><td>检测项目</td><td colspan="5">细度、凝结时间、安定性、强度</td></tr>
<tr><td>检测依据</td><td colspan="5">GB 175—2007、GB/T 8074—2008、GB/T 1346—2011、GB/T 17671—1999</td></tr>
<tr><td colspan="6">检测内容</td></tr>
<tr><td>编号</td><td colspan="2">检测项目</td><td colspan="2">国家标准</td><td>实测结果</td></tr>
<tr><td>1</td><td colspan="2">细度(80 μm 筛余量)/%</td><td colspan="2">≤10</td><td>2.0</td></tr>
<tr><td rowspan="2">2</td><td rowspan="2">凝结时间<br>/min</td><td>初 凝</td><td colspan="2">不早于 45</td><td>255</td></tr>
<tr><td>终 凝</td><td colspan="2">不迟于 600</td><td>460</td></tr>
<tr><td>3</td><td colspan="2">安定性(沸煮)/mm</td><td colspan="2">雷氏法:膨胀值≯5</td><td>2.5</td></tr>
<tr><td rowspan="4">4</td><td colspan="2" rowspan="2">抗折强度 /MPa</td><td colspan="2">≥2.5 (3 d)</td><td>4.0</td></tr>
<tr><td colspan="2">≥5.5 (28 d)</td><td>7.5</td></tr>
<tr><td colspan="2" rowspan="2">抗压强度/MPa</td><td colspan="2">≥10.0 (3 d)</td><td>17.0</td></tr>
<tr><td colspan="2">≥32.5 (28 d)</td><td>36.5</td></tr>
<tr><td>检测结论</td><td colspan="5">依据 GB 175—2007 标准:<br>所检普通硅酸盐水泥细度(80 μm 筛余)、凝结时间、安定性和强度合格。<br>检测单位(盖章)<br>日　期:2011 年 09 月 30 日</td></tr>
<tr><td>检测说明</td><td colspan="5">1. 环境条件:温度 20 ℃,相对湿度 60%;<br>2. 本报告页数不全无效;<br>3. 委托检测仅对来样负责。</td></tr>
</table>

批准:　　　　　　　　审核:　　　　　　　　主检:

（2）细集料的检测报告（表9.7）

**表9.7 细集料的检测报告汇总表**

| 委托单位 | — | 报告编号 | 2011JCSZ003A |
|---|---|---|---|
| 工程名称 | — | 检测编号 | 2011SZ003A |
| 建设单位 | — | 监理单位 | — |
| 工程部位 | — | 检测类别 | 室内检测 |
| 样品名称 | 河砂 | 检测性质 | 委托检测 |
| 产地品种 | — | 委 托 人 | — |
| 检测地点 | — | 委托日期 | 2011.08.30 |
| 检测依据 | GB/T 14684—2011 | 检测日期 | 2011.08.31 |
| 检测项目 | 堆积密度、表观密度、含泥量、泥块含量、颗粒级配 | | |
| 检测内容 | | | |
| 堆积密度 /$kg \cdot m^{-3}$ | 1 490 | 表观密度 /($kg \cdot m^{-3}$) | 2 630 |
| 泥块含量 /% | 0.4 | 含泥量 /% | 2.0 |
| 细度模数 $M_x$ | 2.80 | 颗粒级配 | Ⅱ区，中砂 |
| 检测结论 | 依据 GB/T 14684—2011：<br>①$M_x$=2.80，中砂，Ⅱ区颗粒级配合格。<br>②含泥量达到Ⅱ类砂指标要求。<br>③泥块含量达到Ⅱ类砂指标要求。<br>检测单位（盖章）<br>日　期：2011年09月5日 | | |
| 检测说明 | 1. 环境条件：温度20 ℃，相对湿度60%；<br>2. 本报告页数不全无效；<br>3. 委托检测仅对来样负责。 | | |

批准：　　　　审核：　　　　主检：

2. 砂浆配合比设计的检验报告(表 9.8)

表 9.8 砂浆配合比设计报告表

| 委托单位 | — | 报告编号 | 2011JCSP003 |
|---|---|---|---|
| 工程名称 | — | 检测编号 | 2011SP003 |
| 建设单位 | — | 监理单位 | — |
| 工程部位 | — | 稠　度 | 70-90 |
| 样品名称 | M7.5 水泥砂浆配合比 | 砂子种类 | 河砂 |
| 水泥品种等级 | 复合硅酸盐水泥 32.5 | 检测类别 | 室内检测 |
| 水泥生产厂家 | — | 检测性质 | 委托检测 |
| 委 托 人 | — | 委托日期 | 2011.09.20 |
| 检测地点 | — | 检测日期 | 2011.09.20 |
| 检测项目 | 水泥砂浆配合比 | | |
| 检测依据 | JGJ/T 98—2010 | | |
| 检测内容 | | | |
| 每立方米材料用量/($kg \cdot m^{-3}$) | 水泥:砂:水 = 245:1490:270 | | |
| 检测结论 | 依据 JGJ/T 98—2010,据送样,经试配,检测项目满足规范要求。<br>检测单位(盖章)<br>日　期:2011 年 10 月 20 日 | | |
| 检测说明 | 1. 环境条件:温度 20 ℃,相对湿度 60%;<br>2. 本报告页数不全无效;<br>3. 委托检测仅对来样负责。 | | |

批准:　　　　审核:　　　　主检:

**[砂浆配合比设计结果]：**

(1)M7.5 水泥砌筑砂浆试验室配合比($kg/m^3$)为：

水泥：砂：水 = 245：1 490：270

(2)换算工地配合比

根据工地实测，砂含水率为 5.0%，各种材料用量换算：

水泥：245 $kg/m^3$

砂：$1\ 490\times(1+5.0\%)\ kg/m^3=1\ 564\ kg/m^3$

水：$(270-1\ 490\times5.0\%)\ kg/m^3=196\ kg/m^3$

M7.5 水泥砌筑砂浆工地配合比($kg/m^3$)：

水泥：砂：水 = 245：1 490：270

# 第10章　混凝土组成材料性能试验

## 10.1　水泥试验

### 10.1.1　水泥试样准备方法

散装水泥:对同一水泥厂生产的同期出厂的同品种、同等级的水泥,以一次运进的同一出厂编号的水泥为一批,但一批的总量不超过500 t。随机地从不少于3个车罐中各取等量水泥,经拌和均匀后,再从中称取不少于12 kg水泥作为检验试样。

袋装水泥:对同一水泥厂生产的同期出厂的同品种、同等级的水泥,以一次运进的同一出厂编号的水泥为一批,但一批的总量不超过200 t。随机地从不少于20袋中各取等量水泥,经拌和均匀后,再从中称取不少于12 kg水泥作为检验试样。

对来源固定、质量稳定且又掌握其性能的水泥,视运进水泥的情况,可不定期地采集试样进行强度检验。如有异常情况应作相应项目的检验。

对已运进的每批水泥,视存放情况应重新采集试样复验其强度和安定性。存放期超过3个月的水泥,使用前必须复验,并按照结果使用。

取得的水泥试样应首先充分拌匀,然后通过0.9 mm方孔筛,记录筛余物情况,但要防止过筛时混进其他水泥。

### 10.1.2　水泥细度检验方法(负压筛析法)

**1. 试验目的**

采用80 μm筛检验水泥细度,以评价水泥的物理性能。本方法适用于硅酸盐水泥、普通硅酸盐水泥、矿渣硅酸盐水泥、火山灰硅酸盐水泥、粉煤灰硅酸盐水泥、复合硅酸盐水泥、道路硅酸盐水泥以及指定采用本方法的其他品种水泥。

**2. 仪器设备**

(1)负压筛析仪

①负压筛析仪由筛座、负压筛、负压源及收尘器组成,其中筛座由转速为30±2 r/min的喷气嘴、负压表、控制板、微电机及壳体等部分构成,如图10.1所示。

②筛析仪负压可调范围为4 000 ~6 000 Pa。

③喷气嘴上口平面与筛网之间距离为2 ~8 mm。

④负压源和收尘器:由功率大于等于600 W的工业吸尘器和小型旋风收尘筒等组成或其他具有相当功能的设备组成。

(2)天平

量程应大于100 g,最小分度值不大于0.01 g。

(3)试验筛

①试验筛由圆形筛框和筛网组成,分为负压筛和水筛两种,负压筛应附有透明筛盖,筛盖与筛上口应有良好的密封性。

②筛网应紧紧绷在筛框上,筛网与筛框接触处应用防水胶密封,防止水泥嵌入。

**3. 试验方法与步骤**

(1)样品处理

水泥样品应充分搅匀,通过 0.9 mm 方孔筛,记录筛余物情况,要防止过筛时混进其他水泥。

(2)负压筛法

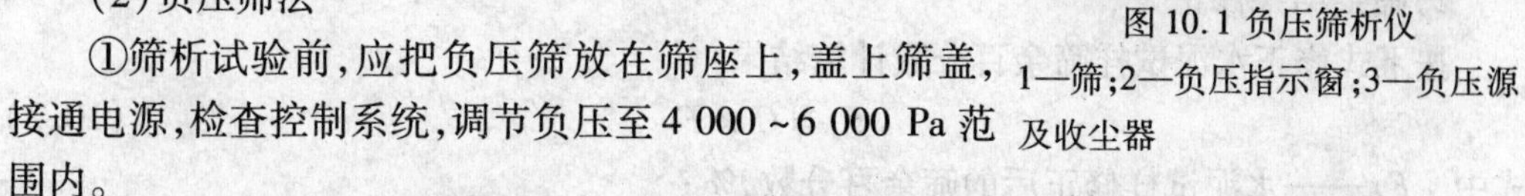


图 10.1 负压筛析仪

1—筛;2—负压指示窗;3—负压源及收尘器

①筛析试验前,应把负压筛放在筛座上,盖上筛盖,接通电源,检查控制系统,调节负压至 4 000 ~6 000 Pa 范围内。

②称取试样 25 g,精确至 0.01 g,置于洁净的负压筛中,放在筛座上,盖上筛盖,开动筛析仪连续筛析 2 min,在此期间如有试样附着在筛盖上,可轻轻地敲击筛盖,使试样落下。筛毕,用天平称量筛余物。

③当工作负压小于 4 000 Pa 时,应清理吸尘器内水泥,使负压恢复正常。

(3)水筛法

①筛析试验前,使水中无泥、砂,调整好水压及水筛架的位置,使其能正常运转。喷头底面和筛网之间的距离为 35 ~75 mm。

②称取试样 25 g,精确至 0.01 g,置于洁净的水筛中,立即用淡水冲洗至大部分细粉通过后,放在水筛架上,用水压为 0.05±0.02 MPa 的喷头连续冲洗 3 min。筛毕,用少量水把筛余物冲至蒸发皿中,等水泥颗粒全部沉淀后,小心倒出清水,烘干并用天平称量筛余物。

③试验筛的清洗。试验筛必须保持洁净,筛孔通畅,使用 10 次后要进行清洗。金属筛框、铜丝网筛洗时应用专门的清洗剂,不可用弱酸浸泡。

**4. 结果计算及精度要求**

(1)水泥试样筛余百分数的计算

水泥试样筛余百分数按下式计算,结果精确至 0.1%:

$$F = \frac{R_s}{m} \times 100\% \tag{10.1}$$

式中 $F$——水泥试样的筛余百分数,%;

$R_s$——水泥筛余物的质量,g;

$m$——水泥试样的质量,g。

(2)水泥试样筛余百分数结果修正

1)确定试验筛修正系数

为使试验结果可比,应采用试验筛修正系数法进行修正。

试验筛修正系数测定方法:用一种已知 80 μm 标准筛筛余百分数的粉状试样(该试样不受环境影响,筛余百分数不发生变化)作为标准样。按上述试验步骤测定标准样在试验筛上的筛余百分数。

试验筛修正系数按下式计算,修正系数计算精确至 0.01:

$$C = F_n / F_t \tag{10.2}$$

式中 $C$ ——试验筛修正系数;

$F_n$ ——标准样品的筛余标准值,%;

$F_t$ ——标准样品在试验筛上的筛余值,%。

注:修正系数 $C$ 在 0.80 ~ 1.20 范围内时,试验筛可继续使用,$C$ 可作为结果修正系数;当 $C$ 值超出 0.80 ~1.20 范围时,试验筛应予淘汰。

2)筛余结果修正

按下式修正水泥试样筛余百分数计算结果:

$$F_c = C \times F \tag{10.3}$$

式中 $F_c$ ——水泥试样修正后的筛余百分数,%;

$C$,$F$ ——意义同前,%。

合格评定时,每个样品应称取两个试样分别筛析,取筛余平均值为筛析结果。若两次筛余结果绝对误差大于 0.5% 时(筛余值大于 5.0% 时可放至 1.0%),应再做一次试验,取两次相近结果的算术平均值作为最终结果。

负压筛法与水筛法测定的结果发生争议时,以负压筛法为准。

### 10.1.3 水泥细度检验方法(勃氏法)

**1. 试验目的**

采用勃氏法检验水泥的比表面积,以评价水泥的粗细程度,本方法适用于测定水泥的比表面积以及适合采用本标准方法的 2 000 ~6 000 $cm^2/g$ 范围的其他各种粉状物料,不适用于测定多孔材料及超细粉状物料。

**2. 试验仪器**

①Blaine 透气仪:由透气圆筒、压力计、抽气装置等三部分组成。

②透气圆筒:内径为 $12.70_{0}^{+0.05}$ mm,由不锈钢制成。圆筒内表面的粗糙度 $R_a$ 为 3.2 μm,圆筒的上口边应与圆筒主轴垂直,圆筒下部锥度应与压力计上玻璃磨口锥度一致,二者应严密连接。在圆筒内壁,距离圆筒上口边 55±10 mm 处有一突出的宽度为 0.5 ~1 mm的边缘,以放置金属穿孔板。

③穿孔板:由不锈钢或其他不受腐蚀的金属制成,厚度为 $1.0_{-0.1}^{0}$ mm。在其表面上,等距离地打有 35 个直径为 1 mm 的小孔,穿孔板应与圆筒内壁密合。穿孔板两平面应平行。

④捣器:用不锈钢制成,插入圆筒时,其间隙不大于 0.1 mm。捣器的底面应与主轴垂直,侧面有一个扁平槽,宽度为 3.0±0.3 mm。捣器的顶部有一个支持环,当捣器放入圆筒时,支持环与圆筒上口边接触,这时捣器底面与穿孔圆板之间的距离为 15.0±0.5 mm。

⑤压力计:由外径为 9 mm 的具有标准厚度的玻璃管制成。压力计一个臂的顶端有

一锥形磨口与透气圆筒紧密连接，在连接透气圆筒的压力计臂上刻有环形线。从压力计底部往上 280～300 mm 处有一个出口管，管上装有一个阀门，连接抽气装置。如图 10.2 所示。

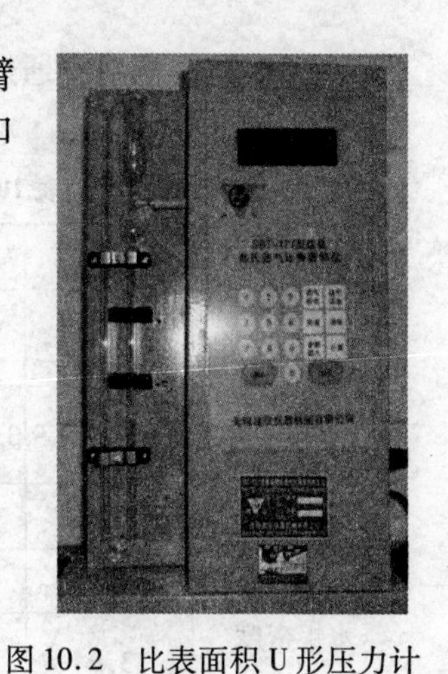

图 10.2　比表面积 U 形压力计

⑥抽气装置：用小型电磁泵，也可用抽气球。

⑦滤纸：采用符合国标的中速定量滤纸。

⑧分析天平：分度值为 1 mg。

⑨计时秒表：精确读到 0.5 s。

⑩烘干箱。

**3. 试验方法与步骤**

(1) 试验准备工作

1) 材料

①压力计液体：压力计液体采用带有颜色的蒸馏水。

②标准材料：采用我国水泥质量监督检验中心制备的标准试样。

2) 仪器校准

① 漏气检查：将透气圆筒上口用橡皮塞塞紧，接到压力计上。用抽气装置从压力计一臂中抽出部分气体，然后关闭阀门，观察是否漏气。如发现漏气，用活塞油脂加以密封。

② 试料层体积的测定

a. 水银排代法：将两片滤纸沿圆筒壁放入透气圆筒内，用一直径比透气圆筒略小的细长棒往下按，直到滤纸平整放在金属的穿孔板上。然后装满水银，用一小块薄玻璃板轻压水银表面，使水银面与圆筒口平齐，并须保证在玻璃板和水银表面之间没有气泡或空洞存在。从圆筒中倒出水银，称量，精确至 0.05 g。重复几次测定，到数值基本不变为止。然后从圆筒中取出一片滤纸，试用约 3.3 g 的水泥，按照下面试验步骤(4)的要求压实水泥层。再在圆筒上部空间注入水银，同上述方法除去气泡、压平、倒出水银称量，重复几次，直到水银称量值相差小于 50 mg 为止。

注：应制备坚实的水泥层，如太松或水泥不能压到要求体积时，应调整水泥的试用量。

b. 圆筒内试料层体积 $V$ 按下式计算，精确到 0.005 mL：

$$V=(m_1-m_2)/\rho_{\text{水银}} \tag{10.4}$$

式中　$V$——试料层体积，mL；

$m_1$——未装水泥时，充满圆筒的水银质量，g；

$m_2$——装水泥后，充满圆筒的水银质量，g；

$\rho_{\text{水银}}$——试验温度下水银的密度，g/cm$^3$，见表 10.1。

c. 试料层体积的测定，至少应进行两次。每次应单独压实，取两次数值相差不超过 0.005 mL 的平均值，并记录测定过程中圆筒附近的温度。每隔一季度至半年应重新校正试料层体积。

(2) 试样准备

①将 110±5 ℃下烘干并在干燥器中冷却至室温的标准试样，倒入 100 mL 的密闭瓶内，用力摇动 2 min，将结块成团的试样振碎，使试样松散。静置 2 min 后，打开瓶盖，轻轻搅拌，使在松散过程中落到表面的细粉分布到整个试样中。

②水泥试样，应先通过0.9 mm方孔筛，再在110±5 ℃下烘干，并在干燥器中冷却至室温。

表10.1 不同温度下水银的密度、空气黏度$\eta$和$\sqrt{\eta}$

| 室温/℃ | 8 | 10 | 12 | 14 | 16 | 18 | 20 |
|---|---|---|---|---|---|---|---|
| 水银密度/($g\cdot cm^{-3}$) | 13.58 | 13.57 | 13.57 | 13.56 | 13.56 | 13.55 | 13.55 |
| 空气黏度$\eta$/(Pa·s) | 0.000 174 9 | 0.000 175 9 | 0.000 176 8 | 0.000 177 8 | 0.000 178 8 | 0.000 179 8 | 0.000 180 8 |
| $\sqrt{\eta}$ | 0.013 22 | 0.013 26 | 0.013 30 | 0.013 33 | 0.013 37 | 0.013 41 | 0.013 45 |
| 室温/℃ | 22 | 24 | 26 | 28 | 30 | 32 | 34 |
| 水银密度/($g\cdot cm^{-3}$) | 13.54 | 13.54 | 13.53 | 13.53 | 13.52 | 13.52 | 13.51 |
| 空气黏度$\eta$/(Pa·s) | 0.000 181 8 | 0.000 182 8 | 0.000 183 7 | 0.000 184 7 | 0.000 185 7 | 0.000 186 7 | 0.000 187 6 |
| $\sqrt{\eta}$ | 0.013 48 | 0.013 52 | 0.013 55 | 0.013 59 | 0.013 63 | 0.013 66 | 0.013 70 |

(3)确定试样量

校正试验用的标准试样量和被测定水泥的质量，应达到在制备的试料层中的空隙率为0.500±0.005，计算式为：

$$W=\rho V(1-\varepsilon) \tag{10.5}$$

式中 $W$——需要的试样量，g；

$\rho$——试样密度，$g/cm^3$；

$V$——意义同上；

$\varepsilon$——试料层空隙率。

注：空隙率是指试料层中孔的容积与试料层总的容积之比。一般水泥采用0.500±0.005。如有些粉料按上式算出的试样量在圆筒的有效体积中容纳不下或经捣实后未能充满圆筒的有效体积，则允许适当地改变空隙率。

(4)试料层制备

将穿孔板放入透气圆筒的突缘上，用一根直径比圆筒略小的细棒把一片滤纸送到穿孔板上，边缘压紧。称取按试验步骤(3)确定的水泥量，精确到0.001 g，倒入圆筒。轻敲圆筒的边，使水泥层表面平坦。再放入一片滤纸，用捣器均匀捣实试料直至捣器的支持环紧紧接触圆筒顶边并旋转两周，慢慢取出捣器。

注：穿孔板上的滤纸应是与圆筒内径相同、边缘光滑的圆片。当穿孔板上滤纸片比圆筒内径小时，会有部分试样粘于圆筒内壁高出圆板上部；当滤纸直径大于圆筒内径时会引起滤纸片皱起使结果不准。每次测定需用新的滤纸片。

(5)透气试验

①把装有试料层的透气圆筒连接到压力计上，要保证紧密连接不致漏气，并不振动所制备的试料层。

注:为避免漏气,可先在圆筒下锥面涂一薄层活塞油脂,然后把它插入压力计顶端锥形磨口处,旋转两周。

②打开微型电磁泵慢慢从压力计一臂中抽出空气,直到压力计内液面上升到扩大部下端时关闭阀门。当压力计内液体的弯液面下降到第一个刻度线时开始计时,当液体的弯液面下降到第二条刻度线时停止计时,记录液面从第一条刻度线下降到第二条刻度线所需的时间。以秒(s)记录,并记下试验时的温度(℃)。

**4.结果计算及精度要求**

(1)当被测物料的密度、试料层中空隙率与标准试样相同,试验时温差不大于±3 ℃时,可按下式计算:

$$S=\frac{S_s\sqrt{T}}{\sqrt{T_s}} \tag{10.6}$$

如试验时温差大于±3 ℃时,则按下式计算:

$$S=\frac{S_s\sqrt{T}\sqrt{\eta_s}}{\sqrt{T_s}\sqrt{\eta}} \tag{10.7}$$

式中 $S$——被测试样的比表面积,$cm^2/g$;

$S_s$——标准试样的比表面积,$cm^2/g$;

$T$——被测试样试验时,压力计中液面降落测得的时间,s;

$T_s$——标准试样试验时,压力计中液面降落测得的时间,s;

$\eta$——被测试样试验温度下的空气黏度,Pa·s;

$\eta_s$——标准试样试验温度下的空气黏度,Pa·s。

(2)当被测试样的试料层中空隙率与标准试样试料层中空隙率不同,试验时温差不大于±3 ℃时,可按下式计算:

$$S=\frac{S_s\sqrt{T}(1-\varepsilon_s)\sqrt{\varepsilon^3}}{\sqrt{T_s}(1-\varepsilon)\sqrt{\varepsilon_s^3}} \tag{10.8}$$

如试验时温差大于±3 ℃时,则按下式计算:

$$S=\frac{S_s\sqrt{T}(1-\varepsilon_s)\sqrt{\varepsilon^3}\sqrt{\eta_s}}{\sqrt{T_s}(1-\varepsilon)\sqrt{\varepsilon_s^3}\sqrt{\eta}} \tag{10.9}$$

式中 $\varepsilon$——被测试样试料层中的空隙率;

$\varepsilon_s$——标准试样试料层中的空隙率。

(3)当被测试样的密度和空隙率均与标准试样不同,试验时温差不大于±3 ℃时,可按下式计算:

$$S=\frac{S_s\sqrt{T}(1-\varepsilon_s)\sqrt{\varepsilon^3}\rho_s}{\sqrt{T_s}(1-\varepsilon)\sqrt{\varepsilon_s^3}\rho} \tag{10.10}$$

如试验时温度相差大于±3 ℃时,则按下式计算:

$$S=\frac{S_s\sqrt{T}(1-\varepsilon_s)\sqrt{\varepsilon^3}\rho_s\sqrt{\eta_s}}{\sqrt{T_s}(1-\varepsilon)\sqrt{\varepsilon_s^3}\rho\sqrt{\eta}} \tag{10.11}$$

式中 $\rho$——被测试样的密度,g/cm³;

$\rho_s$——标准试样的密度,g/cm³。

(4)精度要求

水泥比表面积应由两次透气试验结果的平均值确定。如两次试验结果相差2%以上时,应重新试验。计算应精确至10 cm²/g,10 cm²/g以下的数值按四舍五入计。

### 10.1.4 水泥标准稠度用水量试验(标准法)

在检测水泥的技术性质时,通常先将水泥加水制成水泥净浆,然后检测净浆的性质。但水泥加水的多少,直接影响着水泥各种性质的检测结果。为了使试验结果具有可比性,就必须在同一稠度下进行。

标准稠度用水量,简称稠度,是指水泥净浆达到规定稠度时的加水量,以水泥质量百分率表示,现行标准规定,水泥标准稠度用水量是采用标准法维卡仪测定的,以在规定时间试杆沉入净浆距底板6±1 mm的水泥净浆稠度为标准稠度净浆。此时的拌合用水量为标准稠度用水量。

**1. 试验目的**

测定水泥标准稠度用水量,是为测定水泥凝结时间和安定性时制备标准稠度净浆,以使水泥凝结时间和安定性试验具有可比性。

**2. 仪器设备**

(1)标准法维卡仪

如图10.3所示,由以下部分组成。

(a) 初凝时间测定图

(b) 终凝时间测定图

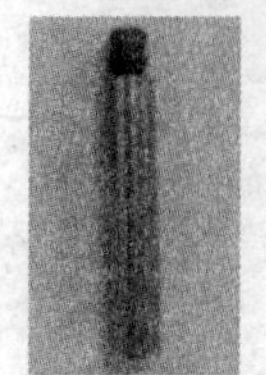

(c) 标准稠度试杆

(d) 初凝用试针

(e) 终凝用试针

图10.3 测定水泥标准稠度和凝结时间用的维卡仪

①盛装水泥净浆的试模：如图 10.3(a)所示，应由耐腐蚀的、有足够硬度的金属制成。试模为深 40±0.2 mm、顶内径为 65±0.5 mm、底内径为 75±0.5 mm 的截顶圆锥体。每只试模应配备一个大于试模、厚度大于等于 2.5 mm 平板玻璃底板。

②标准稠度测定用试杆：如图 10.3(c)所示，有效长度为 50±1 mm，直径为 10±0.05 mm的圆柱形耐腐蚀金属制成。测定凝结时间时取下试杆，用试针代替。试针由钢制成，其有效长度：初凝时间测试针为50±1 mm，如图 10.3(d)所示。终凝针为30±1 mm，如图 10.3(e)所示，直径均为 1.13±0.05 mm 的圆柱体。滑动部分的总质量为 300±1 g。与试杆、试针联结的滑动杆表面应光滑，能靠重力自由下落，不得有紧涩和旷动现象。

(2)水泥净浆搅拌机

如图 10.4 所示，应符合《水泥物理检测仪器 水泥净浆搅拌机》(JC/T 729—1996)的要求。

图 10.4 水泥净浆搅拌机

(3)量水器

分度值为 0.1 mL，精度 1%。

(4)天平

量程 1 000 g，分度值不大于 1 g。

**3. 试验方法与步骤**

(1)试验准备工作

试验前必须做到：维卡仪的金属棒能自由滑动；调整维卡仪的金属棒至试杆接触玻璃板时指针对准零点；水泥净浆搅拌机运转正常。

(2)水泥净浆的拌制

用水泥净浆搅拌机拌制，搅拌锅和搅拌叶片先用湿布擦过，将拌合水倒入搅拌锅内，然后在 5～10 s 内小心将称好的 500 g($m_0$)水泥加入水中，防止水和水泥溅出；拌和时，先将锅放在搅拌机的锅座上，升至搅拌位置，启动搅拌机，低速搅拌 120 s，停拌 15 s，同时将叶片和锅壁上的水泥浆刮入锅中间，接着高速搅拌120 s停机。

(3)标准稠度用水量的测定

拌和结束后，立即将拌制好的水泥净浆装入已放在玻璃底板上的试模中，用小刀插捣，轻轻振动数次，刮去多余净浆。抹平后迅速将试模和底板移到维卡仪上，并将其中心定在试杆下，降低试杆直至与水泥净浆表面接触，拧紧螺丝 1～2 s 后，突然放松，使试杆垂直自由地沉入水泥净浆中。在试杆停止沉入或释放试杆 30 s 时记录试杆距底板的距离。升起试杆后，立即擦净。整个操作应在搅拌后 1.5 min 内完成。以试杆沉入净浆并距底板 6±1 mm 的水泥净浆为标准稠度净浆。其拌合用水量为该水泥标准稠度用水量(当试杆距离玻璃板小于 5 mm 时，应适当减水，重复水泥浆的拌制和上述过程；若距离大于 7 mm 时，则适当加水，并重复水泥浆的拌制和上述过程)，按水泥质量的百分比计。

**4. 结果计算及精度要求**

水泥的标准稠度用水量($P$)按下式计算：

$$P = \frac{m_\omega}{m_0} \times 100\% \tag{10.12}$$

式中 $P$——标准稠度用水量,%；

$m_\omega$——标准稠度净浆所需的拌合用水量,g;

$m_0$——水泥试样质量,g。

### 10.1.5 水泥净浆凝结时间试验

凝结时间是指水泥从加水开始到水泥浆失去可塑性所需要的时间,分为初凝时间和终凝时间。

我国国标规定采用标准法维卡仪测定水泥的凝结时间。在标准法维卡仪上,测试从水泥全部加入水中起,至试针沉入标准稠度净浆中距底板之间的距离为4±1 mm时所经历的时间为初凝时间;从水泥全部加入水中起,至试针沉入净浆试体0.5 mm时(即环形附件开始不能在试体上留下痕迹时)所经历的时间为终凝时间。

**1. 试验目的**

测定水泥的凝结时间,用以评价水泥的性能。同时对指导水泥混凝土等混合材料的施工也具有重要的意义。

**2. 仪器设备**

①标准法维卡仪:测定凝结时间时取下试杆,换用试针(图10.3(d)、(e)),组成凝结时间测定仪。

②湿气养护箱:应能使温度控制在20±1 ℃,相对湿度大于90%。

③秒表:分度值1 s。

④其他仪具:同水泥标准稠度用水量试验仪器。

**3. 试验方法与步骤**

(1)测定前的准备工作

调整凝结时间测定仪的试针接触玻璃板时,指针对准标尺零点。

(2)试件的制备

①在玻璃底板上稍稍涂上一层机油,然后将试模放在玻璃底板上。

②按标准稠度用水量试验拌制水泥净浆的方法制成标准稠度净浆,并立即一次装满试模,振动数次刮平,立即放入湿气养护箱中。记录水泥全部加入水中的时间作为凝结时间的起始时间。

(3)初凝时间的测定

试件在湿气养护箱中养护至加水后30 min时进行第一次测定。测定时,从湿气养护箱中取出试模放到试针下,降低试针至与水泥净浆表面接触。拧紧螺丝1~2 s后,突然放松,试针垂直自由地沉入水泥净浆,观察试针停止下沉或释放试针30 s时指针的读数,临近初凝时,每隔5 min测定一次。当试针沉至距底板4±1 mm时,为水泥达到初凝状态。达到初凝时应立即重复测一次,当两次结论相同时才能定为达到初凝状态。由水泥全部加入水中至初凝状态的时间为水泥的初凝时间,用min表示。

(4)终凝时间的测定

为准确观测试针沉入的状况,在终凝针上安装了一个环形附件(图10.3(e))。在完成初凝时间测定后,立即将试模连同浆体以平移的方式从玻璃板取下,翻转180°,直径大端向上、小端向下放在玻璃板上,再放入湿气养护箱中继续养护。临近终凝时间时每隔15 min测定一次,当试针沉入试件0.5 mm时,即环形附件开始不能在试体上留下痕迹时,为水泥达到终凝状态。达到终凝时应立即重复测一次,当两次结论相同时才能定为达到终凝状态。由水泥全部加入水中至终凝状态的时间为水泥的终凝时间,用min表示。

注意:①最初测定时,应轻轻扶持金属柱,使其徐徐下降,以防试针撞弯,但结果以自由下落为准。②在整个测试过程中,试针沉入的位置至少要距圆模内壁10 mm。③每次测定不得让试针落入原针孔,每次测试完毕须将试针擦净并将试模放回湿气养护箱内,整个测试过程要防止试模受振。④可以使用能测出与标准中规定方法相同结果的凝结时间自动测定仪,使用时不必翻转试体。

## 10.1.6 水泥安定性试验方法(标准法)

水泥安定性是表征水泥硬化后体积变化均匀性的物理性能指标。雷氏法是观测由两个试针的相对位移所指示的水泥标准稠度净浆体积膨胀的程度,为标准法。

**1. 试验目的**

测定水泥安定性,可以观测水泥硬化后体积变化的均匀性,用以评定水泥的技术性能;还可以间接地反映出引起水泥体积安定性不良的化学因素。

**2. 仪器设备**

(1)雷氏夹膨胀仪与测定仪

由铜质材料制成,结构如图10.5所示。当一根指针的根部先悬挂在一根金属丝或尼龙丝上,另一根指针的根部再挂上300 g质量的砝码时,两根指针针尖的距离增加应在17.5±2.5 mm范围内,即$2x=17.5\pm2.5$ mm,如图10.6所示,当去掉砝码后针尖的距离能恢复至挂砝码前的状态。每个雷氏夹需配备质量为75~85 g的玻璃板两块。雷氏夹膨胀值测定仪标尺最小刻度为0.5 mm。

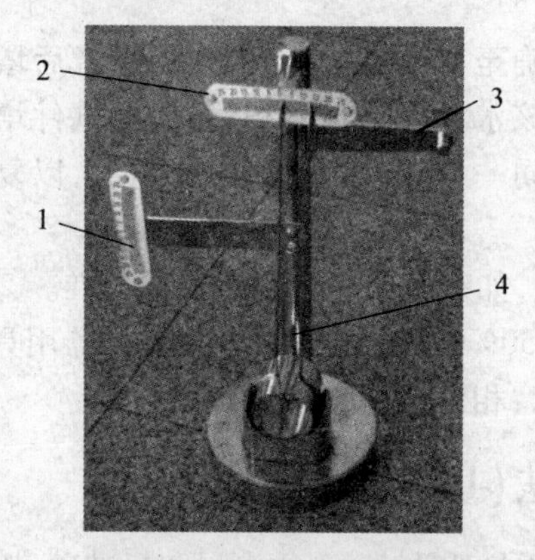

图10.5 雷氏夹膨胀测定仪

1—测弹性标尺;2—测膨胀值标尺;3—悬臂;4—雷氏夹膨胀仪

图10.6 雷氏夹受力示意图

(2)沸煮箱

有效容积约为410 mm×240 mm×310 mm,箅板的结构应不影响试验结果,箅板与加热器之间的距离大于50 mm。箱的内层由不易锈蚀的金属材料制成,能在30±5 min内将箱内的试验用水由室温升至沸腾状态并保持3 h以上,整个试验过程中不需补充水量。

(3)其他仪具

同水泥标准稠度用水量试验仪器。

**3.试验方法与步骤**

(1)测定前的准备工作

①按标准方法检查雷氏夹的质量是否符合要求。

②每个试样需成型两个试件,凡与水泥净浆接触的玻璃板和雷氏夹内表面要稍稍涂上一层油。

③按标准方法制备水泥标准稠度净浆。

(2)雷氏夹试件的成型

将预先准备好的雷氏夹放在已稍稍涂油的玻璃板上,并立刻将已制好的标准稠度净浆一次装满雷氏夹。装浆时一只手轻轻扶持雷氏夹,另一只手用宽约10 mm的小刀插捣数次,然后抹平,盖上稍稍涂油的玻璃板,接着立刻将雷氏夹移至湿气养护箱内养护24±2 h。

(3)沸煮

①调整好沸煮箱内的水位,使之在整个煮沸过程中都能没过试件,不需中途添补试验用水,同时保证在30±5 min内水能沸腾。

②脱去玻璃板取下试件,先测量雷氏夹指针尖端间的距离($A$),精确到0.5 mm,接着将试件放入水中箅板上,指针朝上,试件之间互不交叉,然后在30±5 min内加热至沸并恒沸180±5 min。

③沸煮结束后,立即放掉沸煮箱中的热水,打开箱盖,待箱体冷却至室温,取出试件进行判别。

(4)结果判别

测量雷氏夹指针尖端间的距离($C$),准确至0.5 mm。当两个试件煮后增加距离($C-A$)的平均值不大于5.0 mm时,即认为该水泥安定性合格;当两个试件增加距离($C-A$)的平均值相差超过5.0 mm时,应用同一水泥立即重做一次试验,以复检结果为准。

注意:①材料:试验用水必须是洁净的淡水,如有争议时应以蒸馏水为准。②试验条件:实验室的温度为20±2 ℃,相对湿度应大于50%;水泥试样、拌合水和仪器用具的温度应与实验室一致;湿气养护箱的温度为20±1 ℃,相对湿度应不低于90%。

### 10.1.7 水泥胶砂强度检验方法(ISO法)

水泥胶砂强度检测方法(ISO法),是采用质量比为1∶3的水泥和标准砂,用0.5的水灰比,按标准制作方法制成40 mm×40 mm×160 mm的标准棱柱体试件,在标准养护条件下,测定达到规定龄期(3 d、28 d)时,水泥的抗折强度和抗压强度。

1. 试验目的

测定硅酸盐水泥、普通硅酸盐水泥、矿渣硅酸盐水泥、粉煤灰硅酸盐水泥、复合硅酸盐水泥、道路硅酸盐水泥以及石灰石硅酸盐水泥等的抗压与抗折强度,用以评定水泥的强度等级。

2. 试验设备与材料

(1)胶砂搅拌机

胶砂搅拌机属行星式,如图10.7所示。其搅拌叶片和搅拌锅做相反方向的转动。叶片和锅由耐磨的金属材料制成,叶片与锅底、锅壁之间的间隙为叶片与锅壁的最近的距离。制造质量应符合《行星式水泥胶砂搅拌机》(JC/T 681—1997)的规定。

图10.7 行星式胶砂搅拌机

(2)振实台

如图10.8所示,由装有两个对称偏心轮的电动机产生振动,使用时固定于混凝土基座上。基座高约400 mm,混凝土体积约为0.25 $m^3$,重约600 kg。为防止外部振动影响振实效果,可在整个混凝土基座下放一层厚约5 mm的天然橡胶弹性衬垫。

将仪器用地脚螺丝固定在基座上,安装后设备成水平状态,仪器底座与基座之间要铺一层砂浆以保证它们的完全接触。

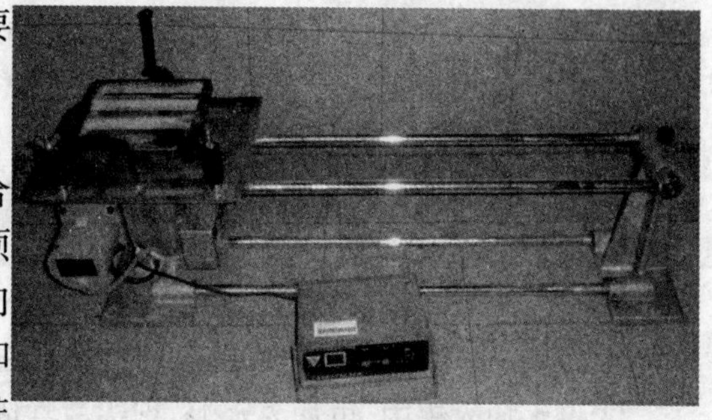

图10.8 振实台

(3)抗折试验机和抗折夹具

一般采用双杠杆式,也可采用性能符合要求的其他试验机。加荷与支撑圆柱必须用硬质钢材制造。三根圆柱轴的三个竖向平面应该平行,并在试验时继续保持平行和等距离垂直试件的方向,其中一根支撑圆柱能轻微地倾斜使圆柱与试件完全接触,以便荷载沿试件宽度方向均匀分布,同时不产生任何扭转应力,如图10.9所示。

(a) 抗折试验机

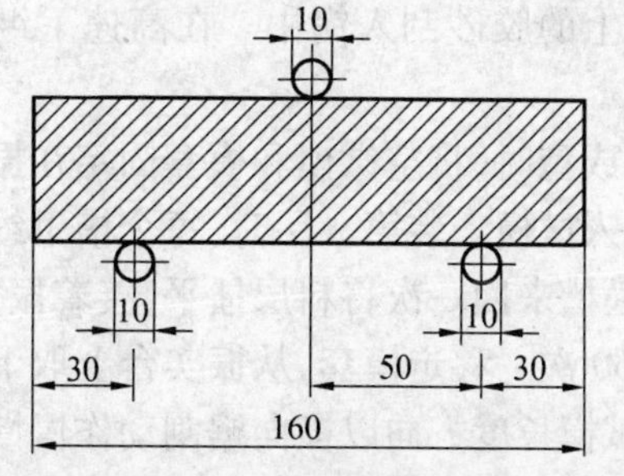


(b) 抗折强度测定加荷图(尺寸单位:mm)

图10.9 抗折试验机

抗折强度也可用抗压强度试验机来测定，此时应使用符合上述规定的夹具。

(4)抗压试验机和抗压夹具

①抗压强度试验机的吨位以 200～300 kN 为宜。抗压试验机，在较大的 4/5 量程范围内使用时，记录的荷载应有±1.0% 的精度，并具有按 2 400±200 N/s 速率的加荷能力，应具有一个能指示试件破坏时荷载的指示器。

压力机的活塞竖向轴应与压力机的竖向轴重合，而且活塞作用的合力要通过试件中心。压力机的下压板表面应与该机的轴线垂直并在加荷过程中一直保持不变。

②当试验机没有球座，或球座已不灵活或直径大于 120 mm 时，应采用抗压夹具(图 10.10)，由硬质钢材制成，受压面积为 40 mm×40 mm。

(5)天平

感量为 1 g。

(6)试样要求

水泥试样从取样至试验要保持 24 h 以上，应将其储存在基本装满和气密的容器里，这个容器应不能和水泥反应。

(7)ISO 标准砂

各国生产的 ISO 标准砂都可以用来按本方法测定水泥强度。

(8)试验用水

试验用水为饮用水，仲裁试验时采用蒸馏水。

图 10.10　水泥胶砂抗压夹具

**3. 试验方法与步骤**

(1)试件成型

①成型前将试模擦净，四周的模板与底座的接触面上应涂黄油，紧密装配，防止漏浆，内壁均匀的刷一层机油。

②水泥与 ISO 标准砂的质量比为 1∶3，水灰比为 0.5。每成型三条试件需称量的材料及用量为：水泥 450±2 g；ISO 标准砂 1 350±5 g；水 225±1 g。

③将水加入锅中，再加入水泥，把锅放在固定架上并上升至固定位置。然后立即开动机器，低速搅拌 30 s 后，在第二个 30 s 开始的同时均匀地将砂子加入。当砂是分级装时，应从最粗粒级开始，依次加入，再高速搅拌 30 s。停拌 90 s，在第一个 15 s 内用一胶皮刮具将叶片和锅壁上的胶砂刮入锅中。在高速下继续搅拌 60 s。各个阶段时间误差应在±1 s内。

④用振实台成型时，将空试模和模套固定在振实台上，用适当的勺子直接从搅拌锅里将胶砂分两层装入试模。装第一层时，每个槽里约放 300 g 胶砂，用大播料器垂直架在模套顶部，沿每个模槽来回一次将料层播平，接着振实 60 次。再装入第二层胶砂，用小播料器播平，再振实 60 次。移走模套，从振实台上取下试模，并用刮尺以 90°的角度架在试模模顶的一端，沿试模长度方向以横向锯割动作慢慢向另一端移动，一次将超过试模部分的胶砂刮去。并用同一直尺以近乎水平的情况下将试体表面抹平。

⑤在试模上作标记或加字条标明试件的编号和试件相对于振实台的位置。两个龄期以上试件，编号时应将同一试模中的三条试件分在两个以上的龄期内。

⑥试验前或更换水泥品种时，须将搅拌锅、叶片和下料漏斗擦干净。

(2)试件的养护

①编号后，将试模放入养护箱养护，养护箱内箅板必须水平。水平放置时刮平面应朝上。对于24 h龄期的，应在破型试验前20 min内脱模。对于24 h以上龄期的，应在成型后20～24 h内脱模。脱模时要非常小心，以防止试件损伤。硬化较慢的水泥允许延期脱模，但须记录脱模时间。

②试件脱模后放在水槽中养护，试件之间间隙和试件上表面的水深不得小于5 mm。每个养护池中只能养护同类水泥试件，并应随时加水，保持恒定水位，不允许养护期间全部换水。

③除24 h龄期或延迟至48 h脱模的试体外，任何到龄期的试体应在试验(破型)前15 min从水中取出。抹去试体表面沉积物，并用湿布覆盖。

④强度试验。各龄期(试体龄期是从水泥加水搅拌开始算起)的试件应按表10.2规定的时间内进行强度试验。

**表10.2 各龄期试件强度试验时间表**

| 龄期 | 时间 |
|---|---|
| 24 h | 24 h±15 min |
| 48 h | 48 h±30 min |
| 72 h | 72 h±45 min |
| 7 d | 7 d±2 h |
| 28 d | 28 d±8 h |

(3)强度测试

①抗折强度测定。以中心加荷法测定抗折强度。采用杠杆式抗折强度试验机试验时，试件放入前，应使杠杆成水平状态，将试件成型侧面向上放入抗折试验机内。试件放入后调整夹具，使杠杆在试件折断时尽可能接近水平位置。抗折试验加荷速度为50±10 N/s，直至折断，并保持两个半截棱柱体试件处于潮湿状态直至抗压试验。

抗折强度 $R_f$ (MPa)按下式进行计算，精确至0.1 MPa：

$$R_f = \frac{1.5F_fL}{b^3} \tag{10.13}$$

式中 $F_f$ ——破坏荷载，N；

$L$ ——支撑圆柱中心距，mm；

$b$ ——试件断面正方形的边长，为40 mm。

②抗压强度测定。抗折强度试验后的断块应立即进行抗压试验。抗压试验须用抗压夹具进行，试件受压面为试件成型时的两个侧面，面积为40 mm×40 mm。试验前应清除试件受压面与加压板间的砂粒或杂物。试件的底面靠紧夹具定位销，断块试件应对准抗压夹具中心，并使夹具对准压力机压板中心，半截棱柱体中心与压力机压力板中心差应在±0.5 mm内，棱柱体露在压力板外的部分约为10 mm。压力机加荷速度应控制在2 400±

200 N/s 速率范围内，在接近破坏时更应严格掌握。

抗压强度 $R_c$（MPa），按下式进行计算，精确至 0.1 MPa：

$$R_c = \frac{F_c}{A} \tag{10.14}$$

式中 $F_c$ ——破坏荷载，N；

$A$ ——受压部分面积，40 mm×40 mm＝1 600 mm$^2$。

**4. 结果计算及精度要求**

（1）抗折强度

抗折强度结果取三个试件的平均值，精确至 0.1 MPa。当三个强度中有超出平均值±10% 的，应剔除后再取平均值作为抗折强度试验结果。

（2）抗压强度

抗压强度的结果为一组六个断块试件抗压强度的算术平均值，精确至 0.1 MPa。如果六个测定值中有一个超出平均值的±10% 的，就应剔除这个结果，而以剩下五个的算术平均数作为结果。如果五个测定值中再有超过它们平均数值±10% 的，则此组结果作废。

注：① 试体成型实验室的温度应保持在 20±2 ℃（包括强度实验室），相对湿度应大于 50%；水泥试样、ISO 砂、拌合用水及试模等温度应与室温相同。② 养护箱或雾室温度为 20±1 ℃，相对湿度应大于 90%，养护水温为 20±1 ℃。③ 试件成型实验室的空气温度和相对湿度在工作期间每天应至少记录一次。养护箱或雾室的温度与相对湿度至少每 4 h记录一次。

## 10.2 粗集料试验

### 10.2.1 粗集料压碎值试验

压碎值是指粗集料在连续加载的情况下，抵抗压碎的能力。以压碎试验后小于规定粒径的石料质量百分率表示，是用以评定粗集料强度的一项指标。

**1. 试验目的**

用于测定粗集料抵抗压碎的能力，以衡量粗集料的力学性质，评定在工程中的适应性。

**2. 试验仪具**

（1）压碎指标测定仪：如图 10.11 所示。

（2）压力机：300 kN。

（3）称：称量 5 kg，感量为 5 g。

（4）试验筛：筛孔尺寸 19.5 mm、9.50 mm、2.36 mm 方孔筛各 1 个。

**3. 试验方法与步骤**

（1）试样准备

①用公称粒径为 9.50～19.5 mm 的颗粒，风干备用。

②剔除针片装颗粒，称取每份 3 kg 的试样 3 份备用。

(2)试验步骤

①置圆筒于底盘上,取试样一份,分两层装入圆筒中,每装完一层试样后,在底盘下面垫放一直径为10 mm的圆钢筋,将筒按住,左右交替颠击地面各25下。当圆模装不下3 000 g试样时,以试样表面距圆模上口10 mm为准。

②整平试样表面,将压头放入圆筒内集料面上,注意使压柱摆平,勿楔挤试筒壁。

③将装有试样的圆筒连同压头放到压力机上,按1 kN/s速度均匀地加荷到200 kN,稳压5 s,然后卸荷。

④将圆筒从压力机上取下,倒出筒内试样,称其质量($m_0$)。

⑤用2.36 mm筛筛除被压碎的细料,可分几次筛分,称量留在筛上的试样质量($m_1$)。

图10.11　压碎值测定加荷图
1—压碎指标测定仪;2—压力机

**4. 结果计算及精度要求**

集料压碎值按下式计算,精确至0.1%:

$$Q'_a = \frac{m_0 - m_1}{m_0} \times 100\% \tag{10.15}$$

式中　$Q'_a$——集料的压碎值,%;

$m_0$——试样质量,g;

$m_1$——试验后通过2.36 mm筛,留在筛上的试样质量,g。

以三个试样平行试验结果的算术平均值作为压碎值的测定值。

## 10.2.2　粗集料的表观密度、表干密度、毛体积密度试验(网篮法)

粗集料的密度试验主要包括表观密度、表干密度和毛体积密度的测定。

粗集料的表观密度(亦称视密度)是指在规定试验条件下,单位体积(含材料实体矿物成分及闭口孔隙体积)物质颗粒的干质量。

粗集料的表干密度(亦称饱和面干密度)是指在规定试验条件下,单位体积(含材料实体矿物成分及其闭口孔隙、开口孔隙等颗粒表面轮廓线所包围的毛体积)物质颗粒的饱和面干质量。

粗集料的毛体积密度指在规定试验条件下,单位体积(含材料实体矿物成分及其闭口孔隙、开口孔隙等颗粒表面轮廓线所包围的毛体积)物质颗粒的干质量。

**1. 试验目的**

测定粗集料的密度及吸水率用以评定集料的工程性质,粗集料的密度亦为水泥混凝土及沥青混合料的组成设计提供必要的原始数据,同时也是计算粗集料空隙率的重要依据。

**2. 试验仪具**

(1)天平或浸水天平(静水密度天平):称量应满足试样数量称量要求,感量不大于最大称量的0.05%。结构示意如图10.12所示。

(2)吊篮:由耐锈蚀材料制成,直径和高度为150 mm左右,四周及底部用1~2 mm的筛网编制或具有密集的孔眼。

(3)溢流水槽:在称量水中质量时能保持水面高度一定。

(4)干燥箱:能使温度控制在105±5 ℃。

(5)标准筛:孔径为4.75 mm。

(6)盛水容器(如搪瓷盘)。

(7)其他:刷子、毛巾和温度计等。

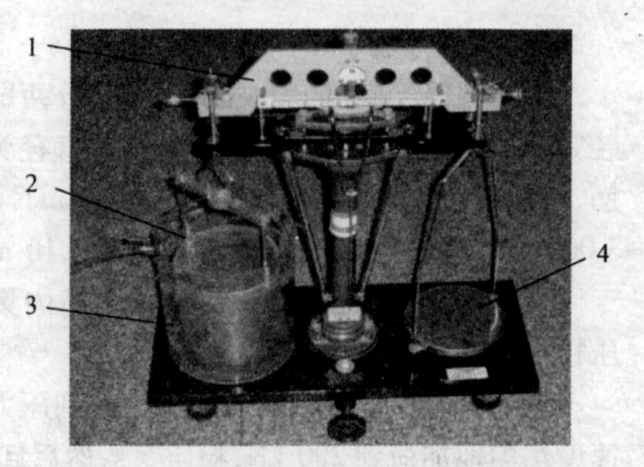


图10.12 静水密度天平示意图

1—天平;2—吊篮;3—盛水容器;4—砝码托盘

**3.试验方法与步骤**

(1)用四分法或分料器法缩分至要求的质量,见表10.3,分两份备用。风干后将试样用4.75 mm标准筛过筛除去其中的细集料。

**表10.3 测定密度所需要的试样最小质量**

| 公称最大粒径/mm | 4.75 | 9.5 | 16 | 19 | 26.5 | 31.5 | 37.5 |
|---|---|---|---|---|---|---|---|
| 每一份试样的最小质量/kg | 0.8 | 1.0 | 1.0 | 1.0 | 1.5 | 1.5 | 2.0 |

(2)将每一份集料试样分别浸泡在水中,仔细洗去附在集料表面的尘土和石粉,经多次漂洗干净至水清澈为止。清洗过程中不得散失集料颗粒。

(3)取试样一份装入干净的搪瓷盘中,注入洁净的水,水面至少应高出试样2 cm,轻轻搅动石料,使附着石料上的气泡逸出。在室温下浸水24 h。

(4)将吊篮挂在天平的吊钩上,浸入溢流水槽中,向溢流水槽中注水,水面高度至水槽的溢流孔为止,将天平调零。

(5)调节水温在15~25 ℃的范围内。将试样移入吊篮中,溢流水槽中的水面高度由水槽的溢流孔控制,维持不变。称取集料的水中质量($m_w$)。

(6)提起吊篮,稍稍滴水后,较粗的粗集料可以直接倒在拧干的湿毛巾上。将较细的粗集料2.36~4.75 mm连同浅盘一起取出,稍稍倾斜搪瓷盘,用毛巾吸走漏出的自由水。应注意不得有颗粒丢失,或有小颗粒附在吊篮上。用拧干的湿毛巾轻轻擦干颗粒的表面水,至表面看不到发亮的水迹,即为饱和面干状态。当粗集料尺寸较大时,可逐颗擦干。注意拧湿毛巾时不要太用力,防止拧得太干。擦颗粒表面水时,既要将表面水擦掉,又不能将颗粒内部的水吸出。整个过程中不得有集料丢失。

(7)立即在保持表干状态下,称取集料的表干质量($m_f$)。

(8)将集料置于浅盘中,放入105±5 ℃的烘箱中烘干至恒量。取出浅盘,放在带盖的容器中冷却至室温,称取集料的烘干质量($m_a$)。

注:恒量是指相邻两次称量间隔时间大于3 h的情况下,其前后两次称量之差小于该项试验所要求的精密度,即0.1%。一般在烘箱中烘烤的时间不得少于4~6 h。

**4.结果计算及精度要求**

粗集料的表观密度、表干密度、毛体积密度的计算公式如下,准确至0.001。

$$\gamma_a = \frac{m_a}{m_a - m_w} \quad \rho_a = \gamma_a \times \rho_T \quad 或 \quad \rho_a = (\gamma_a - \alpha_T) \times \rho_w \tag{10.16}$$

$$\gamma_s = \frac{m_f}{m_f - m_w} \quad \rho_s = \gamma_s \times \rho_T \quad 或 \quad \rho_s = (\gamma_s - \alpha_T) \times \rho_w \tag{10.17}$$

$$\gamma_b = \frac{m_a}{m_f - m_w} \quad \rho_b = \gamma_b \times \rho_T \quad 或 \quad \rho_b = (\gamma_b - \alpha_T) \times \rho_w \tag{10.18}$$

式中 $\gamma_a$ ——粗集料的表观相对密度；
$\gamma_s$ ——粗集料的表干相对密度；
$\gamma_b$ ——粗集料的毛体积相对密度；
$\rho_a$ ——粗集料的表观密度，$g/cm^3$；
$\rho_s$ ——粗集料的表干密度，$g/cm^3$；
$\rho_b$ ——粗集料的毛体积密度，$g/cm^3$；
$m_a$ ——粗集料试样的烘干质量，g；
$m_w$ ——粗集料试样的水中质量，g；
$m_f$ ——粗集料试样的表干质量，g；
$\rho_T$ ——试验温度 $T$ 时水的密度，参见表10.4；
$\rho_w$ ——水在4 ℃时的密度，1.000 $g/cm^3$。

在不同水温条件下测量的粗集料的表观密度需进行水温修正，水温修正系数 $\alpha_T$ 及不同试验温度下水的密度 $\rho_T$ 列于表10.4。

**表10.4 不同水温下碎石和卵石表观密度的修正系数表**

| 水温/℃ | 15 | 16 | 17 | 18 | 19 | 20 |
|---|---|---|---|---|---|---|
| 水的密度 $\rho_T/(g\cdot cm^{-3})$ | 0.999 13 | 0.998 97 | 0.998 80 | 0.998 62 | 0.998 43 | 0.998 22 |
| 修正系数 $\alpha_T$ | 0.002 | 0.003 | 0.003 | 0.004 | 0.004 | 0.005 |
| 水温/℃ | 21 | 22 | 23 | 24 | 25 | |
| 水的密度 $\rho_T/(g\cdot cm^{-3})$ | 0.998 02 | 0.997 79 | 0.997 56 | 0.997 33 | 0.997 02 | |
| 修正系数 $\alpha_T$ | 0.005 | 0.006 | 0.006 | 0.007 | 0.007 | |

对同一规格的粗集料应平行试验两次，取平均值作为试验结果。

重复性试验的精密度要求：对粗集料的表观相对密度、表干相对密度、毛体积相对密度，两次结果相差不得超过0.02。

### 10.2.3 粗集料针片状颗粒含量试验(规准仪法)

粗集料针片状颗粒是指粗集料中细长的针状颗粒与扁平的片状颗粒。当颗粒形状的诸方向中的最小厚度(或直径)与最大长度(或宽度)的尺寸之比小于规定比例时，属于针片状颗粒。

针片状颗粒是一种有害颗粒，由于它过于细长或扁平，因此，施工中很容易折断，增大集料空隙，影响混合料的技术性质。

**1. 试验目的**

测定水泥混凝土用粗集料的针片状颗粒含量，可用于评价粗集料的形状及其在工程中的适应性。

**2. 试验仪具**

(1)针状规准仪和片状规准仪:如图 10.13 所示,尺寸应符合表 10.5 的要求。

(2)天平或台秤:感量不大于称量值的 0.1%。

(3)标准筛:孔径分别为 4.75 mm、9.5 mm、16 mm、19 mm、26.5 mm、31.5 mm、37.5 mm,试验时根据需要选用。

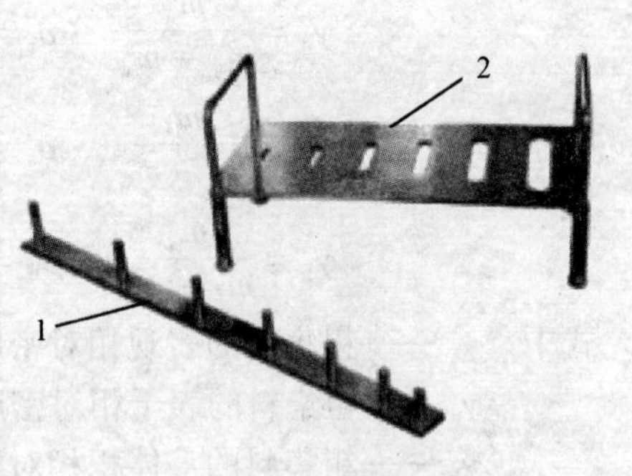


图 10.13 针片状规准仪
1—针状规准仪;2—片状规准仪

**表 10.5 水泥混凝土针片状颗粒试验的粒级划分及其相应的规准仪孔宽或间距**

| 粒级(方孔筛) /mm | 4.75 ~ 9.5 | 9.5 ~ 16 | 16 ~ 19 | 19 ~ 26.5 | 26.5 ~ 31.5 | 31.5 ~ 37.5 |
|---|---|---|---|---|---|---|
| 针状规准仪上相对应的立柱的间距宽 /mm | 17.1 ($B_1$) | 30.6 ($B_2$) | 42.0 ($B_3$) | 54.6 ($B_4$) | 69.6 ($B_5$) | 82.8 ($B_6$) |
| 片状规准仪上相对应的孔宽 /mm | 2.8 ($A_1$) | 5.1 ($A_2$) | 7.0 ($A_3$) | 9.1 ($A_4$) | 11.6 ($A_5$) | 13.8 ($A_6$) |

**3. 试验方法与步骤**

(1)将来样在室内风干至表面干燥,并用四分法缩分至表 10.6 规定的质量,称量($m_0$),然后筛分成表 10.5 所规定的粒级备用。

**表 10.6 针片状试验所需的试样最少质量**

| 公称最大粒径 /mm | 9.5 | 16.0 | 19.0 | 26.5 | 31.5 | 37.5 |
|---|---|---|---|---|---|---|
| 试样最小质量 /kg | 0.3 | 1.0 | 2.0 | 3.0 | 5.0 | 10.0 |

(2)按表 10.5 所规定的粒级用规准仪逐粒对试样进行鉴定,凡颗粒长度大于针状规准仪上相应间距者,为针状颗粒,厚度小于片状规准仪上相应孔宽者,为片状颗粒。

(3)称量由各粒级挑出的针状和片状颗粒的总重量($m_1$)。

**4. 结果计算及精度要求**

碎石或卵石中针片状颗粒含量按下式计算,精确至 1%:

$$Q_e = \frac{m_1}{m_0} \times 100\% \tag{10.19}$$

式中 $Q_e$——试样的针片状颗粒含量,%;

$m_1$——试样中所含针片状颗粒的总质量,g;

$m_0$——试样总质量,g。

# 10.3 细集料试验

## 10.3.1 细集料的表观密度试验(容量瓶法)

**1. 试验目的**

测定细集料的表观相对密度和表观密度,以鉴定细集料的品质,同时亦为水泥混凝土和沥青混合料的组成设计提供原始数据。

**2. 试验仪具**

(1)盘天平:称量 1 kg,感量为 1 g。

(2)容量瓶:500 mL。

(3)烘箱:能控温在 105±5 ℃。

(4)烧杯:500 mL。

(5)蒸馏水。

(6)其他:干燥器、浅盘、铝制料勺、温度计等。

**3. 试验方法与步骤**

(1)将缩分至 650 g 左右的试样在温度为 105±5 ℃的烘箱中烘干至恒量,并在干燥器中冷却至室温,分成两份备用。

(2)称取烘干的试样 300 g($m_0$),装入盛有半瓶蒸馏水的容量瓶中。

(3)摇转容量瓶,使试样在水中充分搅动以排除气泡,塞紧瓶塞,静置 24 h 左右,然后用滴管加水,使水面与瓶颈刻度线平齐,再塞紧瓶塞,擦干瓶外水分,称其总质量($m_2$)。

(4)倒出瓶中的水和试样,将瓶的内外表面洗净,再向瓶中注入与以上水温相差不超过 2 ℃的蒸馏水至瓶颈刻度线。塞紧瓶塞,擦干瓶外水分,称其总质量($m_1$)。

注:在砂的表观密度试验过程中应测量并控制水的温度,试验的各项称量可以在 15~25 ℃的温度范围内进行。但从试样加水静置的最后 2 h 起直至试验结束,其温度相差不超过 2 ℃。

**4. 结果计算及精度要求**

砂的表观相对密度按下式计算,精确至 0.001:

$$\gamma_a = \frac{m_0}{m_0 + m_1 - m_2} \tag{10.20}$$

式中 $\gamma_a$——砂的表观相对密度,无量纲;

$m_0$——烘干后试样的质量,g;

$m_1$——水和容量瓶的总质量,g;

$m_2$——试样、水和容量瓶的总质量,g;

砂的表观密度按下式计算,精确至 0.001:

$$\rho_a = \gamma_a \times \rho_T \quad \text{或} \quad \rho_a = (\gamma_a - \alpha_t) \times \rho_w \tag{10.21}$$

式中 $\rho_a$——砂的表观密度,g/cm$^3$;

$\alpha_t$,$\rho_T$,$\rho_w$——意义同前,$\rho_T$ 取值参见表 10.4。

以两次平行试验结果的算术平均值作为测定值，如两次结果之差值大于0.01 g/cm³，应重新取样进行试验。

## 10.3.2 细集料的毛体积密度、饱和面干密度和吸水率试验方法

**1. 试验目的**

测定砂的吸水率、饱和面干密度、毛体积密度，以鉴定细集料的品质，同时亦为路面水泥混凝土的组成设计提供原始数据。

**2. 试验仪具**

(1)天平：称量1 kg，感量不大于0.1 g。

(2)饱和面干试模与捣捧：如图10.14所示。饱和面干试模：上口径40±3 mm，下口径90±3 mm，高75±3 mm的坍落筒。捣捧：金属棒，直径25±3 mm，质量340±15 g。

(3)烧杯：500 mL。

(4)容量瓶：500 mL。

(5)烘箱：能控温在105±5 ℃。

(6)其他：干燥器、吹风机(手提式)、浅盘、铝制料勺、玻璃棒、温度计等。

图10.14 饱和面干试验的试模与捣棒

**3. 试验准备**

(1)将来样用2.36 mm标准筛除去大于2.36 mm部分。在潮湿状态下用四分法缩分至每份约1 000 g，拌匀后分成两份，分别装入浅盘或其他合适的容器中。

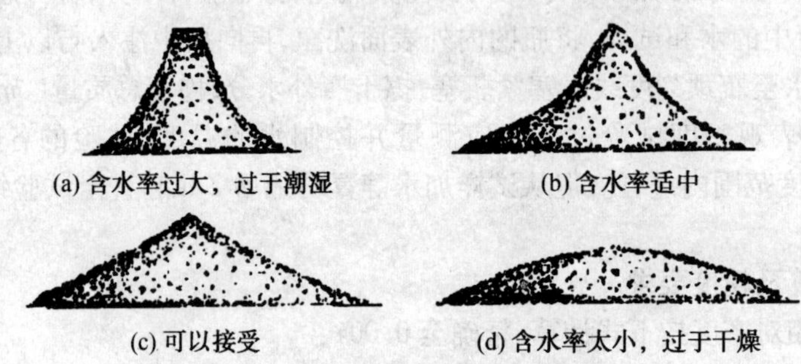


图10.15 试样不同含水率表现的形状

(2)注入清水，使水面高出试样表面20 mm左右(测量水温并控制在23±1.7 ℃)，用玻璃棒连续搅拌5 min，以排除气泡，静置24 h。

(3)细心地倒去试样上部的水，并用吸管吸去余水。

(4)将试样在盘中摊开，用手提吹风机缓缓吹入暖风，并不断翻拌试样，使砂表面的水在各部位均匀蒸发。

(5)然后将试样松散地一次装入饱和面干试模中，用捣棒轻捣25次，捣棒端面距试样表面距离不超过10 mm，使之自由落下，捣完后刮平模口，如留有空隙亦不必再装满。

(6)从垂直方向徐徐提起试模，如试样呈图10.15(a)所示的形状，则说明砂中尚含有

表面水,应继续按上述方法用暖风干燥、试验,直至试模提起后试样呈图10.15(b)所示的形状为止。试样呈图10.15(c)所示的形状,表示可以接受。如试模提起后试样呈图10.15(d)所示的形状,则说明试样已干燥过分,此时应将试样均匀洒水约5mL,经充分拌匀,并静置于加盖容器中30 min后,再按上述方法进行试验,直至试样达到如图10.15(b)所示的形状为止。

**4. 试验步骤**

(1)立即称取饱和面干试样约300 g($m_3$),迅速放入容量瓶中,勿使水分蒸发和砂粒散失,而后加水至约450 mL刻度处(最好加冷开水),转动容量瓶排除气泡后,再仔细加水至500 mL刻度处,塞紧瓶塞,擦干瓶外水分,称其总质量($m_2$)。

(2)倒出砂样,洗净瓶内外,用同样的水(每次需测量水温,宜为23±1.7 ℃,两次水温相差不大于2 ℃),加至500 mL刻度处,塞紧瓶塞,擦干瓶外水分,称其总质量($m_1$)。将倒出的砂样置105±5 ℃的烘箱中烘干至恒重,在干燥器内冷却至室温后,称取干样的质量($m_0$)。

**5. 结果计算及精度要求**

$$\gamma_a = \frac{m_0}{m_0 + m_1 - m_2} \quad \rho_a = \gamma_a \times \rho_T \quad 或 \quad \rho_a = (\gamma_a - \alpha_T) \times \rho_w \tag{10.22}$$

$$\gamma_s = \frac{m_3}{m_3 + m_1 - m_2} \quad \rho_s = \gamma_s \times \rho_T \quad 或 \quad \rho_s = (\gamma_s - \alpha_T) \times \rho_w \tag{10.23}$$

$$\gamma_b = \frac{m_0}{m_3 + m_1 - m_2} \quad \rho_b = \gamma_b \times \rho_T \quad 或 \quad \rho_b = (\gamma_b - \alpha_T) \times \rho_w \tag{10.24}$$

式中 $\gamma_a$——集料的表观相对密度;

$\gamma_s$——集料的表干相对密度;

$\gamma_b$——集料的毛体积相对密度;

$\rho_a$——集料的表观密度,g/cm$^3$;

$\rho_s$——集料的表干密度,g/cm$^3$;

$\rho_b$——集料的毛体积密度,g/cm$^3$;

$m_0$——试样的烘干质量,g;

$m_1$——水、瓶的总质量,g;

$m_2$——饱和面干试样、水、瓶的总质量,g;

$m_3$——饱和面干试样质量,g;

$\rho_T$——试验温度$T$时水的密度,参见表10.4;

$\rho_w$——水在4 ℃时的密度,1.000 g/cm$^3$。

以两次平行试验结果的算术平均值作为测定值。若两次结果与平均值之差大于0.01 g/cm$^3$时,应重新取样进行试验。

## 10.3.3 细集料的含泥量及泥块含量试验

**1. 细集料含泥量试验(筛洗法)**

(1)目的与适用范围

①本方法仅用于测定天然砂中粒径小于0.075 mm的尘屑、淤泥和黏土的含量。

②本方法不适用于人工砂、石屑等矿粉成分较多的细集料。

(2)试验仪具

①天平:称量1 kg,感量不大于1 g。

②干燥箱:能控温在105±5 ℃。

③标准筛:孔径0.075 mm及1.18 mm的方孔筛。

④其他:筒、浅盘等。

(3)试验方法与步骤

①将来样用四分法缩分至每份约1 100 g,置于温度为105±5 ℃的烘箱中烘干至恒重,冷却至室温后,称取500 g( $m_0$ )的试样两份备用,精确至0.1 g。

②取烘干的试样一份置于筒中,并注入洁净的水,使水面高出砂面约150 mm,充分拌和均匀后,浸泡2 h,然后用手在水中淘洗试样,使尘屑、淤泥和黏土与砂粒分离,并使之悬浮水中,缓缓地将浑浊液倒入1.18 mm至0.075 mm的套筛上,滤去小于0.075 mm的颗粒,试验前筛子的两面应先用水湿润,在整个试验过程中应注意避免砂粒丢失。

注:不得直接将试样放在0.075 mm筛上用水冲洗,或者将试样放在0.075 mm筛上后在水中淘洗,以难免误将小于0.075 mm的砂颗粒当作泥冲走。

③再次加水于筒中,重复上述过程,直至筒内砂样洗出的水清澈为止。

④用水冲洗留在筛上的细粒,并将0.075 mm筛放在水中(使水面略高出筛中砂粒的上表面)来回摇动,以充分洗除小于0.075 mm的颗粒;然后将两筛上筛余的颗粒和筒中已经洗净的试样一并装入浅盘,置于温度为105±5 ℃的烘箱中烘干至恒重,冷却至室温,称取试样的质量( $m_1$ ),精确至0.1 g。

(4)结果计算及精度要求

砂的含泥量按下式计算,精确至0.1%:

$$Q_n = \frac{m_0 - m_1}{m_0} \times 100\% \tag{10.25}$$

式中 $Q_n$——砂的含泥量,%;

$m_0$——试验前的烘干试样质量,g;

$m_1$——试验后的烘干试样质量,g。

以两个试样试验结果的算术平均值作为测定值。两次结果的差超过0.5%时,应重新取样进行试验。

**2.细集料泥块含量试验**

(1)目的与适用范围

测定水泥混凝土用砂中颗粒大于1.18 mm的泥块的含量。

(2)试验仪具

①天平:称量1 kg,感量不大于0.1 g。

②烘箱:能控温在105±5 ℃。

③标准筛:0.6 mm及1.18 mm。

④其他:洗砂用的筒及烘干用的浅盘等。

(3)试验步骤

①将来样用分料器法或四分法缩分至每份约 5 000 g,置于温度为 105±50 ℃的烘箱中烘干至恒重,冷却至室温后,用 1.18 mm 筛筛分,分为大致相等的两份备用。

②取试样 1 份 200 g( $m_1$ ),精确至 0.1 g,将试样置于容器中,并注入洁净的水,使水面至少超出砂面约 150 mm,充分拌混均匀后,静置 24 h,然后用手在水中捻碎泥块,再把试样放在 0.6 mm 筛上,用水淘洗至水清澈为止。

③筛余下来的试样应小心地从筛里取出,并在 105±5 ℃的烘箱中烘干至恒重,冷却至室温后称量( $m_2$ ),精确至 0.1 g。

(4)结果计算及精度要求

砂中泥块含量按下式计算,精确至 0.1%:

$$Q_k = \frac{m_1 - m_2}{m_1} \times 100\% \tag{10.26}$$

式中 $Q_k$ ——砂中大于 1.18 mm 的泥块含量,%;

$m_1$ ——试验前存留于 1.18 mm 筛上的烘干试样质量,g;

$m_2$ ——试验后的烘干试样质量,g。

取两次平行试验结果的算术平均值作为测定值,两次结果的差值如超过 0.4%,应重新取样进行试验。

# 10.4 粉煤灰试验

## 10.4.1 粉煤灰细度试验方法

细度是表示粉煤灰粗细程度的指标,粉煤灰越细,水化反应的界面就会增加,越容易发挥粉煤灰的活性,增加强度来源。一般认为通过 0.045 mm 筛孔的颗粒数量决定着粉煤灰活性的大小。现行技术标准采用 45 μm 方孔筛的通过量表示粉煤灰的细度。对用作水泥混凝土掺合料的粉煤灰,细度试验按现行标准规定,采用负压筛析仪测定。

**1. 试验目的**

测定粉煤灰的细度,评价粉煤灰的技术性质。

**2. 试验仪具**

同水泥细度试验(负压筛析法)。

**3. 试验方法与步骤**

(1)将测试用粉煤灰样品置于温度为 105~110 ℃烘干箱内烘至恒重,取出放在干燥器中冷却至室温。

(2)称取试样约 10 g,准确至 0.01 g,倒入 0.045 mm 方孔筛上,将筛子置于筛座上,盖上筛盖。

(3)接通电源,将定时开关开到 3 min,开始筛分。

(4)开始工作后,观察负压表,负压稳定在 4 000~6 000 Pa 时,表示工作正常。若负压小于 4 000 Pa 时,则应停机,清理吸尘器中的积灰后再进行筛分。

(5)在筛分过程中,可用轻质木棒或橡皮棒轻轻敲打筛盖,以防吸附。

(6)3 min 后筛析自动停止,停机后观察筛余物,如出现颗粒成球、粘筛或有细粒沉积在筛框边缘,用毛刷将细颗粒轻轻刷开,将定时开关固定在手动位置,再筛析 1 ~3 min 直至筛分彻底为止。停机后将筛网内的筛余物收集并称量,精确至 0.01 g。

**4. 结果计算及精度要求**

45 μm 方孔筛筛余量按下式计算,精确至 0.1%:

$$F = \frac{R_s}{m} \times 100\% \tag{10.27}$$

式中 $F$——方孔筛筛余百分数,%;

$R_s$——筛余物的质量,g;

$m$——称取试样的质量,g。

试样筛余百分数结果修正同水泥试验。

## 10.4.2 需水量比试验方法

在水泥流动度仪上,当试验样品与比对样品的流动度达到同一规定范围 130 ~ 140 mm时的加水量的比值称为粉煤灰的需水量比。需水比大,则粉煤灰的需水量大,这样会增加混凝土的单位用水量,从而影响混凝土的强度,因此粉煤灰的需水比不能过大。影响粉煤灰需水比的主要因素是其平均粒径和颗粒形状,平均粒径小、非球型颗粒多,需水比则大。

水泥生产或拌合水泥混凝土时,需水量比作为掺合粉煤灰的技术指标。

**1. 试验目的**

测定粉煤灰的需水量比,以评价粉煤灰的技术性质。

**2. 试验仪具及样品**

(1)胶砂搅拌机:符合《水泥胶砂强度检验方法(ISO 法)》(GB/T 17671)规定的行星式水泥胶砂搅拌机。

(2)水泥胶砂流动度测定仪:简称跳桌,符合《水泥胶砂流动度测定方法》(GB/T 2419)规定。

(3)水泥:基准水泥。

(4)标准砂:符合 GB/T 17671 规定的 0.5 ~1.0 mm 的中级砂。

(5)水:饮用水或蒸馏水。

(6)天平:量程不小于 1 000 g,最小分度值不大于 1 g。

**3. 试验步骤**

(1)胶砂配合比材料用量参照按表 10.7。

**表 10.7 胶砂配合比材料用量表**

| 胶砂种类 | 水泥 /g | 粉煤灰 /g | ISO 标准砂 /g | 加水量 / mL |
|---|---|---|---|---|
| 对比胶砂 | 250 | 0 | 750 | 按流动度达到 130 ~ 140 mm 调整 |
| 试验胶砂 | 175 | 75 | 750 | |

(2)将胶砂按 GB/T 17671 规定进行搅拌。

(3)搅拌后的胶砂按 GB/T 2419 进行流动度试验,测定胶砂流动度,当流动度在 130~140 mm范围内,记录此时加水量。

**4. 结果计算及精度要求**

粉煤灰的需水量比按下式计算,计算结果精确至1%:

$$需水比 = \frac{W_1}{W_2} \times 100\% \tag{10.28}$$

式中 $W_1$——试验胶砂流动度为 130~140 mm 时的加水量,mL;

$W_2$——对比胶砂流动度为 130~140 mm 时的加水量,mL。

### 10.4.3 烧失量试验

由于燃煤的品种、细度和燃烧条件的影响,粉煤灰中难免存在一些燃煤未充分燃烧的成分,其含量用烧失量表示。即在高温条件下灼烧,粉煤灰的质量损失百分率称为烧失量。烧失量过大影响粉煤灰的使用质量,因此,无论是用作混凝土掺合料还是稳定土的粉煤灰,其烧失量都必须满足技术标准的要求。

**1. 试验目的**

测定粉煤灰的烧失量,以衡量粉煤灰中的有效成分,对粉煤灰的品质进行评价。

**2. 试验仪具**

①高温电阻炉。

②瓷坩埚。

③分析天平:最小分度值0.000 1 g。

**3. 试验步骤**

称取约1 g 试样,精确至0.000 1 g,置于已灼烧恒重的瓷坩埚中,将盖斜置于坩埚上,放在高温电阻炉内,从低温开始逐渐升温,在950±25 ℃下灼烧15~20 min,取出坩埚置于干燥器中冷却至室温,称其质量。反复灼烧,直至恒重。

**4. 结果计算及精度要求**

粉煤灰的烧失量按下式计算:

$$X = \frac{m - m_1}{m} \times 100\% \tag{10.29}$$

式中 $X$——烧失量,%;

$m$——试样的质量,g;

$m_1$——灼烧后试样的质量,g。

### 10.4.4 三氧化硫含量(硫酸钡重量法)

三氧化硫含量(硫酸钡重量法)试验原理是用盐酸分解试样,在控制酸度为0.2~0.4 mol/L的条件下沉淀硫酸钡,滤出沉淀后于800 ℃灼烧,称重。

**1. 试验目的**

测定粉煤灰中三氧化硫的含量。

**2. 试验溶液**

①盐酸(1+1):1 份体积的浓盐酸与 1 份体积的水相混合。

②氯化钡溶液(100 g/L):将 100 g 二水氯化钡溶于水中加水稀释至 1 L。

③硝酸银溶液(5 g/L):将 0.5 g 硝酸银溶于水中,加入 1 mL 硝酸,加水稀释至 100 mL,贮存在棕色瓶中。

④分析天平:最小分度值 0.000 1 g。

**3. 试验步骤**

准确称取约 0.5 g 试样,精确至 0.000 1 g,置于 200 mL 烧杯中,加入约 40 mL 水,搅拌使试样完全分散,搅拌过程中加入 10 mL 盐酸,加热至微沸,并保持微沸 5±0.5 min,使试样充分分解。用中速滤纸过滤,用温水洗涤 10 ~ 12 次,调整滤液体积至 250 mL,收集于 400 mL 烧杯中,煮沸,在搅拌下滴加 10 mL 氯化钡溶液,并将溶液微沸 3 min 以上,然后在常温下静置 12 ~ 24 h 或微温处静置至少 4 h(此时溶液体积应保持约 200 mL)。用慢速定量滤纸过滤,以温水洗至无氯化银反应(用硝酸银溶液检验)。将沉淀及滤纸一并移入已灼烧恒量的瓷坩埚中,灰化后在 800 ~ 900 ℃的高温炉内灼烧 30 min。取出坩埚,置于干燥器中冷至室温,称量。如此反复灼烧,直至恒重。

**4. 结果计算及精度要求**

三氧化硫的百分含量按下式计算:

$$X = \frac{G_1 \times 0.343}{G} \times 100\% \tag{10.30}$$

式中 $X$——三氧化硫的百分含量,%;

$G$——试样质量,g;

$G_1$——灼烧后沉淀物的质量,g;

0.343——硫酸钡对三氧化硫的换算系数。

### 10.4.5 活性指数

**1. 试验目的**

测定粉煤灰的活性指数。

**2. 试验仪具**

(1)胶砂搅拌机:符合《水泥胶砂强度检验方法(ISO 法)》(GB/T 17671)规定的行星式水泥胶砂搅拌机。

(2)抗压强度试验机:符合 GB/T 17671 的规定。

(3)水泥:基准水泥。

(4)标准砂:符合 GB/T 17671 规定的 0.5 ~ 1.0 mm 的中级砂。

(5)水:饮用水或蒸馏水。

(6)天平:最小分度值不大于 1 g。

**3. 试验步骤**

(1)胶砂配合比按表 10.8 选取。

表 10.8 胶砂配合比表

| 胶砂种类 | 水泥 /g | 粉煤灰 /g | 标准砂 /g | 加水量 /mL |
|---|---|---|---|---|
| 对比胶砂 | 450 | 0 | 1 350 | 225 |
| 试验胶砂 | 315 | 135 | 1 350 | 225×需水量比 |

(2)将对比胶砂和试验胶砂分别按 GB/T 17671 规定进行搅拌、试件成型和养护。

(3)试件养护至 7 d 和 28 d 后,按 GB/T 17671 规定分别测定对比胶砂和试验胶砂的抗压强度。

**4. 结果计算及精度要求**

活性指数按下式计算,精确至 0.1%:

$$H = (R/R_0) \times 100\% \tag{10.31}$$

式中 $H$——活性指数,%;

$R$——试验胶砂 7 d 或 28 d 抗压强度,MPa;

$R_0$——对比胶砂 7 d 或 28 d 抗压强度,MPa。

# 第 11 章　混凝土与砂浆性能试验方法

## 11.1　普通混凝土基本性能试验

### 11.1.1　普通混凝土拌合物的工作性试验

**1. 水泥混凝土拌合物的拌制方法**

(1)试验目的

拌制水泥混凝土拌合物,以测定其工作性,同时也是测定混凝土其他性能的必要过程。

(2)试验仪具

①拌合机:自落式或强制式拌合机。

②秤:称量 50 kg,感量 0.5 kg。

③量筒:1 000 mL。

④其他:铲子、拌板量斗或其他容器。

(3)试验方法与步骤

1)人工拌制

①清除拌板上黏着的混凝土,并用湿抹布润湿,同时用湿抹布将铁锹润湿,然后按计算结果称取各种材料,分别装在各容器中。

②将称好的砂置于拌板上,然后倒上所需数量的水泥,用铲子拌合至均一颜色为止。

③加入所需数量的粗集料,将全部拌合物加以拌合,使粗集料在整个干拌合物中分配均匀为止。

④将拌合物收集成细长与椭圆形的堆,中心扒成长槽,将称好的水倒入约一半,将其与拌合物仔细拌均不使水流散,再将材料堆成长堆,扒成长槽,倒入剩余的水,继续拌合,来回翻拌至少 6 遍,从加水完毕时起,拌合时间约如表 11.1 的规定。

**表 11.1　拌合时间表**

| 拌合物体积 /L | <30 | 31 ~ 50 | 51 ~ 70 |
|---|---|---|---|
| 拌合时间 /min | 4 ~ 5 | 5 ~ 9 | 9 ~ 12 |

2)机械拌制

①按计算结果将所需材料分别称好装在各容器中。

②使用拌合机前,应先用少量砂浆进行涮膛,再刮出涮膛砂浆,以避免正式拌合混凝土时,水泥砂浆黏附筒壁的损失。涮膛砂浆的水灰比及砂灰比,与正式的混凝土配合比

相同。

③将称好的各种原材料，按顺序往拌合机加入（石子、砂和水泥），开动拌合机，将材料拌合均匀，在拌合过程中将水徐徐加入，全部加料时间不宜超过2 min，水全部加入后，继续拌合约2 min，而后将拌合物倾出在拌合板上，再经人工翻拌1~2 min，务必使拌合物均匀一致。

**2. 坍落度与坍落扩展度试验方法**

（1）试验目的

坍落度为表示混凝土拌合物稠度的一种指标，测定的目的是判定混凝土稠度是否满足要求，同时作为配合比调整的依据。

本试验适用于坍落度不小于10 mm，骨料最大粒径不大于40 mm的混凝土拌合物。

（2）试验仪具

①坍落度筒：如图11.1所示，坍落度筒为铁板制成的截头圆锥筒，厚度不小于1.5 mm，内侧平滑，没有铆钉头之类的突出物，在筒上方约2/3高度处有两个把手，近下端两侧焊有两个踏脚板，保证坍落度筒可以稳定操作。

②捣棒：直径16 mm，长约650 mm，并具有半球形端头的钢质圆棒（图11.1）。

③其他：小铲、木尺、小钢尺、抹刀和钢平板等。

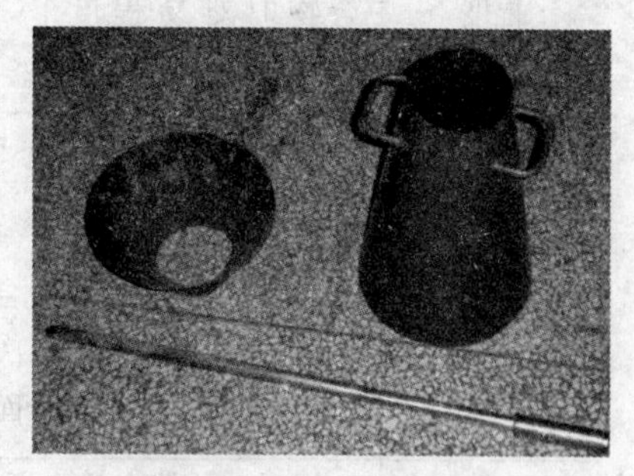

图11.1 坍落度筒和捣棒

（3）试验方法与步骤

①润湿坍落度筒和底板，在坍落度筒内壁和底板上应无明水。底板应放置在坚实的水平面上，并把筒放在底板中心，然后用脚踩住两边的踏脚板，坍落度筒在装料时应保持固定的位置。

②将拌制的混凝土试样分三层均匀地装入筒内，使捣实后每层高度为筒高的1/3左右。每层用捣棒插捣25次，插捣应沿螺旋方向由外向中心进行，每次插捣应在截面上均匀分布。插捣筒边混凝土时，捣棒可以稍稍倾斜。插捣底层时，捣棒应贯穿整个深度，插捣第二层和顶层时，捣棒应插透本层至下一层的表面；浇灌顶层时，混凝土应灌到高出筒口。插捣过程中，如混凝土沉落到低于筒口，则应随时添加。顶层插捣完后，刮去多余的混凝土，并用抹刀抹平。

③清除筒边底板上的混凝土后，垂直平稳地提起坍落度筒。坍落度筒的提离过程应在5~10 s内完成；从开始装料到提坍落度筒的整个过程应不间断地进行，并在150 s内完成。

④提起坍落度筒后，测量筒高与坍落后混凝土试体最高点之间的高度差，即为该混凝土拌合物的坍落度值；坍落度筒提离后，如混凝土发生崩坍或一边剪坏现象，则应重新取样另行测定；如第二次试验仍出现上述现象，则表示该混凝土和易性不好，应予记录备查。

⑤测定坍落度的同时，可用目测方法评定混凝土拌合物的下列性质，见表11.2，并记录备查。

⑥当混凝土拌合物的坍落度大于220 mm时，用钢尺测量混凝土扩展后最终的最大

直径和最小直径，在这两个直径之差小于 50 mm 的条件下，用其算术平均值作为坍落扩展度值；否则，此次试验无效。

如发现粗骨料在中央集堆或边缘有水泥浆析出，表示此混凝土拌合物抗离析性不好，应予记录。

(4)结果计算及精度要求

混凝土拌合物坍落度和坍落扩展度值以 mm 为单位，测量精确至 1 mm，结果表达修约至 5 mm。

**表 11.2 混凝土拌合物目测性质评定标准表**

| 目测性质 | 评定标准 | 分级 | | |
| --- | --- | --- | --- | --- |
| 棍度 | 按插捣混凝土拌合物时难易程度评定 | 上 | 中 | 下 |
| | | 表示插捣容易 | 表示插捣时稍有石子阻滞的感觉 | 表示很难插捣 |
| 含砂情况 | 按拌合物外观含砂多少而评定 | 多 | 中 | 少 |
| | | 表示用镘刀抹拌合物表面时，一两次即可使拌合物表面平整无蜂窝 | 表示抹五、六次才可使表面平整无蜂窝 | 表示抹面困难，不易抹平，有空隙及石子外露等现象 |
| 保水性 | 指水分从拌合物中析出的程度。评定方法：坍落度筒提起后如有较多的稀浆从底部析出，锥体部分的混凝土也因失浆而骨料外露，则表明此混凝土拌合物的保水性能不好；如坍落度筒提起后无稀浆或仅有少量稀浆自底部析出，则表示此混凝土拌合物的保水性良好。 | | | |
| 黏聚性 | 观测拌合物各组成分相互黏聚情况。评定方法：用捣棒在已坍落的混凝土锥体侧面轻轻敲打，此时如果锥体逐渐下沉，则表示黏聚性良好；如锥体倒塌、部分崩裂或出现离析现象，则表示黏聚性不好。 | | | |

## 11.1.2 普通混凝土的表观密度试验

**1. 试验目的**

测定捣实的混凝土拌合物的表观密度，作为评定混凝土质量的一项指标。同时，亦作为混凝土试验室配合比计算的依据。

**2. 试验仪具**

(1)容量筒

金属制成的圆筒，两侧装有提手。对骨料最大粒径不大于 40 mm 的拌合物采用容积为 5 L 的容量筒，其内径与内高均为 186±2 mm，筒壁厚为 3 mm；骨料最大粒径大于40 mm 时，容量筒的内径与内高均应大于骨料最大粒径的 4 倍。容量筒上缘和内壁应光滑平整，顶面与底面应平行并与圆柱体的轴垂直。

容量筒容积的标定方法：采用一块能盖住容量筒顶面的玻璃板，先称出玻璃板和空筒的质量，然后向容量筒中灌入清水，当水接近上口时，一边不断加水，一边把玻璃板沿筒口徐徐推入盖严，应注意玻璃板下不带入任何气泡；然后擦净玻璃板面及筒壁外的水分，将容量筒连同玻璃板放在台秤上称其质量；两次质量之差(kg)即为容量筒的容积(L)。

(2)台秤

称量50 kg，感量50 g。

(3)其他

振动台、捣棒、金属直尺、抹刀、玻璃板等。

**3.试验方法与步骤**

(1)用湿布将容量筒内外擦干净，称出容量筒质量，精确至50 g。

(2)混凝土的装料和捣实方法应根据拌合物的稠度而定。坍落度不大于70 mm的混凝土，用振动台振实为宜；大于70 mm的用捣棒捣实为宜。采用捣棒捣实时，应根据容量筒的大小决定分层与插捣次数：用5 L容量筒时，混凝土拌合物应分两层装入，每层的插捣次数应为25次；用大于5 L容量筒时，每层混凝土的高度不应大于100 mm，每层的插捣次数应按每10 000 $mm^2$截面积不小于12次计算。各层插捣应由边缘向中心均匀地插捣，插捣底层时捣棒应贯穿整个深度，插捣第二层时，捣棒应插透本层至下一层的表面；每一层捣完后用橡皮锤轻轻沿容器外壁敲打5~10次，进行振实，直至拌合物表面插捣孔消失并不见大气泡为止。

采用振动台振实时，应一次将混凝土拌合物灌到高出容量筒口。装料时可用捣棒稍加插捣，振动过程中如混凝土低于筒口，应随时添加混凝土，振动直至表面出浆为止。

(3)用刮尺将筒口多余的混凝土拌合物刮去，表面如有凹陷应填平，将容量筒外壁擦净，称出混凝土试样与容量筒总质量，精确至50 g。

**4.结果计算及精度要求**

混凝土拌合物的表观密度应按下式计算，精确至10 $kg/m^3$：

$$\gamma_h = \frac{W_2 - W_1}{V} \times 1\ 000 \tag{11.1}$$

式中 $\gamma_h$——混凝土拌合物的表观密度，$kg/m^3$；

$W_1$——容量筒质量，kg；

$W_2$——容量筒和试样的总质量，kg；

$V$——容量筒容积，L。

## 11.1.3 水泥混凝土拌合物含气量试验

**1.试验目的**

采用混合式气压法测定水泥混凝土拌合物含气量，本方法适用于集料公称最大粒径不大于31.5 mm、含气量不大于10%且有坍落度的水泥混凝土。

**2.试验仪具**

(1)混合式气压法含气量测定仪：包括量钵和量钵盖，钵体与钵盖之间有密封圈(图11.2)。

(2)测定仪附件：校正管、100 mL量筒、注水器、水平尺、插捣棒。

(3)压力表:量程为0.25 MPa,分度值为0.01 MPa。

(4)台秤:量程50 kg,感量为50 g。

(5)橡皮锤:应带有质量约250 g的橡皮锤头。

(6)其他:振动台、捣棒、抹刀等。

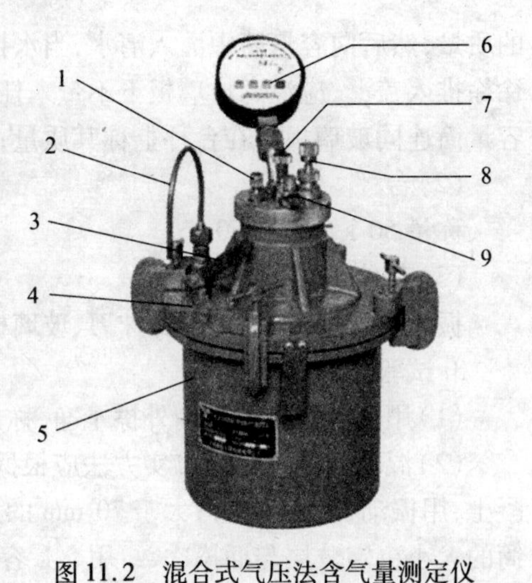

图11.2　混合式气压法含气量测定仪

1—微调阀;2—标定管;3—小龙头;4—钵盖;5—量钵;6—压力表;7—出气阀;8—排气筒;9—阀门杆

**3.试验方法与步骤**

(1)标定仪器

1)量钵容积的标定

先称量含气量测定仪量钵和玻璃板总重,然后将量钵加满水,用玻璃板沿量钵顶面平推,使量钵内盛满水且玻璃板下无气泡。擦干钵体外表面后连同玻璃板一起称重。两次质量的差值除以该温度下水的密度即为量钵的容积$V$。

2)含气量0%点的标定

把量钵加满水,将校正管接在钵盖下面小龙头的端部。将钵盖轻放在量钵上,用夹子夹紧使其气密性良好并用水平仪检查仪器的水平。打开小龙头,松开排气阀,用注水器从小龙头处加水,直至排气阀出水口冒水为止。然后拧紧小龙头和排气阀,此时钵盖和钵体之间的空隙被水充满。用手泵向气室充气,使表压稍大于0.1 MPa,然后用微调阀调整表压使其为0.1 MPa。按下阀门杆1~2次,使气室的压力气体进入量钵内,读压力表读数,此时指针所示压力相当于含气量0%。

3)含气量1%~10%的标定

含气量0%标定后,将校正管接在钵盖小龙头的上端,然后按一下阀门杆,慢慢打开小龙头,量钵中的水通过校正管流到量筒中。当量筒中的水为量钵容积的1%时,关闭小龙头。打开排气阀,使量钵内的压力与大气压平衡,然后重新用手泵加压,并用微调阀准确地调到0.1 MPa。按1~2次阀门杆,此时测得的压力表读值相当于含气量1%,同样方法可测得含气量2%、3%,直到10%的压力表读值。以压力表读值为横坐标,含气量为纵坐标,绘制含气量与压力表读值关系曲线。

(2)混凝土拌合物含气量测定

①擦净量钵与钵盖内表面,并使其水平放置。将新拌混凝土拌合物均匀适量地装入量钵内,用振动台振实,振动时间15~30 s为宜。也可用人工捣实,将拌合物分三层装料,每层插捣25次,插捣上层时捣棒应插入下层10~20 mm。

②刮去表面多余的混凝土拌合物,用镘刀抹平,并使其表面光滑无气泡。

③擦净钵体和钵盖边缘,将密封圈放于钵体边缘的凹槽内,盖上钵盖,用夹子夹紧,使之气密良好。

④打开小龙头和排气阀,用注水器从小龙头处往量钵中注水,直至水从排气阀出水口流出,再关紧小龙头和排气阀。

⑤关好所有的阀门,用手泵打气加压,使表压稍大于0.1 MPa,用微调阀准确地将表

压调到0.1 MPa。

⑥按下阀门杆1~2次，待表压指针稳定后，测得压力表读数$P_{01}$。

⑦开启排气阀，压力仪表应归零，对容器中试样再测定一次压力值$P_{02}$。

⑧如果$P_{01}$和$P_{02}$的相对误差小于0.2%，以两次测值的算术平均值，按压力与含气量关系曲线查得所测混凝土样品的仪器测定含气量$A_1$值（精确至0.1%）作为试验结果；如果不满足，则应进行第三次试验，测得压力值$P_{03}$。当$P_{03}$与$P_{01}$、$P_{02}$中较接近一个值的相对误差不大于0.2%时，则取两值的算术平均值，按压力与含气量关系曲线查得所测混凝土样品的仪器测定含气量$A_1$值（精确至0.1%）作为试验结果。当仍大于0.2%时，需重做试验。

（3）集料含气量$c$测定

①在容器中先注入1/3高度的水，然后把集料慢慢倒入容器。水面升高25 mm左右就应轻轻插捣10次，并稍微搅动，以排除夹杂进去的空气；加料过程中应始终保持水面高出集料的顶面；集料全部加入后，应浸泡约5 min，再用橡皮锤轻敲容器外壁，排净气泡，除去水面气泡，加水至满，擦净容器上口边缘；装好密封圈，加盖拧紧螺栓。

②关闭操作阀和排气阀，开启进气阀，用气泵向气室内注入空气，打开操作阀，使气室内的压力略大于0.1 MPa，待压力表显示值稳定后，打开排气阀，并用操作阀调整压力至0.1 MPa，然后关紧所有阀门。

③开启操作阀，使气室里的压缩空气进入容器，待压力表显示稳定后记录显示值$P_{g1}$，然后开启排气阀，压力仪表应归零。

④ 重复②、③ 步骤，对容器内的试样再检测一次，记为$P_{g2}$。

⑤ 如果$P_{g1}$和$P_{g2}$的相对误差小于0.2%，以两次测值的平均值按压力与含气量关系曲线查得集料的含气量$C$（精确至0.1%）作为试验结果。如果不满足，则应进行第三次试验，测得压力值$P_{g3}$。当$P_{g3}$与$P_{g1}$、$P_{g2}$中较接近一个值的相对误差不大于0.2%时，则取两值的算术平均值，按压力与含气量关系曲线查得集料的含气量$C$（精确至0.1%）作为试验结果。当仍大于0.2%时，需重做试验。

**4. 结果计算及精度要求**

含气量按下式计算，精确至0.1%：

$$A = A_1 - C \tag{11.2}$$

式中 $A$——混凝土拌合物含气量，%；

$A_1$——仪器测定含气量，%；

$C$——集料含气量，%。

## 11.1.4 普通混凝土的力学性质试验

**1. 混凝土试件成型、养护与硬化水泥混凝土现场取样方法**

（1）试验目的

为测定混凝土的力学性质，必须将混凝土拌合物制备成各种不同尺寸的试件，以供检验其力学性质。

(2)试验仪具

①搅拌机:自由式或强制式搅拌机。

②振动台:标准振动台,频率每分钟 3 000±200 次,负荷下的振幅为 0.35 mm,空载时的振幅应为 0.5 mm。

③试模

非圆柱试模:内表面应刨光磨光(粗糙度 $R_a$=3.2 μm),内部尺寸允许偏差为±0.2%,相临面的夹角为90°±0.3°,试件边长尺寸公差为 1 mm。

圆柱试模:直径误差小于$\frac{1}{200}d$,高度误差小于$\frac{1}{100}h$。试模底板的平面度公差不超过 0.02 mm。组装试模时,圆筒纵轴与底板应成直角,允许公差为 0.5°。为了防止接缝处出现渗漏,要使用合适的密封剂,如黄油,并采用紧固方法使底板固定在模具上。

常用的几种试件尺寸(试件内部尺寸)规定见表 11.3。所有试件承压面的平面度公差不超过 0.000 5 $d$($d$ 为边长)。

**表 11.3 混凝土试件尺寸表**

| 试件名称 | 标准尺寸 /mm | 非标准尺寸 /mm |
|---|---|---|
| 立方体抗压强度试件 | 150×150×150(31.5) | 100×100×100(26.5)<br>200×200×200(53) |
| 圆柱抗压强度试件 | ϕ150×300(31.5) | ϕ100×200(26.5)<br>ϕ200×400(53) |
| 芯样抗压强度试件 | ϕ150×$L_m$(31.5) | ϕ100×$L_m$(26.5) |
| 立方体劈裂抗拉强度试件 | 150×150×150(31.5) | 100×100×100(26.5) |
| 圆柱劈裂抗拉强度试件 | ϕ150×300(31.5) | ϕ100×200(26.5)<br>ϕ200×400(53) |
| 芯样劈裂强度试件 | ϕ150×$L_m$(31.5) | ϕ100×$L_m$(26.5) |
| 轴心抗压强度试件 | 150×150×300(31.5) | 100×100×300(26.5)<br>200×200×400(53) |
| 抗压弹性模量试件 | 150×150×300(31.5) | 100×100×300(26.5)<br>200×200×400(53) |
| 圆柱抗压弹性模量试件 | ϕ150×300(31.5) | ϕ100×200(26.5)<br>ϕ200×400(53) |
| 抗弯拉强度试件 | 150×150×600(31.5)<br>150×150×550(31.5) | 100×100×400(26.5) |
| 抗弯拉弹性模量试件 | 150×150×600(31.5)<br>150×150×550(31.5) | 100×100×400(26.5) |
| 水泥混凝土干缩试件 | 100×100×515(19) | 150×150×515(31.5)<br>200×200×515(50) |
| 抗渗试件 | 上口直径 175 mm,下口直径 185 mm,高 150 mm 的锥台 | 上下直径与高度均为 150 mm 的圆柱体 |

注:括号中的数字为试件中集料公称最大粒径,单位 mm。标准试件的最短尺寸大于公称最大粒径的 4 倍。

④捣棒:为直径 16 mm、长约 600 mm 并具有半球形端头的钢质圆棒。

⑤压板:用于圆柱试件的顶端处理,一般为厚 6 mm 以上的毛玻璃,压板直径应比试模直径大 25 mm 以上。

⑥橡皮锤:应带有质量约 250 g 的橡皮锤头。

⑦钻孔取样机:钻机一般用金刚石钻头,从结构表面垂直钻取,钻机应具有足够的刚度,保证钻取的芯样周面垂直且表面损伤最少。钻芯时,钻头应作无显著偏差的同心运动。

⑧锯:用于切割适于抗弯拉试验的试件。

⑨游标卡尺。

(3)试验方法与步骤

1)试件成型

非圆柱体试件成型:

①水泥混凝土的拌和参照《水泥混凝土拌合物的拌和与现场取样方法》(JTG E30 T0521—2005),成型前试模内壁涂一薄层矿物油。

②取拌合物的总量至少应比所需量高 20% 以上,并取出少量混凝土拌合物代表样,在 5 min 内进行坍落度或维勃试验,认为品质合格后,应在 15 min 内开始制作或做其他试验。

③对于坍落度小于 25 mm 时,可采用 ϕ25 mm 的插入式振捣棒成型。将混凝土拌合物一次装入试模,装料时应用抹刀沿各试模壁插捣,并使混凝土拌合物高出试模口;振捣时振捣棒距底板 10 ~ 20 mm,且不要接触底板。振捣直到表面出浆为止,且应避免过振,以防止混凝土离析,一般振捣时间为 20 s。振捣棒拔出时要缓慢,拔出后不得留有孔洞。用刮刀刮去多余的混凝土,在临近初凝时,用抹刀抹平。试件抹面与试模边缘高低差不得超过 0.5 mm。

注:这里不适于用水量非常低的水泥混凝土;同时不适于直径或高度不大于 100 mm 的试件。

④当坍落度大于 25 mm 且小于 70 mm 时,用标准振动台成型。将试模放在振动台上夹牢,防止试模自由跳动,将拌合物一次装满试模并稍有富余,开动振动台至混凝土表面出现乳状水泥浆时为止,振动过程中随时添加混凝土使试模常满,记录振动时间(约为维勃秒数的 2 ~ 3 倍,一般不超过 90 s)。振动结束后,用金属直尺沿试模边缘刮去多余混凝土,用镘刀将表面初次抹平,待试件收浆后,再次用镘刀将试件仔细抹平,试件抹面与试模边缘的高低差不得超过 0.5 mm。

⑤当坍落度大于 70 mm 时,用人工成型。拌合物分厚度大致相等的两层装入试模。捣固时按螺旋方向从边缘到中心均匀地进行。插捣底层混凝土时,捣棒应到达模底;插捣上层时,捣棒因贯穿上层后插入下层 20 ~ 30 mm 处。插捣时应用力将捣棒压下,保持捣棒垂直,不得冲击,捣完一层后,用橡皮锤轻轻击打试模外端面 10 ~ 15 下,以填平插捣过程中留下的孔洞。

每层插捣次数 100 $cm^2$ 截面积内不得少于 12 次。试件抹面与试模边缘的高低差不得超过 0.5 mm。

圆柱体试件制作：

①水泥混凝土的拌和参照《水泥混凝土拌合物的拌和与现场取样方法》(JTG E30 T5021—2005)。成型前试模内壁涂一薄层矿物油。

②取拌合物的总量至少应比所需量高20%以上，并取出少量混凝土拌合物代表样，在5 min内进行坍落度或维勃试验，认为品质合格后，应在15 min内开始制作或做其他试验。

③对于坍落度小于25 mm时，可采用φ25 mm的插入式振捣棒成型。拌合物分厚度大致相等的两层装入试模。以试模的纵轴为对称轴，呈对称方式填料。插入密度以每层分三次插入。振捣底层时，振捣棒距底板10～20 mm且不要接触底板；振捣上层时，振捣棒插入该层底面下15 mm深。振捣直到表面出浆为止，且应避免过振，以防止混凝土离析。一般时间为20 s。捣完一层后，如有棒坑留下，可用橡皮锤敲击试模侧面10～15下。振捣棒拔出时要缓慢。用刮刀刮去多余的混凝土，在临近初凝时，用抹刀抹平，使表面略低于试模边缘1～2 mm。

注：这里不适于用水量非常低的水泥混凝土；同时不适于直径或高度不大于100 mm的试件。

④当坍落度大于25 mm且小于70 mm时，用标准振动台成型。将试模放在振动台上夹牢，防止试模自由跳动，将拌合物一次装满试模并稍有富余，开动振动台至混凝土表面出现乳状水泥浆时为止。振动过程中随时添加混凝土使试模常满，记录振动时间(约为维勃秒数的2～3倍，一般不超过90 s)。振动结束后，用金属直尺沿试模边缘刮去多余混凝土，用镘刀将表面初次抹平，待试件收浆后，再次用镘刀将试件仔细抹平，使表面略低于试模边缘1～2 mm。

⑤当坍落度大于70 mm时，用人工成型。

对于试件直径为200 mm时，拌合物分厚度大致相等的三层装入试模。以试模的纵轴为对称轴，呈对称方式填料。每层插捣25下，捣固时按螺旋方向从边缘到中心均匀地进行。插捣底层时，捣棒应到达模底，插捣上层时，捣棒插入该层底面下20～30 mm处。插捣时应用力将捣棒压下，不得冲击，捣完一层后，如有棒坑留下，可用橡皮锤敲击试模侧面10～15下。用镘刀将试件仔细抹平，使表面略低于试模边缘1～2mm。

而对于试件直径为100 mm或150 mm时，分两层装料，各层厚度大致相等。试件直径为150 mm时，每层插捣15下；试件直径为100 mm时，每层插捣8下。捣固时按螺旋方向从边缘到中心均匀地进行。插捣底层时，捣棒应到达模底，插捣上层时，捣棒插入该层底面下15 mm深。用镘刀将试件仔细抹平，使表面略低于试模边缘1～2 mm。

当所确定的插捣次数使混凝土拌合物产生离析现象时，可酌情减少插捣次数至拌合物不产生离析的程度。

⑥对试件端面应进行整平处理，但加盖层的厚度应尽量薄。

拆模当前混凝土具有一定强度后，用水洗去上表面的浮浆，并用干抹布吸去表面水之后，抹上干硬性水泥净浆，用压板均匀地盖在试模顶部。加盖层应与试件的纵轴垂直。为防止压板和水泥浆之间的黏结，应在压板下垫一层薄纸。

对于硬化试件的端面处理，可采用硬石膏或硬石膏和水泥的混合物，加水后平铺在端面,并用压板进行整平。在材料硬化之前,应用湿布覆盖试件。

注:也可采用下面任一方法抹顶:

①使用硫磺与矿质粉末的混合物(如耐火黏土粉、石粉等)在 180 ~ 210 ℃间加热(温度更高时将使混合物烘成橡胶状,使强度变弱),摊铺在试件顶面,用试模钢板均匀按压,放置 2 h 以上即可进行强度试验。

②用环氧树脂拌水泥,根据需要硬化时间加入乙二胺,将此浆膏在试件顶面大致摊平,在钢板面上垫一层薄塑料膜,再均匀地将浆膏压平。

③在有充分时间时,也可用水泥浆膏抹顶,使用矾土水泥的养生时间在 18 h 以上,使用硅酸盐水泥的养生时间在 3 d 以上。

对不采用端部整平处理的试件,可采用切割的方法达到端面和纵轴垂直。整平后的端面应与试件的纵轴相垂直,端面的平整度公差在±0.1 mm 以内。

2)试件养护

①试件成型后,用湿布覆盖表面(或其他保持湿度方法),在室温 20±5 ℃,相对湿度大于 50% 的环境下,静放 1 ~ 2 个昼夜,然后拆模并做第一次外观检查、编号,对有缺陷的试件应除去,或加工补平。

②将完好试件放入标准养护室进行养护,标准养护室温度 20±2 ℃,相对湿度在 95% 以上,试件宜放在铁架或木架上,间距至少 10 ~ 20 mm,试件表面应保持一层水膜,并避免用水直接冲淋。当无标准养护室时,将试件放入温度 20±2 ℃的不流动的$Ca(OH)_2$饱和溶液中养护。

③标准养护龄期为 28 d(以搅拌加水开始),非标准的龄期为 1 d、3 d、7 d、60 d、90 d、180 d。

3)硬化水泥混凝土现场试样的钻取或切割取样

①芯样的钻取

钻取位置:在钻取前应考虑由于钻芯可能导致的对结构的不利影响,应尽可能避免在靠近混凝土构件的接缝或边缘处钻取,且基本上不应带有钢筋。

芯样尺寸:芯样直径应为混凝土所用集料公称最大粒径的 4 倍,一般为 150±10 mm 或 100±10 mm。

对于路面,芯样长径比宜为 1.9 ~ 2.1。对于长径比超过 2.1 的试件,可减少钻芯深度;也可先取芯样长度与路面厚度相等,再在室内加工成为长径比为 2 的试件;对于长径比不足 1.8 的试件,可按不同试验项目分别进行修正。

标记:钻出后的每个芯样应立即清楚地编号,并记录所取芯样在混凝土结构中的位置。

②切割

对于现场采取的不规则混凝土试块,可按表 11.3 所列棱柱体尺寸进行切割,以满足不同试验的需求。

③检查

a. 外观检查。每个芯样应该详细描述有关裂缝、接缝、分层、麻面或离析等不均匀性,必要时应记录集料情况与密实性。集料情况:估计集料的最大粒径、形状及种类,粗细集料的比例与级配;密实性:检查并记录存在的气孔、气孔的位置、尺寸与分布情况,必要时应拍下照片。

b.测量。平均直径 $d_m$:在芯样高度的中间及两个1/4处按两个垂直方向测量三对数值确定芯样的平均直径 $d_m$,精确至1.0 mm。

平均长度 $L_m$:取芯样直径两端侧面测定钻取后芯样的长度及加工后的长度,其尺寸差应在0.25 mm之内,取平均值作为试件平均长度 $L_m$,精确至1.0 mm。

平均长、高、宽:对于切割棱柱体,分别测量所有边长,精确至1.0 mm。

**2.混凝土抗压强度试验方法**

(1)试验目的

本试验适用于测定混凝土立方体抗压强度,以确定混凝土的强度等级,也可以作为评定混凝土质量的主要指标,还可以为确定混凝土的试验室配合比提供依据。

(2)试验仪具

①压力试验机:上下压板平整并有足够刚度,可以均匀地连续加荷,可以保持固定荷载,开机停机均灵活自如,能够满足试件破坏吨位的要求。测量精度为±1%,试件破坏荷载应大于压力机全量程的20%且小于其80%。同时应具有加荷速度指示装置或加荷速度控制装置。上下压板平整并有足够刚度,可以均匀地连续加荷卸荷,可以保持固定荷载,开机停机均灵活自如,能够满足试件破型吨位要求。

当混凝土强度等级≥C60时,试件周围应设防崩裂网罩。

②球座:钢质坚硬,面部平整度要求在100 mm距离内高低差值不超过0.05 mm,球面及球窝粗糙度 $R_a$=0.32 μm,研磨、转动灵活。不应在大球座上做小试件破型,球座最好放置在试件顶面(特别是棱柱试件),并凸面朝上,当试件均匀受力后,一般不宜再敲动球座。

(3)试验方法与步骤

①试件从养护地点取出后应及时进行试验,将试件表面与上下承压板面擦干净。

②将试件安放在试验机的下压板或垫板上,试件承压面应与成型时的顶面垂直。试件的中心应与试验机下压板中心对准,开动试验机,当上压板与试件或钢垫板接近时,调整球座,使接触均衡。

③在试验过程中应连续均匀地加荷,加荷速率应符合表11.4的规定。

**表11.4 混凝土抗压试验加荷速率**

| 强度等级 | <C30 | C30~C60 | ≥C60 |
|---|---|---|---|
| 加荷速率/($MPa \cdot s^{-1}$) | 0.3~0.5 | 0.5~0.8 | 0.8~1.0 |

④当试件接近破坏开始急剧变形时,应停止调整试验机油门,直至破坏,然后记录破坏荷载。

(4)结果计算及精度要求

1)混凝土立方体抗压强度应按下式计算,计算应精确至0.1 MPa:

$$f_{cu} = \frac{F}{A} \tag{11.3}$$

式中 $f_{cu}$ ——混凝土立方体抗压强度,MPa;

$F$ ——试件破坏荷载,N;

$A$ ——试件承压面积,$mm^2$。

2)强度值的确定应符合下列规定:

①三个试件测值的算术平均值作为该组试件的强度值(精确至 0.1 MPa);

②三个测值中的最大值或最小值中如有一个与中间值的差值超过中间值的 15% 时,则把最大及最小值一并舍除,取中间值作为该组试件的抗压强度值;

③如最大值和最小值与中间值的差均超过中间值的 15%,则该组试件的试验结果无效。

混凝土强度等级<C60 时,用非标准试件测得的强度值均应乘以尺寸换算系数,见表 11.5。当混凝土强度等级≥C60 时,宜采用标准试件;使用非标准试件时,尺寸换算系数应由试验确定。

**表 11.5 抗压强度尺寸换算系数表**

| 试件尺寸 /mm | 100×100×100 | 150×150×150 | 200×200×200 |
|---|---|---|---|
| 换算系数 | 0.95 | 1.00 | 1.05 |

**3. 混凝土轴心抗压强度试验方法**

(1)试验目的

本试验适用于测定棱柱体混凝土试件的轴心抗压强度。

(2)试验仪具

压力试验机:同混凝土立方体压力试验机。当混凝土强度等级≥C60 时,试件周围应设防崩裂网罩。

(3)试验方法与步骤

①试件从养护地点取出后应及时进行试验,将试件表面与上下承压板面擦干净。

②将试件直立安放在试验机的下压板或垫板上,试件的轴心应与试验机下压板中心对准。

③开动试验机,当上压板与试件或钢垫板接近时,调整球座,使接触均衡。

④在试验过程中应连续均匀地加荷,加荷速率应符合表 11.4 的规定。

⑤当试件接近破坏开始急剧变形时,应停止调整试验机油门,直至破坏。然后记录破坏荷载。

(4)结果计算及精度要求

1)混凝土轴心抗压强度应按下式计算,计算应精确至 0.1 MPa:

$$f_{cp} = \frac{F}{A} \tag{11.4}$$

式中 $f_{cp}$ ——混凝土轴心抗压强度,MPa;

$F$ ——试件破坏荷载,N;

$A$ ——试件承压面积,$mm^2$。

2)强度值的确定应符合下列规定:

①三个试件测值的算术平均值作为该组试件的强度值；

②三个测值中的最大值或最小值中如有一个与中间值的差值超过中间值的15%时，则把最大及最小值一并舍除，取中间值作为该组试件的抗压强度值；

③如最大值和最小值与中间值的差均超过中间值的15%，则该组试件的试验结果无效。

混凝土强度等级<C60时，用非标准试件测得的强度值均应乘以尺寸换算系数，见表11.6。当混凝土强度等级≥C60时，宜采用标准试件；使用非标准试件时，尺寸换算系数应由试验确定。

表11.6　抗压强度尺寸换算系数表

| 试件尺寸 /mm | 100×100×300 | 150×150×300 | 200×200×400 |
|---|---|---|---|
| 换算系数 | 0.95 | 1.00 | 1.05 |

## 4. 水泥混凝土立方体劈裂抗拉强度试验方法

(1)试验目的

测定水泥混凝土立方体试件的劈裂抗拉强度；本方法适用于各类水泥混凝土的立方体试件。

(2)试验仪具

①压力机：同混凝土立方体压力试验机。

②劈裂钢垫条和三合板垫层(或纤维板垫层)：钢垫条顶面为半径75 mm的弧形，长度不短于试件边长。木质三合板或硬质纤维板垫层的宽度为20 mm，厚为3～4 mm，长度不小于试件长度，垫层不得重复使用。

③钢尺：分度值为1 mm。

(3)试验方法与步骤

①试件尺寸符合表11.3的规定。

②本试件应同龄期者为一组，每组为三个同条件制作和养护的混凝土试块。

③至试验龄期时，自养护室取出试件，用湿布覆盖，避免其湿度变化。检查外观，在试件中部画出劈裂面位置线，劈裂面与试件成型时的顶面垂直。尺寸测量精确至1 mm。

④试件放在球座上，几何对中，放好垫层垫条，其方向与试件成型时顶面垂直。

⑤当混凝土的强度等级小于C30时，加荷速度为0.02～0.05 MPa/s；当混凝土的强度等级大于等于C30且小于C60时，加荷速度为0.05～0.08 MPa/s；当混凝土的强度等级大于等于C60时，加荷速度为0.08～0.10 MPa/s。当试件接近破坏而开始迅速变形时，不得调整试验机油门，直至试件破坏，记下破坏极限荷载$F$(N)。

(4)结果计算及精度要求

混凝土立方体劈裂抗拉强度$f_{ts}$按下式计算，结果计算精确至0.01 MPa：

$$f_{ts}=2F/(\pi A)=0.637F/A \tag{11.5}$$

式中　$f_{ts}$——混凝土立方体劈裂抗拉强度，MPa；

$F$——极限荷载，N；

$A$ ——试件劈裂面面积，为试件横截面面积，$mm^2$。

劈裂抗拉强度测定值的计算及异常数据的取舍原则为：以三个试件测值的算术平均值为测定值。如三个试件中最大值或最小值中有一个与中间值的差值超过中间值的15%时，则取中间值为测定值；如有两个测值与中间值的差值均超过上述规定时，则该组试验结果无效。

### 11.1.5 普通混凝土的耐久性试验

**1. 抗冻性试验(快冻法)**

(1)试验目的

测定混凝土试件在冰冻水融条件下，以经受的快速冻融循环次数来表示的混凝土抗冻性能。

(2)试验仪具

①快速冻融装置：符合现行行业标准《混凝土抗冻试验设备》(JG/T 243)的规定。除应在测温试件中埋设温度传感器外，尚应在冻融箱内防冻液中心、中心与任何一个对角线的两端分别设有温度传感器。运转时冻融箱内防冻液各点温度的极差不得超过2 ℃。

②试件盒：宜采用具有弹性的橡胶材料制作，其内表面底部应有半径为3 mm橡胶突起部分。盒内加水后水面应至少高出试件顶面5 mm。试件盒的横截面尺寸宜为115 mm×115 mm，试件盒长度宜为500 mm。

③混凝土动弹性模量测定仪：如图11.3所示。

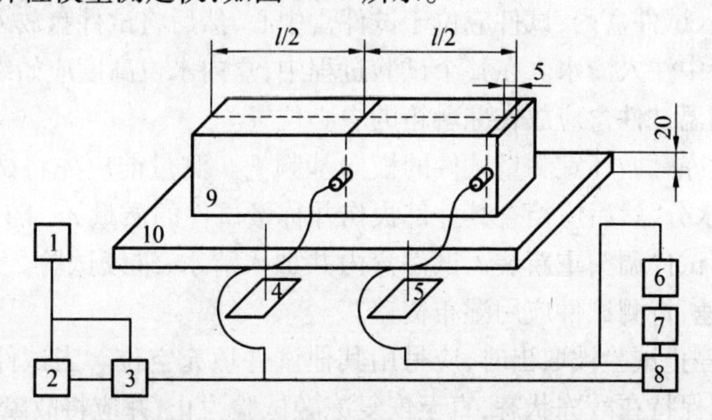


图11.3 动弹性模量测定仪部件连接示意图

1—振荡器；2—频率计；3—放大器；4—激振换能器；5—接受换能器；6—放大器；7—电表；8—示波器；9—试件；10—试件支承体

(3)试验方法与步骤

①快冻法抗冻试验应采用尺寸为100 mm×100 mm×400 mm的棱柱体试件，每组试件应为3块。成型试件时，不得采用憎水性脱模剂。除制作冻融试验的试件外，尚应制作同样形状、尺寸，且中心埋有温度传感器的测温试件，测温试件应采用防冻液作为冻融介质。测温试件所用混凝土的抗冻性能应高于冻融试件。测温试件的温度传感器应埋设在试件中心。温度传感器不应采用钻孔后插入的方式埋设。

②在标准养护室内或同条件养护的试件应在养护龄期为 24 d 时提前将冻融试验的试件从养护地点取出，随后应将冻融试件放在 20±2 ℃水中浸泡，浸泡时水面应高出试件顶面 20 ~ 30 mm，在水中浸泡时间应为 4 d(图 11.4(a))，试件应在 28 d 龄期时开始进行冻融试验。始终在水中养护的试件，当试件养护龄期达到 28 d 时，可直接进行后续试验。对此种情况，应在试验报告中予以说明。

③当试件养护龄期达到 28 d 时应及时取出试件，用湿布擦除表面水分后应对外观尺寸进行测量，试件的外观尺寸应满足要求，并应编号、称量试件初始质量 $m$，然后测定其横向基频的初始值 $f_0$（图 11.4(b)）。

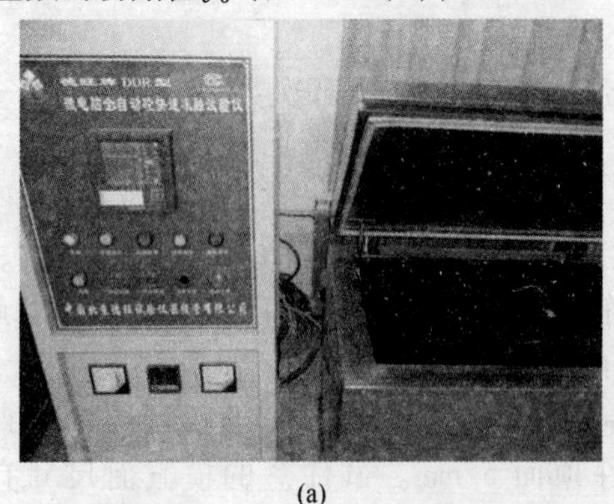
(a)

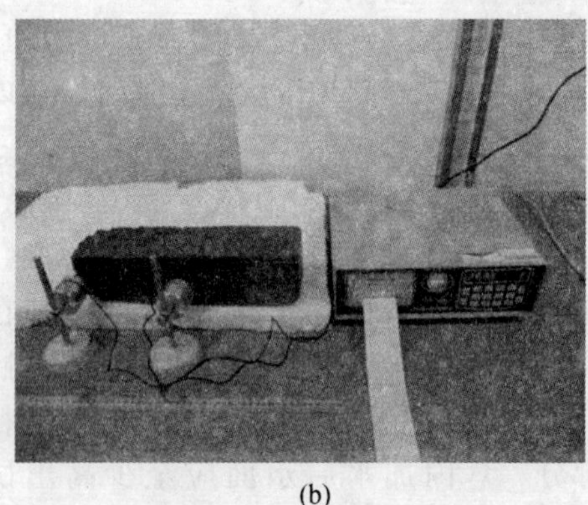
(b)

图 11.4　混凝土冻融与动弹性模量测定

④将试件放入试件盒内，试件应位于试件盒中心，然后将试件盘放入冻融箱内的试件架中，并向试件盒中注入清水。在整个试验过程中，盒内水位高度应始终保持至少高出试件顶面 5 mm。测温试件盒应放在冻融箱的中心位置。

⑤每隔 25 次冻融循环宜测量试件的横向基频 $f_n$。测量前应先将试件表面浮渣清洗干净并擦干表面水分，然后应检查其外部损伤并称量试件的质量 $m$，随后测量横向基频。测完后，应迅速将试件调头重新装入试件盒内并加入清水，继续试验。试件的测量、称量及外观检查应迅速，待测试件应用湿布覆盖。

⑥当有试件停止试验被取出时，应另用其他试件填充空位。当试件在冷冻状态下因故中断时，试件应保持在冷冻状态，直至恢复冻融试验为止，并应将故障原因、暂停时间在试验结果中注明。试件在非冷冻状态下发生故障的时间不宜超过两个冻融循环的时间。在整个试验过程中，超过两个冻融循环时间的中断故障次数不得超过两次。

⑦当冻融循环出现下列情况之一时，可停止试验：达到规定的冻融循环次数；试件的相对动弹性模量下降到 60%；试件的质量损失率达 5%。

(4)结果计算及精度要求

①混凝土相对动弹模量按下式计算，精确至 0.1：

$$P = \frac{f_n^2}{f_0^2} \times 100\% \tag{11.6}$$

式中　$P$——经 $n$ 次冻融循环后试件的相对动弹模量，%；

$f_n$——$n$ 次冻融循环后试件的横向基频，Hz；

$f_0$——试验前试件的横向基频,Hz。

相对动弹性模量 $P$ 应以三个试件试验结果的算术平均值作为测定值。当最大值或最小值与中间值之差超过中间值的 15% 时,应剔除此值,并应取其余两值的算术平均值作为测定值;当最大值和最小值与中间值之差均超过中间值的 15% 时,应取中间值作为测定值。

②混凝土质量损失率,精确至 0.01:

$$W_n = \frac{m_0 - m_n}{m_0} \times 100\% \tag{11.7}$$

式中 $W_n$——$n$ 次冻融循环后试件的质量损失率,%;

$m_0$——冻融前的试件质量,kg;

$m_n$——$n$ 次冻融后的试件质量,kg。

每组试件的平均质量损失率应以三个试件的质量损失率试验结果的算术平均值作为测定值。当某个试验结果出现负值,应取 0,再取三个试件的平均值。当三个值中的最大值或最小值与中间值之差超过 1% 时,应剔除此值,并应取其余两值的算术平均值作为测定值,当最大值和最小值与中间值之差均超过 1% 时,应取中间值作为测定值。

当混凝土相对动弹模量降低至小于或等于 60%,或质量损失达 5% 时的循环次数,即为混凝土的抗冻等级。混凝土抗冻等级分为 F25、F50、F100、F150、F200、F250 和 F300 等。

**2. 抗水渗透试验**

(1)试验目的

通过逐级施加水压力来测定以抗渗等级来表示的混凝土的抗水渗透性能。

(2)试验仪具

①混凝抗渗仪:符合现行行业标准《混凝土抗渗仪》(JG/T 249)的规定,并应能使水压按规定稳定地作用在试件上。抗渗仪施加水压力范围应为 0.1 ~ 2.0 MPa。

②试模:采用上口内部直径为 175 mm、下口内部直径为 185 mm 和高度为 150 mm 的圆台体。

(3)试验方法与步骤

①试件的制作和养护。抗水渗透试验应以 6 个试件为组,试件拆模后,应用钢丝刷刷去两端面的水泥浆膜,并应立即将试件送入标准养护室进行养护。抗水渗透试验的龄期宜为 28 d。应在到达试验龄期的前一天。从养护室取出试件,并擦拭干净,待试件表面晾干后,应进行试件密封。当用石蜡密封时,应在试件侧面裹涂一层熔化的内加少量松香的石蜡,然后应用螺旋加压器将试件压入经过烘箱或电炉预热过的试模中,使试件与试模底平齐,并应在试模变冷后解除压力。试模的预热温度,应以石蜡接触试模即缓慢熔化,但不流淌为准。

②试件准备好之后,启动抗渗仪,并开通 6 个试位下的阀门,使水从 6 个孔中渗出,水应充满试位坑,在关闭 6 个试位下的阀门后应将密封好的试件安装在抗渗仪上。

③试验时,水压应从 0.1 MPa 开始,以后应每隔 8 h 增加 0.1 MPa 水压,并应随时观察试件端面渗水情况。当 6 个试件中有 3 个试件表面出现渗水时,或加至规定压力(设计

抗渗等级)在 8 h 内 6 个试件中表面渗水试件少于 3 个时,可停止试验,并记下此时的水压力。在试验过程中。当发现水从试件周边渗出时,应重新按规定进行密封。

(4)结果计算及精度要求

混凝土的抗渗等级应以每组 6 个试件中有 4 个试件未出现渗水时的最大水压力乘以 10 来确定。混凝土的抗渗等级应按下式计算:

$$P = 10H - 1 \tag{11.8}$$

式中 $P$ ——混凝土抗渗等级;

$H$ —— 6 个试件中有 3 个试件渗水时的水压力,MPa。

**3.碳化试验**

(1)试验目的

测定在一定浓度的二氧化碳气体介质中混凝土试件的碳化程度。

(2)试验仪具

①碳化箱:符合现行行业标准《混凝土碳化试验箱》(JG/T 247)的规定,并应采用带有密封盖的密闭容器,容器的容积应至少为预定进行试验的试件体积的两倍。碳化箱内应有架空试件的支架、二氧化碳引入口、分析取样用的气体导出口、箱内气体对流循环装置、为保持箱内恒温恒湿所需的设施以及温湿度监测装置。宜在碳化箱上设玻璃观察口对箱内的温度进行读数。

②气体分析仪:分析箱内二氧化碳浓度,并应精确至±1%。

③二氧化碳供气装置:包括气瓶、压力表和流量计。

(3)试验方法与步骤

①试件处理:宜采用棱柱体混凝土试件,应以三块为一组。棱柱体的长宽比不宜小于 3。无棱柱体试件时,也可用立方体试件,其数量应相应增加。试件宜在 28 d 龄期进行碳化试验,掺有掺合料的混凝土可以根据其特性决定碳化前的养护龄期。碳化试验的试件宜采用标准养护,试件应在试验前 2 d 从标准养护室取出,然后应在 60 ℃下烘 48 h。经烘干处理后的试件,除应留下一个或相对的两个侧面外,其余表面应采用加热的石蜡予以密封,然后应在暴露侧面上沿长度方向用铅笔以 10 mm 间距画出平行线,作为预定碳化深度的测量点。

②首先应将经过处理的试件放入碳化箱内的支架上,各试件之间的间距不应小于50 mm。

③试件放入碳化箱后,应将碳化箱密封。密封可采用机械办法或油封,但不得采用水封。应开动箱内气体对流装置,徐徐充入二氧化碳,并测定箱内的二氧化碳浓度,应逐步调节二氧化碳的流量,使箱内的二氧化碳体积分数保持在 20%±3%。在整个试验期间应采取去湿措施,使箱内的相对湿度控制在 70%±5%,温度应控制在 20±2 ℃的范围内。

④应在碳化到了 3 d、7 d、14 d 和 28 d 时,分别取出试件,破型测定碳化深度。棱柱体试件应通过在压力试验机上的劈裂法或者用干锯法从一端开始破型。每次切除的厚度应为试件宽度的一半,切后应用石蜡将破型后试件的切断面封好,再放入箱内继续碳化,直到下一个试验期。当采用立方体试件时,应在试件中部劈开,立方件试件应只做一次检验,劈开测试碳化深度后不得再重复使用。

⑤随后应将切除所得的试件部分刷去断面上残存的粉末，然后应喷上（或滴上）浓度为1%的酚酞酒精溶液（酒精溶液含20%的蒸馏水）。约经30 s后，应按原先标划的10 mm一个测量点用钢板尺测出各点碳化深度。当测点处的碳化分界线上刚好嵌有粗骨料颗粒，可取该颗粒两侧处碳化深度的算术平均值作为该点的深度值。碳化深度测量应精确至0.5 mm。

(4)结果计算及精度要求

混凝土在各试验龄期时的平均碳化深度应按下式计算，精确至0.1 mm：

$$\bar{d}_t = \frac{1}{n}\sum_{i=1}^{n} d_i \tag{11.9}$$

式中 $\bar{d}_t$ ——试件碳化时间 $t$(d)后的平均碳化深度，mm；

$d_i$ ——各测点的碳化深度，mm；

$n$ ——测点总数。

每组应以在二氧化碳体积分数为20%±3%，温度为20±2 ℃，湿度为70%±5%的条件下三个试件碳化28 d的碳化深度算术平均值作为该组混凝土试件碳化测定值。

碳化结果处理时宜绘制碳化时间与碳化深度的关系曲线。

**4. 抗氯离子渗透试验**

(1)试验目的

测定以通过混凝土试件的电通量为指标来确定混凝土抗氯离子渗透性能。本方法不适用于掺有亚硝酸盐和钢纤维等良导电材料的混凝土抗氯离子渗透试验。

(2)试验仪具

1)电通量试验装置应符合图11.5的要求，并满足现行行业标准《混凝土氯离子电通量测定仪》(JG/T 261)的有关规定。

2)仪器设备和化学试剂应符合下列要求：

①直流稳压电源的电压范围应为0～80 V，电流范围应为0～10 A，并应能稳定输出60 V直流电压，精度应为±0.1 V。

②耐热塑料或耐热有机玻璃试验槽（图11.6）的边长应为150 mm，总厚度不应小于51 mm。试验槽中心的两个槽的直径应分别为89 mm和112 mm。两个槽的深度应分别41 mm和6.4 mm。在试验槽的一边应开有直径为10 mm的注液孔。

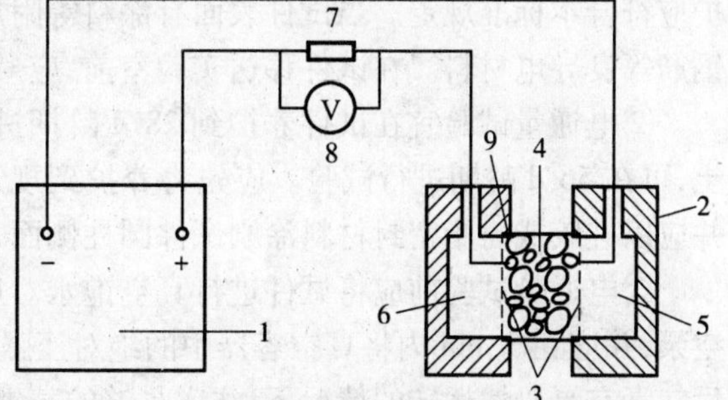


图11.5 电通量试验装置示意图

1—直流稳压电源；2—试验槽；3—铜电极；4—混凝土试件；5—3.0% NaCl溶液；6—0.3mol/L NaOH溶液；7—标准电阻；8—直流数字式电压表；9—试件垫圈（硫化橡胶垫或硅胶橡胶垫）

3)紫铜垫板宽度应为12±2 mm，厚度应为0.05±0.005 mm。铜网孔径应为0.95 mm（64孔/cm²）或者20目。

4)标准电阻精度应为±0.1%，直流数字电流表量程应为0～20 A，精度应为±0.1%。

5)真空泵和真空表。

6）真空容器的内径不应小于250 mm，并应能至少容纳三个试件。

7）阴极溶液应用化学纯试剂配制的浓度（质量分数）为3.0%的NaCl溶液。

8）阳极溶液应用化学纯试剂配制的摩尔浓度为0.3 mol/L的NaOH溶液。

9）密封材料应采用硅胶或树脂等密封材料。

10）硫化橡胶垫或硅橡胶垫的外径应为100 mm、内径应为75 mm、厚度应为75 mm。

11）切割试件的设备应采用水冷式金刚锯或碳化硅锯。

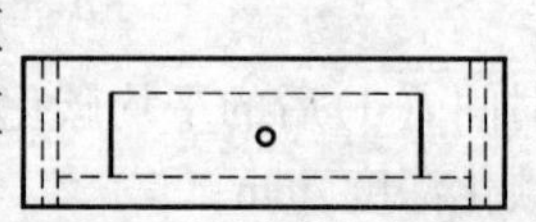
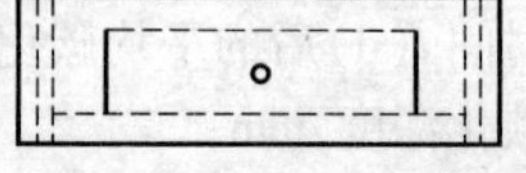

图 11.6　试验槽示意图（mm）

12）抽真空设备可由烧杯（体积在1000 mL以上）、真空干燥器、真空泵，分液装置，真空表等组合而成。

13）温度计的量程应为0～120 ℃，精度应为±0.1 ℃。

14）电吹风的功率应为1 000～2 000 W。

（3）试验方法与步骤

①电通量试验应采用直径100±1 mm，高度50±2 mm的圆柱体试件。试件的制作、养护应符合本标准规定。当试件表面有涂料等附加材料时，应预先去除，且试样内不得含有钢筋等良导电材料。在试件移送实验室前，应避免冻伤或其他物理伤害。

②电通量试验宜在试件养护到28 d龄期进行。对于掺有大掺量矿物掺合料的混凝土，可在56 d龄期进行试验。应先将养护到规定龄期的试件暴露于空气中至表面干燥，并应以硅胶或树脂密封材料涂刷试件圆柱侧面，还应填补涂层中的孔洞。

③电通量试验前应将试件进行真空饱水。应先将试件放入真空容器中，然后启动真空泵，并应在5 min内将真空容器中的绝对压强减少至1～5 kPa，应保持该真空度3 h，然后在真空泵仍然运转的情况下，注入足够的蒸馏水或者去离子水，直至淹没试件，应在试件浸没1 h后恢复常压，并继续浸泡18±2 h。

④在真空饱水结束后，应从水中取出试件，并抹掉多余水分，且应保持试件所处环境的相对湿度在95%以上。应将试件安装于试验槽内，并应采用螺杆将两试验槽和端面装有硫化橡胶垫的试件夹紧。试件安装好以后，应采用蒸馏水或者其他有效方式检查试件和试验槽之间的密封性能。

⑤检查试件和试件槽之间的密封性后，应将浓度（质量分数）为30%的NaCl溶液和摩尔浓度为0.3 mol/L的NaOH溶液被分别注入试件两侧的试验槽中。注入NaCl溶液的试验槽内的铜网应连接电源负极，注入NaOH溶液的试验槽中的铜网应连接电源正极。

⑥在正确连接电源线后，应在保持试验槽中充满溶液的情况下接通电源. 并应对上述两铜网施加60±0.1 V直流恒电压，且应记录电流初始读数 $I_0$ 。开始时应每隔5 min记录一次电流值，当电流值变化不大时，可每隔10 min记录一次电流值，当电流变化很小时，

应每隔 30 min 记录一次电流值，直至通电 6 h。

⑦当采用自动采集数据的测试装置时，记录电流的时间间隔可设定为 5～10 min。电流测量值应精确至±0.5 mA。试验过程中宜同时监测试验槽中溶液的温度。

⑧试验结束后，应及时排出试验溶液，并应用凉开水和洗涤剂冲洗试验槽 60 s 以上，然后用蒸馏水洗净并用电吹风冷风挡吹干。

⑨试验应在 20～25 ℃的室内进行。

(4)结果计算及精度要求

试验过程中或试验结束后，应绘制电流与时间的关系图。应通过将各点数据以光滑曲线连接起来，对曲线作面积积分，或按梯形法进行面积积分，得到试验 6 h 通过的电通量。

每个试件的总电通量可采用下列简化公式计算：

$$Q = 900(I_0 + 2I_{30} + 2I_{60} + \cdots + 2I_t + \cdots + 2I_{300} + 2I_{330} + I_{360}) \tag{11.10}$$

式中 $Q$——通过试件的总电通量，C；

$I_0$——初始电流，A（精确到 0.001A）；

$I_t$——在时间 $t$(min) 的电流，A（精确到 0.001A）。

计算得到的通过试件的总电通量应换算成直径为 95 mm 试件的电通量值。将计算的总电通量乘以一个直径为 95 mm 的试件和实际试件横截面积的比值来换算，换算可按下式进行：

$$Q_s = Q_x \times (95/x)^2 \tag{11.11}$$

式中 $Q_s$——通过直径为 95 mm 的试件的电通量，C；

$Q_x$——通过直径为 $x$(mm) 的试件的电通量，C；

$x$——试件的实际直径，mm。

每组应取三个试件电通量的算术平均值作为该组试件的电通量测定值。当某一个电通值与中值的差值超过中值的 15% 时，应取其余两个试件的电通量的算术平均值作为该组试件的试验结果测定值。当有两个测值与中值的差值都超过中值的 15% 时，应取中值作为该组试件的电通量试验结果测定值。

**5. 碱-集料反应试验**

(1)试验目的

检验混凝土试件在温度 38 ℃及潮湿条件养护下，混凝土中的碱与骨料反应所引起的膨胀是否具有潜在危害，适用于碱-硅酸反应和碱-碳酸盐反应。

(2)试验仪具

①方孔筛：与公称直径分别为 20 mm、16 mm、10 mm、5 mm 的圆孔筛对应的方孔筛。

②秤：称量设备的最大量程应分别为 50 kg 和 10 kg，感量应分别不超过 50 g 和 5 g，各一台。

③试模：试模的内侧尺寸应为 75 mm×75 mm×275 mm，试模两个端板应预留安装测头的圆孔，孔的直径应与测头直径相匹配。

④测头（埋钉）：直径应为 5～7 mm，长度应为 25 mm。应采用不锈金属制成，测头均应位于试模两端的中心部位。

⑤测长仪:测量范围应为 275 ~ 300 mm,精度应为±0.001 mm。

⑥养护盒:应由耐腐蚀材料制成,不应漏水,且应能密封。盒底部应装有 20±5 mm 深的水,盒内应有试件架,且应能使试件垂直立在盒中。试件底部不应与水接触。一个养护盒宜同时容纳三个试件。

(3)试验方法与步骤

1)原材料和设计配合比应按照下列规定准备:

①应使用硅酸盐水泥,水泥含碱量宜为 0.9% ±0.1%(以 $Na_2O$ 当量计,即 $Na_2O$+ 0.658$K_2O$)。可通过外加质量分数为 10% 的 NaOH 溶液,使试验用水泥含碱量达1.25%。

②当试验用来评价细骨料的活性,应采用非活性的粗骨料。粗骨料的非活性也应通过试验确定,试验用细骨料细度模数宜为 2.7±0.2。当试验用来评价粗骨料的活性,应用非活性的细骨料,细骨料的非活性也应通过试验确定。当工程用的骨料为同一品种的材料,应用该粗、细骨料来评价活性。试验用粗骨料应由三种级配:20 ~ 16 mm、16 ~ 10 mm 和 10 ~ 5 mm,各取 1/3 等量混合。

③每立方米混凝土水泥用量应为 420±10 kg,水灰比应为 0.42 ~ 0.45。粗骨料与细骨料的质量比应为 6 : 4。试验中除可外加 NaOH 外,不得在使用其他的外加剂。

2)试件应按下列规定制作:

①成型前 24 h,应将试验所用所有原材料放入 20±5 ℃的成型室。

②混凝土搅拌宜采用机械拌和。

③混凝土应一次装入试模,应用捣棒和抹刀捣实,然后应在振动台上振动 30 s 或直至表面泛浆为止。

④试件成型后应带模一起送进 20±2 ℃、相对湿度在 95% 以上的标准养护室,应在混凝土初凝前 1 ~ 2 h,对试件沿模口抹平并应编号。

3)试件养护及测量应符合下列要求:

①试件应在标准养护室中养护 24±4 h 后脱模,脱模时应特别小心不要损伤测头,并应尽快测量试件的基准长度。待测试件应用湿布盖好。

②试件的基准长度测量应在 20±2 ℃的恒温室中进行。每个试件应至少重复测试两次,应取两次测值的算术平均值作为该试件的基准长度值。

③测量基准长度后应将试件放入养护盒中,并盖严盒盖。然后应将养护盒放入 38 ± 2℃的养护室或养护箱里养护。

④试件的测量龄期应从测定基准长度后算起,测量龄应为 1 周、2 周、4 周、8 周、13 周、18 周、26 周、39 周和 52 周,后可每半年测一次。每次测量的前一天,应将养护盘从 38±2 ℃的养护室中取出,并放入 20±2 ℃的恒温室中,恒温时间应为 24±4 h。试件各龄期的测量应与测量基准长度的方法相同,测量完毕后,应将试件调头放入养护盒中,并盖严盒盖,然后应将养护盒重新放入 38±2 ℃的养护室或者养护箱中继续养护至下一测试龄期。

⑤每次测量时,应观察试件有无裂缝、变形、渗出物及反应产物等,并应作详细记录。必要时可在长度测试周期全部结束后,辅以岩相分析等手段,综合判断试件内部结构和可能的反应产物。

4)当碱-骨料反应试验出现下两种情况之一时,可结束试验:

①在52周的测试龄期内的膨胀率超过0.04%;

②膨胀率虽小于0.04%,但试验周期已经达52周(或一年)。

(4)结果计算及精度要求

试件的膨胀率应按下式计算:

$$\varepsilon_t = \frac{L_t - L_0}{L_0 - 2\Delta} \times 100\% \tag{11.12}$$

式中 $\varepsilon_t$——试件在$t$(d)龄期的膨胀率,%(精确至0.001);

$L_t$——试件在$t$(d)龄期的长度,mm;

$L_0$——试件的基准长度,mm;

$\Delta$——测头的长度,mm。

每组应以三个试件测值的算术平均值作为某一龄期膨胀率的测定值。

当每组平均膨胀率小于0.020%时,同一组试件中单个试件之间的膨胀率差值(最高值与最低值之差)不应超过0.008%;当每组平均膨胀率大于0.020%时,同一组试件中单个试件的膨胀率的差值(最高值与最低值之差)不应超过平均值的40%。

## 11.2 路面混凝土基本性能试验

### 11.2.1 维勃稠度试验

**1. 试验目的**

测定路面混凝土拌合物的维勃稠度,确定其工作性。

本方法适用于集料最大粒径不大于40 mm,维勃稠度在5~30 s之间的混凝土拌合物稠度测定。

**2. 试验仪具**

(1)维勃稠度仪:如图11.7所示,主要部分如下:

容器:为金属圆筒,内径240±3 mm,高200 mm,壁厚7.5 mm。容器应不漏水并有足够刚度,上有把手,底部外伸部分可用螺母将其固定在振动台上。

坍落度筒:为截头圆锥,筒底部直径200±2 mm,顶部直径100±2 mm,高度300±2 mm,壁厚1.5 mm,上下开口并与锥体轴线垂直,内壁光滑,筒外安有把手。

圆盘:用透明塑料制成。

振动台:工作频率50 Hz、空载振幅0.5 mm,上有固定螺丝。

(2)其他:捣棒、秒表、抹刀等。

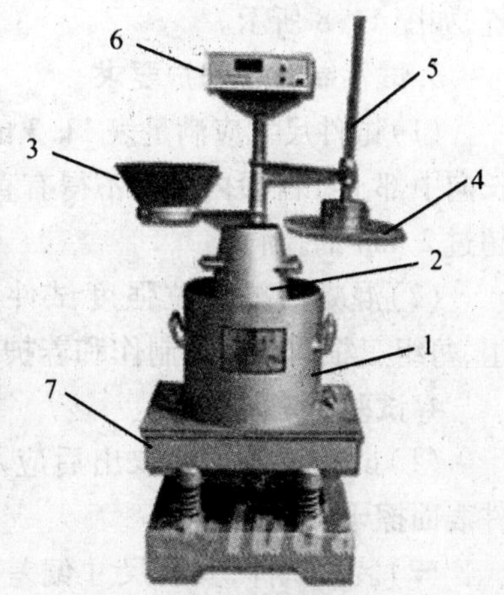

图11.7 维勃稠度仪

1—容器;2—坍落度筒;3—喂料斗;4—透明圆盘;5—测杆;6—计时器;7—振动台

**3. 试验方法与步骤**

(1)将维勃稠度仪放在坚实水平面上,用湿布把容器、坍落度筒、喂料口内壁及其他用具润湿。

(2)将喂料口提到坍落度筒上方扣紧,校正容器位置,使其中心与喂料中心重合,然后拧紧固定螺丝。

(3)把按要求取得的混凝土拌合物用小铲分三层经喂料口均匀地装入筒内,装料及插捣的方法同坍落度试验。

(4)把喂料口转离,垂直提起坍落度筒,注意不能使混凝土试体产生横向的扭动。

(5)把透明圆盘转到混凝土圆台体顶面,放松测杆螺钉,降下圆盘,使其轻轻接触到混凝土顶面。

(6)拧紧定位螺钉,检查测杆螺钉是否完全放松。

(7)开启振动台的同时用秒表计时,当振动到透明圆盘的底面被水泥浆布满的瞬间停止计时,关闭振动台。

**4. 结果计算及精度要求**

由秒表读出时间为混凝土拌合物的维勃稠度值,精确至1 s。

## 11.2.2 路面混凝土的抗弯拉强度试验

**1. 试验目的**

测定混凝土的抗折强度(抗弯拉强度),以提供设计参数、检查混凝土施工品质和确定抗折弹性模量试验加荷标准,适用于道路混凝土的直角小梁试件。

**2. 试验仪具**

(1)试验机:同混凝土抗压强度试验机。

(2)抗折试验装置:即三分点处双点加荷和三点自由支承式混凝土抗折强度与抗折弹性模量试验装置,如图11.8所示。

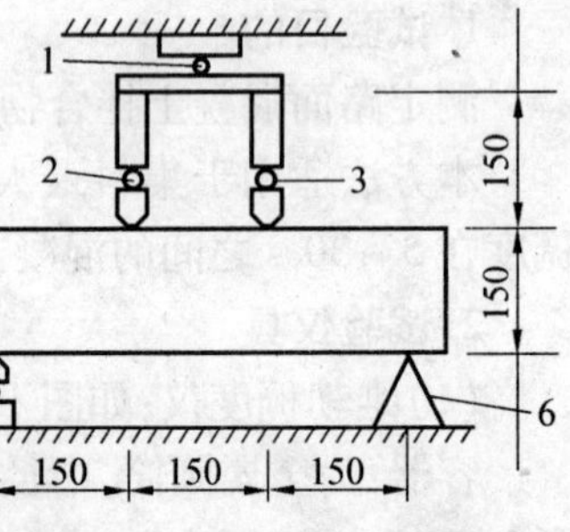

图11.8 抗弯拉试验装置

1、2——一个钢球;3、5—两个钢球;4—试件;6—固定支座;7—活动支座;8—机台;9—活动船形垫块

**3. 试件制备与养护要求**

(1)试件尺寸应满足表11.3的规定,同时,在试件长向中部1/3区段内表面不得有直径超过5 mm、深度超过2 mm的孔洞。

(2)混凝土抗弯拉强度试件应取同龄期者为一组,每组三根同条件下制作和养护的试件。

**4. 试验方法与步骤**

(1)试件从养护地取出后应及时进行试验,将试件表面擦干净。

(2)装置试件,安装尺寸偏差不得大于1 mm。试件的承压面应为试件成型时的侧面,支座及承压面与圆柱的接触面应平稳、均匀,否则应垫平。

**表11.7 混凝土抗折试验加荷速率**

| 强度等级 | <C30 | ≥C30~C60 | ≥C60 |
|---|---|---|---|
| 加荷速率/($MPa \cdot s^{-1}$) | 0.02~0.05 | 0.05~0.08 | 0.08~0.10 |

(3)施加荷载应保持均匀、连续,加荷速率应符合表 11.7 的规定。至试件接近破坏时,应停止调整试验机油门,直至试件破坏,然后记录破坏荷载。

(4)记录试件破坏荷载的试验机示值及试件下边缘断裂位置。

**5. 结果计算及精度要求**

若试件下边缘断裂位置处于两个集中荷载作用线之间,则试件的抗折强度按下式计算,精确至 0.1 MPa:

$$f_{\mathrm{f}} = \frac{Fl}{bh^2} \tag{11.13}$$

式中　$f_{\mathrm{f}}$ ——混凝土抗折强度,MPa;

$F$ ——试件破坏荷载,N;

$l$ ——支座间跨度,mm;

$b$ ——试件截面宽度,mm;

$h$ ——试件截面高度,mm。

确定抗折强度值的规定与抗压强度值的确定规定相同。

三个试件中若有一个折断面位于两个集中荷载之外,则混凝土抗折强度值按另两个试件的试验结果计算。若这两个测值的差值不大于这两个测值的较小值的 15% 时,则该组试件的抗折强度值按这两个测值的平均值计算,否则该组试件的试验无效。若有两个试件的下边缘断裂位置位于两个集中荷载作用线之外,则该组试件试验无效。

当试件尺寸为 100 mm×100 mm×400 mm 非标准试件时,应乘以尺寸换算系数 0.85,当混凝土强度等级≥C60 时,宜采用标准试件;使用非标准试件时,尺寸换算系数应由试验确定。

路面混凝土的其他试验项目试验方法同普通水泥混凝土。

## 11.2.3　路面混凝土磨耗量的测定

**1. 试验目的**

检验混凝土的耐磨性。

**2. 试验仪具**

(1)混凝土磨耗试验机。

(2)磨头花轮刀片。

(3)试模:150 mm×150 mm×150 mm。

(4)烘箱:调温范围 50~200 ℃,允许偏差为±5 ℃。

(5)电子秤:量程大于 10 kg,感量不大于 1 g。

**3. 试验方法与步骤**

(1)试件养护至 27 d 龄期从养护地点取出,擦干表面水分放在室内空气中自然干燥 12 h,再放入 60±5 ℃烘箱中,烘干 12 h 至恒重。

(2)试件烘干处理后放至室温,刷净表面浮尘。

(3)将试件放至耐磨试验机的水平转盘上(磨削面应与成型时的顶面垂直),用夹具将其轻轻紧固。在 200 N 负荷下磨 30 转,然后取下试件刷净表面粉尘称重,记下相应质

量 $m_1$，该质量作为试件的初始质量。然后在200 N负荷下磨60转，然后取下试件刷净表面粉尘称重，并记录剩余质量 $m_2$。

整个磨损过程应将吸尘器对准试件磨损面，使磨下的粉尘被及时吸走。如果混凝土具有高耐磨性，可再增加旋转次数，并应特别注明。

(4)每组花轮刀片只进行一组试件的磨耗试验，进行第二组磨耗试验时，必须更换一组新的花轮刀片。

**4. 结果计算及精度要求**

按下式计算每一试件的磨耗量，以试件单位面积的磨耗量表示，精确至0.001 kg/m²：

$$G_c = \frac{m_1 - m_2}{A} \tag{11.14}$$

式中 $G_c$ ——单位面积磨损量，kg/m²；

$m_1$——试件的原始质量，kg；

$m_2$——试件磨损后的质量，kg；

$A$ ——试件磨损面积，为0.012 5 m²。

每批混凝土拌合取一个试样，以三批三个试样磨耗量的算术平均值表示。三个试样中有一个磨耗量超过平均值的15%时，应以剔除，取余下两个试样平均值作为试验结果；如两个试样磨耗量超过平均值的15%时，则试验结果无效，重新试验。

# 11.3 掺外加剂混凝土基本性能试验

掺加外加剂混凝土的性能指标主要包括：减水率、泌水率比、含气量、凝结时间差、抗压强度比、收缩率比、相对耐久性指标和对钢筋的锈蚀作用。

## 11.3.1 混凝土拌合物性能指标的检测方法

**1. 减水率的测定方法**

除普通减水剂和高效减水剂具备减水作用外，外加剂几乎都具有减水作用。因此减水率是衡量外加剂质量的一个重要指标。减水率为坍落度基本相同的基准混凝土和掺外加剂混凝土的单位用水量之差与基准混凝土单位用水量之比，以百分数表示。减水率越大，外加剂性能越好。早强剂和缓凝剂主要作用是调整凝结时间，无减水率要求。

减水率按下式计算，精确至0.1：

$$W_R = \frac{W_0 - W_1}{W_0} \times 100\% \tag{11.15}$$

式中 $W_R$ ——减水率，%；

$W_0$——基准混凝土单位用水量，kg/m³；

$W_1$——掺外加剂混凝土单位用水量，kg/m³。

减水率以三批试验的算术平均值计。若三批试验的最大值或最小值中有一个与中间值之差超过中间值的15%时，则把最大值与最小值一并舍去，取中间值作为该组试验的减水率。若有两个测试值与中间值之差均超过15%时，则该批试验结果无效，应该重做。

**2. 泌水率比测定方法**

泌水率过大,混凝土拌合物的保水性能将变差。保水性差的混凝土拌合物容易出现离析,影响混凝土的密实性、强度和耐久性,因此限制掺外加剂混凝土的泌水率对确保混凝土的质量具有重要的意义。泌水率比为掺外加剂混凝土的泌水率与基准混凝土的泌水率之比,以百分数表示。泌水率越小,外加剂质量越好。

泌水率比按下式计算,精确至 0.1:

$$B_R = \frac{B_t}{B_c} \times 100\% \tag{11.16}$$

式中 $B_R$——泌水率之比,%;

$B_t$——掺外加剂混凝土泌水率,%;

$B_c$——基准混凝土泌水率,%。

混凝土泌水率的测定方法见第 2 章 2.1.2 节的内容。

试验时,每批混凝土拌合物取一个试样,泌水率取三个试样的算术平均值。若三个试样的最大值或最小值中有一个与中间值之差大于中间值的 15%,则把最大值与最小值一并舍去,取中间值作为该组试验的泌水率。如果最大值、最小值与中间值之差均大于中间值的 15% 时,则应重做。

**3. 含气量测定方法**

一般外加剂都有引气作用。引气量过大会影响混凝土的密实性,使混凝土的强度和耐久性变差,因此应限制外加剂的引气量。但对于引气剂,标准规定混凝土的含气量又不能小于规定值,这似乎有些矛盾,其实不然。非引气剂外加剂在混凝土中引入的气泡大小、分布都不均匀,也不稳定,因此对混凝土的性能不会产生积极的影响。引气剂引入的气泡是稳定的、细小的、均匀分布的,即使如此,掺加引气剂的混凝土的强度较基准配合比仍有下降。但会对混凝土的抗冻、抗渗等耐久性产生积极的影响。

含气量采用气水混合式含气量测定仪测定,混凝土拌合物一次装满并稍高于容器,用振动台振实 15 ~ 20 s,用高频插入式振捣器(ϕ25 mm,14 000 次/min)在模型中心垂直插捣 10 s。

试验时,每批混凝土拌合物取 1 个试样,含气量以三个试样测值的算术平均值来表示。若三个试样中的最大值或最小值中有一个与中间值之差超过 0.5% 时,将最大值与最小值一并舍去,取中间值作为该批的试验结果。如果最大值与最小值均超过中间值的 0.5%,则应重做。

**4. 凝结时间差测定方法**

凝结时间差是基准混凝土与掺外加剂混凝土凝结时间之差。缓凝剂和早凝剂是用于调节混凝土凝结时间的外加剂,其质量好坏自然要用凝结时间差来评价。但一般外加剂对混凝土的凝结时间都有不同程度的影响,这种影响必须限制在允许的范围内,否则将对混凝土的性能产生副作用。

凝结时间差按下式计算:

$$\Delta T = T_L - T_0 \tag{11.17}$$

式中 $\Delta T$——凝结时间之差,min;

$T_L$ ——掺外加剂混凝土的初凝或终凝时间,min;

$T_0$ ——基准混凝土的初凝或终凝时间,min。

凝结时间采用贯入阻力仪测定,测定方法参见第2章2.1.3节的内容。

## 11.3.2 硬化后混凝土性能指标的检测方法

**1.抗压强度比测定**

增加混凝土强度是使用外加剂的目的之一,尤其是有减水作用的各类外加剂,即使使用改善混凝土其他性能为目的的外加剂,也不应使混凝土的强度下降过多,因此抗压强度比是掺外加剂混凝土硬化后的重要性能指标之一。抗压强度比为掺外加剂混凝土与基准混凝土同龄期的抗压强度之比,以百分数表示。现行技术标准规定了3 d、7 d、28 d三个龄期的抗压强度比指标值。

抗压强度比按下式计算:

$$R_s = \frac{R_t}{R_c} \times 100\% \tag{11.18}$$

式中 $R_s$ ——抗压强度比,%;

$R_t$ ——掺外加剂混凝土的抗压强度,MPa;

$R_c$ ——基准混凝土的抗压强度,MPa。

掺外加剂与基准混凝土的抗压强度按标准方法测定,试件用振动台振动15~20 s,用插入式高频振捣器振捣8~12 s,试件预养温度为20±3 ℃。

试验结果以三批试验测值的平均值表示。若三批试验中有一批的最大值或最小值与中间值的差值超过中间值的15%,把最大值和最小值一并舍去,取中间值作为该批的试验结果。如有两批测试值与中间值的差均超过中间值的15%,则试验结果无效,应重做试验。

**2.抗折强度比测定**

抗折强度比以掺外加剂混凝土与基准混凝土同龄期的抗折强度之比,以百分数表示,按下式计算:

$$R_y = \frac{y_t}{y_c} \times 100\% \tag{11.19}$$

式中 $R_y$ ——抗折强度比,%;

$y_t$ ——掺外加剂混凝土的抗折强度,MPa;

$y_c$ ——基准混凝土的抗折强度,MPa。

掺外加剂与基准混凝土的抗折强度按标准方法测定,试验结果以三批试验测值的平均值表示。三批试验中的最大值或最小值与中间值的差值超过中间值的15%,则把最大值和最小值一并舍去,取中间值作为该批的试验结果。

**3.收缩率比**

提高混凝土的工作性而不减小水灰比是使用各类减水型外加剂的目的之一,但亦使混凝土的收缩量增加。掺引气剂的混凝土由于引入一定量的空气,也会增加混凝土的干缩。过大的收缩对结构物的正常使用是不利的,应加以限制。掺外加剂混凝土的收缩性质是以龄期 28 d 的掺外加剂混凝土与基准混凝土的收缩率比值表示的，即为收缩率比。

收缩率比按下式计算：

$$R_t = \frac{\varepsilon_t}{\varepsilon_c} \times 100\% \qquad (11.20)$$

式中 $R_t$ ——收缩率比，%；

$\varepsilon_t$ ——掺外加剂混凝土的收缩率，%；

$\varepsilon_c$ ——基准混凝土的收缩率，%。

掺外加剂及基准混凝土的收缩率的测定方法如下：

采用 100 mm×100 mm×515 mm 的金属试模，两个端板的中心有放置测钉的孔，用于安装测钉。测钉以不锈钢金属制成，形状尺寸如图 11.9 所示。

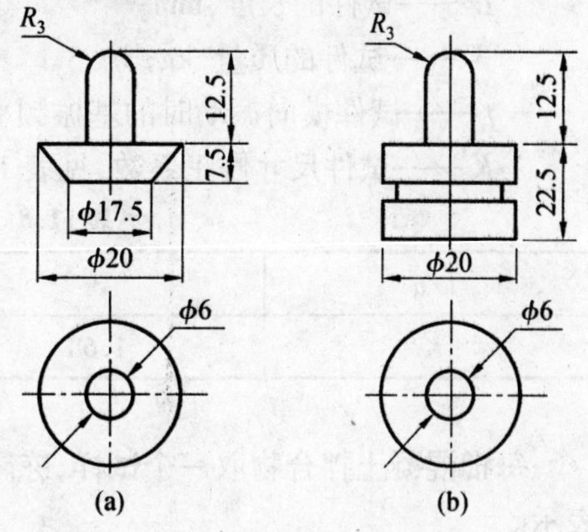


图 11.9 轴心收缩仪测钉(尺寸单位:mm)

在试模内壁涂一薄层矿物油。将干净的测钉安装在试模两头端板的中心孔中。试件成型后送养护室约 2～4 h 后抹平表面，并防止水珠滴在试件表面。试件成型一昼夜后拆模、编号，立即用环氧树脂或其他化学黏结剂加固轴心测钉，在养护室继续养护一昼夜后送至干缩恒温室测长，此长度为试件的基准长度。基长应重复测定三次，取算术平均值作为基准长度的测定值。试件从测基准长度时起，每次测长前均须测定标准棒长度。

某一龄期混凝土的干缩率按下式计算：

$$S_t = \frac{(X_{01} - X_{t1}) - (X_{02} - X_{t2})}{L_0} \times 100\% \qquad (11.21)$$

式中 $S_t$ ——龄期 $t$ 天的混凝土干缩率，%；

$L_0$——试件基长，mm；

$X_{01}$ ——测基长时有效干缩长度测值，mm；

$X_{02}$ ——测基长时标准棒长度测值，mm；

$X_{t1}$ ——龄期 $t$ 天时有效干缩长度测值，mm；

$X_{t2}$ ——龄期 $t$ 天时标准棒长度测值，mm。

干缩率计算精确至 $0.1\times10^{-4}$，取三个试样收缩率的算术平均值作为试验结果。

**4. 相对耐久性试验**

相对耐久性是掺引气剂混凝土的性能指标。由于引气剂的主要作用是提高混凝土的抗冻和抗渗等耐久性，因此引气剂的质量效果自然要通过耐久性指标来评价。相对耐久性用冻融循环 200 次后的动弹性模量保留值表示。

相对耐久性试验按共振法进行测定和计算，试件采用振动台成型，振动 15～20 s，用插入式高频振捣器插捣时，应距两端 120 mm 各垂直插捣 8～12 s。标准养护 28 d 后进行冻融循环试验。混凝土动弹性模量应按下式计算：

$$E_d = 9.46 \times 10^{-4} \frac{WL^3 f^2}{a^4} \times K \qquad (11.22)$$

式中 $E_d$ ——混凝土动弹性模量，MPa；

$a$——正方形截面试件的边长,mm;

$L$——试件的长度,mm;

$W$——试件的质量,kg;

$f$——试件横向振动时的基振频率,Hz;

$K$——试件尺寸修正系数,见表11.8。

**表11.8 试件尺寸修正系数**

| $L/a$ | 3 | 4 | 5 |
|---|---|---|---|
| $K$ | 1.68 | 1.40 | 1.26 |

每批混凝土拌合物取一个试样,冻融循环次数以三个试件动弹性模量的算术平均值表示。

相对耐久性指标是以掺外加剂混凝土冻融200次后的动弹性模量降至80%或60%以上评定外加剂质量。

# 11.4 砂浆基本性能试验

## 11.4.1 稠度试验

**1. 试验目的**

砂浆的稠度亦称流动性,用沉入深度表示。本方法适用于确定配合比或施工过程中控制砂浆的稠度,以达到控制用水量的目的。

**2. 试验仪具**

(1)砂浆稠度仪:如图11.10所示,由试锥、容器和支座三部分组成。试锥由钢材或铜材制成,试锥高度为145 mm、锥底直径为75 mm、试锥连同滑杆的质量应为300 g;盛砂浆容器由钢板制成,筒高为180 mm,锥底内径为150 mm;支座分为底座、支架及稠度显示三个部分,由铸铁、钢及其他金属制成。

(2)钢制捣棒:直径10 mm、长350 mm、端部磨圆。

(3)秒表等。

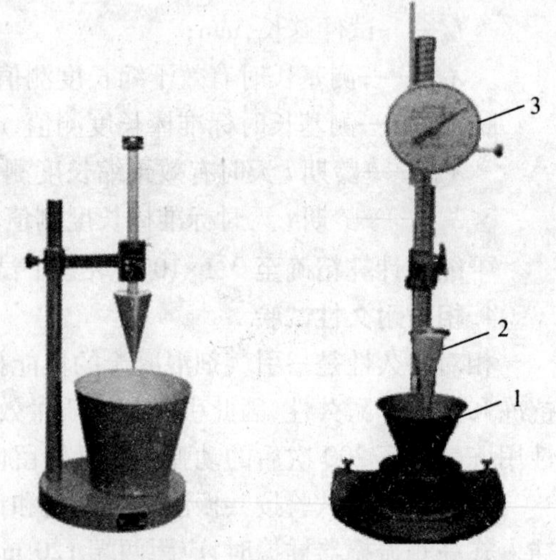


(a) 数显砂浆稠度仪　　(b) 手动砂浆稠度仪

图11.10 砂浆稠度测定仪

1—圆锥筒;2—圆锥体;3—刻度盘

**3. 试验方法与步骤**

(1)将盛浆容器和试锥表面用湿布擦干净,并用少量润滑油轻擦滑杆,然后将滑杆上多余的油用吸油纸擦净,使滑杆能自由滑动。

(2)将砂浆拌合物一次装入容器,使砂

浆表面低于容器口约 10 mm 左右，用捣棒自容器中心向边缘插捣 25 次，然后轻轻地将容器摇动或敲击 5 ~6 下，使砂浆表面平整，随后将容器置于稠度测定仪的底座上。

(3)拧开试锥滑杆的制动螺丝，向下移动滑杆，当试锥尖端与砂浆表面刚接触时，拧紧制动螺丝，使齿条测杆下端刚接触滑杆上端，并将指针对准零点上。

(4)拧开制动螺丝，同时计时间，待 10 s 时立即固定螺丝，将齿条测杆下端接触滑杆上端，从刻度盘上读出下沉深度(精确至 1 mm)即为砂浆的稠度值。

(5)圆锥形容器内的砂浆，只允许测定一次稠度，重复测定时，应重新取样进行测定。

**4. 结果计算及精度要求**

取两次试验结果的算术平均值为试验结果测定值，计算值精确至 1 mm。两次试验结果之差如大于 20 mm，则应另取砂浆搅拌后重新测定。

## 11.4.2　保水性试验

**1. 试验目的**

测定砂浆保水性，以判定砂浆拌合物在运输及停放时内部组分的稳定性。

**2. 试验仪具**

(1)砂浆保水率测定仪：如图 11.11 所示，由以下部件组成：

①金属或硬塑料圆环试模内径 100 mm、内部高度 25 mm；

②可密封的取样容器，应清洁、干燥；

③2 kg 的重物；

④2 片金属或玻璃的方形或圆形不透水片，边长或直径大于110 mm。

图 11.11　砂浆保水率测定仪

(2)医用棉纱，尺寸为 110 mm×110 mm，宜选用纱线稀疏，厚度较薄的棉纱。

(3)超白滤纸，符合《化学分析滤纸》(GB/T 1914)中速定性滤纸。直径 110 mm，200 g/m$^2$。

(4)天平：量程 20 g，感量 0.1 g；量程 2 000 g，感量 1 g。

(5)烘箱。

**3. 试验方法与步骤**

(1)称量下不透水片与干燥试模质量 $m_1$ 和 8 片中速定性滤纸质量 $m_2$ 。

(2)将砂浆拌合物一次性填入试模，并用抹刀插捣数次，当填充砂浆略高于试模边缘时，用抹刀以 45°角一次性将试模表面多余的砂浆刮去，然后再用抹刀以较平的角度在试模表面反方向将砂浆刮平。

(3)抹掉试模边的砂浆，称量试模、下不透水片与砂浆总质量 $m_3$ 。

(4)用 2 片医用棉纱覆盖在砂浆表面，再在棉纱表面放上 8 片滤纸，用不透水片盖在滤纸表面，以 2 kg 的重物把不透水片压实。

(5)静止 2 min 后移走重物及不透水片，取出滤纸(不包括棉砂)，迅速称量滤纸质量 $m_4$ 。

(6)从砂浆的配比及加水量计算砂浆的含水率，若无法计算，可按规定的方法测定砂浆的含水率。

**4. 结果计算及精度要求**

$$W = \left[1 - \frac{m_4 - m_2}{\alpha(m_3 - m_1)}\right] \times 100\% \tag{11.23}$$

式中 $W$——保水率,100%;

$m_1$——下不透水片与干燥试模质量,g;

$m_2$——8 片滤纸吸水前的质量,g;

$m_3$——试模、下不透水片与砂浆总质量,g;

$m_4$——8 片滤纸吸水后的质量,g;

$\alpha$——砂浆含水率,%。

取两次试验结果的平均值作为结果,如两个测定值中有一个超出平均值的 5%,则此组试验结果无效。

**5. 砂浆含水率测试方法**

称取 100 g 砂浆拌合物试样,置于一干燥并已称重的盘中,在 105±5 ℃的烘箱中烘干至恒重,砂浆含水率应按下式计算,精确至 0.1%:

$$\alpha = \frac{m_5}{m_6} \times 100\% \tag{11.24}$$

式中 $\alpha$——砂浆含水率,%;

$m_5$——烘干后砂浆样本损失的质量,g;

$m_6$——砂浆样本的总质量,g。

## 11.4.3 砂浆抗压强度试验

**1. 试验目的**

本方法适用于测定砂浆立方体的抗压强度,以检验其力学性能。

**2. 试验仪具**

(1)试模:为 70.7 mm×70.7 mm×70.7 mm 立方体,由铸铁或钢制成,应具有足够的刚度并拆装方便;试模的内表面应由机械加工,其不平度应为每 100 mm 不超过 0.05 mm;组装后各相邻面的不垂直度不应超过±0.5°。

(2)捣棒:直径 10 mm,长 350 mm 的钢棒,端部应磨圆。

(3)压力试验机:采用精度为 1%,试件破坏荷载应不小于全量程的 20%,且不大于全量程的 80%。

(4)垫板:试验机上、下压板及试件之间可垫以钢垫板,垫板的尺寸应大于试件的承压面,其不平度应为每 100 mm 不超过 0.02 mm。

(5)振动台:空载中台面的垂直振幅应为 0.5±0.05 mm,空载频率应为 50±3 Hz,空载台面振幅均匀度不大于 10%,一次试验至少能固定(或用磁力吸盘)三个试模。

**3. 试验方法与步骤**

(1)采用立方体试件,每组试件三个。

(2)应用黄油等密封材料涂抹试模的外接缝,试模内涂刷薄层机油或脱模剂,将拌制好的砂浆一次性装满砂浆试模,成型方法根据稠度而定。当稠度≥50 mm 时采用人工振捣成型,当稠度<50 mm 时采用振动台振实成型。

①人工振捣:用捣棒均匀地由边缘向中心按螺旋方式插捣 25 次,插捣过程中如砂浆沉落低于试模口,应随时添加砂浆,可用油灰刀插捣数次,并用手将试模一边抬高 5 ~ 10 mm各振动 5 次,使砂浆高出试模顶面 6 ~ 8 mm。

②机械振动:将砂浆一次装满试模,放置到振动台上,振动时试模不得跳动,振动 5 ~ 10 s 或持续到表面出浆为止,不得过振。

(3)待表面水分稍干后,将高出试模部分的砂浆沿试模顶面刮去并抹平。

(4)试件制作后应在室温为 20±5 ℃的环境下静置 24±2 h,当气温较低时,可适当延长时间,但不应超过两昼夜,然后对试件进行编号、拆模。试件拆模后应立即放入温度为 20±2 ℃,相对湿度为 90% 以上的标准养护室中养护。养护期间,试件彼此间隔不小于 10 mm,混合砂浆试件上面应加以覆盖以防在试件上有水滴。

(5)试件从养护地点取出后应及时进行试验。试验前将试件表面擦拭干净,测量尺寸,并检查其外观。并据此计算试件的承压面积,如实测尺寸与公称尺寸之差不超过 1 mm,可按公称尺寸进行计算。

(6)将试件安放在试验机的下压板上(或下垫板上),试件的承压面应与成型时的顶面垂直,试件中心应与试验机下压板(或下垫板)中心对准。开动试验机,当上压板与试件(或上垫板)接近时,调整球座,使接触面均衡受压,承压试验应连续而均匀地加荷,加荷速度应为 0.25 ~1.5 kN/s(砂浆强度不大于 5 MPa 时,宜取下限;砂浆强度大于 5 MPa 时,宜取上限),当试件接近破坏而开始迅速变形时,停止调整试验机油门,直至试件破坏,然后记录破坏荷载。

**4. 结果计算及精度要求**

水泥砂浆立方体抗压强度按下式计算,结果精确至 0.1 MPa:

$$f_{m,cu} = \frac{N_u}{A} \tag{11.25}$$

式中 $f_{m,cu}$ ——砂浆立方体抗压强度,MPa;

$N_u$ ——立方体试件破坏荷载,N;

$A$ ——试件承压面积,$mm^2$。

以三个试件测值的算术平均值的 1.3 倍($f_2$)作为该组试件的砂浆立方体试件抗压强度平均值,计算精确至 0.1 MPa。

当三个测值的最大值或最小值中如有一个与中间值的差值超过中间值的 15% 时,则把最大值及最小值一并舍除,取中间值作为该组试件的抗压强度值;如有两个测值与中间值的差值均超过中间值的 15% 时,则该组试件的试验结果无效。

# 第 12 章　混凝土结构构件无损检测技术

## 12.1　混凝土结构构件检测案例

**工程案例一**:采用超声波、回弹、碳化检测等几种手段对某市高架桥底板混凝土进行综合检测,分析表层混凝土受损情况、强度下降程度。

原始资料:混凝土设计强度等级为 C35,保护层厚度为 3 cm。

[**检测方案**]:

**1. 外观检查**

查明桥梁底板区域混凝土表面情况。

**2. 底板混凝土材料鉴定**

(1)超声回弹综合法

在时间的影响下混凝土表层硬化,回弹值偏高。但随着混凝土内部水分的蒸发,混凝土内部孔隙率增加,局部疏松,超声脉冲在混凝土中的传播速度降低。

(2)碳化深度

混凝土碳化后碱度降低,当碳化深度超过混凝土的保护层时,在水与空气存在的条件下,钢筋锈蚀破坏的危险程度加大。本次检测,在不同损伤程度的混凝土表面上按规定选取一定数量的测点。

**3. 检测项目**

(1)损伤厚度评价

根据碳化深度和超声检测的数据判定损伤层厚度。

(2)混凝土强度评价

通过超声回弹法获取数据资料,计算与评价混凝土的强度。

(3)桥梁底板混凝土受损程度

从受损范围、外观损伤和材料的退化程度鉴定混凝土的受损程度。

[**检测仪器**]:

①ZBL-S210 数显回弹仪;

②ZBL-V520 非金属超声探测仪;

③厚度振动换能器;

④碳化深度测定仪。

**[检测数据]:**

**1.超声探测混凝土表面损伤厚度**

六个测区表面损伤厚度见表12.1。

**表12.1　六个测区表面损伤厚度记录表**

| 测区部位 | | | 1 | 2 | 3 | 4 | 5 | 6 | 7 | 8 | 9 | 10 |
|---|---|---|---|---|---|---|---|---|---|---|---|---|
| 测区 | 1 | *T* | 23.2 | 46.8 | 68.4 | 88.4 | 111.2 | 130.8 | 154.4 | 169.2 | 196.4 | 220 |
| | | *L* | 100 | 200 | 300 | 400 | 500 | 600 | 700 | 800 | 900 | 1000 |
| | 2 | *T* | 26.8 | 50 | 70.4 | 91.2 | 112 | 130.8 | 153.6 | 174 | 196 | 222 |
| | | *L* | 100 | 200 | 300 | 400 | 500 | 600 | 700 | 800 | 900 | 1000 |
| | 3 | *T* | 25.6 | 46.8 | 68.4 | 89.2 | 110.8 | 129.6 | 150 | 173.2 | 195.6 | 213.6 |
| | | *L* | 100 | 200 | 300 | 400 | 500 | 600 | 700 | 800 | 900 | 1 000 |
| | 4 | *T* | 23.6 | 49.6 | 68.8 | 90 | 110.8 | 132.4 | 154.8 | 174.4 | 196.4 | 218.8 |
| | | *L* | 100 | 200 | 300 | 400 | 500 | 600 | 700 | 800 | 900 | 1 000 |
| | 5 | *T* | 27.2 | 49.6 | 74 | 92.8 | 114.8 | 139.6 | 161.6 | 185.2 | 208.8 | 222 |
| | | *L* | 100 | 200 | 300 | 400 | 500 | 600 | 700 | 800 | 900 | 1 000 |
| | 6 | *T* | 29.2 | 53.2 | 76 | 95.6 | 117.2 | 136.4 | 160 | 181.2 | 203.6 | 225.6 |
| | | *L* | 100 | 200 | 300 | 400 | 500 | 600 | 700 | 800 | 900 | 1 000 |

注:*L*—各测点的测距,mm;*T*—对应于各个测距的声时值,μs。

根据上述数据计算混凝土表面损伤厚度见表12.2。

**表12.2　混凝土表面损伤厚度计算结果**

| 测区 | 1 | 2 | 3 | 4 | 5 | 6 |
|---|---|---|---|---|---|---|
| 损伤层厚度 /mm | 15.3 | 13.3 | 16.7 | 17.3 | 10.9 | 11.2 |

**2.混凝土碳化深度**

六个测区碳化深度见表12.3。

**表12.3　六个测区碳化深度(mm)记录表**

| 测区部位 | | 1 | 2 | 3 | 4 | 5 | 6 | 7 | 8 | 9 | 10 |
|---|---|---|---|---|---|---|---|---|---|---|---|
| 测区 | 1 | 0.5 | 0.5 | 0.5 | 0.5 | 0.5 | 0.5 | 0 | 0 | 0 | 0 |
| | 2 | 0.5 | 0 | 0 | 0 | 0.5 | 0 | 0.5 | 0 | 0.5 | 0.5 |
| | 3 | 0 | 0 | 0.5 | 0 | 0.5 | 0.5 | 0.5 | 0.5 | 0 | 0 |
| | 4 | 0 | 0 | 1.0 | 1.0 | 1.0 | 1.0 | 0 | 0 | 0 | 0 |
| | 5 | 0 | 0 | 0 | 0 | 0 | 0.5 | 0.5 | 0.5 | 0.5 | 0.5 |
| | 6 | 0.5 | 0.5 | 0.5 | 0.5 | 0 | 0 | 0 | 0 | 0 | 0 |

### 3. 超声回弹综合法检测混凝土强度

混凝土强度计算结果见表12.4。

**表12.4 混凝土强度计算结果**

| 测区 | 测区部位 | 声时值 $T$/μs | 回弹值 | 综合强度/MPa |
|---|---|---|---|---|
| 1 | 1 | 4.30 | 44.128 | 37.7 |
| | 2 | 4.11 | 43.232 | 34.1 |
| | 3 | 4.45 | 42.448 | 37.9 |
| | 4 | 4.37 | 44.912 | 39.8 |
| | 5 | 4.28 | 43.568 | 36.9 |
| | 6 | 4.35 | 47.488 | 42.7 |
| | 7 | 4.34 | 47.04 | 42.0 |
| | 8 | 4.41 | 45.472 | 41.1 |
| | 9 | 4.42 | 50.512 | 47.9 |
| | 10 | 4.57 | 48.16 | 47.4 |
| 2 | 1 | 5.01 | 43.456 | 47.6 |
| | 2 | 4.47 | 44.912 | 41.3 |
| | 3 | 4.26 | 46.144 | 39.6 |
| | 4 | 4.76 | 47.04 | 49.0 |
| | 5 | 4.28 | 46.48 | 40.4 |
| | 6 | 4.63 | 46.256 | 45.6 |
| | 7 | 4.30 | 46.928 | 41.3 |
| | 8 | 4.46 | 42.56 | 38.2 |
| | 9 | 4.46 | 43.008 | 38.7 |
| | 10 | 4.50 | 42.56 | 38.8 |
| 3 | 1 | 4.42 | 42.56 | 37.6 |
| | 2 | 4.51 | 43.008 | 39.4 |
| | 3 | 4.33 | 42.56 | 36.3 |
| | 4 | 4.48 | 46.816 | 44.1 |
| | 5 | 4.48 | 47.264 | 44.7 |
| | 6 | 4.37 | 47.6 | 43.2 |
| | 7 | 4.17 | 48.608 | 41.1 |
| | 8 | 4.45 | 48.496 | 45.8 |
| | 9 | 4.44 | 44.016 | 39.8 |
| | 10 | 4.03 | 46.256 | 36.3 |

**续表 12.4**

| 测区 | 测区部位 | 声时值 $T$ /μs | 回弹值 | 综合强度 /MPa |
|---|---|---|---|---|
| 4 | 1 | 4.71 | 50.736 | 53.5 |
| | 2 | 4.43 | 49.728 | 47.1 |
| | 3 | 4.52 | 47.152 | 45.1 |
| | 4 | 4.45 | 49.392 | 46.8 |
| | 5 | 4.53 | 49.616 | 48.7 |
| | 6 | 4.38 | 43.904 | 38.7 |
| | 7 | 4.48 | 47.936 | 45.4 |
| | 8 | 4.65 | 47.488 | 47.8 |
| | 9 | 4.74 | 45.696 | 46.7 |
| | 10 | 4.64 | 48.16 | 48.5 |
| 5 | 1 | 4.06 | 46.816 | 37.3 |
| | 2 | 4.18 | 46.144 | 38.4 |
| | 3 | 4.22 | 49.392 | 43.0 |
| | 4 | 4.20 | 45.248 | 37.6 |
| | 5 | 4.07 | 46.368 | 37.0 |
| | 6 | 4.34 | 46.144 | 40.9 |
| | 7 | 4.30 | 43.904 | 37.5 |
| | 8 | 4.39 | 44.128 | 39.2 |
| | 9 | 4.10 | 45.92 | 37.0 |
| | 10 | 4.13 | 47.488 | 39.3 |
| 6 | 1 | 4.54 | 44.912 | 42.5 |
| | 2 | 4.51 | 44.128 | 40.9 |
| | 3 | 4.38 | 45.696 | 41.0 |
| | 4 | 4.49 | 46.368 | 43.5 |
| | 5 | 4.51 | 43.68 | 40.3 |
| | 6 | 4.29 | 48.048 | 42.4 |
| | 7 | 4.64 | 43.232 | 41.6 |
| | 8 | 4.57 | 44.912 | 42.8 |
| | 9 | 4.50 | 45.36 | 42.3 |
| | 10 | 4.51 | 44.128 | 40.9 |

**[检测结论]:**

通过外观检查发现第 4 测试区有部分混凝土表层脱落,共计五小块,总面积不超过

1.5 m²,周围混凝土表层有较多毛细裂纹,但并不贯通,其他测试区外观无异常。超声回弹综合法检测各测试区混凝土强度基本满足要求。超声探测混凝土表面损伤厚度各测试区均不大于 20 mm,且呈以第 4 测试区为中心向四周减小趋势。混凝土碳化深度较小,第 4 测试区为 1.0 mm,其他各测试区均不大于 0.5 mm。

**工程案例二**:采用低应变检测法对某桥水泥混凝土灌注桩进行桩基完整性检测。

原始资料如下:钻孔灌注桩设计桩长 15 m,桩径 1.6 m,混凝土设计强度等级为 C25。

[**检测仪器**]:

①ZBL810 桩身完整性检测仪;

②激振设备:包括力锤和锤垫;

③耦合剂:黄油或凡士林等。

[**检测原始波形记录**]:

桩基完整性检测原始波形记录如图 12.1 所示。

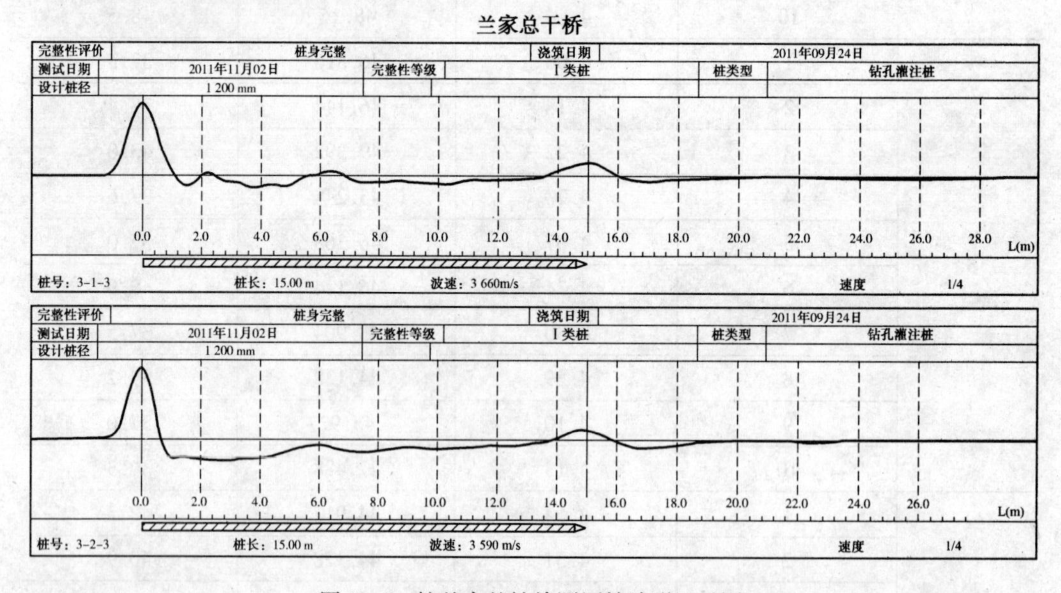


图 12.1　桩基完整性检测原始波形记录图

[**检测结论**]:

桩基完整性检测报告见表 12.5。

**表 12.5　桩基完整性检测报告**

| 序号 | 灌注桩编号 | 设计桩径/m | 设计桩长/m | 实际桩长/m | 波形编号 | 波速/($m \cdot s^{-1}$) | 桩身完整性评价 | 桩质量分类 |
|---|---|---|---|---|---|---|---|---|
| 1 | 3-1 | 1.6 | 15 | 15 | 3 | 3 660 | 基本完整 | I |
| 2 | 3-2 | 1.6 | 15 | 15 | 3 | 3 590 | 基本完整 | I |

# 12.2 回弹法检测混凝土抗压强度

**1. 试验目的**

检测普通混凝土抗压强度,不适用于表层与内部质量有明显差异或内部存在缺陷的混凝土强度检测。

该方法依据《回弹法检测混凝土抗压强度技术规程》(JGJ T23—2011)。

**2. 试验仪具**

图12.2 混凝土回弹仪

(1)回弹仪(图12.2):数字式或指针式,应符合GB/T 9138的规定,且应符合下列标准状态的要求:

①水平弹击时,弹击锤脱钩的瞬间,回弹仪的标准能量应为2.207 J。

②弹击锤与弹击杆碰撞的瞬间,弹击拉簧应处于自由状态,此时弹击锤起跳点应相应于指针指示刻度尺上“0”处。

③在洛氏硬度HRC为60±2的钢砧上,回弹仪的率定值应为80±2。

(2)酚酞指示剂:浓度(质量分数)为1%~2%。

(3)碳化深度测定仪:精确到0.25 mm。

(4)其他:耦合剂(黄油或凡士林)、钢板尺、卷尺等。

**3. 试验方法与步骤**

(1)实验前准备工作

①记录水泥的品种、强度等级和用量,砂石的品种、粒径,外加剂或掺合料品种、掺量和混凝土配合比等。

②记录模板类型,混凝土浇筑、养护情况和成型日期。

(2)混凝土强度可按单个构件或批量进行检测,并应符合下列规定:

1)单个构件检测应符合以下要求:

①对于一般构件,测区数不宜少于10个。当受检构件数量大于30个且不需要提供单个构件推定强度或受检构件某一方向尺寸不大于4.5 m且另一方向尺寸不大于0.3 m时,每个构件的测区数量可适当减少,但不应少于5个。

②相邻两测区的间距不应大于2 m,测区离构件端部或施工缝边缘的距离不宜大于0.5 m,且不宜小于0.2 m。

③测区应选在能使回弹仪处于水平方向检测混凝土浇筑的侧面。当不能满足这一要求时,可使回弹仪处于非水平方向检测混凝土浇筑表面或底面。

④测区宜布置在构件的两个对称可测面上,当不能如此布置时,也可布置在同一个可测面上,且应均匀分布。在构件的重要部位及薄弱部位应布置测区,并应避开预埋件。

⑤测区的面积不宜大于0.04 $m^2$。

⑥测区表面应为混凝土原浆面,并应清洁、平整,不应有疏松层、浮浆、油垢、涂层以及

蜂窝、麻面。

⑦对弹击时产生颤动的薄壁、小型构件应进行固定。

2)对于混凝土生产工艺、强度等级相同,原材料、配合比、养护条件基本一致且龄期相近的一批同类构件的检测应采用批量检测。按批进行检测时,应随机抽取构件,抽检数量不宜少于10件且不宜少于同批构件总数的30%。当检验批构件数量大于30个时,抽样构件数量可适当调整,并不少于国家现行有关标准规定的最少抽样数量。

3)测区应标有清晰的编号(图12.3),并宜在记录纸上绘制测区布置示意图和描述外观质量情况。

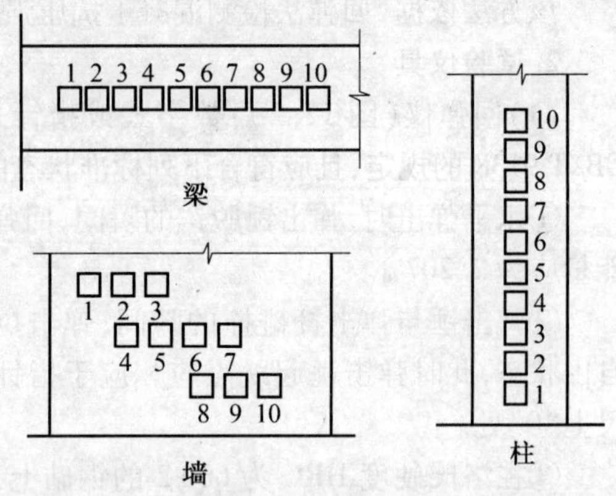


图12.3 梁、柱、墙测区布置示意图

(3)回弹值($R_i$)测量

①测量回弹值时回弹仪的轴线应始终垂直于混凝土检测面,并应缓慢施压、准确读数、快速复位。宜首先选择混凝土浇筑方向的侧面进行水平方向测试。如不具备浇筑方向侧面水平测试的条件,可采用非水平状态测试或测试混凝土浇筑的表面(或底面)。

②每一测区应读取16个回弹值,每一测点的回弹值读数应精确至1。测点宜在测区范围内均匀分布,相邻两测点的净距不宜小于20 mm;测点距外漏钢筋、预埋件的距离不宜小于30 mm;测点不应在气孔或外漏石子上,同一测点只允许弹击一次。

(4)泵送混凝土的检测

检测泵送混凝土强度时,测区应选在混凝土浇筑侧面。

(5)碳化深度值($d_m$)测量

1)回弹值测量完毕后,应在有代表性的测区上测量碳化深度值,测点数不应少于构件测区数的30%,应取其平均值作为该构件每测区的碳化深度值。当碳化深度值极差大于2.0 mm时,应在每一测区分别测量碳化深度值。

2)碳化深度值的测量应符合下列规定:

①可采用工具在测区表面形成直径约15 mm的孔洞,其深度应大于混凝土的碳化深度。

②应清除孔洞中的粉末和碎屑,且不得用水擦洗。

③应采用浓度(质量分数)为1%~2%的酚酞酒精溶液滴在孔洞内壁的边缘处,当已碳化与未碳化界线清楚时,应采用碳化深度仪测量已碳化与未碳化混凝土交界面到混凝土表面的垂直距离,并应测量三次,每次读数精确至0.25 mm。

④应取三次测量的平均值作为检测结果,并应精确至0.5 mm。

**4. 结果计算及精度要求**

(1)回弹值计算

①计算测区平均回弹值时,应从该测区的16个回弹值中剔除3个最大值和3个最小值,其余的10个回弹值按下式计算:

$$R_m = \frac{\sum_{i=1}^{10} R_i}{10} \tag{12.1}$$

式中 $R_m$ ——测区平均回弹值,精确至 0.1;

$R_i$ ——第 $i$ 个测点的回弹值。

②非水平方向检测混凝土浇筑侧面时,测区的平均回弹值应按下式修正:

$$R_m = R_{m\alpha} + R_{a\alpha} \tag{12.2}$$

式中 $R_{m\alpha}$ —— 非水平方向检测时测区的平均回弹值,精确至 0.1;

$R_{a\alpha}$ ——非水平方向检测时回弹值修正值,应按表 12.6 取值。

**表 12.6 非水平方向检测时回弹值修正值 $R_{a\alpha}$ 取值表**

| 检测角度 / $R_{m\alpha}$ | 回弹仪向上 | | | | 回弹仪向下 | | | |
|---|---|---|---|---|---|---|---|---|
| | 90° | 60° | 45° | 30° | -30° | -45° | -60° | -90° |
| 22 | -5.8 | -4.8 | -3.9 | -2.9 | +2.4 | +2.9 | +3.4 | +3.9 |
| 23 | -5.7 | -4.7 | -3.9 | -2.9 | +2.4 | +2.9 | +3.4 | +3.9 |
| 24 | -5.6 | -4.6 | -3.8 | -2.8 | +2.3 | +2.8 | +3.3 | +3.8 |
| 25 | -5.5 | -4.5 | -3.8 | -2.8 | +2.3 | +2.8 | +3.3 | +3.8 |
| 26 | -5.4 | -4.4 | -3.7 | -2.7 | +2.2 | +2.7 | +3.2 | +3.7 |
| 27 | -5.3 | -4.3 | -3.7 | -2.7 | +2.2 | +2.7 | +3.2 | +3.7 |
| 28 | -5.2 | -4.2 | -3.6 | -2.6 | +2.1 | +2.6 | +3.1 | +3.6 |
| 29 | -5.1 | -4.1 | -3.6 | -2.6 | +2.1 | +2.6 | +3.1 | +3.6 |
| 30 | -5.0 | -4.0 | -3.5 | -2.5 | +2.0 | +2.5 | +3.0 | +3.5 |
| 31 | -4.9 | -4.0 | -3.5 | -2.5 | +2.0 | +2.5 | +3.0 | +3.5 |
| 32 | -4.8 | -3.9 | -3.4 | -2.4 | +1.9 | +2.4 | +2.9 | +3.4 |
| 33 | -4.7 | -3.9 | -3.4 | -2.4 | +1.9 | +2.4 | +2.9 | +3.4 |
| 34 | -4.6 | -3.8 | -3.3 | -2.3 | +1.8 | +2.3 | +2.8 | +3.3 |
| 35 | -4.5 | -3.8 | -3.3 | -2.3 | +1.8 | +2.3 | +2.8 | +3.3 |
| 36 | -4.4 | -3.7 | -3.2 | -2.2 | +1.7 | +2.2 | +2.7 | +3.2 |
| 37 | -4.3 | -3.7 | -3.2 | -2.2 | +1.7 | +2.2 | +2.7 | +3.2 |
| 38 | -4.2 | -3.6 | -3.1 | -2.1 | +1.6 | +2.1 | +2.6 | +3.1 |
| 39 | -4.1 | -3.6 | -3.1 | -2.1 | +1.6 | +2.1 | +2.6 | +3.1 |
| 40 | -4.0 | -3.5 | -3.0 | -2.0 | +1.5 | +2.0 | +2.5 | +3.0 |
| 41 | -4.0 | -3.5 | -3.0 | -2.0 | +1.5 | +2.0 | +2.5 | +3.0 |

**续表 12.6**

| 检测角度 $R_{m\alpha}$ | 回弹仪向上 | | | | 回弹仪向下 | | | |
|---|---|---|---|---|---|---|---|---|
| | 90° | 60° | 45° | 30° | -30° | -45° | -60° | -90° |
| 42 | -3.9 | -3.4 | -2.9 | -1.9 | +1.4 | +1.9 | +2.4 | +2.9 |
| 43 | -3.9 | -3.4 | -2.9 | -1.9 | +1.4 | +1.9 | +2.4 | +2.9 |
| 44 | -3.8 | -3.3 | -2.8 | -1.8 | +1.3 | +1.8 | +2.3 | +2.8 |
| 45 | -3.8 | -3.3 | -2.8 | -1.8 | +1.3 | +1.8 | +2.3 | +2.8 |
| 46 | -3.7 | -3.2 | -2.7 | -1.7 | +1.2 | +1.7 | +2.2 | +2.7 |
| 47 | -3.7 | -3.2 | -2.7 | -1.7 | +1.2 | +1.7 | +2.2 | +2.7 |
| 48 | -3.6 | -3.1 | -2.6 | -1.6 | +1.1 | +1.6 | +2.1 | +2.6 |
| 49 | -3.6 | -3.1 | -2.6 | -1.6 | +1.1 | +1.6 | +2.1 | +2.6 |
| 50 | -3.5 | -3.0 | -2.5 | -1.5 | +1.0 | +1.5 | +2.0 | +2.5 |

注:①修正值为0;$R$ 小于20或大于50时,分别按20或50查表。

②表中未列数值,可采用内插法求得,精确至0.1。

③水平方向检测混凝土浇筑表面或浇筑底面时,测区的平均回弹值应按下列公式修正:

$$R_m = R_m^t + R_a^t \tag{12.3}$$

$$R_m = R_m^b + R_a^b \tag{12.4}$$

式中 $R_m^t$ , $R_m^b$ ——水平方向混凝土浇筑表面、底面时,测区的平均回弹值,精确至0.1;

$R_a^t$ , $R_a^b$ ——混凝土浇筑表面、底面回弹值的修正值,应按表12.7取值。

**表 12.7 混凝土浇筑表面、底面回弹值的修正值**

| 测试面 $R_m^t$ 或 $R_a^t$ | 表面 $R_a^t$ | 底面 $R_a^b$ | 测试面 $R_m^t$ 或 $R_a^t$ | 表面 $R_a^t$ | 底面 $R_a^b$ |
|---|---|---|---|---|---|
| 20 | +2.5 | -3.0 | 36 | +0.9 | -1.4 |
| 21 | +2.4 | -2.9 | 37 | +0.8 | -1.3 |
| 22 | +2.3 | -2.8 | 38 | +0.7 | -1.2 |
| 23 | +2.2 | -2.7 | 39 | +0.6 | -1.1 |
| 24 | +2.1 | -2.6 | 40 | +0.5 | -1.0 |
| 25 | +2.0 | -2.5 | 41 | +0.4 | -0.9 |
| 26 | +1.9 | -2.4 | 42 | +0.3 | -0.8 |
| 27 | +1.8 | -2.3 | 43 | +0.2 | -0.7 |
| 28 | +1.7 | -2.2 | 44 | +0.1 | -0.6 |

续表 12.7

| 测试面 / $R_m^t$ 或 $R_a^t$ | 表面 $R_a^t$ | 底面 $R_a^b$ | 测试面 / $R_m^t$ 或 $R_a^t$ | 表面 $R_a^t$ | 底面 $R_a^b$ |
|---|---|---|---|---|---|
| 29 | +1.6 | -2.1 | 45 | 0 | -0.5 |
| 30 | +1.5 | -2.0 | 46 | 0 | -0.4 |
| 31 | +1.4 | -1.9 | 47 | 0 | -0.3 |
| 32 | +1.3 | -1.8 | 48 | 0 | -0.2 |
| 33 | +1.2 | -1.7 | 49 | 0 | -0.1 |
| 34 | +1.1 | -1.6 | 50 | 0 | 0 |
| 35 | +1.0 | -1.5 | | | |

注:① $R_m^t$ 或 $R_a^t$ 小于20或大于50时,分别按20或50查表;

②表中未列数值,可采用内插法求得,精确至0.1。

④当回弹仪为非水平方向且测试面为混凝土的非浇筑侧面时,应对回弹值进行角度修正,并应对修正后的回弹值进行浇筑面修正。

(2)混凝土强度的计算

1)构件第 $i$ 个测区混凝土强度换算值,可按式(12.1)~(12.4)中所求得的平均值($R_m$)及测定的碳化深度值($d_m$)由全国统一测强曲线、地区或专用测强曲线查表或计算得出。表12.8为全国统一测强曲线测区混凝土强度换算表。

表 12.8 测区混凝土强度换算表

| 平均回弹值 $R_m$ | 测区混凝土强度换算值 $f_{cu,i}^c$ /MPa | | | | | | | | | | | | |
|---|---|---|---|---|---|---|---|---|---|---|---|---|---|
| | 平均碳化深度值 $d_m$/mm | | | | | | | | | | | | |
| | 0 | 0.5 | 1.0 | 1.5 | 2.0 | 2.5 | 3.0 | 3.5 | 4.0 | 4.5 | 5.0 | 5.5 | ≥6.0 |
| 20 | 10.3 | 10.1 | | | | | | | | | | | |
| 21 | 11.4 | 11.2 | 10.8 | 10.5 | 10.0 | | | | | | | | |
| 22 | 12.5 | 12.2 | 11.9 | 11.5 | 11.0 | 10.6 | 10.2 | 9.9 | | | | | |
| 23 | 13.7 | 13.4 | 13.0 | 12.6 | 12.1 | 11.6 | 11.2 | 10.8 | 10.5 | 10.1 | | | |
| 24 | 14.9 | 14.6 | 14.2 | 13.7 | 13.1 | 12.7 | 12.2 | 11.8 | 11.5 | 11.0 | 10.7 | 10.4 | 10.1 |
| 25 | 16.2 | 15.9 | 15.4 | 14.9 | 14.3 | 13.8 | 13.3 | 12.8 | 12.5 | 12.0 | 11.7 | 11.3 | 10.9 |
| 26 | 17.5 | 17.2 | 16.6 | 16.1 | 15.4 | 14.9 | 14.4 | 13.8 | 13.5 | 13.0 | 12.6 | 12.2 | 11.6 |
| 27 | 18.9 | 18.5 | 18.0 | 17.4 | 16.6 | 16.1 | 15.5 | 14.8 | 14.6 | 14.0 | 13.6 | 13.1 | 12.4 |
| 28 | 20.3 | 19.7 | 19.2 | 18.4 | 17.6 | 17.0 | 16.5 | 15.8 | 15.4 | 14.8 | 14.4 | 13.9 | 13.2 |
| 29 | 21.8 | 21.1 | 20.5 | 19.6 | 18.7 | 18.1 | 17.5 | 16.8 | 16.4 | 15.8 | 15.4 | 14.6 | 13.9 |
| 30 | 23.3 | 22.6 | 21.9 | 21.0 | 20.1 | 19.3 | 18.6 | 17.9 | 17.4 | 16.8 | 16.4 | 15.4 | 14.7 |
| 31 | 24.9 | 24.2 | 23.4 | 22.4 | 21.4 | 20.7 | 19.9 | 19.2 | 18.4 | 17.9 | 17.4 | 16.4 | 15.5 |
| 32 | 26.5 | 25.7 | 24.9 | 23.9 | 22.8 | 22.0 | 21.2 | 20.4 | 19.6 | 19.1 | 18.4 | 17.5 | 16.4 |

**续表 12.8**

| 平均回弹值 $R_m$ | 测区混凝土强度换算值 $f^{c}_{cu,i}$ /MPa | | | | | | | | | | | | |
|---|---|---|---|---|---|---|---|---|---|---|---|---|---|
| | 平均碳化深度值 $d_m$/mm | | | | | | | | | | | | |
| | 0 | 0.5 | 1.0 | 1.5 | 2.0 | 2.5 | 3.0 | 3.5 | 4.0 | 4.5 | 5.0 | 5.5 | ≥6.0 |
| 33 | 28.2 | 27.4 | 26.5 | 25.4 | 24.3 | 23.4 | 22.6 | 21.7 | 20.9 | 20.3 | 19.4 | 18.5 | 17.4 |
| 34 | 30.0 | 29.1 | 28.0 | 26.8 | 25.6 | 24.6 | 23.7 | 23.0 | 22.1 | 21.3 | 20.4 | 19.5 | 18.3 |
| 35 | 31.8 | 30.8 | 29.6 | 28.0 | 26.7 | 25.8 | 24.8 | 24.0 | 23.2 | 22.3 | 21.4 | 20.4 | 19.2 |
| 36 | 33.6 | 32.6 | 31.2 | 29.6 | 28.2 | 27.2 | 26.2 | 25.2 | 24.5 | 23.5 | 22.4 | 21.4 | 20.2 |
| 37 | 35.5 | 34.4 | 33.0 | 31.2 | 29.8 | 28.8 | 27.7 | 26.6 | 25.9 | 24.8 | 23.4 | 22.4 | 21.3 |
| 38 | 37.5 | 36.4 | 34.9 | 33.0 | 31.5 | 30.3 | 29.2 | 28.1 | 27.4 | 26.2 | 24.8 | 23.6 | 22.5 |
| 39 | 39.5 | 38.2 | 36.7 | 34.7 | 33.0 | 31.8 | 30.6 | 29.6 | 28.8 | 27.4 | 26.0 | 24.8 | 23.7 |
| 40 | 41.6 | 39.9 | 38.3 | 36.2 | 34.5 | 33.3 | 31.7 | 30.8 | 30.0 | 28.4 | 27.0 | 25.8 | 25.0 |
| 41 | 43.7 | 42.0 | 40.2 | 38.0 | 36.0 | 34.8 | 33.2 | 32.3 | 31.5 | 29.7 | 28.4 | 27.1 | 26.2 |
| 42 | 45.9 | 44.1 | 42.2 | 39.9 | 37.6 | 36.3 | 34.9 | 34.0 | 33.0 | 31.2 | 29.8 | 28.5 | 27.5 |
| 43 | 48.1 | 46.2 | 44.2 | 41.8 | 39.4 | 38.0 | 36.6 | 35.6 | 34.6 | 32.7 | 31.3 | 29.8 | 28.9 |
| 44 | 50.4 | 48.4 | 46.4 | 43.8 | 41.3 | 39.8 | 38.3 | 37.3 | 36.3 | 34.3 | 32.8 | 31.2 | 30.2 |
| 45 | 52.7 | 50.6 | 48.5 | 45.8 | 43.2 | 41.6 | 40.1 | 39.0 | 7.9 | 35.8 | 34.3 | 32.7 | 31.6 |
| 46 | 55.0 | 52.8 | 50.6 | 47.9 | 45.2 | 43.5 | 41.9 | 40.8 | 39.7 | 37.5 | 35.8 | 34.2 | 33.1 |
| 47 | 57.5 | 55.2 | 52.9 | 50.0 | 47.2 | 45.2 | 43.7 | 42.6 | 41.4 | 39.1 | 37.4 | 35.6 | 34.5 |
| 48 | 60.0 | 57.6 | 55.2 | 52.2 | 49.2 | 47.4 | 45.6 | 44.4 | 43.2 | 40.8 | 39.0 | 37.2 | 36.0 |
| 49 | | 60.0 | 57.5 | 54.4 | 51.3 | 49.4 | 47.5 | 46.2 | 45.0 | 42.5 | 40.6 | 38.8 | 37.5 |
| 50 | | | 59.9 | 56.7 | 53.4 | 51.4 | 49.5 | 48.2 | 46.9 | 44.3 | 42.3 | 40.4 | 39.1 |
| 51 | | | | 59.0 | 55.6 | 53.5 | 51.5 | 50.1 | 48.8 | 46.1 | 44.1 | 42.0 | 40.7 |
| 52 | | | | | 57.8 | 55.7 | 53.6 | 52.1 | 50.7 | 47.9 | 45.8 | 43.7 | 42.3 |
| 53 | | | | | 60.0 | 57.8 | 55.6 | 54.2 | 52.7 | 49.8 | 47.6 | 45.4 | 43.9 |
| 54 | | | | | | 60.0 | 57.8 | 56.3 | 54.7 | 51.7 | 49.4 | 47.1 | 45.6 |
| 55 | | | | | | | 59.9 | 58.4 | 56.8 | 53.6 | 51.3 | 48.9 | 47.3 |
| 56 | | | | | | | | | 58.9 | 55.6 | 53.2 | 50.7 | 49.1 |
| 57 | | | | | | | | | | 57.6 | 55.1 | 52.5 | 50.8 |
| 58 | | | | | | | | | | 59.7 | 57.0 | 54.4 | 52.7 |
| 59 | | | | | | | | | | | 59.0 | 56.3 | 54.5 |
| 60 | | | | | | | | | | | | 58.3 | 56.4 |

注:表中未注明的测区混凝土强度换算值小于 10 MPa 或大于 60 MPa。

当检测条件与全国统一测强曲线的适用条件有较大差异时,可采用同条件试件上钻取混凝土强度换算值进行修正。对同一强度等级混凝土修正时,芯样数量不应少于 6 个,公称直径宜为100 mm,高径比应为1。芯样应在测区内钻取,每个芯样应只加工一个试件。同条件试块修正时,试块数量不应少于6个,试块边长应为150 mm。计算时,测区混凝土强度修正量及测区混凝土强度换算值的修正应符合下列规定:

①修正量应按下列公式计算:

$$\Delta_{tot}=f_{cor,m}-f^{c}_{cu,m0} \tag{12.5}$$

$$\Delta_{tot}=f_{cu,m}-f^{c}_{cu,m0} \tag{12.6}$$

$$f_{cor,m}=\frac{1}{n}\sum_{i=1}^{n}f_{cor,i} \tag{12.7}$$

$$f_{cu,m}=\frac{1}{n}\sum_{i=1}^{n}f_{cu,i} \tag{12.8}$$

$$f^{c}_{cu,m0}=\frac{1}{n}\sum_{i=1}^{n}f^{c}_{cu,i} \tag{12.9}$$

式中 $\Delta_{tot}$——测区混凝土强度修正量,MPa(精确至0.1 MPa);

$f_{cor,m}$——芯样试件混凝土强度平均值,MPa(精确至0.1 MPa);

$f_{cu,m}$——150 mm同条件立方体试块混凝土强度平均值,MPa(精确至0.1 MPa);

$f^{c}_{cu,m0}$——对应于钻芯部位或同条件立方体试块回弹测区混凝土强度换算值的平均值,MPa(精确至0.1 MPa);

$f_{cor,i}$——第$i$个混凝土芯样试件的抗压强度,MPa;

$f_{cu,i}$——第$i$个混凝土立方体试块的抗压强度,MPa;

$f^{c}_{cu,i}$——对应于第$i$个芯样部位或同条件立方体试块测区回弹值和碳化深度值的混凝土强度换算值,可按全国统一测强曲线取值,MPa;

$n$——芯样或试块数量。

②测区混凝土强度换算值的修正应按下式计算:

$$f^{c}_{cu,i1}=f^{c}_{cu,i0}+\Delta_{tot} \tag{12.10}$$

式中 $f^{c}_{cu,i0}$——第$i$个测区修正前的混凝土强度换算值,MPa(精确至0.1 MPa);

$f^{c}_{cu,i1}$——第$i$个测区修正后的混凝土强度换算值,MPa(精确至0.1 MPa)。

2)构件的测区混凝土强度平均值应根据各测区的混凝土强度换算值计算。当测区数为10个及以上时,还应计算强度标准差。平均值及标准差应按下列公式计算:

$$m_{f^{c}_{cu}}=\frac{\sum_{i=1}^{n}f^{c}_{cu,i}}{n} \tag{12.11}$$

$$S_{f^{c}_{cu}}=\sqrt{\frac{\sum_{i=1}^{n}(f^{c}_{cu,i})^2-n(m_{f^{c}_{cu}})^2}{n-1}} \tag{12.12}$$

式中 $m_{f^{c}_{cu}}$——构件测区混凝土强度换算值的平均值,MPa(精确至0.1 MPa);

$S_{f^{c}_{cu}}$——结构或构件测区混凝土强度换算值的标准差,MPa(精确至0.01 MPa);

$n$——对于单个检测的构件,取该构件的测区数;对批量检测的构件,取所有被检测区数之和。

3)构件的现龄期混凝土强度推定值($f_{cu,e}$)应符合下列规定:

当构件测区数少于10个时,应按下式计算:

$$f_{cu,e}=f^{c}_{cu,min} \tag{12.13}$$

式中 $f^{c}_{cu,min}$——构件中最小测区混凝土强度换算值。

当构件的测区强度值中出现小于10.0 MPa时,应按下式确定:

$$f_{cu,e}<10.0\ \text{MPa} \tag{12.14}$$

当构件测区数不少于10个时,应按下式计算:

$$f_{cu,e}=m_{f^{c}_{cu}}-1.645S_{f^{c}_{cu}} \tag{12.15}$$

当批量检测时,应按下式计算:

$$f_{cu,e}=m_{f^{c}_{cu}}-kS_{f^{c}_{cu}} \tag{12.16}$$

式中 $k$——推定系数,宜取1.645。当需要进行推定强度区间时,可按国家现行有关规定取值。

应当注意,构件的混凝土强度推定值是指相应于强度换算值总体分布中保证率不低于95%的构件中混凝土抗压强度值。

4)对按批量检测的构件,当该批构件混凝土强度标准差出现以下情况之一时,该批量构件应全部按单个构件检测:

①当该批构件混凝土强度平均值小于25 MPa、$S_{f^{c}_{cu}}$大于4.5 MPa时;

②当该批构件混凝土强度平均值不小于25 MPa且不大于60 MPa、$S_{f^{c}_{cu}}$大于5.5 MPa时。

## 12.3 超声回弹综合法检测混凝土抗压强度

### 1. 试验目的

用回弹法和超声波检测法分别测量出混凝土的回弹值和声波在混凝土中的传播速度,通过这两项测量结果综合推定混凝土的抗压强度。

该方法依据《超声回弹综合法检测混凝土强度技术规程》(CECS 02:2005)。

### 2. 试验仪具

(1)回弹仪:同12.2节的要求。

(2)非金属超声波检测仪:模拟式或数字式,应符合JG/T 5004的规定且应符合下列要求:

①结构混凝土存在缺陷时,会使声时、波幅、主频和波形发生变化,因此,测量这些声学参数都须使用波形稳定、清晰的波形显示系统。

②声时最小分度是声时测量精度的决定因素,最小分度为0.1 μs。

③在测距一定且测线平行的条件下,接收信号首波的大小可以反映混凝土缺陷的存在与否。模拟仪器一般采用衰减器测量波幅值,因此,超声仪应具有最小分度为1 dB的衰减器。

④接受放大器频响范围10~500 kHz,总增益不小于80 dB,接受灵敏度不大于50 μV。

(3)换能器的技术要求:

①换能器的工作频率采用50~100 kHz。

②换能器的实测主频与标称频率相差不大于±10%。

(4)其他:耦合剂(黄油或凡士林)、钢板尺、卷尺等。

**3. 试验方法与步骤**

(1)实验前准备工作

①记录水泥的品种、强度等级和用量,砂石的品种、粒径,外加剂或掺合料品种、掺量和混凝土配合比等。

②记录模板类型,混凝土浇筑、养护情况和成型日期。

(2)混凝土强度可按单个构件或批量进行检测,规定同12.2节内容要求。

(3)回弹测试

测量回弹值应在构件测区内超声波的发射和接收面各弹击8点;超声波单面平测时,可在超声波的发射和接收测点之间弹击16点。每一测点的回弹值,测读精确至1。

测点在测区范围内宜均匀布置,但不得布置在气孔或外露石子上。相邻两测点的间距不宜小于30 mm;测点距构件边缘或外露钢筋、铁件的距离不应小于50 mm,同一测点只允许弹击一次。

(4)超声测试

1)超声测点布置

超声测点应布置在回弹测试的同一测区内,每一测区布置三个测点。超声测试宜优先采用对测或角测,当被测构件不具备对测或角测条件时,可采用单面平测。超声测试时,换能器辐射面应通过耦合剂与混凝土测试面良好耦合。

2)声时值的测定

将发射和接收探头放置在选取的测点上,发射电压置于200 V上,打开"增益",并调节"粗调"旋钮,使示波器上有波形显示,再调节"增益"旋钮,使首波波形高度占屏幕总高度的2/3,然后调节"细调"、"微调"旋钮使光标移动到接收波的起始处,读取显示器的数值,此数值即为超声波在混凝土中的传播时间。

**4. 结果计算及精度要求**

(1)回弹值的计算:见12.2节的计算方法。

(2)声速值的计算

①声时测量应精确至0.1 μs,超声测距测量应精确至1.0 mm,且测量误差不应超过±1%。声速计算应精确至0.01 km/s。

②当在混凝土浇筑方向的侧面对测时,测区混凝土中声速代表值应根据该测区中三个测点的混凝土中声速值,按下列公式计算:

$$v = \frac{1}{3}\sum_{i=1}^{3}\frac{l_i}{t_i - t_0} \tag{12.17}$$

式中 $v$ ——测区混凝土中声速代表值,km/s;

$l_i$ ——第 $i$ 个测点的超声测距,mm;

$t_i$ ——第 $i$ 个测点的声时读数,μs;

$t_0$ ——声时初读数,μs。

③当在混凝土浇筑的顶面或底面测试时，测区声速代表值应按下列公式修正：

$$v_a = \beta \cdot v \tag{12.18}$$

式中 $v_a$ ——修正后的测区混凝土中声速代表值,km/s;

$\beta$ ——超声测试面的声速修正系数,在混凝土浇筑的顶面和底面间对测或斜测时，$\beta = 1.034$。

(3)混凝土强度的推定

①本试验方法规定的强度换算方法适用于普通混凝土,龄期 7 ~ 2 000 d,混凝土强度 10 ~ 70 MPa。

②结构或构件中第 $i$ 个测区的混凝土抗压强度换算值,可取修正后的测区回弹代表值 $R_{ai}$ 和声速代表值 $v_{ai}$ 后,优先采用专用测强曲线或地区测强曲线换算而得。

③当无专用和地区测强曲线时,经验证后,可按下列全国统一测区混凝土抗压强度换算公式计算：

当骨料为卵石时：

$$f^c_{cu,i} = 0.005\,6\,(v_{ai})^{1.439}\,(R_{ai})^{1.769} \tag{12.19}$$

当骨料为碎石时：

$$f^c_{cu,i} = 0.016\,2\,(v_{ai})^{1.656}\,(R_{ai})^{1.410} \tag{12.20}$$

式中 $f^c_{cu,i}$ ——第 $i$ 个测区混凝土抗压强度换算值,MPa(精确至 0.1 MPa);

$R_{ai}$ ——修正后的第 $i$ 测区回弹代表值;

$v_{ai}$ ——修正后的第 $i$ 测区声速代表值。

④当结构或构件中的测区数不少于 10 个时,各测区混凝土抗压强度换算值的平均值和标准差应按式(12.11)、(12.12)计算。

⑤当结构或构件所采用的材料及其龄期与制定测强曲线所采用的材料及其龄期有较大差异时，应采用同条件立方体试件或从结构或构件测区中钻取的混凝土芯样试件的抗压强度进行修正。试件数量不应少于 4 个。此时,采用全国统一换算公式计算测区混凝土抗压强度换算值应乘以下列修正系数 $\eta$。

采用同条件立方体试件修正时：

$$\eta = \frac{1}{n}\sum_{i=1}^{n} f^0_{cu,i}/f^c_{cu,i} \tag{12.21}$$

采用混凝土芯样试件修正时：

$$\eta = \frac{1}{n}\sum_{i=1}^{n} f^0_{cor,i}/f^c_{cu,i} \tag{12.22}$$

式中 $\eta$——修正系数，精确至小数点后两位;

$f^c_{cu,i}$—— 对应于第 $i$ 个立方体试件或芯样试件的混凝土抗压强度换算值,MPa(精确至 0.1 MPa);

$f^o_{cu,i}$——第 $i$ 个混凝土立方体(边长 150 mm)试件的抗压强度实测值,MPa(精确至 0.1 MPa);

$f^o_{cor,i}$ ——第 $i$ 个混凝土芯样(ϕ100×100 mm)试件的抗压强度实测值,MPa(精确至

0.1 MPa);

$n$——试件数量。

⑥结构或构件混凝土抗压强度推定值,应按式(12.13)~(12.15)的规定确定。

⑦对按批量检测的构件,当一批构件的测区混凝土抗压强度标准差出现下列情况之一时,该批构件应全部重新按单个构件进行检测:一批构件的混凝土抗压强度平均值 $m_{f^c_{cu}} < 25.0$ MPa,标准差 $S_{f^c_{cu}} > 4.50$ MPa;一批构件的混凝土抗压强度平均值 $m_{f^c_{cu}} = 25.0 \sim 50.0$ MPa,标准差 $S_{f^c_{cu}} > 5.50$ MPa;一批构件的混凝土抗压强度平均值 $m_{f^c_{cu}} > 50.0$ MPa,标准差 $S_{f^c_{cu}} > 6.50$ MPa。

## 12.4 超声法检测混凝土表面损伤层缺陷

**1. 试验目的**

检测混凝土表面损伤层厚度,适用于因冻害、高温或化学腐蚀等引起的混凝土表面损伤。

该方法依据《超声法检测混凝土缺陷技术规程》(CECS 21:2000)。

**2. 试验仪具**

(1)非金属超声波检测仪:同12.3节的要求。

(2)换能器的技术要求:

①平面测试用厚度振动换能器;

②厚度振动式换能器的频率采用20~250 kHz;

③换能器的实测主频与标称频率相差不大于±10%。对用于水中的换能器,其水密性应在1 MPa水压下不渗漏。

**3. 试验方法与步骤**

(1)依据检测要求和测试操作条件,确定缺陷测试部位。

(2)测试部位混凝土表面应干燥、清洁、平整,无接缝和饰面层。

(3)选用频率较低的厚度振动式换能器。

(4)换能器布设如图12.4所示。换能器应通过耦合剂与混凝土测试表面接触以保证良好的耦合。当耦合层中夹杂泥砂或者存在空气,使声时延长、波幅降低,检测结果就不能真实反映混凝土内部质量情况。

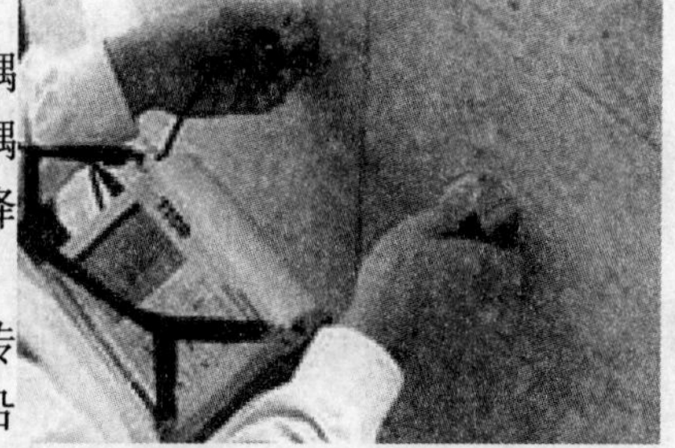

图12.4 换能器布设图

(5)由于钢筋声速比一般混凝土声速高,当声传播路径与钢筋轴线平行且比较靠近时,大部分路径沿钢筋轴向传播的声波比沿混凝土直接传播的声波早到达接收点,即钢筋使声信号"短路",因此,使测得的声时、波幅不能反映混凝土的实际质量情况。通过理论计算,当 $T$、$R$ 换能器的连线与钢筋的最小距离大于测距的1/6时,可避免上述影响。

(6)测试时 $T$ 换能器与被测混凝土表面必须耦合良好,且固定不动。依次移动 $R$ 换能器至测点1,2,3,…位置上(如图12.5所示),读取相应声时值 $t_1, t_2, t_3, \cdots$,并测量每次换能器内边缘之间的距离 $l_1, l_2, l_3, \cdots$，为便于检测较薄的损伤层，$R$ 换能器每次移动的距离不宜太大，宜为 30 mm。为便于绘制"时-距"坐标图(如图 12.6 所示)，每一测位的测点数应不少于 6 点。发现损伤层厚度不均匀时，应适当增加测位的数量，使检测结果更准确。

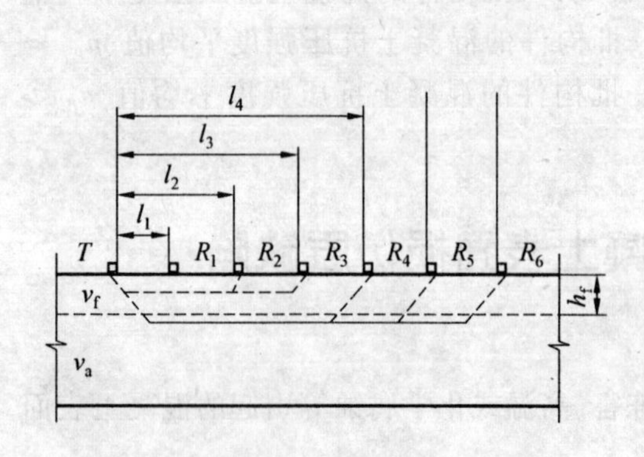


图 12.5 混凝土表面损伤层检测布设图

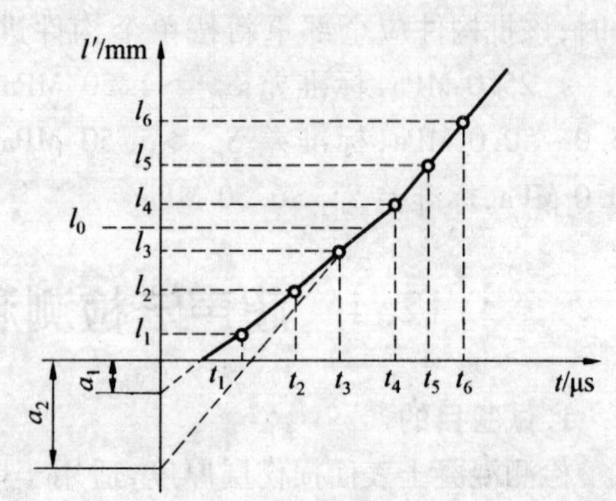


图 12.6 混凝土表面损伤层检测时-距图

**4. 结果计算及精度要求**

(1)求损伤和未损伤混凝土的回归直线方程

用各测点的声时值($t_i$)和相应测距值($l_i$)绘制"时-距"坐标图，由图可得到声速改变所形成的转折点，该点前、后分别表示损伤和未损伤混凝土的 $l$ 与 $t$ 相关直线。用回归分析方法分别求出损伤、未损伤混凝土 $l$ 与 $t$ 的回归直线方程：

损伤混凝土：

$$l_f = a_1 + b_1 t_f \tag{12.23}$$

未损伤混凝土：

$$l_a = a_2 + b_2 t_a \tag{12.24}$$

式中 $l_f$ ——拐点前各测点的测距，对应 $l_1, l_2, l_3, \cdots$, mm；

$t_f$ ——对应 $l_1, l_2, l_3, \cdots$ 的声时值 $t_1, t_2, t_3, \cdots$, μs；

$l_a$ ——拐点后各测点的测距，对应 $l_4, l_5, l_6, \cdots$, mm；

$t_a$ ——对应 $l_4, l_5, l_6, \cdots$ 的声时值 $t_4, t_5, t_6, \cdots$, μs；

$a_1, b_1, a_2, b_2$——回归系数。

(2)损伤层厚度按下式计算：

$$l_0 = (a_1 b_2 - a_2 b_1)/(b_2 - b_1) \tag{12.25}$$

$$h_f = \frac{l_0}{2} \cdot \sqrt{(b_2 - b_1)/(b_2 + b_1)} \tag{12.26}$$

式中 $h_f$ ——损伤层厚度，mm；

$l_0$——拐点处测距，mm。

## 12.5 低应变法检测混凝土桩身完整性

**1. 试验目的**

检测混凝土桩身缺陷的程度、位置和桩长，判定混凝土桩的桩身完整性。

该方法依据《建筑基桩检测技术规范》(JGJ 106—2003)。

**2. 试验仪具**

(1)基桩动测仪：符合 JG/T 3055 的有关规定，且应具有信号显示、储存和处理分析功能。

(2)瞬态激振设备：应包括能激发宽脉冲和窄脉冲的力锤和锤垫；力锤可装有力传感器。

(3)稳态激振设备：应包括激振力，可调，扫频范围为 10～2 000 Hz 的电磁式稳态激振器。

(4)耦合剂：黄油或凡士林等。

**3. 试验方法与步骤**

(1)受检桩混凝土强度至少达到设计强度的 70%，且不小于 15 MPa。桩头的材质、强度、截面尺寸应与桩身基本等同。桩顶面应平整、密实，并与桩轴线基本垂直，如图12.7所示。

(2)传感器安装应与桩顶面垂直；用耦合剂黏结时，应具有足够的黏结强度。

(3)实心桩的激振点位置应选择在桩中心，测量传感器安装位置宜为距桩中心 2/3 半径处；空心桩的激振点与测量传感器安装位置宜在同一水平面上，且与桩中心连线形成的夹角宜为 90°，激振点和测量传感器安装位置宜为桩壁厚的 1/2 处。

图 12.7 现场采用低应变法检测混凝土桩身完整性

(4)激振点与测量传感器安装位置应避开钢筋笼的主筋影响。

(5)激振方向应沿桩轴线方向。

(6)瞬态激振应通过现场敲击试验，选择合适重量的激振力锤和锤垫，宜用宽脉冲获取桩底或桩身下部缺陷反射信号，宜用窄脉冲获取桩身上部缺陷反射信号。

(7)稳态激振应在每一个设定频率下获得稳定响应信号，并应根据桩径、桩长及桩周土约束情况调整激振力大小。

(8)信号采集和筛选应符合下列规定：

①根据桩径大小，桩心对称布置 2～4 个检测点；每个检测点记录的有效信号数不宜少于 3 个。

②检查判断实测信号是否反映桩身完整性特征。

③不同检测点及多次实测时域信号一致性较差，应分析原因，增加检测点数量。

④信号不应失真和产生零漂，信号幅值不应超过测量系统的量程。

4. 结果计算及精度要求

(1)桩身波速平均值的确定应符合下列规定:

当桩长已知、桩底反射信号明确时,在地质条件、设计桩型、成桩工艺相同的基桩中,选取不少于5根Ⅰ类桩的桩身波速值,按下式计算其平均值:

$$c_m = \frac{1}{n}\sum_{i=1}^{n} c_i \tag{12.27}$$

$$c_i = \frac{2\ 000L}{\Delta T} \tag{12.28}$$

$$c_i = 2L \cdot \Delta f \tag{12.29}$$

式中 $c_m$——桩身波速的平均值,m/s;

$c_i$——第 $i$ 根受检桩的桩身波速值,m/s,且 $|c_i - c_m|/c_m \leqslant 5\%$;

$L$——测点下桩长,m;

$\Delta T$——速度波第一峰与桩底反射波峰间的时间差,ms;

$\Delta f$——幅频曲线上桩底相邻谐振峰间的频差,Hz;

$n$——参加波速平均值计算的基桩数量($n \geqslant 5$)。

当无法按上述方法确定时,波速平均值可根据本地区相同桩型及成桩工艺的其他桩基工程的实测值,结合桩身混凝土的骨料品种和强度等级综合确定。

(2)桩身缺陷位置应按下列公式计算:

$$x = \frac{1}{2\ 000} \cdot \Delta t_x \cdot c \tag{12.30}$$

$$x = \frac{1}{2} \cdot \frac{c}{\Delta f'} \tag{12.31}$$

式中 $x$——桩身缺陷至传感器安装点的距离,m;

$\Delta t_x$——速度波第一峰与缺陷反射波峰间的时间差,ms;

$c$——受检桩的桩身波速,m/s,无法确定时用 $c_m$ 值替代;

$\Delta f'$——幅频信号曲线上缺陷相邻谐振峰间的频差,Hz。

(3)桩身完整性类别应结合缺陷出现的深度、测试信号衰减特性以及设计桩型、成桩工艺、地质条件、施工情况,按表12.9所列实测时域或幅频信号特征进行综合分析判定。

(4)对于混凝土灌注桩,采用时域信号分析时应区分桩身截面渐变后恢复至原桩径并在该阻抗突变处的一次反射,或扩径突变处的二次反射,结合成桩工艺和地质条件综合分析判定受检桩的完整性类别。必要时,可采用实测曲线拟合法辅助判定桩身完整性或借助实测导纳值、动刚度的相对高低辅助判定桩身完整性。

(5)对于嵌岩桩,桩底时域反射信号为单一反射波且与锤击脉冲信号同向时,应采取其他方法核验桩底嵌岩情况。

(6)出现下列情况之一,桩身完整性判定宜结合其他检测方法进行:

①实测信号复杂,无规律,无法对其进行准确评价。

②设计桩身截面渐变或多变,且变化幅度较大的混凝土灌注桩。

表12.9 桩身完整性各类别实测时域或幅频信号特征及分析判定原则

| 类别 | 时域信号特征 | 幅频信号特征 | 分类原则 |
|---|---|---|---|
| Ⅰ | $2L/c$时刻前无缺陷反射波;有桩底反射波 | 桩底谐振峰排列基本等间距，其相邻频差$\Delta f\approx c/2L$。 | 桩身完整 |
| Ⅱ | $2L/c$时刻前出现轻微缺陷反射波;有桩底反射波。 | 桩底谐振峰排列基本等间距,其相邻频差$\Delta f\approx c/2L$,轻微缺陷产生的谐振峰与桩底谐振峰之间的频差$\Delta f'>c/2L$。 | 桩身有轻微缺陷,不会影响桩身结构承载力的正常发挥。 |
| Ⅲ | 有明显缺陷反射波,其他特征介于Ⅱ类和Ⅳ类之间。 | | 桩身有明显缺陷,对桩身结构承载力有影响。 |
| Ⅳ | $2L/c$时刻前出现严重缺陷反射波或周期性反射波,无桩底反射波;或因桩身浅部严重缺陷使波形呈现低频大振幅衰减振动,无桩底反射波。 | 缺陷谐振峰排列基本等间距,相邻频差$\Delta f'>c/2L$,无桩底谐振峰;或因桩身浅部严重缺陷只出现单一谐振峰,无桩底谐振峰。 | 桩身存在严重缺陷 |

注:对同一场地、地质条件相近、桩型和成桩工艺相同的基桩,因桩端部分桩身阻抗与持力层阻抗相匹配导致实测信号无桩底反射波时,可参照本场地同条件下有桩底反射波的其他桩实测信号判定桩身完整性类别。

## 12.6 声波透射法检测灌注桩混凝土缺陷

基桩完整性的检测方法主要有:钻芯法、高应变动测法、低应变动测法、声波透射法。声波透射法与其他方法相比,主要具有检测范围大、无检测“盲区”,检测结果准确可靠,不受桩长、桩径、场地的限制,检测较为快捷、方便等特点,因此,成为检测大直径、长桩长混凝土灌注桩完整性的重要手段。

**1. 试验目的**

检测灌注桩缺陷位置和性质,评价桩身完整性。适用于直径(或边长)在0.6 m以上的灌注桩缺陷检测。

该方法主要依据《建筑基桩检测技术规范》(JGJ 106—2003)与《公路工程基桩动测技术规程》(JTG/T F81-01—2004)。

**2. 试验仪具**

(1)非金属超声波检测仪:同12.3节的要求。

(2)径向振动式换能器:径向振动式换能器采用20~60 kHz,直径不大于32 mm,换能器的实测主频与标称频率相差不大于±10%。其水密性应在1 MPa水压下不渗漏。

3. 试验方法与步骤

施工时根据桩径大小预埋超声检测管(简称声测管),桩径为0.6~1.0 m时宜埋两根管;桩径为1.0~2.5 m时宜埋三根管,按等边三角形布置;桩径为2.5 m以上时宜埋四根管,按正方形布置,如图12.8所示。声测管之间应保持平行。声测管的埋设深度应与灌注桩的底部齐平,管的上端应高于桩顶表面300~500 mm,同一根桩的声测管外露高度宜相同。

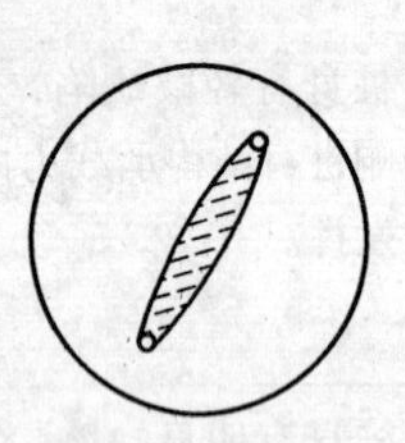

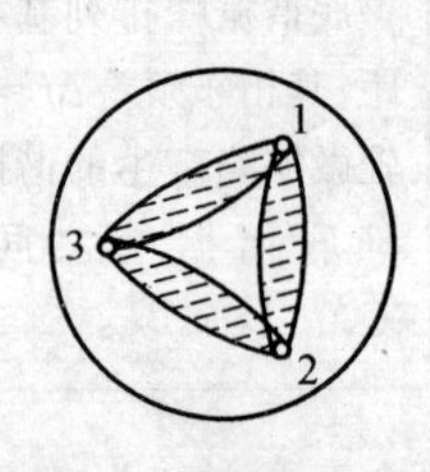


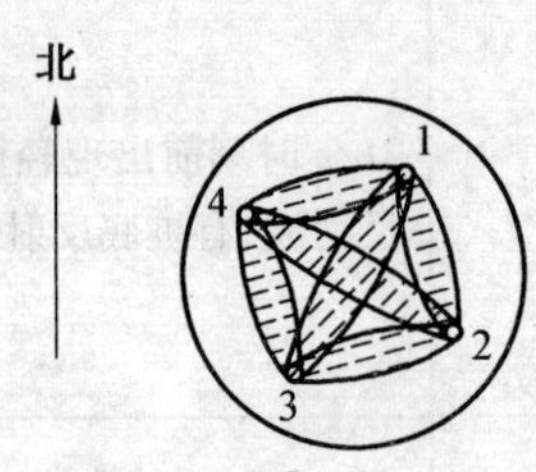


图12.8 声测管布置方法

(1)向管内注满清水,采用一段直径略大于换能器的圆钢作疏通吊锤,逐根检查声测管的畅通情况及实际深度。用钢卷尺测量同根桩顶各声测管之间的净距离$L_i$。

(2)将$T$、$R$换能器分别置于两个声测孔的顶部或底部,以同一高度或相差一定高度的等距同步移动,逐点测读声学参数$t_i$并记录换能器所处深度,检测过程应经常校核换能器所处高度。

(3)测点间距宜为200~500 mm。在普测的基础上,对数据可疑的部位应进行复测或加密检测。通常采用如图12.9所示的对测、斜测、交叉斜测及扇形扫测等方法,确定缺陷的位置和范围。

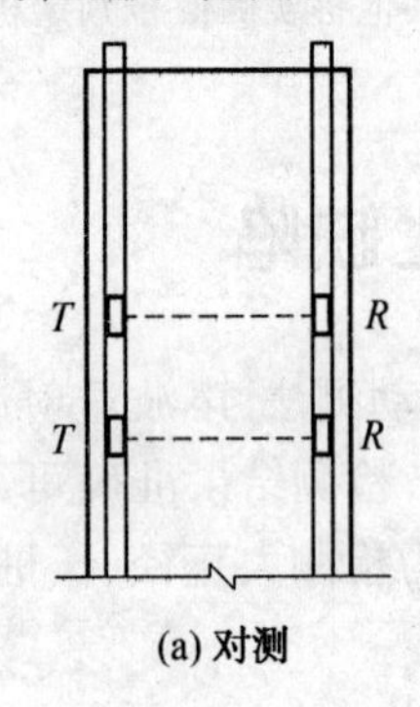


(a) 对测

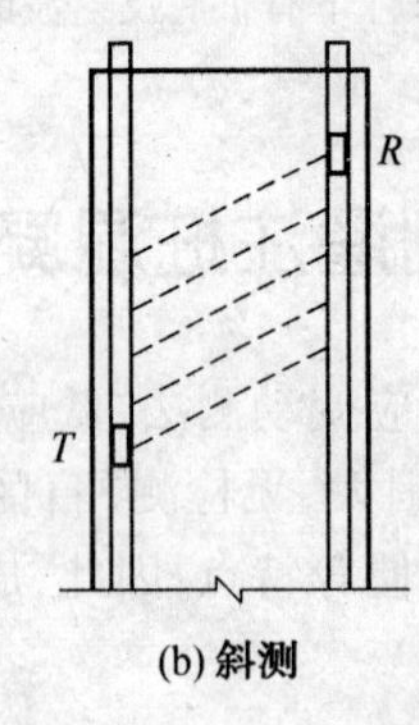


(b) 斜测

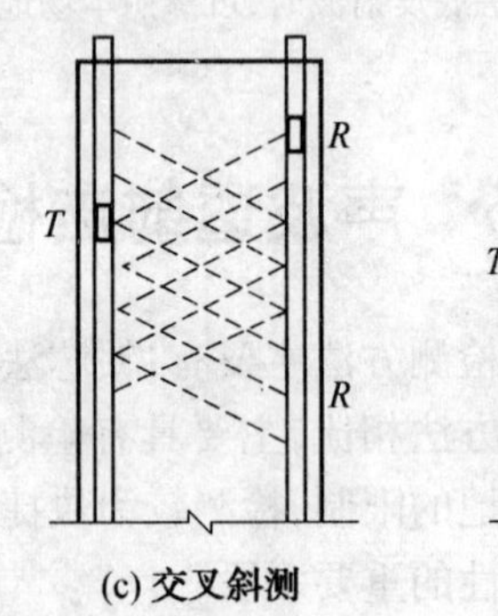


(c) 交叉斜测

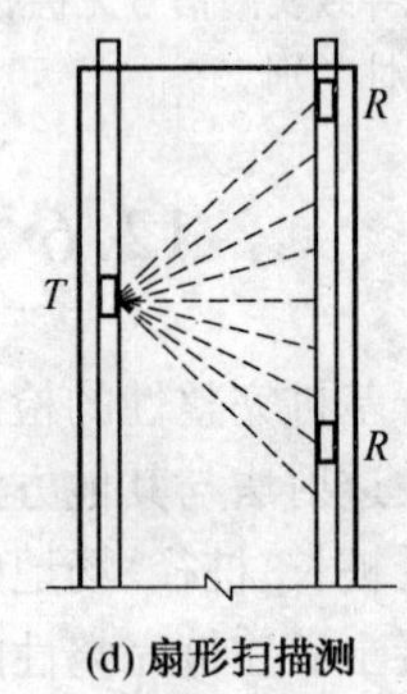


(d) 扇形扫描测

图12.9 换能器检测布置方法

图12.10为超声透射法检测济南西外环高架桥混凝土桩基现场。

(4)当同一柱中埋有三根或三根以上声测管时,应以每两管为一个测试面,分别对所有的剖面进行检测。

4. 结果计算及精度要求

(1)各测点的声时$t_c$、声速$v$、波幅$A_p$及主频$f$应根据现场检测数据,按下列各式计算,并绘制声速-深度($v-z$)曲线和波幅-深度($A_p-z$)曲线,需要时可绘制辅助的主频-深度($f-z$)曲线:

图 12.10 超声透射法检测桩基施工现场

$$t_{ci} = t_i - t_0 - t' \quad (12.32)$$

$$v_i = \frac{l'}{t_{ci}} \quad (12.33)$$

$$A_{pi} = 20\lg\frac{a_i}{a_0} \quad (12.34)$$

$$f_i = \frac{1\ 000}{T_i} \quad (12.35)$$

式中 $t_{ci}$——第 $i$ 测点声时，μs；

$t_i$——第 $i$ 测点声时测量值，μs；

$t_0$——仪器系统延迟时间，μs；

$t'$——几何因素声时修正值，μs；

$l'$——每一检测剖面相应两声测管的外壁间净距离，mm；

$v_i$——第 $i$ 测点声速，km/s；

$A_{pi}$——第 $i$ 测点波幅值，dB；

$a_i$——第 $i$ 测点信号首波峰值，V；

$a_0$——零分贝信号幅值，V；

$f_i$——第 $i$ 测点信号主频值，kHz，也可由信号频谱的主频求得；

$T_i$——第 $i$ 测点信号周期，μs。

(2)声速异常时的临界值判据按下式计算：

$$v_i \leqslant v_c \quad (12.36)$$

式中 $v_i$——第 $i$ 测点声速，km/s；

$v_c$——声速的异常判断临界值。

当上式成立时，声速可判定为异常。

(3)波幅异常时的临界值判据应按下列公式计算：

$$A_m = \frac{1}{n}\sum_{i=1}^{n} A_{pi} \quad (12.37)$$

$$A_{pi} < A_m - 6 \quad (12.38)$$

式中 $A_m$——波幅平均值，dB；

$A_{pi}$——意义同上；

$n$——检测面测点数。

当上式成立时,波幅可判定为异常。

(4)斜率法

用声时($t_c$)-深度($h$)曲线,求出相邻测点的斜率$K$和相邻两点声时差值$\Delta t$的乘积$Z$,绘制$Z-h$曲线,根据$Z-h$曲线的突变位置,并结合波幅值的变化情况可判定存在缺陷的可疑点或可疑区域的边界。

$$K=(t_i-t_{i-1})/(d_i-d_{i-1}) \tag{12.39}$$

$$Z=K\cdot\Delta t=(t_i-t_{i-1})^2/(d_i-d_{i-1}) \tag{12.40}$$

式中 $t_i-t_{i-1}$, $d_i-d_{i-1}$——分别代表相邻两测点的声时差和深度差。

(5)当采用信号主频值作为辅助异常点判据时,主频-深度曲线上主频值明显降低可判定为异常。

(6)根据可疑测点的分布及其数值大小综合分析,判断缺陷的位置和范围。

(7)当需用声速评价一个桩的混凝土质量匀质性时,可分别按下式计算测点混凝土声速值($v_i$)和声速的平均值($m_v$)、标准差($S_v$)及离差系数($C_v$)。根据声速的离差系数可评价灌注桩混凝土匀质性的优劣。

$$v_i=l_i/t_{ci} \tag{12.41}$$

$$m_v=\left(\sum v_i\right)/n \tag{12.42}$$

$$S_v=\sqrt{\left(\sum v_i^2-n\times m_v^2\right)/(n-1)} \tag{12.43}$$

$$C_v=S_v/m_v \tag{12.44}$$

式中 $v_i$——第$i$点混凝土声速值,km/s;

$l_i$——第$i$点测距值,mm;

$t_{ci}$——第$i$点的混凝土声时值,μs;

$n$——测点数。

(6)缺陷的性质应根据各声学参数的变化情况及缺陷的位置和范围进行综合判断。可按表12.10评价被测桩完整性的类别。

**表12.10 混凝土缺陷特征与完整性评价**

| 类别 | 缺陷特征 | 完整性评定结果 |
|---|---|---|
| Ⅰ | 各检测剖面的声学参数均无异常,无声速低于低限值异常。 | 完整 |
| Ⅱ | 某一检测剖面个别测点的声学参数出现异常,无声速低于低限值异常。 | 基本完整 |
| Ⅲ | 某一检测剖面连续多个测点的声学参数出现异常;<br>两个或两个以上检测剖面在同一深度测点的声学参数出现异常;<br>局部混凝土声速出现低于低限值异常。 | 局部不完整,需要处理 |
| Ⅳ | 某一检测剖面连续多个测点的声学参数出现明显异常;<br>两个或两个以上检测剖面在同一深度测点的声学参数出现明显异常;<br>桩身混凝土声速出现普遍低于低限值异常或无法检测首波或声波接收信号严重畸变。 | 严重不完整,报废或加固 |

# 参考文献

[1] STEVEN H, KOSMATKA, BEATRIX KERHOFF, et al. 混凝土设计与控制[M]. 钱觉时,唐祖全,卢忠远. 重庆:重庆大学出版社,2005.
[2] 汪澜. 水泥混凝土组成性能应用[M]. 北京:中国建材工业出版社,2005.
[3] 徐定华,徐敏. 混凝土材料学概论[M]. 北京:中国标准出版社,2002.
[4] 申爱琴. 水泥与水泥混凝土[M]. 北京:人民交通出版社,2005.
[5] 张爱勤,朱霞. 土木工程材料[M]. 北京:人民交通出版社,2009.
[6] 宋功业,邵界立. 混凝土工程施工技术与质量控制[M]. 北京:中国建材工业出版社,2003.
[7] 曹文达,曹栋. 新型混凝土及其应用[M]. 北京:金盾出版社,2001.
[8] 交通部水泥混凝土路面推广组. 水泥混凝土路面研究[M]. 北京:人民交通出版社,1995.
[9] H·索默. 高性能混凝土的耐久性[M]. 冯乃谦,丁建彤,张新华,等,译. 北京:科学出版社,1998.
[10] 林宝玉,吴绍章. 混凝土工程新材料设计与施工[M]. 北京:中国水利水电出版社,1998.
[11] 冯浩,朱清江. 混凝土外加剂工程应用手册[M]. 北京:中国建筑工业出版社,1999.
[12] 王华生,赵慧如. 混凝土技术禁忌手册[M]. 北京:机械工业出版社,2003.
[13] 钱觉时. 粉煤灰特性与粉煤灰混凝土[M]. 北京:科学出版社,2002.
[14] 钟世云,袁华. 聚合物在混凝土中的应用[M]. 北京:化学工业出版社,2003.
[15] 肖建庄. 再生混凝土[M]. 北京:中国建筑工业出版社,2008.
[16] 杨绍林,田加才,田丽. 新编混凝土配合比实用手册[M]. 北京:中国建筑工业出版社,2002.
[17] 张承志. 建筑混凝土[M]. 2 版. 北京:化学工业出版社,2007.
[18] 李乃珍,谢敬坦. 特种水泥与特种混凝土[M]. 北京:中国建材工业出版社,2010.